China's Basic Research Competitiveness Report 2019

中国基础研究竞争力报告2019

中国科学院武汉文献情报中心
科技大数据湖北省重点实验室 研发
中国产业智库大数据中心

钟永恒　王　辉　刘　佳等 著

科学出版社
北　京

图书在版编目（CIP）数据

中国基础研究竞争力报告. 2019 / 钟永恒等著. —北京：科学出版社，2019.10
ISBN 978-7-03-062176-4

Ⅰ.①中…　Ⅱ.①钟…　Ⅲ.①基础研究-竞争力-研究报告-中国-2019
Ⅳ.①G322

中国版本图书馆 CIP 数据核字（2019）第 182619 号

责任编辑：张　莉 / 责任校对：韩　杨
责任印制：徐晓晨 / 封面设计：有道文化
编辑部电话：010-64035853
E-mail: houjunlin@mail.sciencep.com

科学出版社出版
北京东黄城根北街 16 号
邮政编码：100717
http://www.sciencep.com

北京中石油彩色印刷有限责任公司印刷
科学出版社发行　各地新华书店经销

*

2019 年 10 月第　一　版　开本：787×1092　1/16
2019 年 10 月第一次印刷　印张：21 1/2
字数：500 000

定价：98.00 元

（如有印装质量问题，我社负责调换）

《中国基础研究竞争力报告 2019》研究组

组　　长　钟永恒

副 组 长　王　辉　刘　佳

成　　员　钟永恒　王　辉　刘　佳　孙　源　勇美菁　李贞贞　江玲玲

研发单位　中国科学院武汉文献情报中心
科技大数据湖北省重点实验室
中国产业智库大数据中心

前 言

在全球经济、科技格局剧烈调整的新形势下，世界主要国家和地区围绕基础前沿与关键核心技术的竞争更趋激烈。2018 年 5 月 28 日，习近平在中国科学院第十九次院士大会、中国工程院第十四次院士大会上的讲话中指出："基础研究是整个科学体系的源头。要瞄准世界科技前沿，抓住大趋势，下好'先手棋'，打好基础、储备长远，甘于坐冷板凳，勇于做栽树人、挖井人，实现前瞻性基础研究、引领性原创成果重大突破，夯实世界科技强国建设的根基。要加大应用基础研究力度，以推动重大科技项目为抓手，打通'最后一公里'，拆除阻碍产业化的'篱笆墙'，疏通应用基础研究和产业化连接的快车道，促进创新链和产业链精准对接，加快科研成果从样品到产品再到商品的转化，把科技成果充分应用到现代化事业中去。"[①]时下，中美贸易摩擦不断升级，华为公司创始人兼首席执行官任正非认为，只有更加重视基础研究，才能从源头上提升产业竞争力，赢得发展先机。任正非说：新技术的生命周期太短了，如果不进入基础研究，就会落后于时代。一个公司不做基础研究，就会变成一个代工厂；没有基础技术研究的深度，就没有系统集成的高水准，不搞基础研究，就不可能创造机会、引导消费。加强基础研究竞争力建设，已经成为建设创新型国家的核心和关键。

为了支撑科技创新，中国科学院武汉文献情报中心中国产业智库大数据中心（citt100.whlib.ac.cn）、科技大数据湖北省重点实验室长期跟踪监测世界发达国家与地区，尤其是我国各级政府科技创新、基础研究的发展态势、政策规划、投入产出等数据信息，建成了基础研究大数据体系和知识服务系统，通过大数据分析和可视化呈现，反映各个国家和地区的基础研究发展轨迹，总结基础研究发展规律；客观评价中国各地区、各机构基础研究综合竞争力，凝练各地区基础研究优势学科方向和重点研究机构，辅助基础研究管理工作与政策制定。

《中国基础研究竞争力报告 2019》作为中国科学院武汉文献情报中心中国产业智库大数据中心、科技大数据湖北省重点实验室持续发布的年度报告，基于国家自然科学基金、SCI 论文和发明专利的相关数据，构建基础研究竞争力指数，对我国的基础研究竞争力展开分析研究。在《中国基础研究竞争力报告 2018》研究方法的基础上，本书增加了各省（自治区、直辖市）科技财政经费投入、创新平台建设、人才队伍规模等维度的横向比较，更全面地反映各省（自

① 新华社 2018 年 5 月 28 日电。

治区、直辖市）的科技投入。本书的主要内容分为三大部分：第一部分是基础研究竞争力整体评价报告，主要从基础研究投入和基础研究产出两方面展开，并对其基本数据进行分析及可视化展示。第二部分是中国省域（省、自治区、直辖市）基础研究竞争力报告，以省（自治区、直辖市）为研究对象，基于国家自然科学基金、SCI论文和发明专利对我国省域的基础研究竞争力进行评价分析与排名，分析我国各省（自治区、直辖市）的基础研究竞争力情况；然后以省（自治区、直辖市）为单元，分别从国家自然科学基金项目经费的项目类别及学科分布、SCI论文的机构分布、ESI学科分布介绍其具体情况，帮助各省（自治区、直辖市）了解其基础研究的现状。第三部分是中国大学与科研机构基础研究竞争力报告，以大学与科研机构为研究对象，基于国家自然科学基金、SCI论文和发明专利对我国大学与科研机构的基础研究竞争力进行评价分析与排名；然后以大学与科研机构为单元，分别从国家自然科学基金项目经费的项目类别及学科分布、SCI论文的学科分布、ESI学科分布介绍其具体情况，帮助各机构了解其基础研究的现状。

本书的完成得到了湖北省科学技术厅杜耘副厅长，湖北省科学技术厅高新技术处王东梅处长，基础研究处吴骏处长、郭嵩副处长，中国科学院武汉分院袁志明院长、李海波书记、李伟副院长，中国科学院武汉文献情报中心张智雄主任、陈丹书记，科学出版社科学人文分社侯俊琳社长、张莉编辑，以及众多专家的指导和支持；也得到了2019年湖北省技术创新专项（软科学研究）重点项目“湖北提升重点实验室创新能力的对策研究”的资助，得到中国科学院武汉文献情报中心“一三五”择优支持项目“中国基础研究竞争力分析”的资助，在此一并表示衷心的感谢。

基础研究涉及领域、学科众多，具有创新性和前瞻性，由于本书作者专业和水平所限，对诸多问题的理解难免不尽准确，如有错误和不妥之处，希望各位专家和读者提出宝贵意见和建议，以便进一步修改和完善。

中国科学院武汉文献情报中心
科技大数据湖北省重点实验室　钟永恒
中国产业智库大数据中心

2019年8月于武汉小洪山

目 录

图目录

表目录

第1章 导 论

基础研究是指以认识自然现象与自然规律为直接目的，而不是以社会实用为直接目的的研究，其成果多具有理论性，需要通过应用研究的环节才能转化为现实生产力。基础研究具有独创性、非共识性、可转化性、探索性、不确定性、长期性、极度超前性等特点。基础研究是人类文明进步的动力、科技进步的先导、人才培养的摇篮。随着知识经济的迅速崛起，综合国力竞争的前沿已从技术开发拓展到基础研究。基础研究既是知识生产的主要源泉和科技发展的先导与动力，也是一个国家或地区科技发展水平的标志，代表着国家或地区的科技实力。

1.1 研究目的与意义

近期中美贸易摩擦让我们看清了一个事实：现阶段很多企业的命运很多时候并不掌握在自己手上，不少产业发展仍然受制于“卡脖子”的国外核心技术，即便是国内市场规模巨大的通信和互联网产业，也是如此。究其原因，是我国的科技创新仍然有不少短板，尤其是基础研究与发达国家相比存在不小差距。华为公司创始人兼首席执行官任正非认为：新技术的生命周期太短了，如果不进入基础研究，就会落后于时代。一个公司不做基础研究，就会变成一个代工厂；没有基础技术研究的深度，就没有系统集成的高水准，不搞基础研究，就不可能创造机会、引导消费。芯片光砸钱不行，要砸数学家、物理学家等。华为公司将持续加强研究基础理论和基础技术创新的投资，引领产业发展方向，为人类社会及产业界做贡献。可以进一步完善研究创新的投资决策流程，但要考虑研究创新的特点，给予研究团队试错的空间，不能管得太死。[1][2]

基础科学知识是人类对自然和社会基本规律认识的总和。回顾现代化历程，基础研究对工业革命和技术革命产生了巨大推动力。创造、储备并高效应用基础科学知识的国家掌握了明显的竞争优势与持久的领先优势。基础研究总体遵循厚积薄发的规律，具有基础性、体系性、累积性和衍生性等特点，是科学体系、技术体系、产业体系的源头，是科技强国和现代化强国建设的基石[3]。历史证明，国家创新发展长周期依赖于繁荣的基础研究催生出重大科学发现和重大技术创新。经济社会发展到一定的瓶颈时期，会对某些领域的基础研究提出强烈需求。在成熟的市场机制和严格的知识产权保护环境下，这些基础性、前瞻性研究需求往往会吸引科学家和企业家关注，导致社会投资显著增加，进而带动广泛领域的科学技术进步。基础研究的累积性进步和突破性发展，往往能够引领带动科学、技术和创新发生整体性、格局性的深刻变化，进而对经济社会全面发展产生基础性、决定性和长期性影响。

未来的竞争，就是科技创新领域的竞争。随着我国向现代化强国和科技强国迈进，诸多领域面临巨大的转型升级压力，既要着力发展支撑当前的支柱产业，也要着力发展引领未来的战略产业，这都迫切需要强化基础科学知识体系和基础技术体系的战略支撑。

强大的基础科学研究是建设世界科技强国的基石。当前，新一轮科技革命和产业变革蓬勃兴起，科学探索加速演进，学科交叉融合更加紧密，一些基本科学问题孕育重大突破。世界主要发达国家和地区普遍强化基础研究战略部署，全球科技竞争不断向基础研究前移。经过多年发展，我国基础科学研究取得长足进步，整体水平显著提高，国际影响力日益提升，支撑引领经济社会发展的作用不断增强。但与建设世界科技强国的要求相比，我国基础科学研究短板依然突出，数学等基础学科仍是最薄弱的环节，重大原创性成果缺乏，基础研究投入不足、结构不合理，顶尖人才和团队匮乏，评价激励制度亟待完善，企业重视不够，全社会支持基础研究的环境需要进一步优化。[4]

在全球经济科技格局剧烈调整的新形势下，世界主要国家围绕基础前沿和关键核心技术的竞争更趋激烈。越是源头技术，基础研究的不确定性越高。政府有责任加大基础研究投入，同时引导社会资本加大投入。在创新链的不同环节，都要适度引入竞争机制，激发高质量创新，实现关键核心技术自主可控，提升经济竞争力。要按基础研究的内在逻辑进行分类管理：自由探索式基础研究主要由科学家兴趣驱动，遵循科学知识演化和学科发展规律，着眼于科学价值创造，需要政府持续稳定的支持但不需要过多的行政干预；定向基础研究主要由需求驱动，着眼于在关键领域和“卡脖子”的地方取得重大突破，需要政府组织引导、超前部署、系统布局，强化协同攻关。国家重大科技基础设施、综合性国家科学中心、国家实验室建设，体现国家发展基础研究、发展大科学的意志。国内科技创新竞赛日趋激烈，人才、平台、专利、资本、市场等已经成为地方竞相争夺的战略科技资源。

中国基础研究竞争力的评价及其评价策略问题成为学术界、管理界、企业界持续关注的话题，年度《中国基础研究竞争力报告》的价值主要体现在以下三个方面。

一是，长期跟踪国内外基础研究的发展态势、政策规划、投入产出等数据信息，建立起一套基础研究数据资源的标准管理系统，持续跟踪监测世界发达国家和地区，尤其是我国各级政府基础研究各项指标进展情况，形成基础研究大数据体系，通过大数据分析和可视化分析呈现，反映各地区基础研究的发展轨迹，总结基础研究的发展规律。

二是，客观评价中国各地区基础研究综合竞争力，通过数据分析挖掘，凝练各地区基础研究优势学科方向和重点研究机构，辅助基础研究管理工作与政策制定。

三是，为相关政府部门、相关大学与科研机构判断自身基础研究发展状况、制定政策和措施提供参考。

1.2 研究内容

1.2.1 基础研究竞争力的内涵

基础研究竞争力研究主要是从基础研究投入、基础研究队伍与基地建设、基础研究产出这三个角度展开。基础研究投入包括基础研究投入总经费、国家自然科学基金、国家重点基础研究发展计划（“973 计划”）、国家高技术研究发展计划（“863 计划”）等各类国家科技计划。基础研究队伍与基地建设包括基础研究队伍建设和基础研究基地建设，其中，基础研究队伍建设包括从事基础研究的人员、高水平学者等；基础研究基地建设包括国家重点实验室、重大科技基础设施等。基础研究产出包括学术论文、专利、专著和奖励等。2018 年，国务院印发《关于全面加强基础科学研究的若干意见》[4]，明确要发挥国家自然科学基金支持源头创新的重要作用，更加聚焦基础学科和前沿探索，支持人才和团队建设；加强国家科技重大专项与国家其他重大项目和重大工程的衔接，推动基础研究成果共享；拓展实施国家重大科技项目，推动对其他重大基础前沿和战略必争领域的前瞻部署；加快实施国家重点研发计划，聚焦国家重大战略任务，进一步加强基础研究前瞻部署，从基础前沿、重大关键共性技术到应用示范进行全链条创新设计、一体化组织实施。健全技术创新引导专项（基金）运行机制，引导地方、企业和社会力量加大对基础研究的支持。优化基地和人才专项布局，加快基础研究创新基地建设和能力提升，促进科技资源开放共享。基础研究投入的增加，必将推动中国成为世界主要科学中心和创新高地。

我们认为，基础研究竞争力主要是研究涉及基础研究的资源投入与成果产出的能力，具体包括基础研究的科研经费投入、项目数量、队伍情况、基地数量、产出成果等方面的综合能力。本书主要从国家自然科学基金、学术论文和发明专利的角度研究基础研究竞争力，包括表征人才实力与基础研究资源投入的国家自然科学基金指标，以及表征基础研究学术产出与影响力的 SCI 论文、发明专利等指标，具体而言，从国家自然科学基金的项目数量、经费数量、获批机构数量、项目主持人数量，以及发表的 SCI 论文数、SCI 论文被引频次、发明专利申请量等方面分析基础研究竞争力。

1.2.2 国家自然科学基金的内涵

1986 年，为推动我国科技体制改革，变革科研经费拨款方式，国务院设立了国家自然科学基金（National Natural Science Foundation of China，NSFC），这是我国实施科教兴国和人才强国战略的一项重要举措。国家自然科学基金的投入从最初的 8000 万元到 2018 年的 241.1 亿元，聚焦基础、前沿、人才，注重创新团队和学科交叉，为全面培育我国源头创新能力做出了重要贡献，成为我国支持基础研究的主渠道。国家自然科学基金坚持支持基础研究，主要分为八大学部，即数理科学部、化学科学部、生命科学部、地球科学部、工程与材料科学部、信息科学部、管理科学部、医学科学部，与国家自然科学基金委员会下设的 8 个科学部相对应。同时，国家自然科学基金已形成了由探索、人才、工具、融合四大系列组成的资助格局。探索系列主要包括面上项目、重点项目、国际（地区）合作研究项目等；人才系列主要包括青年科学基金项目、优秀青年科学基金项目、国家杰出青年科学基金项目、创新研究群体科学基金项目、地区科学基金项目等；工具系列主要包括国家重大科研仪器研制项目等；融合系列主要包括重大项目、重大研究计划项目、联合基金项目、基础科学中心项目等。

2018 年，根据《深化党和国家机构改革方案》，国家自然科学基金委员会由国务院直属事业单位改由科技部管理，依法管理国家自然科学基金，相对独立运行，负责资助计划、项目设置和评审、立项、监督等组织实施工作。国家自然科学基金委员会将深化科学基金改革，力争未来 5～10 年建成理念先进、制度规范、独具特色的新时代科学基金体系，努力为实现前瞻性基础研究、引领性原创成果重大突破，增强我国源头创新能力和夯实世界科技强国建设的根基做出根本性贡献。国家自然科学基金委员会在未来 5～10 年将实现：基于科学问题属性分类的资助导向；负责任、讲信誉、计贡献的智能辅助分类评审机制；源于知识体系逻辑结构、促进知识和应用融合的学科布局。[5]

1.2.3 学术论文和发明专利的内涵

学术论文是对某个科学领域中的学术问题进行研究后表述科学研究成果的理论文章，具有学术性、科学性、创造性、学理性。学术论文是某一学术课题在实验性、理论性或观测性上具有新的科学研究成果或创新见解和知识的科学记录；或是某种已知原理应用于实际中取得新进展的科学总结，用以提供在学术会议上宣读、交流或讨论；或在学术刊物上发表；或做其他用途的书面文件。

SCI 论文是指美国科学引文索引（Science Citation Index，SCI）收录的论文。科学引文索引是由美国科学信息研究所（ISI）于 1961 年创办的引文数据库，是国际公认的进行科学统计与科学评价的主要检索工具之一。科学引文索引以其独特的引证途径和综合全面的科学数据，通过统计大量的引文，得出某期刊、某论文在某学科内的影响因子、被引频次、即时指数等量化指标，从而对期刊、论文等进行分析与排行。被引频次高，说明该论文在它所研究的领域产生了巨大的影响，被国际同行重视，学术水平高。由于基础研究的学术产出的主要表现形式之一是学术论文，而 SCI 收录的论文主要选自自然科学的基础研究领域，所以 SCI 指标常被应用于评价基础研究的成果产出及其影响力。本书采用两个 SCI 论文指标，即 2018 年的 SCI 论文数量、2018 年的 SCI 论文当年被引数量。

专利，从字面上是指专有的权利和利益。专利是由国家专利主管机关（国家知识产权局）授予申请人在一定期限内对其发明创造所享有的独占实施的专有权。在现代，专利一般是由政府机关或者代表若干国家的区域性组织根据申请而颁发的一种文件，这种文件记载了发明创造的内容，并且在一定时期内产生这样一种法律状态，即获得专利的发明创造在一般情况下他人只有经专利权人许可才能予以实施。《中华人民共和国专利法》规定可以获得专利保护的发明创造有发明、实用新型和外观设计三种，其中发明专利是最主要的一种。

《中华人民共和国专利法》第一章第二条中对发明的定义是："发明，是指对产品、方法或者其改进所提出的新的技术方案。"发明专利并不要求它是经过实践证明可以直接应用于工业生产的技术成果，它可以是一项解决技术问题的方案或是一种构思，具有在工业上应用的可能性，但这也不能将这种技术方案或构思与单纯地提出课题、设想相混同，因单纯的课题、设想不具备工业上应用的可能性。发明专利是测度一定时期内基础研究支撑科技创新能力的重要指标。本书选用 1 个专利指标，即 2018 年在华发明专利申请量。

1.2.4 基本科学指标评价的内涵

基本科学指标（Essential Science Indicate，ESI）是衡量科学研究绩效、跟踪科学发展趋势的评价工具。ESI 对全球所有研究机构在近 11 年被科学引文索引数据库（Science Citation Index Expanded，SCIE）和社会科学引文索引数据库（Social Sciences Citation Index，SSCI）收录的文献类型为 article 或 review 的论文进行统计，按总被引频次高低确定衡量研究绩效的阈值，每隔两月发布各学科世界排名前 1%的研究机构榜单。被 SCIE、SSCI 收录的每种期刊对应一个学科，其中综合类期刊中的部分论文对应到其他学科[6]。

ESI 评价通常应用于：①分析评价科学家、期刊、研究机构以及国家或地区在 22 个学科中的排名情况；②评价发现学科的研究热点和前沿研究成果；③评价高校的优势学科、提升潜势学科，以及学术竞争力的评价分析，为学科建设规划提供决策依据；④通过分析学科领域的热点论文，把握研究前沿；⑤分析某一学科的高被引论文及机构，寻求科研合作伙伴和调整科研研究方向；⑥评价某一学科在世界范围内的影响与竞争情况[7]。本书主要统计各区域入围 ESI 全球前 1%的机构及其机构排名、各机构入围 ESI 全球前 1%的学科及其学科排名。

1.2.5 本书的框架结构

本书基于国家自然科学基金、SCI 论文和发明专利的相关数据，构建基础研究竞争力指数，对我国的基础研究竞争力展开分析，分为三大部分：第一部分是基础研究竞争力整体评价报告。本部分从基础研究投入和基础研究产出两方面展开，并对其基本数据进行分析及可视化展示。第二部分是中国省域（省、自治区、直辖市）基础研究竞争力报告。本部分以省（自治区、直辖市）为研究对象，基于国家自然科学基金、SCI 论文和发明专利对我国省域的基础研究竞争力进行评价分析与排名，分析我国各省（自治区、直辖市）的基础研究竞争力情况；然后以省（自治区、直辖市）为单元，分别从自然科学基金项目经费的项目类别及学科分布、SCI 论文的机构分布、ESI 学科分布介绍其具体情况，帮助各省（自治区、直辖市）了解其基础研究的现状。第三部分是中国大学与科研机构基础研究竞争力报告。本部分以大学与科研机构为研究对象，基于国家自然科学基金、SCI 论文和发明专利对我国大学与科研机构的基础研究竞争力进行评价分析与排名；然后以大学与科研机构为单元，分别从自然科学基金项目经费的项目类别及学科分布、SCI 论文的学科分布、ESI 学科分布介绍其具体情况，帮助各机构了解其基础研究的现状。

1.3 研究方法

本书采用基于国家自然科学基金、SCI 论文、发明专利的基础研究竞争力指数方法，对中国基础研究竞争力进行总体分析、省域分析、机构分析，形成中国基础研究竞争力总报告、中国省域基础研究竞争力报告和中国大学与科研机构基础研究竞争力报告。

《中国基础研究竞争力报告 2018》的研究方法主要是构建了基于国家自然科学基金的基础研究竞争力指数[8]，对基于国家自然科学基金的人力资源和科技资源、基于论文和专利的学术产出与影响力进行分析，而对各省域（省、自治区、直辖市）整体的科技财政经费投入、创新平台建设、人才队伍规模则没有涉及。《中国基础研究竞争力报告 2019》在《中国基础研究竞争力报告 2018》研究方法的基础上，增加了各省域（省、自治区、直辖市）科技财政经费投入、创新平台建设、人才队伍规模等维度的横向比较，从宏观上反映科技投入。

《中国基础研究竞争力报告 2019》沿用了《中国基础研究竞争力报告 2018》的基础研究竞争力指数（Basic Research Competitive Index，BRCI），包括国家自然科学基金、SCI 论文、发明专利三大类指标，不仅仅揭示以国家自然科学基金为指标的基础研究人力资源与科技资源投入问题，也反映了以 SCI 论文、发明专利为指标的基础研究学术产出与影响力问题。具体而言，是从国家自然科学基金的项目数量、经费数量、获批机构数量、项目主持人数量，以及发表的 SCI 论文数、SCI 论文被引频次、发明专利申请量等方面分析基础研究竞争力，形成了针对区域（适用于所选行政区域，可以是省级、地市级等，本书以省级为分析单元）的中国区域基础研究竞争力指数和针对机构（适用于所选机构，本书以大学与科研院所为分析单元）的中国大学与研究机构基础研究竞争力指数。

中国省域（省、自治区、直辖市）基础研究竞争力指数计算方法如下：

$$BRCI_{\text{某省（自治区、直辖市）-某年}} = \sqrt[7]{\frac{A_i}{\overline{A}} \times \frac{B_i}{\overline{B}} \times \frac{C_i}{\overline{C}} \times \frac{D_i}{\overline{D}} \times \frac{E_i}{\overline{E}} \times \frac{F_i}{\overline{F}} \times \frac{G_i}{\overline{G}}}$$

式中，A_i 表示某年某省（自治区、直辖市）国家自然科学基金项目数量，$\overline{A}$ 表示某年 31 个省（自治区、直辖市）国家自然科学基金项目平均数量；B_i 表示某年某省（自治区、直辖市）国家自然科学基金经费数量，$\overline{B}$ 表示某年 31 个省（自治区、直辖市）国家自然科学基金经费平均数量；C_i 表示某年某省（自治区、直辖市）国家自然科学基金项目申请机构数量，$\overline{C}$ 表示某年 31 个省（自治区、直辖市）国家自然科学基金项目申请机构平均数量；D_i 表示某年某省（自治区、直辖市）国家自然科学基金主持人数量，$\overline{D}$ 表示某年 31 个省（自治区、直辖市）国家自然科学基金主持人平均数量；E_i 表示某年某省（自治区、直辖市）发表的 SCI 论文数量，$\overline{E}$ 表示某年 31 个省（自治区、直辖市）发表的 SCI 论文平均数量；F_i 表示某年某省（自治区、直辖市）SCI 论文被引频次，$\overline{F}$ 表示某年 31 个省（自治区、直辖市）SCI 论文平均被引频次；G_i 表示某年某省（自治区、直辖市）发明专利申请量，$\overline{G}$ 表示某年 31 个省（自治区、直辖市）平均发明专利申请量。

中国大学与研究机构基础研究竞争力指数计算方法如下：

$$BRCI_{\text{某机构-某年}} = \sqrt[6]{\frac{A_i}{\overline{A}} \times \frac{B_i}{\overline{B}} \times \frac{C_i}{\overline{C}} \times \frac{D_i}{\overline{D}} \times \frac{E_i}{\overline{E}} \times \frac{F_i}{\overline{F}}}$$

式中，A_i 表示某年某机构国家自然科学基金项目数量，$\overline{A}$ 表示某年所有机构国家自然科学基金项目平均数量；B_i 表示某年某机构国家自然科学基金经费数量，$\overline{B}$ 表示某年所有机构国家自然科学基金经费平均数量；C_i 表示某年某机构国家自然科学基金主持人数量，$\overline{C}$ 表示某年所有机构国家自然科学基金主持人平均数量；D_i表示某年某机构发表的 SCI 论文数量，$\bar{D}$表示某年所有机构发表的 SCI 论文平均数量；E_i表示某年某机构 SCI 论文被引频次，$\bar{E}$表示某年所有机构 SCI 论文平均被引频次；F_i表示某年某机构发明专利申请量，$\bar{F}$表示某年所有机构发明专利平均申请量。

部分机构的 SCI 论文数量或发明专利申请量可能为 0，这将导致某机构某年的基础研究竞争力指数为 0。为了解决这种问题，本书采用拉普拉斯平滑方法[9]，在计算中国省域（省、自治区、直辖市）基础研究竞争力指数或中国大学与研究机构基础研究竞争力指数时，将 0 值替换为较小值（0.01）进行计算。

国家自然科学基金委员会于 2019 年度面向香港特别行政区和澳门特别行政区依托单位科学技术人员，试点开放国家自然科学基金优秀青年科学基金项目（港澳）申请。香港大学、香港中文大学、香港科技大学、香港理工大学、香港城市大学、香港浸会大学、澳门大学、澳门科技大学 8 所大学已注册为国家自然科学基金依托单位，国家自然科学基金委员会只接受上述依托单位提交的项目申请[10]。2019 年以前，国家自然科学基金只接受依托单位为中国大陆地区的项目申请。所以，本书中的中国省域（省、自治区、直辖市）基础研究竞争力指数、中国大学与研究机构基础研究竞争力指数的计算中，国家自然科学基金项目数量、国家自然科学基金经费数量、国家自然科学基金项目申请机构数量、国家自然科学基金主持人数量、SCI 论文数量、SCI 论文平均被引频次、发明专利申请量等只统计中国大陆地区的数据。

1.4 数据来源与采集分析

本书的原始数据包括国家自然科学基金、SCI 论文、基本科学指标、发明专利、科学技术财政经费投入、创新平台、科技奖励、人才队伍相关数据，其中，国家自然科学基金数据来自国家自然科学基金网络信息系统（ISIS 系统），SCI 论文数据来自科睿唯安旗下的 Web of Science 核心合集数据库，基本科学指标数据来自科睿唯安旗下的 ESI 指标数据库，发明专利数据来自中外专利数据库服务平台（CNIPR），科学技术财政经费投入来自各省（自治区、直辖市）财政厅，创新平台数据来自各省（自治区、直辖市）科技厅，科技奖励数据来自科技部，人才队伍数据来自中国科学院、中国工程院、科技部、国家自然科学基金委员会等。其中，国家高层次人才特殊支持计划（“万人计划”）入选者人数统计中包含科技创新领军人才、哲学社会科学领军人才、教学名师、青年拔尖人才四类，不含科技创业领军人才；国家科学技术奖励数包括国家技术发明奖、国家科学技术进步奖、国家自然科学奖和国家最高科学技术奖，不包括国际科学技术合作奖。数据获取时间为 2019 年 2 月 15 日～2019 年 3 月 30 日。数据经中国产业智库大数据平台采集、清洗、整理和集成分析。

参 考 文 献

[1] 任正非. 发展芯片，光砸钱不行，还要砸人[EB/OL][2018-05-28]. http：//www.asiafinance.cn/jmnc/126852.jhtml?from=timeline.
[2] 任正非. 不懂战略退却的人，就不会战略进攻[EB/OL][2018-05-28]. http：//finance.sina.com.cn/roll/2019-05-23/doc-ihvhiqay0749232.shtml.

[3] 万劲波，赵兰香. 加强对基础研究是创新源头的认识[EB/OL][2018-05-28]. http：//epaper.gmw.cn/gmrb/html/2018-09/06/nw.D110000gmrb_20180906_1-14.htm.

[4] 中华人民共和国中央人民政府. 国务院关于全面加强基础科学研究的若干意见[EB/OL][2018-05-28]. http：//www.gov.cn/zhengce/content/2018-01/31/content_5262539.htm.

[5] 国家自然科学基金委员会. 国家自然科学基金“十三五”发展规划[EB/OL][2018-04-20]. http：//www.nsfc.gov.cn/nsfc/cen/bzgh_135/01.html.

[6] 管翠中，范爱红，贺维平，等. 学术机构入围 ESI 前 1%学科时间的曲线拟合预测方法研究——以清华大学为例[J]. 图书情报工作，2016，60（22）：88-93.

[7] 颜惠，黄创. ESI 评价工具及其改进漫谈[J]. 情报理论与实践，2016，39（5）：101-104.

[8] 钟永恒，王辉，刘佳，等. 中国基础研究竞争力报告 2018[M]. 北京：科学出版社，2018.

[9] 漆原，乔宇. 针对朴素贝叶斯文本分类方法的改进[J]. 电子科学技术，2017，4（5）：114-116，129.

[10] 国家自然科学基金委员会. 2019 年度国家自然科学基金优秀青年科学基金项目（港澳）申请指南[EB/OL][2019-08-28]. http://www.nsfc.gov.cn/publish/portal0/tab568/info75491.htm.

第2章 中国基础研究综合分析

2.1 中国基础研究概况

2017年，全国共投入研究与试验发展（R&D）经费17 606.1亿元，比上年增加1929.4亿元，增长12.3%，增速较上年提高1.7个百分点；研究与试验发展经费投入强度为2.13%，比上年提高0.02个百分点。按研究与试验发展人员（全时工作量）计算的人均经费为43.6万元，比上年增加3.2万元。分活动类型看，全国基础研究经费为975.5亿元，比上年增长18.5%；应用研究经费为1849.2亿元，比上年增长14.8%；试验发展经费为14 781.4亿元，比上年增长11.6%。基础研究、应用研究和试验发展经费所占比重分别为5.5%、10.5%和84%。分省（自治区、直辖市）看，研究与试验发展经费投入超过千亿元的省（自治区、直辖市）有6个，分别为广东省（占13.3%）、江苏省（占12.8%）、山东省（占10%）、北京市（占9%）、浙江省（占7.2%）和上海市（占6.8%）。研究与试验发展经费投入强度超过全国平均水平的省（自治区、直辖市）有7个，分别为北京市、上海市、江苏省、广东省、天津市、浙江省和山东省（表2-1）。

表2-1　2017年各省（自治区、直辖市）研究与试验发展经费情况

地区	研究与试验发展经费/亿元	研究与试验发展经费投入强度/%
全国	17 606.1	2.13
北京市	1 579.7	5.64
上海市	1 205.2	3.93
江苏省	2 260.1	2.63
广东省	2 343.6	2.61
天津市	458.7	2.47
浙江省	1 266.3	2.45
山东省	1 753	2.41

续表

地区	研究与试验发展经费/亿元	研究与试验发展经费投入强度/%
陕西省	460.9	2.1
安徽省	564.9	2.09
湖北省	700.6	1.97
重庆市	364.6	1.88
辽宁省	429.9	1.84
四川省	637.8	1.72
福建省	543.1	1.69
湖南省	568.5	1.68
河北省	452	1.33
河南省	582.1	1.31
江西省	255.8	1.28
甘肃省	88.4	1.19
宁夏回族自治区	38.9	1.13
云南省	157.8	0.96
山西省	148.2	0.95
黑龙江省	146.6	0.92
吉林省	128	0.86
内蒙古自治区	132.3	0.82
广西壮族自治区	142.2	0.77
贵州省	95.9	0.71
青海省	17.9	0.68
海南省	23.1	0.52
新疆维吾尔自治区	57	0.52
西藏自治区	2.9	0.22

资料来源：《2017年全国科技经费投入统计公报》

2018 年，美国科学引文索引收录的中国论文共 413 564 篇，全球排名第二位，中国 SCI 论文发文量五十强学科见表 2-2，学科主要集中在材料科学、跨学科，工程、电气和电子等领域，其中，材料科学、跨学科共发表 SCI 论文 44 091 篇，工程、电气和电子共发表 SCI 论文 34 643 篇。

表 2-2　2018 年中国 SCI 论文发文量五十强学科

排名	学科	SCI 发文量/篇	排名	学科	SCI 发文量/篇
1	材料科学、跨学科	44 091	9	肿瘤学	15 644
2	工程、电气和电子	34 643	10	生物化学与分子生物学	13 979
3	化学、跨学科	26 044	11	光学	13 875
4	物理学、应用	24 800	12	工程、化学	13 355
5	化学、物理	22 868	13	医学、研究和试验	12 766
6	环境科学	18 733	14	电信	12 710
7	能源和燃料	16 778	15	药理学和药剂学	11 742
8	纳米科学和纳米技术	16 212	16	计算机科学、信息系统	11 590

续表

排名	学科	SCI 发文量/篇	排名	学科	SCI 发文量/篇
17	工程、机械	10 315	34	地球学、跨学科	6 621
18	物理学、凝聚态物质	10 217	35	化学、应用	6 277
19	化学、分析	9 978	36	植物学	6 167
20	多学科科学	9 363	37	物理学、跨学科	6 138
21	计算机科学、人工智能	8 787	38	化学、有机	5 873
22	生物工程学和应用微生物学	8 759	39	食品科学和技术	5 808
23	细胞生物学	8 622	40	神经科学	5 751
24	电化学	8 397	41	热动力学	5 533
25	设备和仪器	8 231	42	工程、跨学科	5 120
26	冶金和冶金工程学	8 152	42	医学、全科和内科	5 120
27	工程、环境	7 968	44	数学	5 116
28	工程、市政	7 462	45	免疫学	4 711
29	机械学	7 421	46	环保和可持续发展的科学技术	4 305
30	数学、应用	7 270	47	遗传学和遗传性	4 291
31	自动化和控制系统	7 077	48	计算机科学、跨学科应用	4 281
32	聚合物科学	7 049	49	数学、跨学科应用	4 209
33	计算机科学、理论和方法	7 038	50	水资源	4 126
全部		413 564			

资料来源：中国产业智库大数据中心

2018 年，德温特创新索引库（Derwent Innovation Index，DII）收录的中国专利申请共 2 286 411 件，全球排名第 1 位。国家知识产权局共受理国内外发明专利申请 1 103 750 件，其中，中国（不包括港澳台地区数据）初步审查合格并公布的发明专利申请共 1 071 248 件，发明专利申请技术领域分布如表 2-3 所示。中国发明专利技术领域分布显示，电数字数据处理，借助于测定材料的化学或物理性质来测试或分析材料，医用、牙科用或梳妆用的配制品是研发活跃领域。

表 2-3　2018 年中国发明专利申请量五十强技术领域及申请量

排序	申请量/件	IPC 号	分类号含义
1	46 787	G06F	电数字数据处理
2	29 333	G01N	借助于测定材料的化学或物理性质来测试或分析材料
3	26 119	A61K	医用、牙科用或梳妆用的配制品
4	21 680	G06Q	专门适用于行政、商业、金融、管理、监督或预测目的的数据处理系统或方法；其他类目不包含的专门适用于行政、商业、金融、管理、监督或预测目的的处理系统或方法
5	18 785	H04L	数字信息的传输，例如电报通信
6	16 503	C02F	水、废水、污水或污泥的处理
7	15 907	A01G	园艺；蔬菜、花卉、稻、果树、葡萄、啤酒花或海菜的栽培；林业；浇水
8	15 163	B01D	分离的方法或装置
9	13 870	A23L	不包含在 A21D 或 A23B 至 A23J 小类中的食品、食料或非酒精饮料；它们的制备或处理，例如烹调、营养品质的改进、物理处理

续表

排序	申请量/件	IPC 号	分类号含义
10	13 378	C08L	高分子化合物的组合物
11	13 106	G06K	数据识别；数据表示；记录载体；记录载体的处理
12	11 972	C04B	石灰；氧化镁；矿渣；水泥；其组合物，例如砂浆、混凝土或类似的建筑材料；人造石；陶瓷
13	11 504	B65G	运输或贮存装置，例如装载或倾斜用输送机；车间输送机系统；气动管道输送机
14	11 489	H01L	半导体器件；其他类目中不包括的电固体器件
15	10 868	A61B	诊断；外科；鉴定
16	10 726	H01M	用于直接转变化学能为电能的方法或装置，例如电池组
17	10 344	G01R	测量电变量；测量磁变量
18	10 301	B29C	塑料的成型或连接；塑性状态物质的一般成型；已成型产品的后处理，例如修整
19	9 888	B01J	化学或物理方法，例如，催化作用、胶体化学；其有关设备
20	9 774	H04N	图像通信，如电视
21	9 362	B23K	钎焊或脱焊；焊接；用钎焊或焊接方法包覆或镀敷；局部加热切割，如火焰切割；用激光束加工
22	9 172	H02J	电缆或电线的安装，或光电组合电缆或电线的安装
23	9 033	G06T	一般的图像数据处理或产生
24	8 767	C09D	涂料组合物，例如色漆、清漆或天然漆；填充浆料；化学涂料或油墨的去除剂；油墨；改正液；木材着色剂；用于着色或印刷的浆料或固体；原料为此的应用
25	8 261	A01K	畜牧业；禽类、鱼类、昆虫的管理；捕鱼；饲养或养殖其他类不包含的动物；动物的新品种
26	7 956	F24F	空气调节；空气增湿；通风；空气流作为屏蔽的应用
27	7 854	C12N	微生物或酶；其组合物
28	7 823	B24B	用于磨削或抛光的机床、装置或工艺
29	7 654	G05B	一般的控制或调节系统；这种系统的功能单元；用于这种系统或单元的监视或测试装置
30	7 328	B08B	一般清洁；一般污垢的防除
31	7 003	C07D	杂环化合物
32	6 927	B65D	用于物件或物料贮存或运输的容器，如袋、桶、瓶子、箱盒、罐头、纸板箱、板条箱、圆桶、罐、槽、料仓、运输容器；所用的附件、封口或配件；包装元件；包装件
33	6 730	B02C	一般破碎、研磨或粉碎；碾磨谷物
34	6 650	G01M	机器或结构部件的静或动平衡的测试；其他类目中不包括的结构部件或设备的测试
35	6 558	H04W	无线通信网络
36	6 396	B01F	混合，例如溶解、乳化、分散
37	6 276	B23P	金属的其他加工；组合加工；万能机床
38	6 153	C22C	合金
39	6 033	B25J	机械手；装有操纵装置的容器
40	5 985	B21D	金属板或用它制造的特定产品的矫直、复形或去除局部变形
41	5 917	G01B	长度、厚度或类似线性尺寸的计量；角度的计量；面积的计量；不规则的表面或轮廓的计量
42	5 754	A23K	专门适用于动物的喂养饲料；其生产方法
43	5 526	B65B	包装物件或物料的机械，装置或设备，或方法；启封
44	5 480	H01R	导电连接；一组相互绝缘的电连接元件的结构组合；连接装置；集电器

续表

排序	申请量/件	IPC 号	分类号含义
45	5 436	G02B	光学元件、系统或仪器
46	5 408	E02D	基础；挖方；填方
47	5 359	B23Q	机床的零件、部件或附件，如仿形装置或控制装置
48	5 241	C05G	分属于 C05 大类下各小类中肥料的混合物；由一种或多种肥料与无特殊肥效的物质，例如农药、土壤调理剂、润湿剂所组成的混合物
49	5 021	G09B	教育或演示用具；用于教学或与盲人、聋人或哑人通信的用具；模型；天象仪；地球仪；地图；图表
50	5 016	F21S	非便携式照明装置或其系统

资料来源：中国产业智库大数据中心

2.2 中国与全球主要国家基础研究投入比较分析

2.2.1 中国与全球主要国家研究与试验发展经费投入比较

研究与试验发展经费投入强度（研究与试验发展经费投入/国内生产总值），以直观的量化方式比较各个国家的研发水平差异，是国际上用于衡量一国或一个地区在科技创新方面努力程度的指标。2018 年，我国研究与试验发展经费投入强度为 2.1%，全球排名第 14 位，较 2014 年（第 19 位）上升了 5 位，已达到中等发达国家水平（表 2-4）。

表 2-4 全球主要国家研究与试验发展经费投入强度及排名

国家	2014 年研究与试验发展经费投入强度（排名）	2015 年研究与试验发展经费投入强度（排名）	2016 年研究与试验发展经费投入强度（排名）	2017 年研究与试验发展经费投入强度（排名）	2018 年研究与试验发展经费投入强度（排名）
以色列	3.93（2）	4.2（1）	4.11（2）	4.3（1）	4.3（1）
韩国	—	4.2（2）	4.29（1）	4.23（2）	4.2（2）
瑞士	2.87（8）	3.1（6）	2.97（8）	2.97（7）	3.4（3）
瑞典	3.41（4）	3.4（5）	3.16（5）	3.28（4）	3.3（4）
日本	3.34（5）	3.5（3）	3.58（3）	3.49（3）	3.1（5）
奥地利	2.85（9）	2.9（9）	3（7）	3.1（5）	3.1（6）
德国	2.92（7）	3（8）	2.84（9）	2.88（9）	2.9（7）
丹麦	2.99（6）	3.1（7）	3.08（6）	3.02（6）	2.9（8）
芬兰	3.55（3）	3.5（4）	3.17（4）	2.93（8）	2.7（9）
美国	2.79（11）	2.8（10）	2.73（10）	2.8（10）	2.7（10）
比利时	2.24（15）	2.4（13）	2.46（11）	2.46（11）	2.5（11）
法国	2.26（14）	2.3（14）	2.26（13）	2.23（12）	2.2（12）
新加坡	2.23（16）	2（18）	2（16）	2.2（15）	2.2（13）
中国	1.98（19）	2.1（17）	2.05（15）	2.09（17）	2.1（14）
冰岛	2.4（12）	2.6（12）	1.89（19）	2.22（13）	2.1（15）
挪威	1.66（24）	1.7（22）	1.71（20）	1.93（20）	2（16）
荷兰	2.16（18）	2.1（16）	1.97（18）	2.01（18）	2（17）

续表

国家	2014年研究与试验发展经费投入强度（排名）	2015年研究与试验发展经费投入强度（排名）	2016年研究与试验发展经费投入强度（排名）	2017年研究与试验发展经费投入强度（排名）	2018年研究与试验发展经费投入强度（排名）
斯洛文尼亚	2.8（10）	2.7（11）	2.39（12）	2.21（14）	2（18）
澳大利亚	2.39（13）	2.3（15）	2.2（14）	2.2（16）	1.9（19）
英国	1.72（21）	1.7（21）	1.7（21）	1.71（21）	1.7（20）
捷克共和国	1.88（20）	2（19）	2（17）	1.98（19）	1.7（21）
加拿大	1.69（23）	1.6（24）	1.61（22）	1.61（22）	1.6（22）
马来西亚	1.07（34）	1.1（32）	1.09（33）	1.26（29）	1.3（23）
意大利	1.27（30）	1.3（27）	1.29（26）	1.34（26）	1.3（24）
爱沙尼亚	2.18（17）	1.8（20）	1.43（24）	1.48（24）	1.3（25）
新西兰	1.27（29）	1.3（29）	1.17（32）	1.15（33）	1.3（26）
巴西	1.21（31）	1.2（30）	1.24（29）	1.17（32）	1.3（27）
葡萄牙	1.5（26）	1.4（26）	1.29（27）	1.28（28）	1.3（28）
卢森堡	1.51（25）	1.2（31）	1.26（28）	1.29（27）	1.2（29）
匈牙利	1.3（28）	1.4（25）	1.37（25）	1.39（25）	1.2（30）
西班牙	1.3（27）	1.3（28）	1.22（30）	1.22（30）	1.2（31）
爱尔兰	1.72（22）	1.7（23）	1.52（23）	1.55（23）	1.2（32）
俄罗斯联邦	1.12（32）	1.1（33）	1.19（31）	1.13（34）	1.1（33）
波兰	0.9（37）	0.9（39）	0.94（36）	1.01（36）	1（34）
希腊	0.69（50）	0.8（43）	0.83（39）	0.96（39）	1（35）
阿拉伯联合酋长国	0.49（59）	0.5（63）	0.7（48）	0.87（41）	1（36）
塞尔维亚	0.78（42）	1（34）	0.78（44）	0.88（40）	0.9（37）
土耳其	0.86（38）	0.9（37）	1.01（35）	1.01（37）	0.9（38）
克罗地亚	0.75（44）	0.8（41）	0.79（41）	0.85（42）	0.9（39）
立陶宛	0.9（36）	1（36）	1.01（34）	1.04（35）	0.8（40）
沙特阿拉伯	0.07（107）	0.1（110）	0.07（106）	0.82（44）	0.8（41）
南非共和国	0.76（43）	0.8（45）	0.73（45）	0.73（48）	0.8（42）
斯洛伐克	0.82（40）	0.8（40）	0.89（37）	1.19（31）	0.8（44）
肯尼亚	0.98（35）	1（35）	0.79（42）	0.79（45）	0.8（45）
保加利亚	0.64（54）	0.7（52）	0.78（43）	0.98（38）	0.8（46）
摩洛哥	0.73（48）	0.7（47）	0.71（47）	0.71（50）	0.7（47）
埃及	0.43（67）	0.7（51）	0.68（51）	0.72（49）	0.7（48）
塞内加尔	0.54（56）	0.5（58）	0.54（58）	0.54（61）	0.7（49）
突尼斯	1.1（33）	0.7（50）	0.68（50）	0.65（51）	0.6（50）
阿根廷	0.65（53）	0.6（56）	0.61（55）	0.61（55）	0.6（51）
印度	0.81（41）	0.8（42）	0.82（40）	0.83（43）	0.6（52）
泰国	0.25（81）	0.4（70）	0.36（72）	0.63（52）	0.6（53）
马耳他	0.84（39）	0.9（38）	0.85（38）	0.76（46）	0.6（54）
哥斯达黎加	0.48（61）	0.5（64）	0.56（57）	0.58（57）	0.6（55）
博茨瓦纳	0.53（57）	0.5（59）	0.25（81）	0.54（60）	0.5（56）

续表

国家	2014年研究与试验发展经费投入强度（排名）	2015年研究与试验发展经费投入强度（排名）	2016年研究与试验发展经费投入强度（排名）	2017年研究与试验发展经费投入强度（排名）	2018年研究与试验发展经费投入强度（排名）
坦桑尼亚联合共和国	—	0.5（61）	0.53（60）	0.53（62）	0.5（57）
卡塔尔	—	0.5（65）	0.47（63）	0.47（66）	0.5（58）
塞浦路斯	0.47（62）	0.5（60）	0.47（62）	0.46（67）	0.5（59）
白俄罗斯	0.7（49）	0.7（49）	0.67（52）	0.52（63）	0.5（60）
墨西哥	0.43（66）	0.5（62）	0.54（59）	0.55（59）	0.5（61）
乌克兰	0.74（47）	0.8（44）	0.66（54）	0.62（54）	0.5（62）
罗马尼亚	0.49（60）	0.4（69）	0.38（67）	0.49（64）	0.5（63）
拉脱维亚	0.66（52）	0.6（55）	0.69（49）	0.62（53）	0.4（64）
厄瓜多尔	0.23（83）	0.4（74）	0.34（73）	0.45（68）	0.4（65）
越南	—	0.2（90）	0.19（89）	0.37（73）	0.4（66）
马其顿*	—	0.2（85）	—	0.44（69）	0.4（67）
加纳	0.38（71）	0.4（71）	0.38（69）	—	0.4（68）
黑山	0.41（69）	0.4（68）	0.37（70）	0.38（72）	0.4（69）
智利	0.42（68）	0.4（72）	0.38（68）	0.39（71）	0.4（70）
乌拉圭	0.43（65）	0.2（82）	0.32（75）	0.34（77）	0.4（71）
纳米比亚	0.14（97）	0.1（100）	0.14（96）	0.34（76）	0.3（72）
莫桑比克	0.46（63）	0.5（66）	0.42（66）	0.34（75）	0.3（73）
约旦	0.43（64）	0.4（67）	0.43（65）	0.43（70）	0.3（74）
摩尔多瓦共和国	—	0.4（73）	0.37（71）	0.37（74）	0.3（75）
马里	0.66（51）	0.7（53）	0.67（53）	0.58（58）	0.3（76）
尼泊尔	0.3（75）	0.3（76）	0.3（76）	0.3（79）	0.3（77）
科威特	0.09（104）	0.1（107）	0.3（77）	0.3（80）	0.3（78）
格鲁吉亚	0.18（89）	0.2（94）	0.1（103）	0.1（104）	0.3（79）
赞比亚	0.34（73）	0.3（75）	0.28（79）	0.28（81）	0.3（80）
多哥	0.25（80）	0.2（86）	0.22（84）	0.27（82）	0.3（81）
哥伦比亚	0.17（90）	0.2（84）	0.2（88）	0.24（86）	0.3（82）
伊朗	—	0.7（46）	0.33（74）	0.33（78）	0.3（83）
阿曼	0.13（99）	0.1（102）	0.17（93）	0.24（85）	0.2（84）
巴基斯坦	0.33（74）	0.3（79）	0.29（78）	0.25（84）	0.2（85）
亚美尼亚	0.27（79）	0.2（83）	0.24（82）	0.25（83）	0.2（86）
布基纳法索	0.2（87）	0.2（89）	0.2（87）	0.2（90）	0.2（87）
尼日利亚	0.22（84）	0.2（87）	0.22（85）	0.22（89）	0.2（88）
波斯尼亚和黑塞哥维那	0.02（116）	0.3（80）	0.26（80）	0.22（88）	0.2（89）
阿塞拜疆	0.21（86）	0.2（88）	0.21（86）	0.22（87）	0.2（90）
蒙古	0.27（78）	0.3（81）	0.23（83）	0.15（94）	0.2（91）
毛里求斯	0.37（72）	0.2（91）	0.18（90）	0.18（91）	0.2（92）
乌干达	0.56（55）	0.6（57）	0.48（61）	0.48（65）	0.2（93）
玻利维亚	—	0.2（96）	0.16（94）	0.16（93）	0.2（94）

续表

国家	2014年研究与试验发展经费投入强度（排名）	2015年研究与试验发展经费投入强度（排名）	2016年研究与试验发展经费投入强度（排名）	2017年研究与试验发展经费投入强度（排名）	2018年研究与试验发展经费投入强度（排名）
阿尔巴尼亚共和国	0.15（95）	0.2（99）	0.15（95）	0.15（95）	0.2（95）
哈萨克斯坦	0.16（91）	0.2（92）	0.17（92）	0.17（92）	0.1（96）
菲律宾	0.11（102）	0.1（105）	0.14（97）	0.14（96）	0.1（97）
萨尔瓦多	0.03（115）	0（117）	0.06（107）	0.08（106）	0.1（98）
巴拉圭	0.05（110）	0.1（108）	0.09（104）	0.13（98）	0.1（99）
柬埔寨	—	—	—	—	0.1（100）
秘鲁	0.15（96）	0.2（95）	—	0.13（97）	0.1（101）
吉尔吉斯斯坦	0.16（94）	0.2（98）	0.13（98）	0.12（100）	0.1（102）
塔吉克斯坦	0.12（100）	0.1（104）	0.12（100）	0.12（101）	0.1（103）
巴林	—	0（115）	—	0.1（103）	0.1（104）
斯里兰卡	0.16（93）	0.2（97）	0.1（102）	0.1（102）	0.1（105）
特立尼达和多巴哥	0.04（112）	0（113）	—	0.08（107）	0.1（106）
印度尼西亚	0.08（105）	0.1（109）	0.08（105）	0.08（105）	0.1（107）
巴拿马	0.2（88）	0.2（93）	0.18（91）	0.06（108）	0.1（108）
危地马拉	0.05（111）	0（114）	0.04（108）	0.04（109）	0（109）
洪都拉斯	0.04（113）	0（116）	—	—	0（110）
马达加斯加	0.11（103）	0.1（106）	0.11（101）	0.02（110）	0（111）

注：其中中国的数据不包括港澳台地区的相关数据

*2019年2月11日，马其顿改名为北马其顿共和国

资料来源：Global Innovation Index. https：//www.globalinnovationindex.org/analysis-indicator

2.2.2 中国与全球主要国家研究与试验发展人员投入比较

研发人员比例是反映国家创新能力的重要指标。我国研究与试验发展人员的投入与发达国家的差距很大。2018年，我国每百万人口中的全职研究人员数为1205.7人，全球排名第47位；同时期，以色列每百万人口中的全职研究人员数为8250.5人，全球排名第1位；中国每百万人口中的全职研究人员数约为以色列的14.61%（表2-5）。

我国研究与试验发展人员增长很快，与研究与试验发展经费投入增加和经济发展同步前进。2018年，每百万人口中的全职研究人员数较2015年增长了12.57%。

表2-5 全球主要国家研究与试验发展人员投入人数及排名 （单位：人/百万人口）

国家	2015年研究与试验发展人员投入人数（排名）	2016年研究与试验发展人员投入人数（排名）	2017年研究与试验发展人员投入人数（排名）	2018年研究与试验发展人员投入人数（排名）
以色列	8 337.1（1）	8 255.4（1）	8 255.4（1）	8 250.5（1）
丹麦	7 271.3（2）	7 198.18（2）	7 483.58（2）	7 514.7（2）
瑞典	6 508.5（6）	6 868.11（5）	7 021.88（4）	7 153.4（3）
韩国	6 533.2（5）	6 899（4）	7 087.35（3）	7 113.2（4）
新加坡	6 437.7（7）	6 665.19（6）	6 658.5（6）	6 729.7（5）
冰岛	7 012.2（4）	5 993.08（7）	5 902.53（8）	6 635.1（6）

续表

国家	2015年研究与试验发展人员投入人数（排名）	2016年研究与试验发展人员投入人数（排名）	2017年研究与试验发展人员投入人数（排名）	2018年研究与试验发展人员投入人数（排名）
芬兰	7 223.3（3）	6 985.94（3）	6 816.77（5）	6 525（7）
挪威	5 575（8）	5 703.61（8）	5 915.6（7）	5 787（8）
爱尔兰	3 438（24）	3 732.06（23）	4 575.2（13）	5 563.4（9）
瑞士	4 495.2（12）	4 481.07（14）	4 481.07（17）	5 257.3（10）
日本	5 194.8（9）	5 386.15（9）	5 230.72（9）	5 210（11）
奥地利	4 699.5（11）	4 814.55（10）	4 955.03（11）	5 157.5（12）
德国	4 362.6（14）	4 459.48（16）	4 431.08（19）	4 893.2（13）
荷兰	4 315.5（15）	4 478.05（15）	4 548.14（14）	4 842.7（14）
比利时	4 020.8（21）	4 175.88（19）	4 875.34（12）	4 734（15）
加拿大	4 493.7（13）	4 518.51（13）	4 518.51（16）	4 552.5（16）
澳大利亚	4 280.4（16）	4 530.73（12）	4 530.73（15）	4 539.5（17）
英国	4 107.7（19）	4 252.36（17）	4 470.78（18）	4 429.6（18）
卢森堡	4 930.8（10）	4 577.3（11）	5 058.28（10）	4 350.9（19）
美国	3 978.7（22）	4 018.63（21）	4 231.99（20）	4 313.4（20）
法国	4 124.6（18）	4 201.06（18）	4 168.78（21）	4 307.2（21）
新西兰	3 692.9（23）	4 008.71（22）	4 008.71（22）	4 052.4（22）
葡萄牙	4 083.8（20）	3 699.87（24）	3 824.19（23）	3 928.6（23）
斯洛文尼亚	4 202.2（17）	4 149.91（20）	3 820.99（24）	3 899.2（24）
捷克共和国	3 202.2（26）	3 418.46（25）	3 611.91（25）	3 518.8（25）
爱沙尼亚	3 423.6（25）	3 270.77（26）	3 189.19（28）	3 305.3（27）
俄罗斯联邦	3 084.6（27）	3 101.63（28）	3 131.11（29）	2 979.1（28）
立陶宛	2 836.3（29）	2 961.47（29）	2 822.4（30）	2 931.7（29）
西班牙	2 633.5（31）	2 640.93（33）	2 654.65（32）	2 719.7（30）
匈牙利	2 515.1（32）	2 650.58（32）	2 568.84（33）	2 645.7（31）
希腊	2 486.3（33）	2 699.26（31）	3 201.27（27）	2 599.3（32）
斯洛伐克	2 702.2（30）	2 718.53（30）	2 654.78（31）	2 598.9（33）
阿拉伯联合酋长国	—	—	2 003.39（38）	2 406.6（34）
马来西亚	1 777.2（37）	1 793.55（39）	2 017.42（37）	2 274（35）
保加利亚	1 699.3（39）	1 817.86（38）	1 989.43（39）	2 243.7（36）
波兰	1 870.2（36）	2 037.21（35）	2 139.1（34）	2 158.5（37）
塞尔维亚	1 235.5（44）	1 464.82（40）	2 071.22（35）	2 132.8（38）
意大利	1 934.3（35）	2 006.68（36）	2 018.09（36）	2 131.5（39）
马耳他	2 039.6（34）	2 132.99（34）	1 951.42（40）	1 930.8（40）
克罗地亚	1 522（40）	1 437.31（41）	1 501.54（43）	1 793.1（41）
突尼斯	1 393.9（41）	1 393.1（42）	1 787.26（42）	1 784.1（42）
拉脱维亚	1 768（38）	1 884.03（37）	1 833.54（41）	1 599.6（43）
格鲁吉亚	—	585.41（58）	585.41（61）	1 336.6（44）
阿根廷	1 255.8（43）	1 193.85（43）	1 202.07（44）	1 220（45）

续表

国家	2015年研究与试验发展人员投入人数（排名）	2016年研究与试验发展人员投入人数（排名）	2017年研究与试验发展人员投入人数（排名）	2018年研究与试验发展人员投入人数（排名）
土耳其	1 188.7（45）	1 156.51（45）	1 156.51（46）	1 215.8（46）
中国	1 071.1（47）	1 113.07（46）	1 176.58（45）	1 205.7（47）
摩洛哥	864.5（48）	856.92（48）	1 032.54（47）	1 069（48）
乌克兰	1 163.3（46）	1 165.18（44）	1 006（49）	1 037.2（49）
塞浦路斯	775.5（50）	749.79（50）	1 013.77（48）	1 007.9（50）
罗马尼亚	862（49）	921.5（47）	894.81（50）	912.4（51）
巴西	710.3（55）	698.1（52）	698.1（55）	900.3（52）
泰国	546.1（57）	543.47（59）	874.29（51）	865.4（53）
马其顿*	331.1（65）	—	858.81（52）	854.3（54）
黑山	762.9（52）	646.76（56）	835.76（53）	833（55）
哈萨克斯坦	763.5（51）	734.05（51）	734.05（54）	687.6（56）
埃及	466（60）	681.61（54）	679.81（57）	680.3（57）
越南	—	—	674.81（58）	672.1（58）
伊朗	736.1（54）	691.41（53）	691.41（56）	671（59）
乌拉圭	529.2（59）	504.16（60）	524.25（63）	645.2（60）
摩尔多瓦共和国	752.2（53）	651.96（55）	662.1（59）	634.8（61）
卡塔尔	586.9（56）	597.06（57）	597.06（60）	603.8（62）
约旦	—	—	307.98（70）	598.6（63）
哥斯达黎加	1 289（42）	357.81（64）	572.98（62）	573（64）
塞内加尔	361.3（64）	361.12（63）	361.12（68）	535.5（65）
智利	389.2（62）	427.98（61）	455.5（64）	502.1（66）
南非	408.2（61）	404.69（62）	437.06（65）	473.1（67）
波斯尼亚和黑塞哥维那	150.6（77）	266.61（67）	328.7（69）	404.4（68）
厄瓜多尔	179.5（69）	180.3（71）	400.72（66）	400.7（69）
巴林	—	—	361.99（67）	368.9（70）
巴基斯坦	166（70）	166.92（73）	294.36（71）	293.6（71）
墨西哥	386.4（63）	322.54（65）	241.8（72）	244.2（72）
肯尼亚	227.5（67）	230.73（68）	230.73（73）	225（73）
印度	159.9（75）	156.64（77）	156.64（81）	216.2（74）
阿曼	159.9（76）	127.27（80）	201.97（74）	216（75）
菲律宾	78.3（85）	221.31（69）	189.41（75）	187.7（76）
巴拉圭	161.6（73）	169.46（72）	184.06（76）	184.1（77）
毛里求斯	183.9（68）	181.11（70）	181.11（77）	181.8（78）
博茨瓦纳	—	164.9（75）	175.51（78）	179.5（79）
玻利维亚	162.1（72）	165.95（74）	165.95（79）	166（80）
阿尔巴尼亚共和国	147.9（79）	157.34（76）	157.34（80）	156.1（81）
纳米比亚	—	—	141.41（82）	143.3（82）
哥伦比亚	161.5（74）	151.94（78）	114.89（84）	132（83）

续表

国家	2015年研究与试验发展人员投入人数（排名）	2016年研究与试验发展人员投入人数（排名）	2017年研究与试验发展人员投入人数（排名）	2018年研究与试验发展人员投入人数（排名）
科威特	135.1（80）	128.38（79）	128.38（83）	129.3（84）
斯里兰卡	103.1（82）	110.91（82）	110.91（85）	99.7（85）
印度尼西亚	89.9（84）	89.53（83）	89.53（87）	89.2（86）
津巴布韦	95.1（83）	—	89.61（86）	88.7（87）
萨尔瓦多	—	—	—	63.4（88）
马拉维	48.8（90）	49.57（85）	49.57（89）	48.3（89）
布基纳法索	47.8（91）	47.49（86）	47.49（90）	47.6（90）
莫桑比克	38.1（96）	37.51（92）	41.53（92）	41.5（91）
赞比亚	43（93）	40.87（88）	40.87（93）	41（92）
巴拿马	117.1（81）	118.96（81）	39.41（94）	39.1（93）
尼日利亚	38.6（95）	38.58（90）	38.58（95）	38.6（94）
加纳	38.8（94）	38.68（89）	—	38.4（95）
多哥	36.5（98）	35.93（93）	38.17（96）	37.6（96）
马里	31.6（101）	29.17（94）	29.17（98）	30.8（97）
柬埔寨	—	—	—	30.4（98）
乌干达	37.2（97）	38.09（91）	38.09（97）	26.5（99）
马达加斯加	51（88）	51.02（84）	51.02（88）	24.7（100）
洪都拉斯	—	—	—	22.8（101）
危地马拉	27.2（102）	26.74（95）	26.74（99）	22.2（102）
坦桑尼亚联合共和国	35.6（99）	18.49（96）	18.49（100）	18.3（103）
卢旺达	11.7（103）	12.29（97）	12.29（101）	12.3（104）
斯里兰卡	0.2（97）	0.1（102）	0.1（102）	0.1（105）
特立尼达和多巴哥	0（113）	—	0.08（107）	0.1（106）
印度尼西亚	0.1（109）	0.08（105）	0.08（105）	0.1（107）
巴拿马	0.2（93）	0.18（91）	0.06（108）	0.1（108）
危地马拉	0（114）	0.04（108）	0.04（109）	0（109）
洪都拉斯	0（116）	—	—	0（110）
马达加斯加	0.1（106）	0.11（101）	0.02（110）	0（111）

注：其中中国的数据不包括港澳台地区的相关数据

*2019年2月11日，马其顿改名为北马其顿共和国

资料来源：Global Innovation Index. https：//www.globalinnovationindex.org/analysis-indicator

2.3 中国与全球主要国家基础研究产出比较分析

2.3.1 全球主要国家科技论文产出比较

2018年，中国（不含港澳台地区）SCI论文发表量为413 564篇，排名世界第二位，与2017年排名一致。2017年与2018年，SCI发文量前二十的国家名单未变。SCI发文量前十的国家中，美国、中国、英国、德国、意大利、加拿大和澳大利亚的排名位次未变，其他国家的排名有升有降（表2-6）。

表 2-6　2016～2018 年 SCI 论文发表量世界二十强名单

排名	区域	2016 年 SCI 论文发文量（排名）	2017 年 SCI 论文发文量（排名）	2018 年 SCI 论文发文量（排名）
全球		2 426 633	2 293 151	2 880 928
1	美国	629 299（1）	600 962（1）	727 527（1）
2	中国	411 868（2）	389 519（2）	413 564（2）
3	英国	157 450（3）	152 316（3）	187 458（3）
4	德国	157 385（4）	149 780（4）	171 518（4）
5	印度	97 939（9）	92 487（9）	129 085（5）
6	日本	116 476（5）	108 434（5）	127 590（6）
7	意大利	102 790（7）	95 592（7）	115 430（7）
8	加拿大	100 789（8）	94 425（8）	114 269（8）
9	法国	106 134（6）	99 841（6）	113 102（9）
10	澳大利亚	89 741（10）	86 842（10）	106 898（10）
11	西班牙	80 954（11）	78 065（11）	100 466（11）
12	韩国	74 750（12）	72 418（12）	83 268（12）
13	巴西	58 505（13）	58 650（13）	78 757（13）
14	俄罗斯	56 788（14）	54 996（14）	77 885（14）
15	新西兰	54 548（15）	54 184（15）	63 987（15）
16	伊朗	42 122（17）	40 304（17）	54 418（16）
17	瑞士	43 206（16）	42 823（16）	50 038（17）
18	土耳其	39 291（18）	37 509（18）	48 473（18）
19	波兰	38 266（19）	37 271（19）	46 546（19）
20	瑞典	37 903（20）	36 917（20）	42 557（20）

注：本表中统计的中国 SCI 论文发表量不包含港澳台地区的数据
资料来源：中国产业智库大数据中心

2.3.2　全球主要国家专利产出比较

德温特创新索引库收录的专利中，2018 年中国的专利申请数量排名稳居全球第一位（表 2-7），较 2017 年的专利申请量增长 8.22%。

表 2-7　2016～2018 年全球主要国家专利申请量

序号	区域	2016 年专利申请量/项	2017 年专利申请量/项	2018 年专利申请量/项
全球		2 630 810	2 910 065	3 412 477
1	中国	1 923 857	2 112 809	2 286 411
2	美国	345 225	263 437	265 661
3	日本	252 394	215 323	197 152
4	韩国	174 575	145 783	146 599
5	德国	68 032	62 198	64 615
6	俄罗斯	36 600	36 052	34 041
7	印度	39 648	19 255	21 713

续表

序号	区域	2016年专利申请量/项	2017年专利申请量/项	2018年专利申请量/项
8	法国	14 971	15 007	18 865
9	加拿大	33 169	12 771	14 127

注：本表中统计的专利申请量仅包含德温特创新索引库中收录的专利申请量，不等于各国实际申请的专利数量；中国的数据不包括港澳台地区的相关数据

资料来源：中国产业智库大数据中心

2.4 2018年中国国家自然科学基金整体情况

2.4.1 年度趋势

2018年，国家自然科学基金委员会共接收各类国家自然科学基金项目申请214 867项，突破21万项，比2017年同期增加24 027项，增幅12.59%；经评审，共资助各类项目43 485项，直接费用241.15亿元；资助项目数量和项目经费均比2017年有所下降（图2-1）。

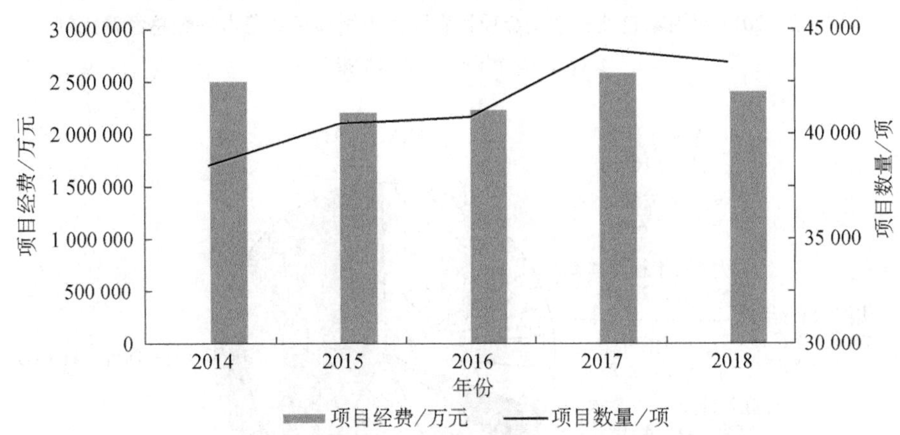

图2-1 2014～2018年国家自然科学基金资助项目数量及项目经费

资料来源：中国产业智库大数据中心

2.4.2 项目类别分布

2018年，国家自然科学基金十分重视青年科学基金项目的资助力度，项目资助强度达23.63万元每项；青年科学基金项目、国家杰出青年科学基金项目、优秀青年科学基金项目经费总额占比达到22.31%。同时，国家自然科学基金提高了重点项目和重大项目的资助规模，资助经费分别达到205 442万元、137 445万元，占国家自然科学基金资助经费的比重分别为8.52%和5.70%（图2-2），较2017年均有增加（图2-3）。

2.4.3 学科分布

2018年，国家自然科学基金资助分学科项目经费比例见图2-4。医学科学部仍然是最为活跃的自然科学研究领域之一，获国家自然科学基金资助项目经费总额达471 365.2万元，占总

经费比重为19.56%。

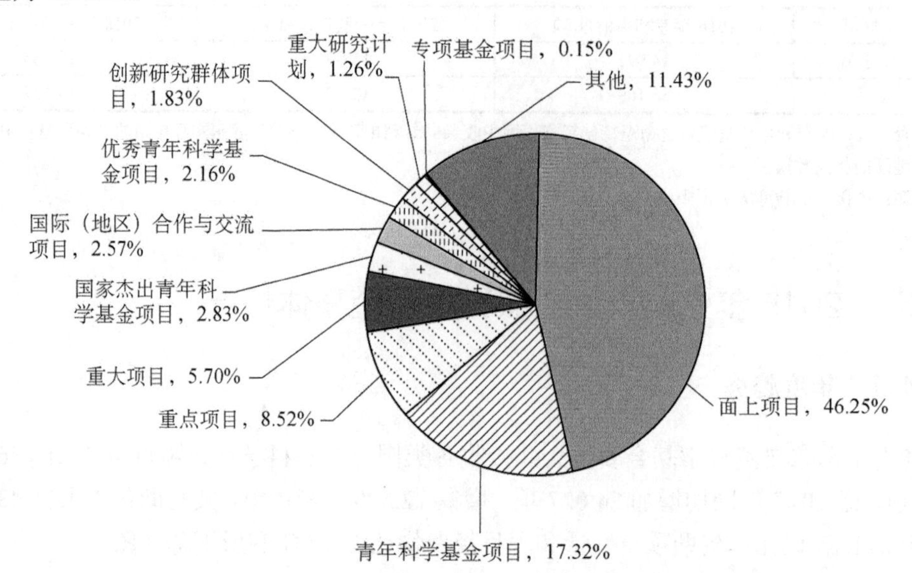

图2-2 2018年国家自然科学基金项目资助各类别项目经费占基金总经费比例

资料来源：中国产业智库大数据中心

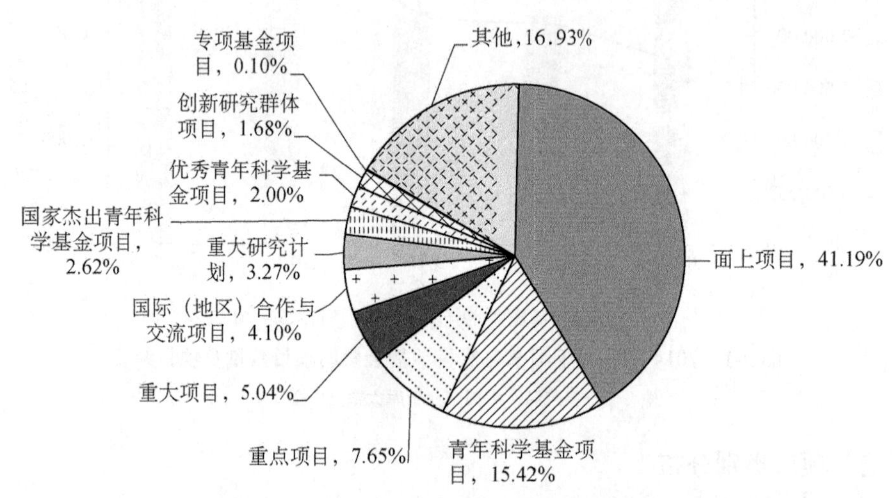

图2-3 2017年国家自然科学基金项目资助各类别项目经费占基金总经费比例

资料来源：中国产业智库大数据中心

2.4.4 省域分布

2018年，各省（自治区、直辖市）获得国家自然科学基金经费占国家自然科学基金经费总额的比例中，北京市、上海市占国家自然科学基金经费总额的比例较2017年有所下降，但仍然位列前两位。江苏、广东、湖北、浙江、山东、四川、湖南、天津、福建、黑龙江、重庆、广西、山西、贵州、河北、内蒙古、海南、宁夏等省（自治区、直辖市）获得的项目经费占国家自然科学基金经费总额的比例有所上升（图2-5）。

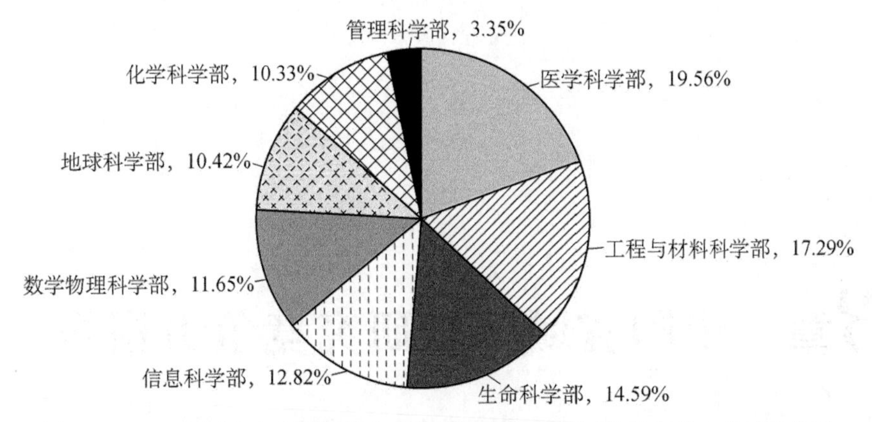

图 2-4　2018 年国家自然科学基金项目资助各学科项目经费占基金总经费比例

资料来源：中国产业智库大数据中心

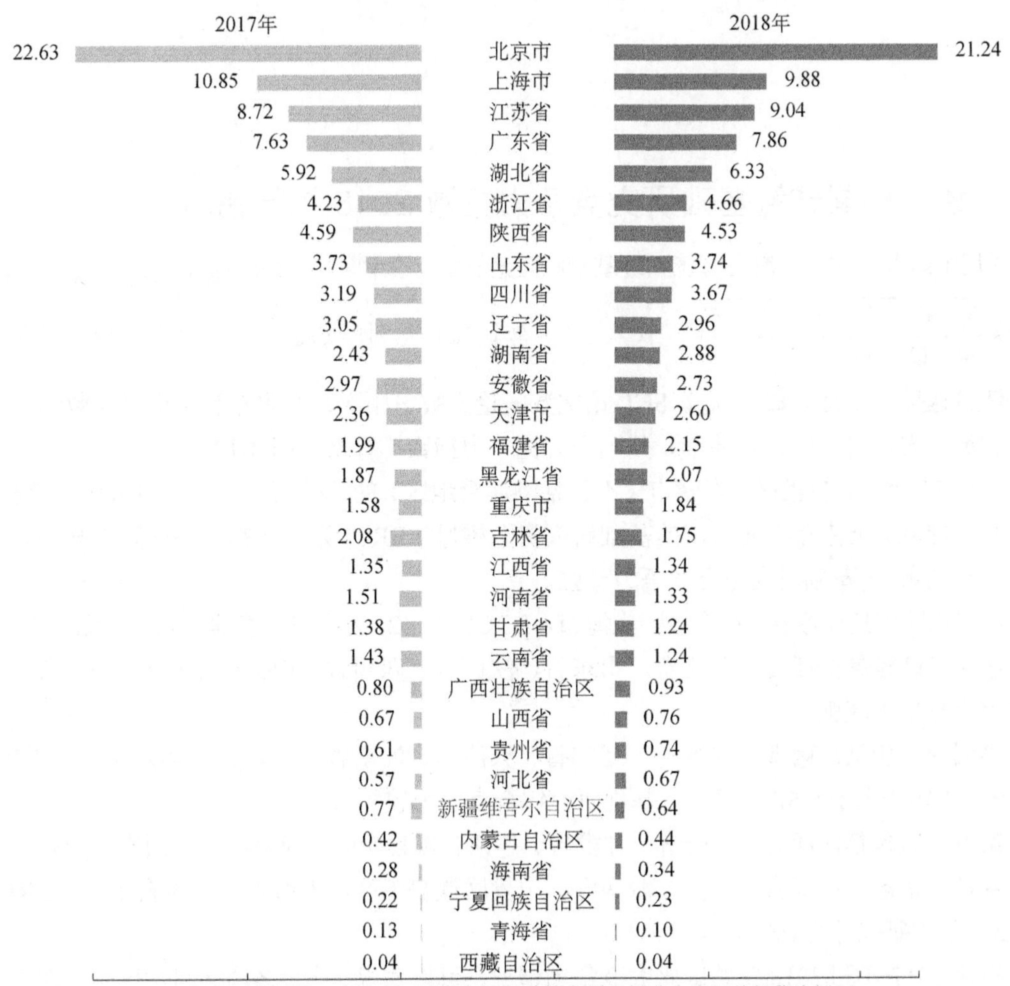

图 2-5　2017～2018 年国家自然科学基金各省（自治区、直辖市）资助项目经费占基金总经费比例

资料来源：中国产业智库大数据中心

第3章 中国省域基础研究竞争力报告

3.1 中国省域基础研究竞争力指数 2018 排行榜

采用中国省域(省、自治区、直辖市)基础研究竞争力指数计算方法$BRCI_{某省（自治区、直辖市）-某年} = \sqrt[7]{\frac{A_i}{A} \times \frac{B_i}{B} \times \frac{C_i}{C} \times \frac{D_i}{D} \times \frac{E_i}{E} \times \frac{F_i}{F} \times \frac{G_i}{G}}$，代入 2018 年国家自然科学基金的项目个数、项目经费、项目申请机构数、主持人数，以及 SCI 论文数、论文被引频次、发明专利申请量等数据，得出中国省域（省、自治区、直辖市）基础研究竞争力指数排行榜（图 3-1）。

我国 31 个省、自治区、直辖市（不包括港澳台地区）的基础研究竞争力可分为 5 个梯队。

第一梯队为北京市，北京市的基础研究资源雄厚，BRCI 为 4.7523，远远高于其他省（自治区、直辖市），基础研究综合竞争力最强。

第二梯队包括江苏省、广东省、上海市，BRCI 大于 2，小于 4，基础研究综合竞争力很强。

第三梯队包括浙江省、湖北省、山东省、陕西省、四川省，BRCI 大于 1，小于 2，基础研究综合竞争力较强。

第四梯队包括湖南省、安徽省、辽宁省、天津市、河南省、福建省、黑龙江省、重庆市、吉林省，BRCI 大于 0.5，小于 1，基础研究综合竞争力较弱。

第五梯队包括江西省、云南省、甘肃省、广西壮族自治区、河北省、山西省、贵州省、新疆维吾尔自治区、内蒙古自治区、海南省、宁夏回族自治区、青海省、西藏自治区，BRCI 小于 0.5，基础研究综合竞争力很弱。

对比 2017 年和 2018 年基础研究竞争力情况，可以发现：中国各省（自治区、直辖市）基础研究竞争激烈，排名前十的省（自治区、直辖市）中，北京市（排名第一位）、江苏省（排名第二位）、广东省（排名第三位）、上海市（排名第四位）、山东省（排名第七位）、陕西省（排名第八位）、四川省（排名第九位）的排名未发生变化，浙江省（排名第五）、湖北省（排名第六）、湖南省（排名第十）的排名发生了变化，其中，浙江省从 2017 年的第六位前进到 2018 年的第五位，湖北省则从 2017 年的第五位下降到 2018 年的第六位。湖南省进入前十，从 2017 年的第十二位前进到 2018 年的第十位；安徽省跌出前十位，从 2017 年的第十位下降到 2018 年的第十一位。

2017年基础研究竞争力综合排名		2018年基础研究竞争力综合排名		
4.8526(1)	北京市	北京市	4.7523(1)	第一梯队
3.0552(2)	江苏省	江苏省	3.0355(2)	第二梯队
2.5388(3)	广东省	广东省	2.6578(3)	
2.386(4)	上海市	上海市	2.2407(4)	
1.6174(5)	湖北省	浙江省	1.6142(5)	第三梯队
1.5338(6)	浙江省	湖北省	1.5843(6)	
1.4232(7)	山东省	山东省	1.4325(7)	
1.2988(8)	陕西省	陕西省	1.3308(8)	
1.2204(9)	四川省	四川省	1.2284(9)	
0.9456(10)	安徽省	湖南省	0.954(10)	第四梯队
0.9228(11)	辽宁省	安徽省	0.9516(11)	
0.8957(12)	湖南省	辽宁省	0.8925(12)	
0.768(13)	天津市	天津市	0.7764(13)	
0.7309(14)	河南省	河南省	0.7111(14)	
0.6466(15)	福建省	福建省	0.6863(15)	
0.5823(16)	黑龙江省	黑龙江省	0.6081(16)	
0.5796(17)	重庆市	重庆市	0.603(17)	
0.544(18)	吉林省	吉林省	0.5128(18)	
0.4458(19)	江西省	江西省	0.4538(19)	第五梯队
0.4058(20)	云南省	云南省	0.392(20)	
0.3953(21)	甘肃省	甘肃省	0.3789(21)	
0.3798(22)	广西壮族自治区	广西壮族自治区	0.3585(22)	
0.3342(23)	河北省	河北省	0.3512(23)	
0.2777(24)	山西省	山西省	0.3016(24)	
0.234(25)	贵州省	贵州省	0.254(25)	
0.217(26)	新疆维吾尔自治区	新疆维吾尔自治区	0.1936(26)	
0.1406(27)	内蒙古自治区	内蒙古自治区	0.14(27)	
0.096(28)	海南省	海南省	0.1028(28)	
0.0686(29)	宁夏回族自治区	宁夏回族自治区	0.0755(29)	
0.0474(30)	青海省	青海省	0.0428(30)	
0.0116(31)	西藏自治区	西藏自治区	0.0132(31)	

图 3-1　2017 年和 2018 年中国省域基础研究综合竞争力指数排名

资料来源：中国产业智库大数据中心

3.2 中国省域基础研究投入产出概况

2018 年，中国各省（自治区、直辖市）公共预算科学技术支出预算经费总额为 4570.27 亿元；各省（自治区、直辖市）共有国家重点实验室 387 个，省级重点实验室 4273 个；各省（自治区、直辖市）共计获得国家科技奖励 221 项（表 3-1）；新增海外高层次人才引进计划（“千人计划”）青年项目入选者 578 人，新增国家高层次人才特殊支持计划（“万人计划”）入选者 1329 人，新增国家自然科学基金杰出青年科学基金入选者 200 人。截至 2018 年，各省（自治区、直辖市）入选院士人数共 1337 人（表 3-2）。

表 3-1　2018 年中国各省（自治区、直辖市）基础研究基本数据（经费、平台、奖励）一览表

地区	2018 年公共预算科学技术支出预算经费/亿元（排名）	国家重点实验室/个（排名）	省级重点实验室/个（排名）	获得国家科技奖励数/项（排名）
北京市	398.49（3）	101（1）	457（1）	69（1）
江苏省	478（2）	27（3）	72（22）	22（3）
广东省	876.64（1）	24（4）	199（7）	8（8）
上海市	390.9（4）	38（2）	117（13）	24（2）
浙江省	379.66（5）	14（7）	231（4）	7（10）
湖北省	250（7）	22（5）	170（10）	12（5）
山东省	208.85（8）	13（8）	193（8）	9（7）
陕西省	86.71（14）	18（6）	93（18）	8（8）
四川省	108.4（12）	11（11）	114（14）	11（6）
湖南省	91.4（13）	10（12）	204（6）	16（4）
安徽省	280.17（6）	8（15）	159（12）	5（11）
辽宁省	13（28）	13（8）	422（2）	5（11）
天津市	120.95（11）	9（13）	300（3）	2（16）
河南省	145.29（10）	6（18）	206（5）	4（14）
福建省	76.49（15）	9（13）	193（8）	1（19）
黑龙江省	27.19（24）	5（20）	90（19）	4（14）
重庆市	59.28（17）	8（15）	114（14）	2（16）
吉林省	40.74（21）	12（10）	85（20）	1（19）
江西省	147（9）	1（27）	169（11）	0（25）
云南省	57.3（19）	5（20）	52（27）	1（19）
甘肃省	25.97（25）	8（15）	109（16）	5（11）
广西壮族自治区	58.88（18）	3（23）	96（17）	1（19）
河北省	75.61（16）	6（18）	61（24）	2（16）
山西省	48.89（20）	2（25）	75（21）	1（19）
贵州省	18.41（26）	3（23）	30（29）	0（25）
新疆维吾尔自治区	35.44（22）	2（25）	54（26）	1（19）
内蒙古自治区	16.62（27）	1（27）	40（28）	0（25）
海南省	7.39（30）	1（27）	58（25）	0（25）
宁夏回族自治区	30.83（23）	5（20）	23（30）	0（25）
青海省	8.55（29）	1（27）	66（23）	0（25）
西藏自治区	7.23（31）	1（27）	21（31）	0（25）

资料来源：中国产业智库大数据中心

表 3-2 2018 年中国各省（自治区、直辖市）基础研究基本数据（人才）一览表

地区	2018 年新增“千人计划”青年项目入选者/人（排名）	2018 年新增国家自然科学基金杰出青年科学基金入选者/人（排名）	2017 年新增“万人计划”入选者/人（排名）	2017 年新增“长江学者奖励计划”入选者/人（排名）	累计入选院士人数/人（排名）
北京市	132（1）	72（1）	348（1）	107（1）	702（1）
江苏省	45（5）	18（3）	105（3）	41（3）	86（3）
广东省	48（4）	10（5）	66（6）	30（4）	26（9）
上海市	97（2）	24（2）	118（2）	55（2）	170（2）
浙江省	49（3）	5（9）	57（7）	23（6）	22（11）
湖北省	34（6）	11（4）	68（5）	24（5）	52（4）
山东省	12（12）	2（17）	50（8）	13（9）	16（14）
陕西省	29（8）	7（7）	70（4）	17（7）	33（6）
四川省	30（7）	5（9）	34（13）	17（7）	31（8）
湖南省	12（12）	3（14）	34（13）	13（9）	11（16）
安徽省	25（9）	6（8）	25（17）	6（15）	32（7）
辽宁省	12（12）	5（9）	49（9）	11（13）	37（5）
天津市	19（10）	9（6）	37（11）	12（12）	23（10）
河南省	0（26）	1（19）	19（18）	1（20）	7（18）
福建省	16（11）	2（17）	36（12）	4（17）	18（13）
黑龙江省	5（15）	5（9）	47（10）	13（9）	4（20）
重庆市	3（16）	3（14）	31（16）	9（14）	2（25）
吉林省	2（17）	3（14）	34（13）	6（15）	22（11）
江西省	0（26）	1（19）	12（20）	0（24）	3（23）
云南省	1（18）	0（24）	10（22）	1（20）	9（17）
甘肃省	1（18）	5（9）	19（18）	3（18）	13（15）
广西壮族自治区	1（18）	0（24）	6（24）	0（24）	0（27）
河北省	1（18）	1（19）	9（23）	1（20）	4（20）
山西省	1（18）	1（19）	6（24）	2（19）	5（19）
贵州省	1（18）	0（24）	6（24）	1（20）	4（20）
新疆维吾尔自治区	0（26）	0（24）	11（21）	0（24）	3（23）
内蒙古自治区	1（18）	0（24）	5（28）	0（24）	2（25）
海南省	1（18）	1（19）	3（31）	0（24）	0（27）
宁夏回族自治区	0（26）	0（24）	4（29）	0（24）	0（27）
青海省	0（26）	0（24）	4（29）	0（24）	0（27）
西藏自治区	0（26）	0（24）	6（24）	0（24）	0（27）

资料来源：中国产业智库大数据中心

2018 年，国家自然科学基金共资助 43 485 项项目，项目经费总额达 241.15 亿元，各省（自治区、直辖市）争取国家自然科学基金项目资助情况如表 3-3 所示；发表 SCI 论文 413 564 篇，申请发明专利共 1 071 248 件，各省（自治区、直辖市）SCI 论文发文量及发明专利申请量见表 3-4。

表 3-3 2018 年中国各省（自治区、直辖市）争取国家自然科学基金数据一览表

地区	项目数/项（排名）	项目经费/万元（排名）	机构数/个（排名）	主持人/人（排名）
北京市	6 907（1）	512 206.28（1）	309（1）	6 761（1）
江苏省	4 164（2）	218 082.42（3）	93（3）	4 129（2）
广东省	3 670（4）	189 646.22（4）	123（2）	3 630（4）
上海市	4 006（3）	238 379.4（2）	73（4）	3 935（3）
浙江省	2 089（7）	112 369（6）	58（7）	2 063（7）
湖北省	2 560（5）	152 640.99（5）	55（10）	2 521（5）
山东省	1 950（8）	90 097.66（8）	63（5）	1 938（8）
陕西省	2 149（6）	109 243.23（7）	56（8）	2 126（6）
四川省	1 588（9）	88 526.87（9）	60（6）	1 572（9）
湖南省	1 385（10）	69 360.31（11）	35（13）	1 363（10）
安徽省	1 114（12）	65 877.38（12）	33（19）	1 097（12）
辽宁省	1 251（11）	71 463.57（10）	49（11）	1 234（11）
天津市	1 106（13）	62 701.52（13）	34（17）	1 092（13）
河南省	877（17）	32 009.22（19）	56（8）	876（17）
福建省	927（14）	51 941.5（14）	30（20）	915（14）
黑龙江省	919（15）	50 029.95（15）	27（21）	908（15）
重庆市	913（16）	44 322.84（16）	25（24）	900（16）
吉林省	721（20）	42 170.78（17）	27（21）	713（20）
江西省	857（18）	32 431.97（18）	35（13）	849（18）
云南省	732（19）	29 792.4（21）	38（12）	721（19）
甘肃省	644（21）	29 982.5（20）	34（17）	636（21）
广西壮族自治区	578（22）	22 540.11（22）	35（13）	575（22）
河北省	392（25）	16 152.97（25）	35（13）	392（25）
山西省	422（24）	18 381.47（23）	25（24）	416（24）
贵州省	456（23）	17 880.1（24）	25（24）	453（23）
新疆维吾尔自治区	389（26）	15 500.32（26）	27（21）	386（26）
内蒙古自治区	282（27）	10 613.05（27）	20（27）	282（27）
海南省	198（28）	8 094.4（28）	15（28）	195（28）
宁夏回族自治区	151（29）	5 624（29）	11（30）	151（29）
青海省	63（30）	2 406（30）	12（29）	63（30）
西藏自治区	25（31）	1 059（31）	5（31）	25（31）

资料来源：中国产业智库大数据中心

表 3-4 2018 年中国各省（自治区、直辖市）SCI 论文及发明专利情况一览表

地区	SCI 论文数/篇（排名）	SCI 论文被引频次/次（排名）	入选 ESI 机构数/个（排名）	入选 ESI 学科数/个（排名）	发明专利申请量/件（排名）
北京市	66 793（1）	66 246（1）	22（1）	97（1）	77 176（5）
江苏省	43 046（2）	45 856（2）	18（4）	30（2）	159 057（2）
广东省	28 150（4）	29 910（4）	19（3）	30（2）	165 080（1）
上海市	33 606（3）	33 794（3）	20（2）	23（5）	41 968（8）

续表

地区	SCI论文数/篇（排名）	SCI论文被引频次/次（排名）	入选ESI机构数/个（排名）	入选ESI学科数/个（排名）	发明专利申请量/件（排名）
浙江省	20 356（8）	20 984（8）	18（4）	20（6）	109 719（3）
湖北省	22 318（6）	25 864（5）	18（4）	17（7）	36 938（9）
山东省	21 475（7）	22 829（6）	17（9）	26（4）	54 273（6）
陕西省	22 699（5）	22 727（7）	17（9）	17（7）	23 634（13）
四川省	18 232（9）	18 837（10）	18（4）	12（10）	42 723（7）
湖南省	13 966（11）	19 851（9）	18（4）	9（16）	26 089（12）
安徽省	10 799（14）	10 915（14）	15（13）	10（12）	104 071（4）
辽宁省	14 729（10）	14 200（11）	15（13）	16（9）	18 394（14）
天津市	12 572（12）	13 546（12）	14（15）	10（12）	17 879（15）
河南省	9 418（16）	8 855（18）	8（19）	11（11）	36 923（10）
福建省	8 320（18）	9 677（15）	16（11）	10（12）	31 063（11）
黑龙江省	10 880（13）	11 056（13）	16（11）	10（12）	10 460（21）
重庆市	9 150（17）	9 453（16）	14（15）	5（23）	16 975（17）
吉林省	9 722（15）	9 013（17）	14（15）	6（20）	8 379（22）
江西省	4 478（21）	4 170（21）	7（21）	6（20）	11 852（20）
云南省	3 956（23）	3 457（23）	7（21）	7（18）	8 024（23）
甘肃省	5 095（19）	5 348（19）	12（18）	8（17）	4 541（25）
广西壮族自治区	3 260（24）	2 398（24）	6（23）	4（24）	17 112（16）
河北省	5 072（20）	4 548（20）	8（19）	7（18）	15 153（18）
山西省	4 152（22）	4 024（22）	4（24）	6（20）	7 758（24）
贵州省	1 986（25）	1 277（26）	3（26）	2（27）	13 414（19）
新疆维吾尔自治区	1 923（26）	1 488（25）	4（24）	3（25）	2 617（27）
内蒙古自治区	1 391（27）	721（28）	2（27）	2（27）	2 875（26）
海南省	1 036（28）	722（27）	2（27）	3（25）	1 599（29）
宁夏回族自治区	498（29）	361（29）	1（29）	1（29）	2 534（28）
青海省	413（30）	249（30）	0（30）	0（30）	1 037（30）
西藏自治区	89（31）	31（31）	0（30）	0（30）	347（31）

资料来源：中国产业智库大数据中心

3.3 中国各省（自治区、直辖市）基础研究竞争力分析

3.3.1 北京市

2018年，北京市的基础研究竞争力指数为4.7523，排名第1位。北京市争取国家自然科学基金项目总数为6907项，项目经费总额为512 206.28万元，全国排名均为第1位。北京市争取国家自然科学基金项目经费金额大于2亿元的有2个学科（图3-2）；地质学、地理学、计算机科学、大气科学争取国家自然科学基金项目经费呈现下降趋势；物理学Ⅱ项目经费呈现

上升趋势（表 3-5）；争取国家自然科学基金项目经费最多的学科为电子学与信息系统，项目数量 204 个项目，项目经费 30 328.18 万元（表 3-6）。发表 SCI 论文数量最多的学科为工程、电气和电子（表 3-7）。北京市争取国家自然科学基金经费超过 1 亿元的有 9 个机构（表 3-8）；北京市共有 95 个机构进入相关学科的 ESI 全球前 1%行列，其中包括 21 所高校（图 3-3），28 个中国科学院及京属各研究所（图 3-4），46 所医院、企业及非中国科学院的研究机构（图 3-5）。北京市的发明专利申请量为 77 176 件，全国排名第 5，主要专利权人如表 3-9 所示。

2018 年，北京市地方财政科技投入经费预算 398.49 亿元，全国排名第 3 位；拥有国家重点实验室 101 个，省级重点实验室 457 个，获得国家科技奖励 69 项，全国排名均为第 1 位；获得国家科技奖励数共 69 项，全国排名第 1 位；拥有院士 702 人，新增“千人计划”青年项目入选者 132 人，新增“万人计划”入选者 348 人，新增国家自然科学基金杰出青年科学基金入选者 72 人，各项高端人才数量全国排名均为第 1 位。

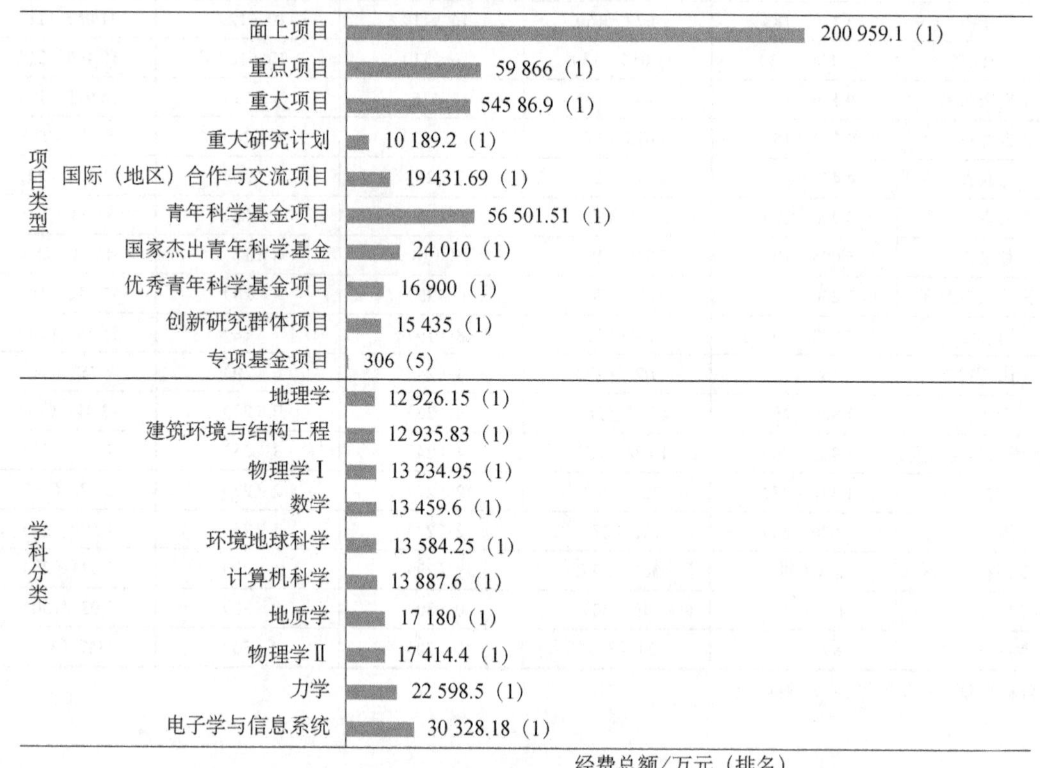

图 3-2　2018 年北京市争取国家自然科学基金项目情况

资料来源：中国产业智库大数据中心

表 3-5　2014～2018 年北京市争取国家自然科学基金项目经费十强学科

项目经费趋势	学科	指标	2014 年	2015 年	2016 年	2017 年	2018 年
	合计	项目数/项	7 153	7 065	6 929	7 045	6 907
		项目经费/万元	619 191.08	522 427.59	516 099.01	586 948.98	512 206.28
		机构数/个	315	312	326	311	309
		主持人数/人	6 964	6 899	6 786	6 862	6 761

续表

项目经费趋势	学科	指标	2014年	2015年	2016年	2017年	2018年
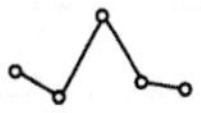	地质学	项目数/项	219	237	254	258	215
		项目经费/万元	22 302.5	15 489.1	38 061.4	20 172.5	17 180
		机构数/个	26	34	34	37	29
		主持人数/人	218	236	253	255	212
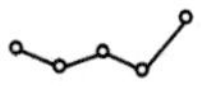	电子学与信息系统	项目数/项	234	241	251	212	204
		项目经费/万元	22 596.5	17 128.07	21 677.17	16 023.53	30 328.18
		机构数/个	54	61	55	51	52
		主持人数/人	232	239	249	212	202
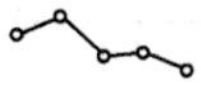	地理学	项目数/项	329	365	305	310	225
		项目经费/万元	24 381.3	28 714.4	17 150.5	19 122.3	12 926.15
		机构数/个	65	51	60	62	50
		主持人数/人	325	356	305	307	224
	力学	项目数/项	188	176	191	212	213
		项目经费/万元	17 011	14 225.49	12 172	29 738.2	22 598.5
		机构数/个	40	34	37	38	34
		主持人数/人	184	176	188	208	206
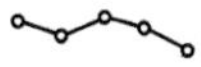	计算机科学	项目数/项	275	256	281	258	211
		项目经费/万元	21 585.6	17 575.5	23 149.53	19 230.83	13 887.6
		机构数/个	46	40	44	41	32
		主持人数/人	269	254	278	252	210
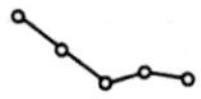	物理学Ⅰ	项目数/项	197	177	160	195	172
		项目经费/万元	30 911	21 930.9	12 167.05	15 609	13 234.95
		机构数/个	33	32	28	34	24
		主持人数/人	196	175	158	192	169
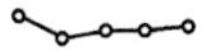	物理学Ⅱ	项目数/项	190	196	165	163	215
		项目经费/万元	20 903.8	14 607.6	16 762.3	16 722	17 414.4
		机构数/个	34	37	33	33	33
		主持人数/人	185	192	161	159	208
	自动化	项目数/项	178	163	198	197	138
		项目经费/万元	18 849.8	12 212.6	15 291.61	19 156.4	12 396.5
		机构数/个	40	32	35	45	31
		主持人数/人	175	162	195	193	136
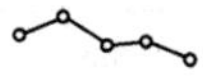	大气科学	项目数/项	165	189	158	156	124
		项目经费/万元	15 830	21 250.69	13 200.5	14 160.4	8 557.62
		机构数/个	27	25	24	32	17
		主持人数/人	157	181	151	151	124
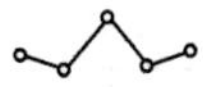	数学	项目数/项	196	176	186	194	177
		项目经费/万元	12 890	8 911	23 643.32	10 014	13 459.6
		机构数/个	33	34	40	30	30
		主持人数/人	189	174	182	190	168

注：十强学科为2014～2018年累计获得国家自然科学基金经费金额本省（自治区、直辖市）内前十学科，后同。

资料来源：中国产业智库大数据中心

表 3-6 2018 年北京市争取国家自然科学基金项目经费二十强学科及国内排名

序号	研究领域	项目数量/项（排名）	项目经费/万元（排名）
合计		6 907（1）	512 206.28（1）
1	电子学与信息系统	204（1）	30 328.18（1）
2	力学	213（1）	22 598.5（1）
3	物理学Ⅱ	215（1）	17 414.4（1）
4	地质学	215（1）	17 180（1）
5	计算机科学	211（1）	13 887.6（1）
6	环境地球科学	187（1）	13 584.25（1）
7	数学	177（1）	13 459.6（1）
8	物理学Ⅰ	172（1）	13 234.95（1）
9	建筑环境与结构工程	170（2）	12 935.83（1）
10	地理学	225（1）	12 926.15（1）
11	自动化	138（1）	12 396.5（1）
12	化学工程与工业化学	127（1）	12 085.65（1）
13	工程热物理与能源利用	110（1）	11 476.8（1）
14	半导体科学与信息器件	99（1）	10 696.41（1）
15	神经系统和精神疾病	108（1）	9 208（1）
16	光学和光电子学	94（1）	8 966.25（1）
17	冶金与矿业	140（1）	8 727.37（1）
18	大气科学	124（1）	8 557.62（1）
19	化学测量学	53（1）	8 502.4（1）
20	地球物理学和空间物理学	138（1）	8 243.75（1）

资料来源：中国产业智库大数据中心

表 3-7 2018 年北京市发表 SCI 论文数量二十强学科

序号	研究领域	发文量全国排名	发文量/篇	被引次数/次	篇均被引/次
1	工程、电气和电子	1	6 458	4 758	0.74
2	材料科学、跨学科	1	6 393	11 203	1.75
3	环境科学	1	3 978	5 480	1.38
4	物理学、应用	1	3 818	6 989	1.83
5	化学、跨学科	1	3 693	7 596	2.06
6	能源和燃料	1	3 327	5 519	1.66
7	化学、物理	1	3 227	8 658	2.68
8	电信	1	2 555	1 562	0.61
9	纳米科学和纳米技术	1	2 538	6 276	2.47
10	计算机科学、信息系统	1	2 291	1 360	0.59
11	工程、化学	1	2 204	4 107	1.86

续表

序号	研究领域	发文量全国排名	发文量/篇	被引次数/次	篇均被引/次
12	光学	1	2 152	1 327	0.62
13	地球学、跨学科	1	1 827	1 362	0.75
14	多学科科学	1	1 820	2 448	1.35
15	工程、机械	1	1 790	1 475	0.82
16	计算机科学、人工智能	1	1 587	1 673	1.05
17	物理学、凝聚态物质	1	1 583	4 625	2.92
18	肿瘤学	3	1 559	1 040	0.67
19	生物化学与分子生物学	2	1 522	1 862	1.22
20	工程、环境	1	1 486	3 296	2.22
全省（自治区、直辖市）合计		1	66 793	66 246	0.99

资料来源：中国产业智库大数据中心

表 3-8　2018 年北京市争取国家自然科学基金项目经费三十强机构

序号	机构名称	项目数量/项（排名）	项目经费/万元（排名）	发文量/篇（排名）	被引次数/次（排名）	发明专利申请数/件（排名）	BRCI（排名）
1	清华大学	566（7）	58 684.69（3）	6 805（4）	8 348（3）	2 312（12）	78.183 3（3）
2	北京大学	619（6）	53 564.71（4）	5 764（8）	5 976（8）	473（157）	56.111（9）
3	北京航空航天大学	287（25）	32 733.51(10）	3 836（17）	3 872（25）	1 778（23）	43.443 1（18）
4	北京理工大学	238（32）	17 051.7（25）	2 736（30）	3 532（29）	1 346（43）	32.600 4（26）
5	北京科技大学	182（42）	15 525.36(26）	2 496（33）	3 159（31）	844（79）	26.206 1（31）
6	中国农业大学	172（47）	10 358.45(47）	2 101（42）	2 015（49）	671（103）	20.834 6（41）
7	北京工业大学	125（80）	9 188.3（53）	1 584（64）	1 440（81）	1 349（42）	18.649（52）
8	北京师范大学	165（51）	10 480.9（45）	2 003（47）	2 004（51）	252（337）	17.365 5（58）
9	北京交通大学	106（94）	8 861.61（55）	1 721（59）	1 343（87）	580（121）	15.293 5（71）
10	首都医科大学	246（29）	11 339.25(41）	3 024（28）	1 606（66）	32（4007）	14.715（73）
11	北京邮电大学	94（105）	5 818.25（91）	1 776（56）	1 406（84）	695（96）	14.297 5（75）
12	北京化工大学	89（111）	5 405.4（97）	1 534（68）	2 422（39）	548（131）	14.240 9（76）
13	中国石油大学（北京）	103（98）	7 072.06（71）	1 293（79）	1 724（64）	505（143）	14.192 7（77）
14	中国科学院化学研究所	92（107）	15 055.14(28）	688（134）	2 361（41）	124（702）	11.529 4（87）
15	华北电力大学	54（191）	4 480.2（128）	1 153（87）	2 038（48）	576（122）	10.936 6（91）
16	中国地质大学（北京）	92（106）	5 762.4（93）	1 110（90）	1 133（101）	186（457）	10.166 4(100）
17	中国人民解放军总医院	73（142）	6 012.55（88）	771（124）	870（124）	133（662）	8.015 7（123）
18	中国科学院过程工程研究所	73（143）	7 415.7（68）	403（199）	490（178）	302（277）	7.762（129）
19	中国科学院地理科学与资源研究所	80（128）	5 302.27(103）	609（144）	654（146）	79（1207）	6.821 3（138）

续表

序号	机构名称	项目数量/项（排名）	项目经费/万元（排名）	发文量/篇（排名）	被引次数/次（排名）	发明专利申请数/件（排名）	BRCI（排名）
20	中国科学院地质与地球物理研究所	82（124）	8 903（54）	431（193）	363（217）	93（1010）	6.608 1（143）
21	中国科学院物理研究所	80（129）	8 615.04（57）	453（187）	537（169）	42（2774）	6.118 6（153）
22	首都师范大学	50（203）	4 369.7（132）	517（168）	403（199）	114（767）	5.411 4（177）
23	中国科学院高能物理研究所	86（116）	6 785.25（79）	275（260）	296（246）	64（1544）	5.386 2（178）
24	国家纳米科学中心	47（214）	4 756.1（116）	232（281）	611（158）	123（712）	5.069 4（190）
25	中国科学院大气物理研究所	64（153）	4 880.28（112）	359（213）	297（245）	26（5391）	4.183 7（221）
26	中国科学院微生物研究所	57（175）	4 870.77（113）	168（354）	168（325）	54（1903）	3.609 4（242）
27	中国科学院生物物理研究所	62（157）	5 698.5（94）	156（375）	238（271）	24（6020）	3.506 4（248）
28	中国科学院遗传与发育生物学研究所	41（245）	5 139.6（106）	138（402）	321（236）	50（2170）	3.475 2（250）
29	中国科学院动物研究所	59（169）	5 219.25（104）	297（243）	267（256）	13（13442）	3.461 5（252）
30	中国科学院生态环境研究中心	97（104）	6 852.61（78）	12（1160）	9（1052）	110（801）	2.035 2（344）

资料来源：中国产业智库大数据中心

	综合	农业科学	生物与生化	化学	临床医学	计算机科学	经济与商学	工程科学	环境/生态学	地球科学	免疫学	材料科学	数学	微生物学	分子生物与遗传学	综合交叉学科	神经科学与行为	药理学与毒物学	物理学	植物与动物科学	精神病学/心理学	一般社会科学	空间科学	进入ESI学科数
中国科学院大学	88	28	121	7	1834	192	0	67	34	53	688	8	0	200	317	0	790	179	203	46	0	604	0	17
北京大学	89	324	155	30	244	92	120	77	87	56	344	24	54	348	185	56	262	58	63	284	294	221	0	21
清华大学	94	0	150	19	1454	7	179	6	99	207	653	7	101	387	302	30	778	540	46	592	0	402	0	19
北京师范大学	545	285	917	385	3753	0	0	381	126	150	0	465	76	0	0	0	303	0	544	817	375	479	0	14
中国农业大学	582	8	337	604	0	0	0	609	328	0	0	0	0	193	490	0	0	644	0	69	0	1056	0	10
北京航空航天大学	615	0	0	400	0	86	0	42	0	0	0	98	0	0	0	0	0	0	414	0	0	0	0	5
首都医科大学	628	0	671	0	323	0	0	0	0	0	446	0	0	0	587	0	225	309	0	0	0	1390	0	7
中国地质大学(北京)	686	0	0	629	0	266	0	303	455	27	0	389	0	0	0	0	0	0	0	0	0	0	0	6
北京理工大学	694	0	0	231	0	202	0	79	0	0	0	130	0	0	0	0	0	0	603	0	0	1206	0	6
北京化工大学	715	0	795	103	0	0	0	387	0	0	0	115	0	0	0	0	0	0	0	0	0	0	0	4
北京科技大学	752	0	0	324	0	320	0	248	0	0	0	64	0	0	0	0	0	0	0	0	0	0	0	4
中国石油大学	971	0	0	341	0	0	0	139	0	276	0	300	0	0	0	0	0	0	0	0	0	0	0	4
北京工业大学	1297	0	0	665	0	0	0	295	956	0	0	323	0	0	0	0	0	0	0	0	0	0	0	4
北京交通大学	1401	0	0	0	0	147	0	149	0	0	0	498	0	0	0	0	0	0	0	0	0	0	0	3
华北电力大学	1432	0	0	1162	0	0	0	107	709	0	0	788	0	0	0	0	0	0	0	0	0	0	0	4
北京林业大学	1644	315	0	1067	0	0	0	1150	632	0	0	862	0	0	0	0	0	0	0	318	0	0	0	6
北京邮电大学	1717	0	0	0	0	41	0	410	0	0	0	0	0	0	0	0	0	0	693	0	0	0	0	3
中国人民大学	1750	0	0	908	0	0	275	1390	0	0	0	0	0	0	0	0	0	0	0	0	0	766	0	4
首都师范大学	1968	0	0	979	0	0	0	0	0	0	0	0	0	0	0	0	0	0	0	848	0	0	0	2
北京中医药大学	3046	0	0	0	2466	0	0	0	0	0	0	0	0	0	0	0	0	586	0	0	0	0	0	2
北京工商大学	4014	781	0	0	0	0	0	0	0	0	0	0	0	0	0	0	0	0	0	0	0	0	0	1

图 3-3 2018 年北京市高校 ESI 前 1%学科分布

	综合	农业科学	生物与生化	化学	临床医学	计算机科学	经济与商学	工程科学	环境/生态学	地球科学	免疫学	材料科学	数学	微生物学	分子生物与遗传学	综合交叉学科	神经科学与行为	药理学与毒物学	物理学	植物与动物科学	精神病学/心理学	一般社会科学	空间科学	进入ESI学科数
中国科学院	4	4	8	1	379	2	207	1	2	3	127	1	5	18	33	10	125	8	4	4	237	172	34	22
中国科学院化学研究所	419	0	0	22	0	0	0	0	0	0	0	30	0	0	0	0	0	0	0	0	0	0	0	2
中国科学院物理研究所	593	0	0	351	0	0	0	0	0	0	0	106	0	0	0	0	0	0	84	0	0	0	0	3
中国科学院高能物理研究所	769	0	0	596	0	0	0	0	0	0	0	395	0	0	0	0	0	0	116	0	0	0	0	3
中国科学院生态环境研究中心	1012	430	0	472	0	0	0	457	71	0	0	0	0	0	0	0	0	0	0	1150	0	0	0	5
中国科学院地质与地球物理研究所	1120	0	0	0	0	0	0	0	0	33	0	0	0	0	0	0	0	0	0	0	0	0	0	1
中国科学院地理科学与资源研究所	1398	180	0	0	0	0	0	806	229	230	0	0	0	0	0	0	0	0	0	1208	0	564	0	6
中国科学院过程工程研究所	1415	0	933	379	0	0	0	606	0	0	0	353	0	0	0	0	0	0	0	0	0	0	0	4
中国科学院大气物理研究所	1440	799	0	0	0	0	0	0	703	72	0	0	0	0	0	0	0	0	0	0	0	0	0	3
中国科学院遗传与发育生物学研究所	1443	497	0	0	3608	0	0	0	0	0	0	0	0	0	491	0	0	0	0	142	0	0	0	4
中国科学院植物研究所	1523	299	0	0	0	0	0	0	359	0	0	0	0	0	0	0	0	0	0	133	0	0	0	3
中国科学院动物研究所	1608	0	849	0	2963	0	0	0	697	0	0	0	0	0	493	0	0	0	0	443	0	0	0	5
中国科学院生物物理研究所	1616	0	484	0	3003	0	0	0	0	0	0	0	0	0	637	0	0	0	0	0	0	0	0	3
中国科学院国家天文台	1637	0	0	0	0	0	0	0	0	0	0	0	0	0	0	0	0	0	0	0	0	0	105	1
中国科学院微生物研究所	1661	0	582	0	0	0	0	0	0	0	0	0	0	196	0	0	0	0	0	384	0	0	0	3
中国科学院半导体研究所	1856	0	0	0	0	0	0	1413	0	0	0	450	0	0	0	0	0	0	551	0	0	0	0	3
中国科学院数学与系统科学研究院	1922	0	0	0	0	0	0	388	0	0	0	0	27	0	0	0	0	0	0	0	0	0	0	2
中国科学院北京基因组研究所	2135	0	605	0	3668	0	0	0	0	0	0	0	0	0	615	0	0	0	0	0	0	0	0	3
中国科学院北京纳米能源与系统研究所	2295	0	0	0	0	0	0	0	0	0	0	214	0	0	0	0	0	0	0	0	0	0	0	1
中国科学院理论物理研究所	2388	0	0	0	0	0	0	0	0	0	0	0	0	0	0	0	0	0	526	0	0	0	0	1
中国科学院心理研究所	2447	0	0	0	0	0	0	0	0	0	0	0	0	0	0	0	471	0	0	0	326	0	0	2
中国科学院力学研究所	2944	0	0	0	0	0	0	673	0	0	0	673	0	0	0	0	0	0	0	0	0	0	0	2
中国科学院电工研究所	3433	0	0	0	0	0	0	722	0	0	0	0	0	0	0	0	0	0	0	0	0	0	0	1
中国科学院计算技术研究所	3544	0	0	0	0	286	0	687	0	0	0	0	0	0	0	0	0	0	0	0	0	0	0	2
中国科学院古脊椎动物与古人类研究所	3562	0	0	0	0	0	0	0	0	635	0	0	0	0	0	0	0	0	0	0	0	1112	0	2
中国科学院遥感与数字地球研究所	3936	0	0	0	0	0	0	0	0	539	0	0	0	0	0	0	0	0	0	0	0	0	0	1
中国科学院工程热物理研究所	4394	0	0	0	0	0	0	654	0	0	0	0	0	0	0	0	0	0	0	0	0	0	0	1
中国科学院科技政策与管理科学研究所	5201	0	0	0	0	0	0	1420	0	0	0	0	0	0	0	0	0	0	0	0	0	0	0	1

图 3-4　2018 年中国科学院及京属各研究所 ESI 前 1%学科分布

机构	综合	农业科学	生物与生化	化学	临床医学	计算机科学	经济与商学	工程科学	环境/生态学	地球科学	免疫学	材料科学	数学	微生物学	分子生物与遗传学	综合交叉学科	神经科学与行为	药理学与毒物学	物理学	植物与动物科学	精神病学/心理学	一般社会科学	空间科学	进入ESI学科数
中国农业科学院	635	15	467	927	0	0	0	0	435	0	0	0	0	98	358	0	0	0	0	35	0	0	0	7
国家纳米科学中心	958	0	0	305	0	0	0	0	0	0	0	80	0	0	0	0	0	0	0	0	0	0	0	2
中国疾病预防控制中心	1106	668	0	0	731	0	0	0	756	0	236	0	0	143	0	0	0	0	0	0	0	456	0	6
教育部	1133	831	0	369	3320	0	0	487	0	0	0	376	0	0	0	0	0	0	0	0	0	0	0	5
中国人民解放军总医院	1261	0	899	0	646	0	0	0	0	0	0	0	0	0	0	0	0	685	0	0	0	0	0	3
中国地质科学院	1570	0	0	0	0	0	0	0	0	73	0	0	0	0	0	0	0	0	0	0	0	0	0	1
北京协和医学院	1610	0	0	0	753	0	0	0	0	0	0	0	0	0	0	0	0	0	0	0	0	0	0	1
中国人民解放军军事医学科学院	1660	0	806	0	1612	0	0	0	0	0	0	0	0	0	0	0	0	489	0	0	0	0	0	3
中国气象局	2036	0	0	0	0	0	0	0	957	143	0	0	0	0	0	0	0	0	0	0	0	0	0	2
中国医学科学院基础医学研究所	2061	0	0	0	1484	0	0	0	0	0	0	0	0	0	725	0	0	0	0	0	0	0	0	2
中国医学科学院肿瘤医院肿瘤研究所	2084	0	0	0	949	0	0	0	0	0	0	0	0	0	0	0	0	0	0	0	0	0	0	1
中国石油天然气集团有限公司	2243	0	0	1086	0	0	0	801	0	333	0	0	0	0	0	0	0	0	0	0	0	0	0	3
国家海洋局	2244	0	0	0	0	0	0	0	780	422	0	0	0	0	0	0	0	0	0	976	0	0	0	3
中国环境科学研究院	2298	0	0	0	0	0	0	810	288	0	0	0	0	0	0	0	0	0	0	0	0	0	0	2
中国农业科学院作物科学研究所	2343	225	0	0	0	0	0	0	0	0	0	0	0	0	0	0	0	0	0	288	0	0	0	2
中国林业科学研究院	2638	0	0	0	0	0	0	0	850	0	0	0	0	0	0	0	0	0	0	387	0	0	0	2
中国地震局	2678	0	0	0	0	0	0	0	0	218	0	0	0	0	0	0	0	0	0	0	0	0	0	1
中国水产科学研究院	2718	0	0	0	0	0	0	0	0	0	0	0	0	0	0	0	0	0	0	409	0	0	0	1
中国气象科学研究院	2816	0	0	0	0	0	0	0	0	254	0	0	0	0	0	0	0	0	0	0	0	0	0	1
中国中医科学院	2827	0	0	0	2222	0	0	0	0	0	0	0	0	0	0	0	0	587	0	0	0	0	0	2
中国石油化工集团公司	2844	0	0	1034	0	0	0	1107	0	562	0	0	0	0	0	0	0	0	0	0	0	0	0	3
北京市神经外科研究所	3015	0	0	0	1315	0	0	0	0	0	0	0	0	0	0	0	0	0	0	0	0	0	0	1
中国原子能科学研究院	3032	0	0	0	0	0	0	0	0	0	0	0	0	0	0	0	0	0	730	0	0	0	0	1
中国农业科学院植物保护研究所	3250	670	0	0	0	0	0	0	0	0	0	0	0	0	0	0	0	0	0	512	0	0	0	2
中国医学科学院药用植物研究所	3374	0	0	0	0	0	0	0	0	0	0	0	0	0	0	0	0	576	0	1155	0	0	0	2
中日友好医院	3401	0	0	0	1874	0	0	0	0	0	0	0	0	0	0	0	0	0	0	0	0	0	0	1
美国中华医学基金会	3427	0	0	0	1319	0	0	0	0	0	0	0	0	0	0	0	0	0	0	0	0	0	0	1
北京市农林科学院	3525	603	0	0	0	0	0	0	0	0	0	0	0	0	0	0	0	0	0	770	0	0	0	2
中国农业科学院蔬菜花卉研究所	3821	0	0	0	0	0	0	0	0	0	0	0	0	0	0	0	0	0	0	953	0	0	0	1
微软亚洲研究院	3836	0	0	0	0	263	0	551	0	0	0	0	0	0	0	0	0	0	0	0	0	0	0	2
中国农业科学院农业资源与农业区划研究所	3910	377	0	0	0	0	0	0	0	0	0	0	0	0	0	0	0	0	0	0	0	0	0	1
中国人民解放军第302医院	3973	0	0	0	2748	0	0	0	0	0	0	0	0	0	0	0	0	0	0	0	0	0	0	1
北京医院	4116	0	0	0	2608	0	0	0	0	0	0	0	0	0	0	0	0	0	0	0	0	0	0	1
中国医学科学院血液学研究所血液病医院	4374	0	0	0	2696	0	0	0	0	0	0	0	0	0	0	0	0	0	0	0	0	0	0	1
中国水利水电科学研究院	4381	0	0	0	0	0	0	1401	0	0	0	0	0	0	0	0	0	0	0	0	0	0	0	1
首都儿科研究所	4382	0	0	0	3102	0	0	0	0	0	0	0	0	0	0	0	0	0	0	0	0	0	0	1
中国高血压联盟	4454	0	0	0	2074	0	0	0	0	0	0	0	0	0	0	0	0	0	0	0	0	0	0	1
中国地质调查局	4504	0	0	0	0	0	0	0	0	605	0	0	0	0	0	0	0	0	0	0	0	0	0	1
中国钢研科技集团有限公司	4522	0	0	0	0	0	0	0	0	0	0	771	0	0	0	0	0	0	0	0	0	0	0	1
中国农业科学院生物技术研究所	4763	0	0	0	0	0	0	0	0	0	0	0	0	0	0	0	0	0	0	1098	0	0	0	1
中国医学科学院北京协和医学院	4839	817	358	1828	887	0	0	0	0	0	326	804	0	281	255	0	517	431	0	844	0	886	0	12
中国社会科学院	5232	0	0	0	0	0	0	0	0	0	0	0	0	0	0	0	0	0	0	0	0	1240	0	1
国家电网有限公司	5251	0	0	0	0	0	0	1099	0	0	0	0	0	0	0	0	0	0	0	0	0	0	0	1
海军总医院	5270	0	0	0	4059	0	0	0	0	0	0	0	0	0	0	0	0	0	0	0	0	0	0	1
卫生部	5781	0	0	0	4180	0	0	0	0	0	0	0	0	0	0	0	0	0	0	0	0	0	0	1
中华医学会重症医学分会	5837	0	0	0	3826	0	0	0	0	0	0	0	0	0	0	0	0	0	0	0	0	0	0	1

图 3-5　2018 年北京市其他机构 ESI 前 1%学科分布

表 3-9 2018 年北京市在华发明专利申请量二十强企业和科研机构列表

序号	二十强企业	发明专利申请量/件	二十强科研机构	发明专利申请量/件
1	京东方科技集团股份有限公司	4017	清华大学	2157
2	国家电网有限公司	2315	北京航空航天大学	1757
3	百度在线网络技术（北京）有限公司	1447	北京工业大学	1339
4	北京小米移动软件有限公司	1236	北京理工大学	1335
5	中国联合网络通信集团有限公司	941	北京科技大学	827
6	联想（北京）有限公司	903	北京邮电大学	677
7	中国石油天然气股份有限公司	779	中国农业大学	661
8	中国电力科学研究院有限公司	740	北京交通大学	566
9	北京奇艺世纪科技有限公司	570	北京化工大学	533
10	北京百度网讯科技有限公司	454	中国石油大学（北京）	489
11	北京奇虎科技有限公司	421	华北电力大学	489
12	成都京东方光电科技有限公司	407	北京大学	466
13	北京京东方光电科技有限公司	404	中国运载火箭技术研究院	439
14	北京新能源汽车股份有限公司	391	中国矿业大学（北京）	343
15	中国海洋石油集团有限公司	381	中国水利水电科学研究院	315
16	中国石油化工股份有限公司	331	中国科学院过程工程研究所	263
17	北京三快在线科技有限公司	293	北京林业大学	259
18	全球能源互联网研究院有限公司	287	北京师范大学	242
19	北京京东方显示技术有限公司	287	北京建筑大学	217
20	北京旷视科技有限公司	277	中国科学院理化技术研究所	211

资料来源：中国产业智库大数据中心

3.3.2 江苏省

2018 年，江苏省的基础研究竞争力指数为 3.0355，排名第 2 位。江苏省争取国家自然科学基金项目总数为 4164 项，全国排名第 2 位；项目经费总额为 218 082.42 万元，全国排名为第 3 位。江苏省争取国家自然科学基金项目经费金额大于 5000 万元的有 9 个学科（图 3-6）；计算机科学项目经费下降趋势显著（表 3-10）；争取国家自然科学基金项目经费最多的学科为物理学Ⅰ，项目数量 108 项，项目经费 9113.6 万元（表 3-11）。发表 SCI 论文数量最多的学科为材料科学、跨学科（表 3-12）。争取国家自然科学基金经费超过 1 亿元的有 4 个机构（表 3-13）；江苏省共有 30 个机构进入相关学科的 ESI 全球前 1%行列（图 3-7）。江苏省的发明专利申请量为 159 057 件，全国排名第 2 位，主要专利权人如表 3-14 所示。

2018 年，江苏省地方财政科技投入经费预算 478.00 亿元，全国排名第 2 位；拥有国家重点实验室 27 个，省级重点实验室 72 个，获得国家科技奖励 22 项；拥有院士 86 人，新增“千人计划”青年项目入选者 45 人，新增“万人计划”入选者 105 人，新增国家自然科学基金杰出青年科学基金入选者 18 人，累计入选院士人数、新增“万人计划”入选者人数、新增国家自然科学基金杰出青年科学基金入选者人数全国排名均为第 3 位。

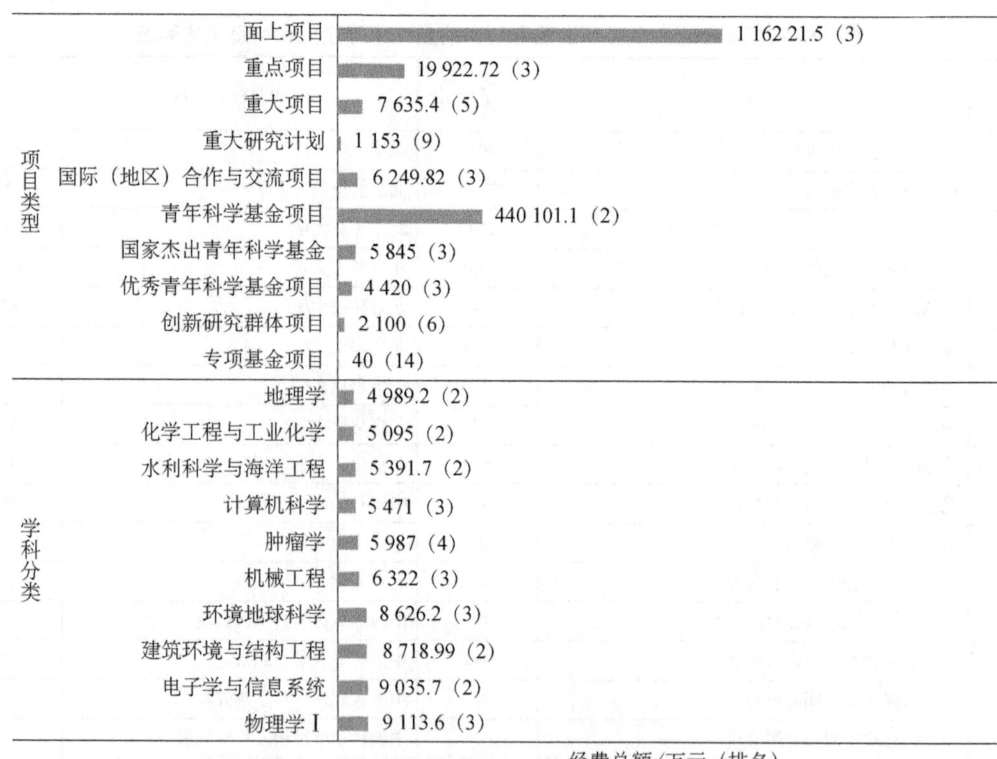

图 3-6　2018 年江苏省争取国家自然科学基金项目情况

资料来源：中国产业智库大数据中心

表 3-10　2014～2018 年江苏省争取国家自然科学基金项目经费十强学科

项目经费趋势	学科	指标	2014 年	2015 年	2016 年	2017 年	2018 年
	合计	项目数/项	3 516	3 966	3 878	4 276	4 164
		项目经费/万元	211 249.88	198 641.42	190 660.47	226 181.57	218 082.42
		机构数/个	91	87	82	91	93
		主持人数/人	3 458	3 919	3 842	4 227	4 129
	地理学	项目数/项	180	188	161	179	100
		项目经费/万元	11 693.4	9 931.16	9 426.5	8 905.94	4 989.2
		机构数/个	24	27	25	26	23
		主持人数/人	179	187	160	179	100
	电子学与信息系统	项目数/项	137	152	133	155	159
		项目经费/万元	7 345	8 241.67	8 354.59	8 407.54	9 035.7
		机构数/个	25	24	24	32	30
		主持人数/人	137	152	133	154	159
	建筑环境与结构工程	项目数/项	149	168	148	180	171
		项目经费/万元	9 058	7 792.83	6 540.8	7 917.06	8 718.99
		机构数/个	29	27	25	28	29
		主持人数/人	149	168	147	179	171

续表

项目经费趋势	学科	指标	2014年	2015年	2016年	2017年	2018年
	物理学Ⅰ	项目数/项	81	105	102	114	108
		项目经费/万元	4 714.8	5 694.1	9 391.13	6 637.16	9 113.6
		机构数/个	24	26	23	26	25
		主持人数/人	81	104	100	114	106
	机械工程	项目数/项	113	146	131	128	153
		项目经费/万元	6 199	7 054	6 911	5 202	6 322
		机构数/个	27	25	23	28	29
		主持人数/人	113	146	131	128	153
	肿瘤学	项目数/项	130	156	155	164	155
		项目经费/万元	6 042	5 793	5 599	6 953.25	5 987
		机构数/个	17	12	16	17	16
		主持人数/人	130	156	155	164	155
	水利科学与海洋工程	项目数/项	94	98	108	111	103
		项目经费/万元	6 857	6 377.1	4 937	6 383.5	5 391.7
		机构数/个	11	11	14	18	14
		主持人数/人	92	98	105	110	101
	计算机科学	项目数/项	104	114	119	136	111
		项目经费/万元	6 563	5 032	5 472.3	6 772	5 471
		机构数/个	29	22	32	26	23
		主持人数/人	102	113	119	136	111
	自动化	项目数/项	105	104	103	108	83
		项目经费/万元	5 755	5 024.1	4 562.5	5 993	4 519
		机构数/个	25	26	24	29	28
		主持人数/人	104	103	103	108	83
	地质学	项目数/项	72	65	69	71	49
		项目经费/万元	6 863.85	5 594.21	4 437.5	6 089.3	2 860
		机构数/个	16	11	12	11	6
		主持人数/人	70	62	69	70	49

资料来源：中国产业智库大数据中心

表 3-11 2018 年江苏省争取国家自然科学基金项目经费二十强学科及国内排名

序号	研究领域	项目数量/项（排名）	项目经费/万元（排名）
合计		4 164（2）	218 082.42（3）
1	物理学Ⅰ	108（3）	9 113.6（3）
2	电子学与信息系统	159（2）	9 035.7（2）
3	建筑环境与结构工程	171（1）	8 718.99（2）
4	环境地球科学	150（2）	8 626.2（3）
5	机械工程	153（1）	6 322（3）
6	肿瘤学	155（3）	5 987（4）
7	计算机科学	111（2）	5 471（3）

续表

序号	研究领域	项目数量/项（排名）	项目经费/万元（排名）
8	水利科学与海洋工程	103（2）	5 391.7（2）
9	化学工程与工业化学	87（2）	5 095（2）
10	地理学	100（2）	4 989.2（2）
11	力学	90（2）	4 697（2）
12	自动化	83（2）	4 519（4）
13	天文学	49（2）	4 480.92（3）
14	电气科学与工程	57（2）	4 314（3）
15	食品科学	82（1）	4 290（1）
16	冶金与矿业	70（3）	4 065（4）
17	林学	40（2）	3 937（1）
18	数学	105（4）	3 853（5）
19	无机非金属材料	62（5）	3 800.4（3）
20	化学测量学	34（2）	3 586.5（2）

资料来源：中国产业智库大数据中心

表 3-12　2018 年江苏省发表 SCI 论文数量二十强学科

序号	研究领域	发文量全国排名	发文量/篇	被引次数/次	篇均被引/次
1	材料科学、跨学科	2	4 612	7 754	1.68
2	工程、电气和电子	2	3 888	3 019	0.78
3	物理学、应用	2	2 802	4 641	1.66
4	化学、跨学科	2	2 784	5 456	1.96
5	化学、物理	2	2 285	6 163	2.70
6	环境科学	2	2 206	2 622	1.19
7	纳米科学和纳米技术	2	1 872	4 679	2.50
8	能源和燃料	2	1 665	2 747	1.65
9	生物化学与分子生物学	1	1 657	1 895	1.14
10	工程、化学	2	1 568	3 086	1.97
11	电信	2	1 562	1 146	0.73
12	肿瘤学	4	1 450	1 362	0.94
13	计算机科学、信息系统	2	1 337	1 041	0.78
14	药理学和药剂学	1	1 305	1 142	0.88
15	光学	3	1 273	910	0.71
16	医学、研究和试验	1	1 253	864	0.69
17	物理学、凝聚态物质	2	1 235	2 809	2.27
18	生物工程学和应用微生物学	1	1 100	1 337	1.22
19	化学、分析	2	1 070	1 615	1.51
20	工程、机械	2	1 018	669	0.66
全省（自治区、直辖市）合计		2	43 046	45 856	1.07

资料来源：中国产业智库大数据中心

表 3-13 2018 年江苏省争取国家自然科学基金项目经费三十强机构

序号	机构名称	项目数量/项（排名）	项目经费/万元（排名）	发文量/篇（排名）	被引次数/次（排名）	发明专利申请数/件（排名）	BRCI（排名）
1	东南大学	304（21）	20 926.59（21）	3 804（18）	3 796（26）	2 636（9）	43.816 7（17）
2	南京大学	422（13）	31 918.18（12）	3 591（22）	4 421（22）	689（97）	42.528 8（19）
3	苏州大学	321（19）	17 302.7（24）	3 163（27）	4 815（18）	983（62）	36.983 4（23）
4	江苏大学	168（49）	6 991.2（76）	2 193（40）	3 089（35）	1 718（26）	24.586 7（34）
5	南京航空航天大学	152（64）	8 752.24（56）	2 278（37）	1 837（59）	1 565（31）	22.404 2（36）
6	南京理工大学	143（69）	6 895.2（77）	2 028（46）	2 538（37）	1 335（44）	21.289 2（40）
7	江南大学	140（72）	6 644.3（82）	1 849（54）	2 049（47）	1 702（27）	20.762 2（43）
8	河海大学	155（58）	8 444.8（60）	1 698（60）	1 575（70）	1 162（56）	19.819 9（45）
9	南京医科大学	293（23）	13 905.9（30）	2 338（36）	1 870（57）	84（1132）	18.654 3（51）
10	中国矿业大学	127（79）	6 088.6（87）	1 948（51）	2 254（43）	989（60）	18.565 1（53）
11	南京农业大学	187（40）	9 483.4（50）	1 746（57）	1 574（72）	362（225）	17.811 2（57）
12	南京工业大学	134（75）	6 759.3（80）	1 440（75）	1 795（61）	785（84）	16.942 7（60）
13	扬州大学	158（54）	7 036（74）	1 228（84）	1 434（82）	560（127）	15.980 6（69）
14	南京邮电大学	100（100）	4 466.7（130）	996（97）	1 054（108）	1 382（40）	13.557（78）
15	南京信息工程大学	111（89）	5 404.3（98）	1 046（96）	1 349（86）	540（135）	13.017 4（79）
16	中国药科大学	99（102）	4 714.4（117）	966（101）	1 177（99）	247（343）	10.386 8（98）
17	南京师范大学	80（130）	3 856（143）	900（108）	1 114（104）	227（371）	9.014 9（110）
18	南通大学	82（126）	3 414.5（159）	727（129）	495（177）	411（197）	8.307 1（121）
19	南京林业大学	46（222）	1 843（264）	694（132）	664（143）	948（67）	7.404 9（131）
20	江苏师范大学	59（171）	2 266（221）	474（179）	634（151）	313（262）	6.446 9（146）
21	南京中医药大学	89（112）	3 629.5（150）	520（166）	389（204）	92（1024）	6.105（154）
22	江苏科技大学	47（217）	1 482.87（301）	451（188）	410（195）	465（162）	5.485 8（174）
23	江苏省农业科学院	60（167）	2 348（211）	211（297）	163（330）	278（304）	4.455 3（212）
24	徐州医科大学	50（205）	1 823（272）	399（200）	352（223）	55（1852）	3.879（233）
25	中国科学院南京地理与湖泊研究所	42（241）	2 783.1（188）	200（307）	244（266）	81（1168）	3.484（249）
26	中国科学院南京土壤研究所	38（264）	2 133.2（235）	246（274）	338（227）	66（1492）	3.417 4（255）
27	中国科学院紫金山天文台	30（308）	2 697.92（193）	97（485）	142（351）	16（10 355）	1.919 8（352）
28	中国科学院苏州纳米技术与纳米仿生研究所	34（284）	1 670.87（285）	6（1650）	11（956）	51（2118）	0.925 7（473）
29	中国林业科学研究院林产化学工业研究所	7（691）	2 355（209）	4（2060）	2（2224）	92（1024）	0.437 8（572）
30	中国人民解放军南京军区南京总医院	31（303）	1 471（303）	3（2415）	0（4386）	18（9146）	0.139 6（669）

资料来源：中国产业智库大数据中心

	综合	农业科学	生物与生化	化学	临床医学	计算机科学	经济与商学	工程科学	环境/生态学	地球科学	免疫学	材料科学	数学	微生物学	分子生物与遗传学	综合交叉学科	神经科学与行为	药理学与毒物学	物理学	植物与动物科学	精神病学/心理学	一般社会科学	空间科学	进入ESI学科数
南京大学	200	603	465	29	556	125	0	179	146	101	687	74	125	0	526	0	544	247	123	782	0	742	0	17
苏州大学	404	0	495	90	696	0	0	517	0	0	723	46	254	0	630	0	671	234	530	0	0	0	0	11
东南大学	440	0	551	225	1144	21	0	25	0	0	0	138	96	0	0	0	718	590	426	0	0	1161	0	11
南京医科大学	687	0	506	0	407	0	0	0	0	0	610	0	0	0	359	0	481	188	0	0	0	1348	0	7
南京农业大学	852	22	496	1222	0	0	0	950	397	0	0	0	0	320	681	0	0	0	0	82	0	0	0	8
江苏大学	954	373	0	343	1859	0	0	313	0	0	0	274	0	0	0	0	0	841	0	0	0	0	0	6
江南大学	956	32	426	403	2723	0	0	335	0	0	0	598	0	0	0	0	0	0	0	0	0	0	0	6
南京理工大学	962	0	0	356	0	170	0	133	0	0	0	200	0	0	0	0	0	0	0	0	0	0	0	4
南京工业大学	1001	0	953	220	0	0	0	492	0	0	0	173	0	0	0	0	0	0	0	0	0	0	0	4
南京航空航天大学	1019	0	0	765	0	251	0	96	0	0	0	170	0	0	0	0	0	0	0	0	0	0	0	4
中国药科大学	1253	0	970	466	2476	0	0	0	0	0	0	0	0	0	0	0	0	51	0	0	0	0	0	4
南京师范大学	1258	593	0	559	0	0	0	648	974	631	0	675	0	0	0	0	0	0	0	990	0	0	0	7
中国矿业大学	1283	0	0	922	0	0	0	203	955	339	0	564	250	0	0	0	0	0	0	0	0	0	0	6
扬州大学	1323	361	0	574	2785	434	0	726	0	0	0	669	0	0	0	0	0	0	0	621	0	0	0	7
南京信息工程大学	1592	0	0	0	0	83	0	735	820	252	0	0	0	0	0	0	0	0	0	0	0	0	0	4
南京邮电大学	1606	0	0	631	0	239	0	758	0	0	0	356	0	0	0	0	0	0	0	0	0	0	0	4
河海大学	1705	0	0	0	0	296	0	280	528	617	0	749	0	0	0	0	0	0	0	0	0	0	0	5
南通大学	1875	0	0	0	1593	0	0	1271	0	0	0	0	0	0	0	0	682	0	0	0	0	0	0	3
中国科学院南京土壤研究所	2007	92	0	0	0	0	0	0	313	0	0	0	0	0	0	0	0	0	0	0	0	0	0	2
南京中医药大学	2182	0	0	0	1567	0	0	0	0	0	0	0	0	0	0	0	0	297	0	0	0	0	0	2
常州大学	2247	0	0	700	0	0	0	1360	0	0	0	593	0	0	0	0	0	0	0	0	0	0	0	3
江苏师范大学	2291	0	0	792	0	0	0	1317	0	0	0	0	0	0	0	0	0	0	0	0	0	0	0	2
中国科学院南京地理与湖泊研究所	2729	0	0	0	0	0	0	1397	456	589	0	0	0	0	0	0	0	0	0	0	0	0	0	3
南京林业大学	2800	0	0	0	0	0	0	1242	0	0	0	0	0	0	0	0	0	0	0	1114	0	0	0	2
徐州医科大学	2801	0	0	0	2239	0	0	0	0	0	0	0	0	0	0	0	0	0	0	0	0	0	0	1
江苏科技大学	3268	0	0	0	0	0	0	1149	0	0	0	856	0	0	0	0	0	0	0	0	0	0	0	2
江苏省农业科学院	3530	591	0	0	0	0	0	0	0	0	0	0	0	0	0	0	0	0	0	871	0	0	0	2
解放军理工大学	3557	0	0	0	0	274	0	708	0	0	0	0	0	0	0	0	0	0	0	0	0	0	0	2
江苏省疾病预防控制中心	4524	0	0	0	3223	0	0	0	0	0	0	0	0	0	0	0	0	0	0	0	0	0	0	1
昆山杜克大学	5162	0	0	0	2800	0	0	0	0	0	0	0	0	0	0	0	0	0	0	0	0	0	0	1

图 3-7 2018 年江苏省各机构 ESI 前 1%学科分布

表 3-14 2018 年江苏省在华发明专利申请量二十强企业和科研机构列表

序号	二十强企业	发明专利申请量/件	二十强科研机构	发明专利申请量/件
1	昆山国显光电有限公司	423	东南大学	2579
2	国网江苏省电力有限公司	414	江苏大学	1706
3	国家电网有限公司	387	江南大学	1671
4	德淮半导体有限公司	331	南京航空航天大学	1545
5	国电南瑞科技股份有限公司	293	南京邮电大学	1376
6	国家电网公司	268	南京理工大学	1324
7	昆山富凌能源利用有限公司	244	河海大学	1142
8	南瑞集团有限公司	231	中国矿业大学	973
9	南京南瑞继保电气有限公司	212	苏州大学	966
10	南京南瑞继保工程技术有限公司	193	常州大学	958
11	张家港康得新光电材料有限公司	173	南京林业大学	938
12	国网江苏省电力有限公司电力科学研究院	169	南京工业大学	775
13	博众精工科技股份有限公司	168	常州信息职业技术学院	699
14	无锡市翱宇特新科技发展有限公司	164	南京大学	684
15	国电南瑞南京控制系统有限公司	155	扬州大学	556

续表

序号	二十强企业	发明专利申请量/件	二十强科研机构	发明专利申请量/件
16	中国船舶科学研究中心（中国船舶重工集团公司第七〇二研究所）	152	南京信息工程大学	539
17	昆山龙腾光电有限公司	149	江苏理工学院	475
18	启东创潞新材料有限公司	147	江苏科技大学	463
19	昆山市圣光新能源科技有限公司	146	南通大学	411
20	苏州富强科技有限公司	146	南京工程学院	388

资料来源：中国产业智库大数据中心

3.3.3 广东省

2018 年，广东省的基础研究竞争力指数为 2.6578，排名第 3 位。广东省争取国家自然科学基金项目总数为 3670 项，项目经费总额为 189 646.22 万元，全国排名均为第 4 位。争取国家自然科学基金项目经费金额大于 5000 万元的有 7 个学科（图 3-8）；建筑环境与结构工程、计算机科学、肿瘤学项目经费呈现上涨趋势（表 3-15）；争取国家自然科学家项目经费最多的学科为肿瘤学，项目数量 315 项，项目经费 14 078.4 万元（表 3-16）。发表 SCI 论文数量最多的学科为材料科学、跨学科（表 3-17）。广东省争取国家自然科学基金经费超过 1 亿元的有 5 个机构（表 3-18）；广东省共有 30 个机构进入相关学科的 ESI 全球前 1%行列（图 3-9）。广东省的发明专利申请量为 165 080 件，全国排名第 1 位，主要专利权人如表 3-19 所示。

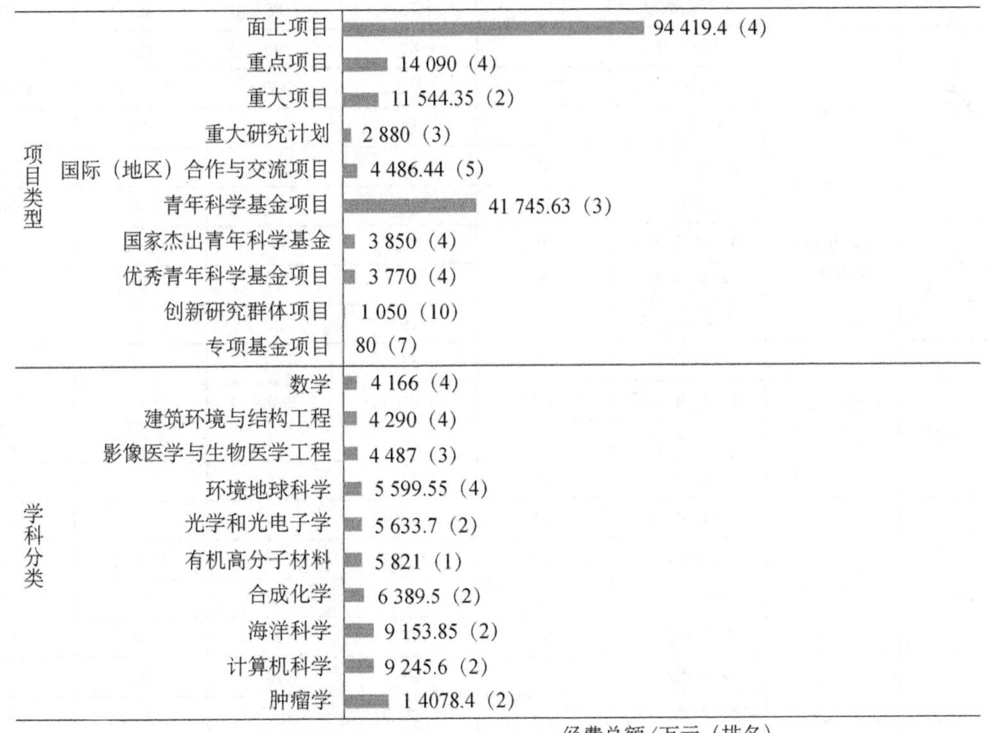

图 3-8 2018 年广东省争取国家自然科学基金项目情况

资料来源：中国产业智库大数据中心

2018 年，广东省地方财政科技投入经费预算 876.64 亿元，全国排名第 1 位；拥有国家重点实验室 24 个，省级重点实验室 199 个，获得国家科技奖励 8 项；拥有院士 26 人，新增“千人计划”青年项目入选者 48 人，新增“万人计划”入选者 66 人，新增国家自然科学基金杰出青年科学基金入选者 30 人，累计入选院士人数、新增“千人计划”青年项目入选者人数、新增“万人计划”入选者人数、新增国家自然科学基金杰出青年科学基金入选者人数全国排名分别为第 9 位、第 4 位、第 6 位、第 5 位。

表 3-15　2014～2018 年广东省争取国家自然科学基金项目经费十强学科

项目经费趋势	学科	指标	2014 年	2015 年	2016 年	2017 年	2018 年
	合计	项目数/项	2 339	2 507	2 804	3 466	3 670
		项目经费/万元	156 337.37	143 896.17	147 242.43	198 273.89	189 646.22
		机构数/个	108	109	113	119	123
		主持人数/人	2 303	2 470	2 768	3 412	3 630
	肿瘤学	项目数/项	197	199	249	316	315
		项目经费/万元	14 335	8 771.5	11 875	14 342.45	14 078.4
		机构数/个	17	19	20	23	21
		主持人数/人	195	199	248	313	315
	海洋科学	项目数/项	85	74	87	87	88
		项目经费/万元	7 354.5	6 500.6	6 412	6 378.1	9 153.85
		机构数/个	18	13	16	18	16
		主持人数/人	83	70	85	85	87
	计算机科学	项目数/项	59	87	90	120	100
		项目经费/万元	2 942	3 502.2	5 570	7 734.45	9 245.6
		机构数/个	17	19	24	21	16
		主持人数/人	59	87	90	116	100
	材料化学与能源化学	项目数/项	18	19	20	20	70
		项目经费/万元	1 196	750	743	18 635	3 035.7
		机构数/个	9	11	11	10	17
		主持人数/人	17	19	20	20	70
	影像医学与生物医学工程	项目数/项	35	51	47	63	68
		项目经费/万元	3 093	10 291.11	2 668	2 413	4 487
		机构数/个	13	12	13	14	15
		主持人数/人	35	51	47	63	68
	光学和光电子学	项目数/项	48	47	47	62	86
		项目经费/万元	7 020	2 952.1	2 704	3 160.1	5 633.7
		机构数/个	12	9	12	15	11
		主持人数/人	47	47	47	62	85
	建筑环境与结构工程	项目数/项	68	65	78	92	97
		项目经费/万元	4 261.1	3 125.2	3 901.05	4 201.38	4 290
		机构数/个	14	13	21	20	16
		主持人数/人	68	65	78	91	97

续表

项目经费趋势	学科	指标	2014 年	2015 年	2016 年	2017 年	2018 年
	地理学	项目数/项	75	62	72	79	79
		项目经费/万元	4 260	3 216	3 750	3 087	3 364.1
		机构数/个	24	25	23	21	20
		主持人数/人	75	61	72	79	79
	数学	项目数/项	81	88	82	119	109
		项目经费/万元	2 824.1	3 508.5	2 487	4 038.5	4 166
		机构数/个	25	26	25	23	24
		主持人数/人	81	86	81	116	107
	物理学 I	项目数/项	48	56	53	67	83
		项目经费/万元	2 563.25	3 269	2 513.1	4 567	3 869.11
		机构数/个	18	14	13	18	15
		主持人数/人	48	55	52	65	81

资料来源：中国产业智库大数据中心

表 3-16　2018 年广东省争取国家自然科学基金项目经费二十强学科及国内排名

序号	研究领域	项目数量/项（排名）	项目经费/万元（排名）
合计		3 670（4）	189 646.22（4）
1	肿瘤学	315（2）	14 078.4（2）
2	计算机科学	100（3）	9 245.6（2）
3	海洋科学	88（2）	9 153.85（2）
4	合成化学	60（3）	6 389.5（2）
5	有机高分子材料	53（5）	5 821（1）
6	光学和光电子学	86（2）	5 633.7（2）
7	环境地球科学	105（3）	5 599.55（4）
8	影像医学与生物医学工程	68（3）	4 487（3）
9	建筑环境与结构工程	97（4）	4 290（4）
10	数学	109（3）	4 166（4）
11	物理学 I	83（4）	3 869.11（6）
12	神经系统和精神疾病	75（4）	3 641.2（3）
13	中医学	74（3）	3 528（3）
14	地理学	79（3）	3 364.1（4）
15	自动化	61（5）	3 239.9（6）
16	材料化学与能源化学	70（2）	3 035.7（4）
17	无机非金属材料	64（4）	2 901（7）
18	电子学与信息系统	69（5）	2 896.6（9）
19	人工智能	49（4）	2 822（4）
20	工商管理	61（2）	2 626.5（2）

资料来源：中国产业智库大数据中心

表 3-17　2018 年广东省发表 SCI 论文数量二十强学科

序号	研究领域	发文量全国排名	发文量/篇	被引次数/次	篇均被引/次
1	材料科学、跨学科	5	2 575	4 545	1.77
2	工程、电气和电子	6	2 136	2 017	0.94
3	化学、跨学科	4	1 681	3 426	2.04
4	肿瘤学	2	1 673	1 317	0.79
5	物理学、应用	6	1 406	2 427	1.73
6	化学、物理	4	1 302	3 552	2.73
7	环境科学	3	1 252	1 815	1.45
8	生物化学与分子生物学	4	1 103	1 290	1.17
9	纳米科学和纳米技术	4	1 078	2 236	2.07
10	医学、研究和试验	4	1 072	690	0.64
11	能源和燃料	5	1 024	1 935	1.89
12	药理学和药剂学	3	999	765	0.77
13	光学	6	866	810	0.94
14	细胞生物学	4	839	1 117	1.33
15	电信	5	737	768	1.04
16	计算机科学、信息系统	4	734	1 012	1.38
17	工程、化学	6	668	1 639	2.45
18	生物工程学和应用微生物学	5	614	703	1.14
19	免疫学	1	604	460	0.76
20	多学科科学	4	600	740	1.23
全省（自治区、直辖市）合计		4	28 150	29 910	1.06

资料来源：中国产业智库大数据中心

表 3-18　2018 年广东省争取国家自然科学基金项目经费三十强机构

序号	机构名称	项目数量/项（排名）	项目经费/万元（排名）	发文量/篇（排名）	被引次数/次（排名）	发明专利申请数/件（排名）	BRCI（排名）
1	中山大学	887（3）	51 990.01（5）	5 927（7）	5 670（10）	1 206（55）	73.447 9（5）
2	华南理工大学	246（30）	17 517（23）	3 626（21）	5 354（13）	3 012（7）	42.509 5（20）
3	深圳大学	292（24）	11 648.17（38）	1 885（52）	2 202（44）	934（71）	26.809 7（30）
4	暨南大学	239（31）	11 427.1（40）	1 500（70）	1 473（77）	423（185）	19.705（46）
5	广东工业大学	153（63）	5 305.9（102）	1 091（92）	1 536（74）	2 009（18）	18.488 2（55）
6	南方医科大学	252（28）	11 747.4（37）	1 639（61）	1 288（91）	143（614）	16.679 6（65）
7	华南农业大学	162（52）	7 833.2（65）	1 054（95）	1 140（100）	737（90）	16.114 1（67）
8	广州大学	141（70）	6 407.24（85）	531（162）	1 270（92）	488（150）	12.598 8（81）

续表

序号	机构名称	项目数量/项（排名）	项目经费/万元（排名）	发文量/篇（排名）	被引次数/次（排名）	发明专利申请数/件（排名）	BRCI（排名）
9	华南师范大学	98（103）	5 396.5（99）	917（105）	888（123）	426（183）	10.929 3（92）
10	南方科技大学	132（77）	7 358.35（69）	519（167）	848（125）	234（364）	10.390 5（97）
11	广州医科大学	155（59）	6 607.5（83）	915（106）	765（131）	32（4007）	8.371 1（118）
12	中国科学院深圳先进技术研究院	92（108）	4 656.4（121）	349（220）	585（161）	142（617）	6.928（137）
13	佛山科学技术学院	40（255）	1 371.6（315）	179（333）	169（323）	1 410（38）	4.565 7（207）
14	中国科学院南海海洋研究所	55（190）	7 036.45（73）	235（279）	192（307）	79（1207）	4.395 2（217）
15	汕头大学	39（261）	1 642.5（289）	451（188）	362（218）	93（1010）	3.927 6（228）
16	东莞理工学院	25（359）	954.5（394）	171（350）	179（317）	959（66）	3.452 9（254）
17	北京大学深圳研究生院	25（360）	1 339.5（318）	386（205）	335（229）	137（645）	3.335 8（257）
18	中国科学院广州地球化学研究所	39（260）	2 565（201）	263（266）	369（211）	23（6344）	3.073 4（269）
19	广州中医药大学	86（117）	3 328.5（160）	564（155）	369（211）	1（107 252）	2.813 3（280）
20	中国科学院华南植物园	36（275）	2 514.5（202）	136（405）	137（359）	40（2960）	2.484 2（304）
21	中国科学院广州能源研究所	22（387）	1 010.6（382）	171（350）	230（278）	105（852）	2.409 1（309）
22	广东医科大学	24（372）	1 008.5（383）	255（267）	181（315）	73（1329）	2.396 4（312）
23	广东药科大学	18（447）	930（403）	270（261）	233（277）	98（946）	2.375 7（314）
24	中国科学院广州生物医药与健康研究院	9（633）	611（490）	54（631）	76（473）	11（15 817）	0.774 7（495）
25	香港科技大学深圳研究院	7（706）	737（454）	50（653）	111（401）	7（26 508）	0.716 9（508）
26	香港理工大学深圳研究院	23（379）	1 862.6（257）	30（807）	47（571）	1（107 252）	0.715 7（509）
27	香港城市大学深圳研究院	25（361）	1 461.5（304）	13（1119）	27（693）	2（72 476）	0.629 2（526）
28	广东省微生物研究所	12（562）	599（495）	59（608）	34（640）	3（54 859）	0.607 4（533）
29	广东省人民医院	20（411）	753（449）	91（506）	145（344）	0（192 051）	0.269 7（614）
30	香港大学深圳研究院	18（448）	1 208.5（341）	27（837）	32（651）	0（192 051）	0.178 9（650）

资料来源：中国产业智库大数据中心

	综合	农业科学	生物与生化	化学	临床医学	计算机科学	经济与商学	工程科学	环境/生态学	地球科学	免疫学	材料科学	数学	微生物学	分子生物与遗传学	综合交叉学科	神经科学与行为	药理学与毒物学	物理学	植物与动物科学	精神病学/心理学	一般社会科学	空间科学	进入ESI学科数
中山大学	207	350	227	81	192	137	0	210	285	412	300	113	142	277	253	0	422	109	313	343	634	473	0	19
华南理工大学	395	56	406	66	3484	157	0	50	767	0	0	55	0	0	0	0	0	0	635	0	0	0	0	9
南方医科大学	1013	0	707	0	575	0	0	0	0	0	0	0	0	0	632	0	681	409	0	0	0	0	0	5
暨南大学	1081	536	675	707	1511	0	0	874	791	0	0	464	0	0	0	0	0	340	0	0	0	0	0	8
深圳大学城	1169	0	1034	527	3589	335	0	360	656	0	0	333	0	0	0	0	0	0	0	0	0	0	0	7
华大基因	1185	0	390	0	2460	0	0	0	0	0	0	0	0	0	240	0	0	0	0	856	0	0	0	4
华南师范大学	1189	0	0	521	0	0	0	875	0	0	0	514	138	0	0	0	0	0	0	875	0	0	0	5
中国科学院广州地球化学研究所	1273	0	0	0	0	0	0	908	170	112	0	0	0	0	0	0	0	0	0	0	0	0	0	3
深圳大学	1285	0	813	1066	2716	175	0	535	0	0	0	431	0	0	0	0	0	0	0	0	0	0	0	6
华南农业大学	1413	258	0	1055	0	0	0	0	0	0	0	0	0	429	0	0	0	0	0	242	0	0	0	4
广州医科大学	1619	0	0	0	971	0	0	0	0	0	0	0	0	0	0	0	0	847	0	0	0	0	0	2
汕头大学	1789	0	0	0	1572	0	0	0	0	0	0	0	0	0	0	0	0	0	0	0	0	0	0	1
广东工业大学	2048	0	0	1191	0	367	0	414	0	0	0	702	0	0	0	0	0	0	0	0	0	0	0	4
华南肿瘤学国家重点实验室	2166	0	0	0	1106	0	0	0	0	0	0	0	0	0	0	0	0	0	0	0	0	0	0	1
广东人民医院	2249	0	0	0	960	0	0	0	0	0	0	0	0	0	0	0	0	0	0	0	0	0	0	1
中国科学院南海海洋研究所	2327	0	0	0	0	0	0	0	822	485	0	0	0	0	0	0	0	0	0	739	0	0	0	3
中国科学院深圳先进技术研究院	2351	0	0	0	3205	414	0	1095	0	0	0	645	0	0	0	0	0	0	0	0	0	0	0	4
中国科学院华南植物园	2400	207	0	0	0	0	0	0	655	0	0	0	0	0	0	0	0	0	0	527	0	0	0	3
南方科技大学	2648	0	0	1008	0	0	0	0	0	0	0	662	0	0	0	0	0	0	0	0	0	0	0	2
广东医科大学	2666	0	0	0	2022	0	0	0	0	0	0	0	0	0	0	0	0	0	0	0	0	0	0	1
广州大学	3000	0	0	0	0	416	0	1218	0	0	0	0	0	0	0	0	0	0	0	0	0	0	0	2
广州中医药大学	3068	0	0	0	2475	0	0	0	0	0	0	0	0	0	0	0	0	660	0	0	0	0	0	2
中国科学院广州生物医药与健康研究院	3132	0	0	0	3967	0	0	0	0	0	0	0	0	0	0	0	0	0	0	0	0	0	0	1
广东医学科学院	3271	0	0	0	1645	0	0	0	0	0	0	0	0	0	0	0	0	0	0	0	0	0	0	1
中国科学院广州能源研究所	3330	0	0	0	0	0	0	596	0	0	0	0	0	0	0	0	0	0	0	0	0	0	0	1
广东药科大学	3385	0	0	0	3643	0	0	0	0	0	0	0	0	0	0	0	0	0	0	0	0	0	0	1
呼吸疾病国家重点实验室	3432	0	0	0	2253	0	0	0	0	0	0	0	0	0	0	0	0	0	0	0	0	0	0	1
华为技术有限公司	3863	0	0	0	0	145	0	1035	0	0	0	0	0	0	0	0	0	0	0	0	0	0	0	2
广东省农业科学院	4436	728	0	0	0	0	0	0	0	0	0	0	0	0	0	0	0	0	0	1169	0	0	0	2
深圳市第二人民医院	4755	0	0	0	4136	0	0	0	0	0	0	0	0	0	0	0	0	0	0	0	0	0	0	1

图 3-9　2018 年广东省各机构 ESI 前 1%学科分布

表 3-19　2018 年广东省在华发明专利申请量二十强企业和科研机构列表

序号	二十强企业	发明专利申请量/件	二十强科研机构	发明专利申请量/件
1	珠海格力电器股份有限公司	5442	华南理工大学	3006
2	OPPO 广东移动通信有限公司	3081	广东工业大学	2004
3	维沃移动通信有限公司	2110	佛山科学技术学院	1410
4	平安科技（深圳）有限公司	2090	中山大学	1199
5	美的集团股份有限公司	2027	东莞理工学院	959
6	广东电网有限责任公司	1656	深圳大学	897
7	努比亚技术有限公司	1301	华南农业大学	734
8	广东美的制冷设备有限公司	1285	广州大学	488
9	腾讯科技（深圳）有限公司	1245	华南师范大学	425
10	广东欧珀移动通信有限公司	1226	暨南大学	423
11	广东知识城运营服务有限公司	986	五邑大学	302
12	东莞市联洲知识产权运营管理有限公司	927	清华大学深圳研究生院	268
13	广州视源电子科技股份有限公司	672	南方科技大学	234

续表

序号	二十强企业	发明专利申请量/件	二十强科研机构	发明专利申请量/件
14	广东小天才科技有限公司	631	深圳先进技术研究院	167
15	惠科股份有限公司	625	电子科技大学中山学院	161
16	深圳市华星光电技术有限公司	602	深圳市怡化金融智能研究院	158
17	中国平安人寿保险股份有限公司	575	仲恺农业工程学院	153
18	珠海格力智能装备有限公司	472	岭南师范学院	147
19	南方电网科学研究院有限责任公司	466	广东石油化工学院	147
20	深圳壹账通智能科技有限公司	461	南方医科大学	143

资料来源：中国产业智库大数据中心

3.3.4 上海市

2018 年，上海市的基础研究竞争力指数为 2.2407，排名第 4 位。上海市争取国家自然科学基金项目总数为 4006 项，全国排名第 3 位；项目经费总额为 238 379.4 万元，全国排名均为第 2 位。争取国家自然科学基金项目经费金额大于 5000 万元的有 7 个学科（图 3-10）；催化与表界面化学项目经费呈下降趋势（表 3-20）；争取国家自然科学基金项目经费最多的学科为肿瘤学，项目数量 349 项，项目经费 15 652.45 万元，全国排名均为第 1 位（表 3-21）。发表 SCI 论文数量最多的学科为材料科学、跨学科（表 3-22）。上海市争取国家自然科学基金经费超过 1 亿元的有 6 个机构（表 3-23）；上海市共有 23 个机构进入相关学科的 ESI 全球前 1%行列（图 3-11）。上海市的发明专利申请量为 41 068 件，全国排名第 8 位，主要专利权人如表 3-24 所示。

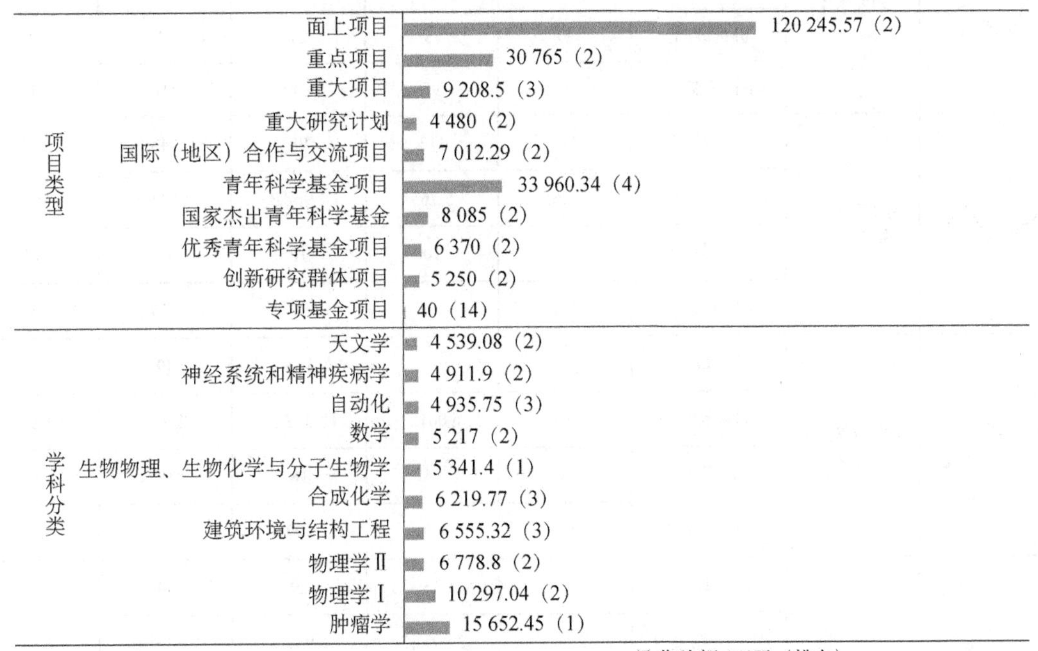

图 3-10 2018 年上海市争取国家自然科学基金项目情况

资料来源：中国产业智库大数据中心

2018年，上海市地方财政科技投入经费预算390.90亿元，全国排名第4位；拥有国家重点实验室38个，省级重点实验室117个，获得国家科技奖励24项；拥有院士170人，新增“千人计划”青年项目入选者97人，新增“万人计划”入选者118人，新增国家自然科学基金杰出青年科学基金入选者24人，累计入选院士人数、新增“千人计划”青年项目人数、新增“万人计划”入选者人数、新增国家自然科学基金杰出青年科学基金入选者人数全国排名均为第2位。

表3-20　2014～2018年上海市争取国家自然科学基金项目经费十强学科

项目经费趋势	学科	指标	2014年	2015年	2016年	2017年	2018年
	合计	项目数/项	3 596	3 740	3 758	4 151	4 006
		项目经费/万元	256 190.5	221 284.99	221 816.25	281 415.54	238 379.4
		机构数/个	87	82	81	82	73
		主持人数/人	3 505	3 660	3 695	4 042	3 935
	肿瘤学	项目数/项	306	331	295	356	349
		项目经费/万元	18 483.5	15 577.9	13 346	19 638.2	15 652.45
		机构数/个	11	13	11	14	13
		主持人数/人	304	329	294	353	349
	物理学Ⅰ	项目数/项	100	96	109	119	117
		项目经费/万元	16 763	7 419.86	8 356.6	13 071.53	10 297.04
		机构数/个	17	19	21	21	19
		主持人数/人	99	95	109	116	117
	建筑环境与结构工程	项目数/项	113	113	98	145	116
		项目经费/万元	7 265	5 765	4 968.3	8 534.7	6 555.32
		机构数/个	15	10	10	13	14
		主持人数/人	112	112	97	143	114
	催化与表界面化学	项目数/项	102	92	105	49	39
		项目经费/万元	9 849	6 061.2	10 368.85	2 975	1 875.37
		机构数/个	14	14	18	12	14
		主持人数/人	96	90	103	48	39
	植物学	项目数/项	25	36	29	44	33
		项目经费/万元	2 293	2 805.33	1 949.7	21 461.6	2 345
		机构数/个	5	8	8	7	7
		主持人数/人	24	36	29	44	32

续表

项目经费趋势	学科	指标	2014年	2015年	2016年	2017年	2018年
	机械工程	项目数/项	81	86	90	88	76
		项目经费/万元	5 645	4 736.9	4 716	6 872.5	4 455
		机构数/个	17	14	19	14	12
		主持人数/人	80	86	90	87	76
	循环系统	项目数/项	76	99	85	108	98
		项目经费/万元	4 604	6 585	4 561	6 242.3	4 339
		机构数/个	6	9	7	8	7
		主持人数/人	76	97	84	106	98
	自动化	项目数/项	51	64	82	79	61
		项目经费/万元	3 352.9	6 727.55	4 823	6 062.3	4 935.75
		机构数/个	14	14	14	14	16
		主持人数/人	50	63	82	79	61
	数学	项目数/项	108	122	123	118	115
		项目经费/万元	5 306.5	3 892.8	5 424.43	5 807	5 217
		机构数/个	19	18	20	18	19
		主持人数/人	108	120	123	115	115
	神经系统和精神疾病	项目数/项	88	97	87	115	104
		项目经费/万元	5 496.8	4 464.4	4 354.64	5673	4 911.9
		机构数/个	10	8	10	9	9
		主持人数/人	88	96	87	115	104

资料来源：中国产业智库大数据中心

表 3-21　2018 年上海市争取国家自然科学基金项目经费二十强学科及国内排名

序号	研究领域	项目数量/项（排名）	项目经费/万元（排名）
合计		4 006（3）	238 379.4（2）
1	肿瘤学	349（1）	15 652.45（1）
2	物理学Ⅰ	117（2）	10 297.04（2）
3	物理学Ⅱ	79（2）	6 778.8（2）
4	建筑环境与结构工程	116（3）	6 555.32（3）
5	合成化学	76（1）	6 219.77（3）
6	生物物理、生物化学与分子生物学	65（1）	5 341.4（1）
7	数学	115（2）	5 217（2）

续表

序号	研究领域	项目数量/项（排名）	项目经费/万元（排名）
8	自动化	61（5）	4 935.75（3）
9	神经系统和精神疾病	104（2）	4 911.9（2）
10	天文学	34（4）	4 539.08（2）
11	机械工程	76（6）	4 455（5）
12	循环系统	98（1）	4 339（1）
13	光学和光电子学	62（3）	4 248.5（4）
14	影像医学与生物医学工程	79（1）	4 075.5（4）
15	发育生物学与生殖生物学	41（1）	4 026（1）
16	力学	63（5）	4 001（4）
17	中医学	81（2）	3 998（2）
18	化学工程与工业化学	55（4）	3 891（3）
19	金属材料	45（3）	3 843（2）
20	药理学	52（2）	3 781.35（1）

资料来源：中国产业智库大数据中心

表 3-22　2018 年上海市发表 SCI 论文数量二十强学科

序号	研究领域	发文量全国排名	发文量/篇	被引次数/次	篇均被引/次
1	材料科学、跨学科	3	3 218	5 333	1.66
2	工程、电气和电子	4	2 229	1 440	0.65
3	化学、跨学科	3	2 183	4 102	1.88
4	物理学、应用	3	1 868	2 774	1.49
5	肿瘤学	1	1 845	1 261	0.68
6	化学、物理	3	1 729	4 185	2.42
7	纳米科学和纳米技术	3	1 355	2 865	2.11
8	光学	2	1 314	854	0.65
9	医学、研究和试验	2	1 217	778	0.64
10	生物化学与分子生物学	3	1 155	1 354	1.17
11	环境科学	4	1 094	1 867	1.71
12	能源和燃料	3	1 066	1 625	1.52
13	细胞生物学	1	1 033	1 457	1.41
14	工程、化学	3	960	1 689	1.76
15	工程、机械	4	953	646	0.68
16	药理学和药剂学	5	908	845	0.93
17	工程、市政	3	873	694	0.79
18	多学科科学	3	795	1 064	1.34
19	物理学、凝聚态物质	3	732	1 718	2.35
20	电信	6	731	416	0.57
全省（自治区、直辖市）合计		3	33 606	33 794	1.01

资料来源：中国产业智库大数据中心

表 3-23　2018 年上海市争取国家自然科学基金项目经费三十强机构

序号	机构名称	项目数量/项（排名）	项目经费/万元（排名）	发文量/篇（排名）	被引次数/次（排名）	发明专利申请数/件（排名）	BRCI（排名）
1	上海交通大学	1 055（1）	61 294.1（1）	8 487（1）	7 294（6）	1 487（34）	91.637 6（2）
2	复旦大学	683（5）	40 411.45（7）	5 368（12）	5 347（14）	480（152）	53.935 8（10）
3	同济大学	506（8）	29 618.14（14）	3 720（19）	4 031（24）	1 239（52）	48.78（15）
4	上海大学	156（57）	9 303.12（52）	1 949（50）	1 925（54）	681（99）	19.537 6（47）
5	华东理工大学	153（62）	10 414.92（46）	1 970（48）	2 819（36）	425（184）	19.498 6（48）
6	华东师范大学	185（41）	11 490.24（39）	1 553（66）	1 833（60）	408（199）	18.752 2（50）
7	中国人民解放军第二军医大学	176（45）	8 287（61）	902（107）	699（137）	84（1132）	10.447 9（96）
8	东华大学	59（170）	2 834.8（185）	1 079（94）	1 232（94）	978（63）	10.367 1（99）
9	上海理工大学	57（176）	2 307（214）	845（114）	1 180（98）	824（81）	9.173 5（108）
10	上海中医药大学	139（73）	6 504.55（84）	460（183）	360（220）	47（2428）	6.750 9（139）
11	中国科学院上海硅酸盐研究所	42（240）	2 913（178）	445（190）	688（138）	162（528）	5.329（182）
12	中国科学院上海生命科学研究院	143（68）	14 856.95（29）	190（317）	293（248）	11（15 817）	5.076 8（189）
13	上海海事大学	29（321）	1 038.5（373）	361（211）	402（200）	293（283）	3.913 7（229）
14	中国科学院上海光学精密机械研究所	36（273）	2 400（208）	332（226）	217（288）	167（506）	3.900 4（230）
15	上海工程技术大学	32（293）	856（421）	290（250）	410（195）	344（235）	3.890 8（231）
16	中国科学院上海有机化学研究所	36（274）	4 476（129）	183（325）	503（176）	47（2428）	3.666 3（237）
17	上海师范大学	32（294）	1 714（282）	426（194）	433（190）	74（1299）	3.638（241）
18	上海海洋大学	26（348）	1 326.5（322）	363（210）	226（282）	266（318）	3.517 4（246）
19	中国科学院上海应用物理研究所	29（323）	4 028（139）	236（278）	201（300）	94（998）	3.328 9（258）
20	上海科技大学	43（235）	2 141.35（231）	178（335）	261（258）	37（3297）	2.926 3（275）
21	上海电力学院	15（497）	526.11（531）	202（305）	364（216）	374（217）	2.608 5（295）
22	中国科学院上海微系统与信息技术研究所	24（370）	1 564（293）	228（288）	136（361）	116（749）	2.606 5（296）
23	中国科学院上海高等研究院	21（397）	1 648.4（288）	95（490）	119（384）	94（998）	2.052 5（342）
24	上海财经大学	47（216）	1 888（255）	167（359）	79（463）	7（26 508）	1.827 7（363）
25	上海应用技术大学	15（496）	537（521）	90（508）	55（540）	626（110）	1.819 1（365）
26	中国科学院上海技术物理研究所	14（510）	1 199（344）	130（419）	64（506）	141（619）	1.728 6（381）
27	中国科学院上海天文台	29（322）	1 477.08（302）	92（502）	82（458）	13（13 442）	1.508 6（402）
28	中国科学院上海巴斯德研究所	13（529）	1 166（351）	26（845）	33（647）	1（107 252）	0.503 9（554）
29	中国极地研究中心	6（738）	573（501）	15（1049）	7（1199）	1（107 252）	0.243 7（623）
30	中国科学院上海药物研究所	56（183）	4 197（137）	3（2415）	0（4386）	23（6344）	0.210 2（635）

资料来源：中国产业智库大数据中心

	综合	农业科学	生物与生化	化学	临床医学	计算机科学	经济与商学	工程科学	环境/生态学	地球科学	免疫学	材料科学	数学	微生物学	分子生物与遗传学	综合交叉学科	神经科学与行为	药理学与毒物学	物理学	植物与动物科学	精神病学/心理学	一般社会科学	空间科学	进入ESI学科数
上海交通大学	116	242	102	96	134	26	276	8	379	0	317	23	86	318	155	0	300	59	192	521	622	528	0	19
复旦大学	160	701	177	42	197	257	336	286	351	630	306	26	60	304	191	0	274	67	279	412	0	387	0	19
同济大学	427	0	413	272	620	115	0	46	204	395	0	139	0	0	538	0	0	584	721	0	0	995	0	12
华东理工大学	510	832	478	43	0	0	0	237	0	0	0	150	0	0	0	0	0	712	0	0	0	0	0	6
中国科学院上海生命科学研究院	660	0	228	1175	1007	0	0	0	0	0	491	0	0	0	172	0	543	577	0	209	0	0	0	8
华东师范大学	697	0	959	161	2733	438	0	667	466	540	0	330	130	0	0	0	0	0	649	715	0	992	0	12
第二军医大学	744	0	588	1060	440	0	0	0	0	0	430	0	0	0	469	0	662	156	0	0	0	0	0	7
上海大学	760	0	950	276	0	247	0	227	881	0	0	163	158	0	0	0	0	0	566	0	0	0	0	8
中国科学院上海有机化学研究所	813	0	0	52	0	0	0	0	0	0	0	0	0	0	0	0	0	0	0	0	0	0	0	1
中国科学院上海硅酸盐研究所	979	0	0	395	0	0	0	1185	0	0	0	77	0	0	0	0	0	0	0	0	0	0	0	3
东华大学	1016	0	0	329	0	0	0	369	0	0	0	159	0	0	0	0	0	0	0	0	0	0	0	3
中国科学院上海应用物理研究所	1492	0	0	493	0	0	0	0	0	0	0	402	0	0	0	0	0	0	0	0	0	0	0	2
上海师范大学	1782	0	0	769	0	0	0	1415	0	0	0	613	164	0	0	0	0	0	0	0	0	0	0	4
上海理工大学	2261	0	0	0	0	0	0	676	0	0	0	778	0	0	0	0	0	0	0	0	0	0	0	2
上海中医院大学	2358	0	0	0	1919	0	0	0	0	0	0	0	0	0	0	0	0	316	0	0	0	0	0	2
中国科学院上海光学精密机械研究所	2377	0	0	0	0	0	0	0	0	0	0	876	0	0	0	0	0	0	613	0	0	0	0	2
中国科学院上海微系统与信息技术研究所	2650	0	0	1116	0	0	0	1251	0	0	0	679	0	0	0	0	0	0	0	0	0	0	0	3
上海海洋大学	2835	0	0	0	0	0	0	0	0	0	0	0	0	0	0	0	0	0	0	716	0	0	0	1
上海市疾病预防控制中心	3457	0	0	0	2700	0	0	0	0	0	0	0	0	0	0	0	0	0	0	0	0	1332	0	2
上海应用技术学院	3575	0	0	1226	0	0	0	0	0	0	0	0	0	0	0	0	0	0	0	0	0	0	0	1
上海海事大学	3905	0	0	0	0	0	0	943	0	0	0	0	0	0	0	0	0	0	0	0	0	0	0	1
上海电力学院	4128	0	0	0	0	0	0	1390	0	0	0	0	0	0	0	0	0	0	0	0	0	0	0	1
中国宝武钢铁集团	4509	0	0	0	0	0	0	0	0	0	0	815	0	0	0	0	0	0	0	0	0	0	0	1

图 3-11　2018 年上海市各机构 ESI 前 1%学科分布

表 3-24　2018 年上海市在华发明专利申请量二十强企业和科研机构列表

序号	二十强企业	发明专利申请量/件	二十强科研机构	发明专利申请量/件
1	国网上海市电力公司	371	上海交通大学	1374
2	上海华虹宏力半导体制造有限公司	306	同济大学	1218
3	上海联影医疗科技有限公司	291	东华大学	943
4	上海天马微电子有限公司	264	上海理工大学	822
5	网宿科技股份有限公司	257	上海大学	674
6	中国二十冶集团有限公司	228	上海应用技术大学	625
7	上海与德科技有限公司	221	复旦大学	469
8	五冶集团上海有限公司	209	华东理工大学	406
9	上海宝冶集团有限公司	197	华东师范大学	405
10	中国建筑第八工程局有限公司	197	上海电力学院	354
11	上海天马有机发光显示技术有限公司	186	上海工程技术大学	337
12	上海华力微电子有限公司	183	上海海事大学	289
13	上海华力集成电路制造有限公司	167	上海海洋大学	263
14	上海康斐信息技术有限公司	159	上海卫星工程研究所	201
15	上海掌门科技有限公司	155	中国科学院上海光学精密机械研究所	167
16	斑马网络技术有限公司	155	上海电机学院	164
17	上海常仁信息科技有限公司	151	中国科学院上海硅酸盐研究所	149
18	上海艾为电子技术股份有限公司	140	中国科学院上海技术物理研究所	140

续表

序号	二十强企业	发明专利申请量/件	二十强科研机构	发明专利申请量/件
19	上海与德通讯技术有限公司	138	中国科学院上海微系统与信息技术研究所	116
20	上海市政工程设计研究总院（集团）有限公司	138	上海健康医学院	115

资料来源：中国产业智库大数据中心

3.3.5 浙江省

2018年，浙江省的基础研究竞争力指数为1.6142，排名第5位。浙江省争取国家自然科学基金项目总数为2089项，全国排名第7位，项目经费总额为112 369万元，全国排名第6位。争取国家自然科学基金项目经费金额大于3000万元的有5个学科（图3-12）；环境化学项目经费呈下降趋势，海洋科学、机械工程项目经费整体上呈现上升趋势（表3-25）；争取国家自然科学基金项目经费最多的学科为机械工程，项目数量82项，项目经费7026.5万元（表3-26）。发表SCI论文数量最多的学科为材料科学、跨学科（表3-27）。争取国家自然科学基金经费超过5000万元的有2个机构（表3-28）；浙江省共有20个机构进入相关学科的ESI全球前1%行列（图3-13）。浙江省的发明专利申请量为109 719件，全国排名第3，主要专利权人如表3-29所示。

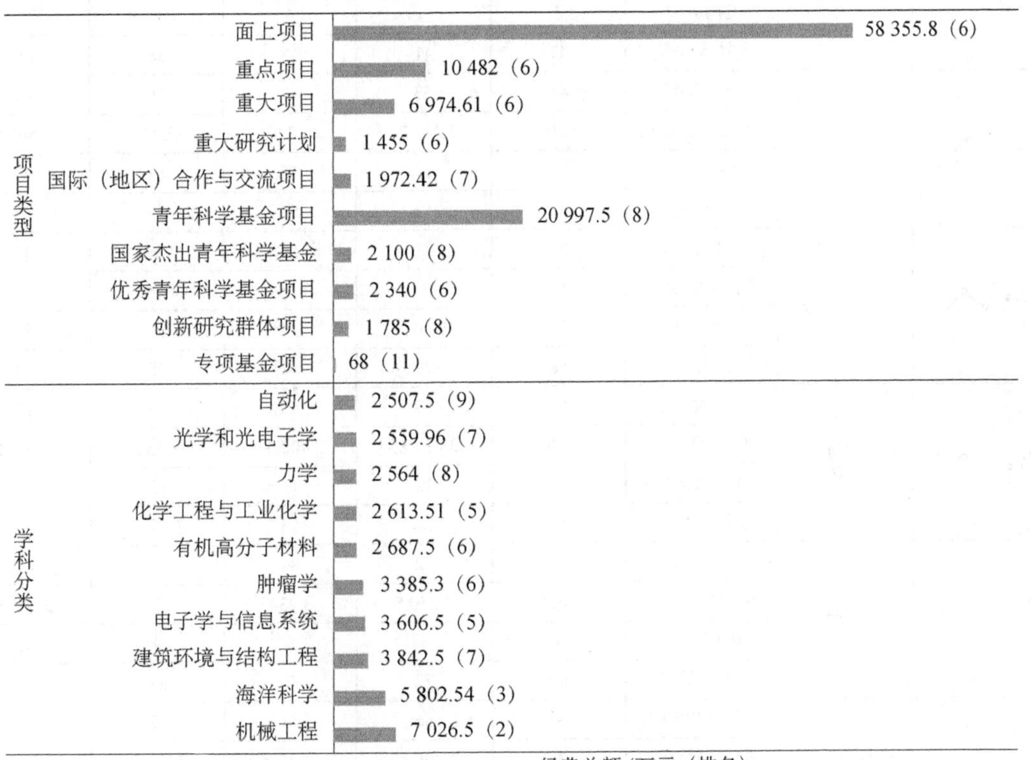

图3-12　2018年浙江省争取国家自然科学基金项目情况

资料来源：中国产业智库大数据中心

2018 年，浙江省地方财政科技投入经费预算 379.66 亿元，全国排名第 5 位；拥有国家重点实验室 14 个，省级重点实验室 231 个，获得国家科技奖励 7 项；拥有院士 22 人，新增“千人计划”青年项目入选者 49 人，新增“万人计划”入选者 57 人，新增国家自然科学基金杰出青年科学基金入选者 5 人，累计入选院士人数、新增“千人计划”青年项目入选者人数、新增“万人计划”入选者人数、新增国家自然科学基金杰出青年科学基金入选者人数全国排名分别为第 11 位、第 3 位、第 7 位、第 9 位。

表 3-25　2014～2018 年浙江省争取国家自然科学基金项目经费十强学科

项目经费趋势	学科	指标	2014 年	2015 年	2016 年	2017 年	2018 年
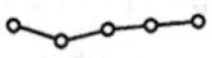	合计	项目数/项	1 802	1 791	1 899	2 039	2 089
		项目经费/万元	106 845.01	92 751.5	103 320.94	109 775.7	112 369
		机构数/个	60	55	58	57	58
		主持人数/人	1 771	1 766	1 874	2 005	2 063
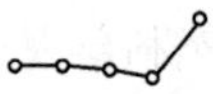	机械工程	项目数/项	74	64	74	75	82
		项目经费/万元	4 514	4 592.65	4 330	3 989	7 026.5
		机构数/个	14	14	18	13	14
		主持人数/人	73	63	74	74	80
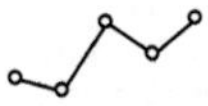	海洋科学	项目数/项	47	41	50	60	62
		项目经费/万元	2 638.4	2 024	5 560.6	3 762	5 802.54
		机构数/个	6	6	6	8	8
		主持人数/人	47	41	48	58	60
	自动化	项目数/项	43	53	58	56	45
		项目经费/万元	3 901	3 262.75	4 726	3 824.4	2 507.5
		机构数/个	13	17	16	15	9
		主持人数/人	43	53	58	56	45
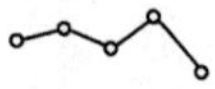	计算机科学	项目数/项	58	71	64	76	44
		项目经费/万元	3 528	4 113.4	3 084	4 843	1 938.6
		机构数/个	10	20	14	11	14
		主持人数/人	58	71	64	75	44
	电子学与信息系统	项目数/项	51	57	55	57	60
		项目经费/万元	3 596	3 031.85	2 900.33	3 532	3 606.5
		机构数/个	14	12	13	12	11
		主持人数/人	50	56	55	57	60
	肿瘤学	项目数/项	69	72	84	88	91
		项目经费/万元	3 455	3 250.5	3 234	3 337	3 385.3
		机构数/个	9	8	9	9	12
		主持人数/人	69	72	84	88	91
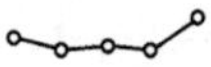	建筑环境与结构工程	项目数/项	64	66	53	67	66
		项目经费/万元	3 375	2 996.17	3 113.8	3 060.3	3 842.5
		机构数/个	17	13	12	14	15
		主持人数/人	64	66	52	67	66

续表

项目经费趋势	学科	指标	2014 年	2015 年	2016 年	2017 年	2018 年
	环境化学	项目数/项	54	36	54	48	29
		项目经费/万元	4 365	2 369	3 328	2 320.77	1 632.42
		机构数/个	8	10	12	10	12
		主持人数/人	53	35	53	48	28
	光学和光电子学	项目数/项	33	21	35	44	30
		项目经费/万元	3 116	1 146.24	2 994.71	3 393.7	2 559.96
		机构数/个	8	8	8	10	8
		主持人数/人	32	21	35	44	30
	数学	项目数/项	60	74	70	72	59
		项目经费/万元	2 374	2 747.5	3 288.66	2 553	2 002.7
		机构数/个	19	18	22	17	19
		主持人数/人	59	71	68	72	59

资料来源：中国产业智库大数据中心

表 3-26　2018 年浙江省争取国家自然科学基金项目经费二十强学科及国内排名

序号	研究领域	项目数量/项（排名）	项目经费/万元（排名）
合计		2 089（7）	112 369（6）
1	机械工程	82（5）	7 026.5（2）
2	海洋科学	62（3）	5 802.54（3）
3	建筑环境与结构工程	66（7）	3 842.5（7）
4	电子学与信息系统	60（6）	3 606.5（5）
5	肿瘤学	91（6）	3 385.3（6）
6	有机高分子材料	55（3）	2 687.5（6）
7	化学工程与工业化学	41（6）	2 613.51（5）
8	力学	37（7）	2 564（8）
9	光学和光电子学	30（9）	2 559.96（7）
10	自动化	45（8）	2 507.5（9）
11	电气科学与工程	29（6）	2 491.46（5）
12	工程热物理与能源利用	31（7）	2 171（5）
13	神经系统和精神疾病	38（6）	2 139（6）
14	数学	59（8）	2 002.7（11）
15	物理学 I	39（9）	1 964.88（8）
16	计算机科学	44（8）	1 938.6（9）
17	无机非金属材料	41（8）	1 854（10）
18	细胞生物学	22（3）	1 836（3）
19	园艺学与植物营养学	25（5）	1 815（4）
20	影像医学与生物医学工程	24（6）	1 807.21（6）

资料来源：中国产业智库大数据中心

表 3-27　2018 年浙江省发表 SCI 论文数量二十强学科

序号	研究领域	发文量全国排名	发文量/篇	被引次数/次	篇均被引/次
1	材料科学、跨学科	11	1 714	3 386	1.98
2	工程、电气和电子	8	1 385	1 244	0.90
3	化学、跨学科	7	1 163	1 979	1.70
4	肿瘤学	6	1 057	720	0.68
5	化学、物理	8	1 049	2 833	2.70
6	物理学、应用	8	1 040	2 071	1.99
7	医学、研究和试验	6	990	649	0.66
8	环境科学	8	843	1 361	1.61
9	生物化学与分子生物学	6	787	917	1.17
10	药理学和药剂学	6	713	638	0.89
11	光学	7	706	516	0.73
12	纳米科学和纳米技术	7	690	1 521	2.20
13	能源和燃料	9	662	1 368	2.07
14	工程、化学	7	653	1 160	1.78
15	生物工程学和应用微生物学	6	594	572	0.96
16	细胞生物学	5	496	698	1.41
17	计算机科学、信息系统	9	490	271	0.55
18	化学、分析	7	481	776	1.61
19	聚合物科学	5	463	633	1.37
20	多学科科学	7	459	553	1.20
全省（自治区、直辖市）合计		8	20 356	20 984	1.03

资料来源：中国产业智库大数据中心

表 3-28　2018 年浙江省争取国家自然科学基金项目经费三十强机构

序号	机构名称	项目数量/项（排名）	项目经费/万元（排名）	发文量/篇（排名）	被引次数/次（排名）	发明专利申请数/件（排名）	BRCI（排名）
1	浙江大学	897（2）	59 547.04（2）	8 185（2）	8 779（2）	3 149（5）	100.462 5（1）
2	浙江工业大学	107（92）	4 793（115）	1 234（83）	1 601（67）	2 174（15）	16.840 2（62）
3	杭州电子科技大学	109（91）	5 136（108）	774（122）	960（117）	1 044（58）	12.847 4（80）
4	宁波大学	104（96）	4 484.3（127）	1 191（86）	1 361（85）	459（165）	12.317 3（83）
5	温州医科大学	112（86）	4 693（118）	1 477（72）	1 127（102）	145（606）	10.545 1（94）
6	浙江理工大学	61（160）	2 325.7（213）	588（151）	640（150）	705（93）	7.782 5（128）
7	中国科学院宁波材料技术与工程研究所	55（189）	3 009（173）	371（207）	655（145）	283（296）	6.228 3（148）
8	浙江师范大学	50（208）	2 218.9（224）	463（182）	994（114）	231（367）	6.204 9（150）
9	中国计量大学	42（242）	1 851（261）	370（209）	381（205）	667（105）	5.565 2（173）
10	温州大学	43（236）	1 857.5（258）	284（253）	373（210）	423（185）	4.940 8（193）
11	杭州师范大学	50（206）	2 001.1（242）	353（216）	325（233）	147（592）	4.487 3（210）
12	浙江海洋大学	26（349）	905（409）	224（290）	240（270）	758（88）	3.662 2（239）

续表

序号	机构名称	项目数量/项（排名）	项目经费/万元（排名）	发文量/篇（排名）	被引次数/次（排名）	发明专利申请数/件（排名）	BRCI（排名）
13	浙江中医药大学	53（194）	2 139（233）	291（249）	157（336）	75（1280）	3.547 3（244）
14	浙江工商大学	30（309）	1 118.8（357）	280（257）	302（242）	234（364）	3.527 9（245）
15	浙江农林大学	50（207）	2 284.5（218）	81（537）	52（545）	175（482）	2.722 7（283）
16	绍兴文理学院	17（464）	869.5（418）	174（346）	139（355）	349（233）	2.428 8（306）
17	国家海洋局第二海洋研究所	35（278）	4 502.9（126）	110（456）	58（526）	49（2300）	2.323 5（321）
18	嘉兴学院	13（531）	382（617）	177（342）	176（320）	267（316）	1.931 7（350）
19	浙江省农业科学院	23（378）	767.5（439）	106（463）	79（463）	140（623）	1.893 3（356）
20	中国水稻研究所	19（427）	954（395）	92（502）	103（412）	102（892）	1.783 8（373）
21	浙江科技学院	14（511）	418.5（594）	119（436）	88（448）	195（436）	1.590 8（396）
22	湖州师范学院	11（579）	449（575）	112（451）	164（329）	144（610）	1.550 7（400）
23	台州学院	12（559）	355（635）	80（539）	88（448）	148（585）	1.314 3（418）
24	浙江财经大学	20（408）	536.5（522）	131（417）	119（384）	14（12 423）	1.286 4（422）
25	宁波诺丁汉大学	11（577）	340（647）	142（398）	134（363）	31（4193）	1.152 9（440）
26	杭州医学院	19（428）	798.8（436）	85（525）	71（486）	9（21 079）	1.062 2（451）
27	浙江大学城市学院	11（578）	388（611）	58（612）	25（709）	128（686）	0.972（467）
28	浙江省医学科学院	9（626）	264.5（706）	21（916）	5（1429）	13（13 442）	0.376 1（589）
29	浙江西湖高等研究院	12（560）	457.5（570）	7（1542）	4（1607）	0（192 051）	0.075（704）
30	中国林业科学研究院亚热带林业研究所	8（659）	413（597）	1（4493）	0（4386）	30（4382）	0.065 2（710）

资料来源：中国产业智库大数据中心

	综合	农业科学	生物与生化	化学	临床医学	计算机科学	经济与商学	工程科学	环境/生态学	地球科学	免疫学	材料科学	数学	微生物学	分子生物与遗传学	综合交叉学科	神经科学与行为	药理学与毒物学	物理学	植物与动物科学	精神病学/心理学	一般社会科学	空间科学	进入ESI学科数
浙江大学	107	23	136	16	353	24	0	11	127	456	291	22	103	180	245	0	442	55	170	91	0	484	0	18
温州医科大学	1237	0	875	0	860	0	0	0	0	0	0	867	0	0	772	0	0	447	0	0	0	0	0	5
浙江工业大学	1265	745	0	371	0	0	0	462	732	0	0	488	0	0	0	0	0	0	0	0	0	0	0	5
浙江师范大学	1533	0	0	565	0	0	0	904	0	0	0	534	188	0	0	0	0	0	0	0	0	0	0	4
宁波大学	1620	0	0	961	2551	0	0	818	0	0	0	678	0	0	0	0	0	0	0	1216	0	0	0	5
杭州师范大学	1626	0	0	757	3744	0	0	0	0	0	0	0	0	0	0	0	0	0	0	1105	0	0	0	3
浙江理工大学	1855	0	0	645	0	0	0	1046	0	0	0	503	0	0	0	0	0	0	0	0	0	0	0	3
中国科学院宁波材料技术与工程研究所	1966	0	0	731	0	0	0	0	0	0	0	314	0	0	0	0	0	0	0	0	0	0	0	2
温州大学	2304	0	0	712	0	0	0	1383	0	0	0	802	0	0	0	0	0	0	0	0	0	0	0	3
中国计量大学	2581	0	0	1179	0	0	0	979	0	0	0	0	0	0	0	0	0	0	0	0	0	0	0	2
杭州电子大学	2629	0	0	0	0	334	0	568	0	0	0	0	0	0	0	0	0	0	0	0	0	0	0	2
浙江农林大学	2859	733	0	0	0	0	0	1216	0	0	0	0	0	0	0	0	0	0	0	1044	0	0	0	3
浙江工商大学	3038	533	0	0	0	0	0	1362	0	0	0	0	0	0	0	0	0	0	0	0	0	0	0	2
浙江中医药大学	3419	0	0	0	2691	0	0	0	0	0	0	0	0	0	0	0	0	753	0	0	0	0	0	2
浙江省农业科学院	3516	607	0	0	0	0	0	0	0	0	0	0	0	0	0	0	0	0	0	760	0	0	0	2
浙江省肿瘤医院	3753	0	0	0	1935	0	0	0	0	0	0	0	0	0	0	0	0	0	0	0	0	0	0	1
绍兴文理学院	3842	0	0	0	0	0	0	1312	0	0	0	0	0	0	0	0	0	0	0	0	0	0	0	1
中国水稻研究所	3969	0	0	0	0	0	0	0	0	0	0	0	0	0	0	0	0	0	0	796	0	0	0	1
浙江省人民医院	4765	0	0	0	3047	0	0	0	0	0	0	0	0	0	0	0	0	0	0	0	0	0	0	1
宁波诺丁汉大学	4925	0	0	0	0	0	0	1432	0	0	0	0	0	0	0	0	0	0	0	0	0	0	0	1

图 3-13　2018 年浙江省各机构 ESI 前 1%学科分布

表 3-29　2018 年浙江省在华发明专利申请量二十强企业和科研机构列表

序号	二十强企业	发明专利申请量/件	二十强科研机构	发明专利申请量/件
1	浙江吉利控股集团有限公司	597	浙江大学	3109
2	新华三技术有限公司	551	浙江工业大学	2166
3	网易（杭州）网络有限公司	468	杭州电子科技大学	1042
4	奥克斯空调股份有限公司	448	浙江海洋大学	755
5	吉利汽车研究院（宁波）有限公司	272	浙江理工大学	704
6	国网浙江省电力有限公司	237	中国计量大学	664
7	杭州安恒信息技术股份有限公司	214	宁波大学	456
8	国家电网有限公司	176	温州大学	420
9	华电电力科学研究院有限公司	173	温州职业技术学院	383
10	浙江大华技术股份有限公司	157	绍兴文理学院	345
11	宁波奥克斯电气股份有限公司	156	中国科学院宁波材料技术与工程研究所	277
12	浙江舜宇光学有限公司	149	嘉兴学院	264
13	浙江欧琳生活健康科技有限公司	147	宁波工程学院	244
14	国家电网公司	140	浙江工商大学	233
15	国网浙江省电力有限公司电力科学研究院	137	浙江师范大学	229
16	浙江国自机器人技术有限公司	129	浙江科技学院	191
17	杭州迪普科技股份有限公司	126	浙江农林大学	175
18	浙江吉利汽车研究院有限公司	124	温州大学激光与光电智能制造研究院	173
19	杭州复杂美科技有限公司	120	浙江工贸职业技术学院	168
20	华灿光电（浙江）有限公司	115	金华职业技术学院	148

资料来源：中国产业智库大数据中心

3.3.6　湖北省

2018 年，湖北省的基础研究竞争力指数为 1.5843，排名第 6 位。湖北省争取国家自然科学基金项目总数为 2560 项，项目经费总额为 152 640.99 万元，全国排名均为第 5 位。争取国家自然科学基金项目经费金额大于 7000 万元的有 3 个学科（图 3-14）；计算机科学项目经费呈波动上涨趋势（表 3-30）；争取国家自然科学基金项目经费最多的学科为环境地球科学，项目数量 104 项，项目经费 9486.07 万元（表 3-31）。发表 SCI 论文数量最多的学科为材料科学、跨学科（表 3-32）。争取国家自然科学基金经费超过 5000 万元的有 6 个机构（表 3-33）；湖北省共有 17 个机构进入相关学科的 ESI 全球前 1%行列（图 3-15）。湖北省的发明专利申请量为 36 938 件，全国排名第 9，主要专利权人如表 3-34 所示。

2018 年，湖北省地方财政科技投入经费预算 250 亿元，全国排名第 7 位；拥有国家重点实验室 22 个，省级重点实验室 170 个，获得国家科技奖励 12 项；拥有院士 52 人，新增“千人计划”青年项目入选者 34 人，新增“万人计划”入选者 68 人，新增国家自然科学基金杰出青年科学基金入选者 11 人，累计入选院士人数、新增“千人计划”青年项目入选者人数、新增“万人计划”入选者人数、新增国家自然科学基金杰出青年科学基金入选者人数全国排名分别为第 4 位、第 6 位、第 5 位、第 4 位。

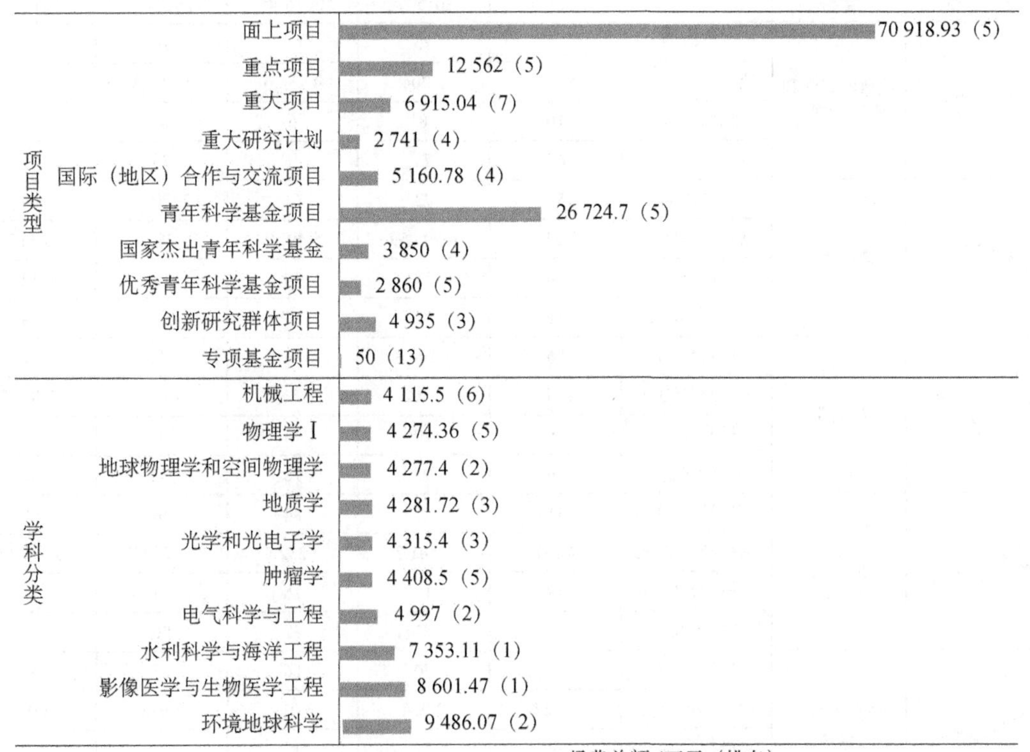

图 3-14　2018 年湖北省争取国家自然科学基金项目情况

资料来源：中国产业智库大数据中心

表 3-30　2014～2018 年湖北省争取国家自然科学基金项目经费十强学科

项目经费趋势	学科	指标	2014 年	2015 年	2016 年	2017 年	2018 年
	合计	项目数/项	2 109	2 393	2 317	2 607	2 560
		项目经费/万元	130 577.85	120 381.08	121 117.13	153 529.65	152 640.99
		机构数/个	62	61	62	64	55
		主持人数/人	2 074	2 369	2 289	2 564	2 521
	水利科学与海洋工程	项目数/项	105	116	123	116	105
		项目经费/万元	6 759	7 025.66	6 736	6 400.78	7 353.11
		机构数/个	15	17	13	14	17
		主持人数/人	105	114	122	115	102
	地质学	项目数/项	90	106	99	114	59
		项目经费/万元	6 277	7 558	7 996	7 021	4 281.72
		机构数/个	10	6	10	14	5
		主持人数/人	90	106	98	114	59
	机械工程	项目数/项	77	75	82	93	86
		项目经费/万元	5 327	4 346.5	5 498.92	13 141	4 115.5
		机构数/个	13	13	13	12	11
		主持人数/人	75	75	82	93	84

续表

项目经费趋势	学科	指标	2014 年	2015 年	2016 年	2017 年	2018 年
	地球物理学和空间物理学	项目数/项	68	75	67	70	73
		项目经费/万元	5 155	5 204	4 136.6	4 951.5	4 277.4
		机构数/个	10	8	6	10	10
		主持人数/人	68	73	66	70	72
	物理学 I	项目数/项	55	73	61	70	64
		项目经费/万元	3 311	4 995.59	5 491.2	5 450.1	4 274.36
		机构数/个	18	17	14	15	14
		主持人数/人	55	73	61	69	64
	肿瘤学	项目数/项	86	100	76	112	105
		项目经费/万元	4 113	3 702	2 564	4 432	4 408.5
		机构数/个	6	10	13	10	6
		主持人数/人	86	99	76	111	105
	地理学	项目数/项	71	82	84	86	68
		项目经费/万元	4 097	4 541.2	3 232.4	3 928.97	3 377.48
		机构数/个	19	18	16	14	11
		主持人数/人	71	82	82	86	68
	无机非金属材料	项目数/项	61	70	56	55	54
		项目经费/万元	4 527	3 904	3 017	3 678	3 013
		机构数/个	14	17	12	14	12
		主持人数/人	61	70	56	55	53
	计算机科学	项目数/项	55	75	62	78	45
		项目经费/万元	2 987.25	3 317	2 662	4 625.2	3 851.5
		机构数/个	15	17	17	14	13
		主持人数/人	55	75	62	77	44
	作物学	项目数/项	37	44	40	50	46
		项目经费/万元	2 786.7	2 631	4 774	3 042.4	3 454
		机构数/个	7	10	8	9	8
		主持人数/人	36	43	38	49	46

资料来源：中国产业智库大数据中心

表 3-31 2018 年湖北省争取国家自然科学基金项目经费二十强学科及国内排名

序号	研究领域	项目数量/项（排名）	项目经费/万元（排名）
合计		2 560（5）	152 640.99（5）
1	环境地球科学	104（4）	9 486.07（2）
2	影像医学与生物医学工程	39（5）	8 601.47（1）
3	水利科学与海洋工程	105（1）	7 353.11（1）
4	电气科学与工程	51（3）	4 997（2）
5	肿瘤学	105（5）	4 408.5（5）
6	光学和光电子学	31（8）	4 315.4（3）
7	地质学	59（2）	4 281.72（3）

续表

序号	研究领域	项目数量/项（排名）	项目经费/万元（排名）
8	地球物理学和空间物理学	73（2）	4 277.4（2）
9	物理学Ⅰ	64（5）	4 274.36（5）
10	机械工程	86（4）	4 115.5（6）
11	计算机科学	45（7）	3 851.5（5）
12	建筑环境与结构工程	62（9）	3 639.98（9）
13	作物学	46（3）	3 454（2）
14	地理学	68（4）	3 377.48（3）
15	数学	79（5）	3 132.5（6）
16	无机非金属材料	54（6）	3 013（6）
17	物理学Ⅱ	54（5）	2 832.97（5）
18	电子学与信息系统	46（8）	2 523.5（10）
19	循环系统	55（3）	2 438（4）
20	神经系统和精神疾病	50（5）	2 373（5）

资料来源：中国产业智库大数据中心

表 3-32　2018 年湖北省发表 SCI 论文数量二十强学科

序号	研究领域	发文量全国排名	发文量/篇	被引次数/次	篇均被引/次
1	材料科学、跨学科	6	2 455	4 881	1.99
2	工程、电气和电子	7	1 906	1 575	0.83
3	物理学、应用	5	1 435	3 127	2.18
4	化学、跨学科	6	1 303	3 228	2.48
5	化学、物理	5	1 301	4 528	3.48
6	环境科学	5	1 059	1 177	1.11
7	能源和燃料	4	1 038	1 841	1.77
8	纳米科学和纳米技术	5	917	2 642	2.88
9	光学	5	881	844	0.96
10	医学、研究和试验	7	780	458	0.59
11	生物化学与分子生物学	7	746	858	1.15
12	肿瘤学	7	723	617	0.85
13	地球学、跨学科	3	665	580	0.87
14	工程、化学	7	653	1 771	2.71
15	计算机科学、信息系统	6	605	646	1.07
16	工程、机械	5	591	372	0.63
17	电信	7	579	553	0.96
18	化学、分析	5	570	850	1.49
19	工程、市政	4	554	523	0.94
20	药理学和药剂学	8	552	415	0.75
全省（自治区、直辖市）合计		6	22 318	25 864	1.16

资料来源：中国产业智库大数据中心

表 3-33　2018 年湖北省争取国家自然科学基金项目经费三十强机构

序号	机构名称	项目数量/项（排名）	项目经费/万元（排名）	发文量/篇（排名）	被引次数/次（排名）	发明专利申请数/件（排名）	BRCI（排名）
1	华中科技大学	740（4）	51 574.7（6）	6 160（5）	7 789（5）	1 731（25）	77.836 9（4）
2	武汉大学	472（12）	32 496.72（11）	4 516（15）	5 479（11）	904（73）	49.792 1（12）
3	武汉理工大学	130（78）	6 324.9（86）	2 030（45）	3 119（33）	1 561（32）	21.568 1（39）
4	中国地质大学（武汉）	212（37）	13 298.63（33）	1 335（77）	1 486（75）	702（94）	20.765 1（42）
5	华中农业大学	212（38）	12 982.4（35）	1 430（76）	1 481（76）	451（169）	19.422 2（49）
6	武汉科技大学	67（149）	3 629.5（151）	619（141）	629（153）	585（120）	8.430 9（116）
7	华中师范大学	89（113）	5 312.1（101）	576（153）	791（129）	87（1088）	7.364 9（132）
8	湖北大学	47（218）	1 837.5（265）	423（195）	583（162）	312（265）	5.581 1（171）
9	三峡大学	44（229）	1 595.9（292）	353（216）	353（222）	544（132）	5.201 6（187）
10	长江大学	44（230）	1 754（281）	393（203）	208（292）	375（216）	4.647 2（204）
11	武汉工程大学	35（280）	1 013.6（380）	328（227）	505（175）	389（207）	4.447 8（213）
12	湖北工业大学	28（332）	1 190（347）	281（256）	203（296）	528（138）	3.736（236）
13	中国科学院水生生物研究所	52（197）	3 175（166）	251（270）	172（322）	50（2170）	3.462 9（251）
14	中南民族大学	26（352）	1 028.5（374）	297（243）	366（214）	165（512）	3.262 9（262）
15	中国人民解放军海军工程大学	30（312）	1 436.5（306）	158（372）	114（395）	138（637）	2.602 9（297）
16	中国科学院武汉物理与数学研究所	42（243）	2 139.83（232）	127（423）	149（341）	41（2862）	2.552 6（299）
17	中国科学院武汉岩土力学研究所	22（385）	1 832.51（267）	165（365）	137（359）	130（674）	2.513 6（302）
18	武汉纺织大学	12（561）	433（584）	190（317）	196（302）	324（253）	2.043 4（343）
19	湖北民族学院	14（515）	529（529）	66（580）	181（315）	76（1266）	1.445 2（405）
20	中国科学院武汉植物园	18（444）	936（400）	77（543）	112（398）	33（3862）	1.424 4（407）
21	中国农业科学院油料作物研究所	14（514）	575（500）	79（540）	102（413）	58（1729）	1.311 9（419）
22	中国科学院武汉病毒研究所	18（445）	1 082（365）	95（490）	92（430）	15（11 143）	1.270 2（424）
23	江汉大学	10（606）	321（658）	98（482）	75（476）	137（645）	1.209 3（435）
24	中国科学院测量与地球物理研究所	20（410）	829.1（430）	73（551）	49（559）	7（26 508）	0.956（469）
25	湖北医药学院	13（538）	467.5（558）	139（400）	89（445）	7（26 508）	0.933 6（472）
26	长江水利委员会长江科学院	17（468）	566（503）	40（713）	17（798）	53（1948）	0.910 7（474）
27	湖北中医药大学	11（582）	387.5（613）	69（565）	49（559）	18（9146）	0.807（490）
28	中国人民解放军广州军区武汉总医院	7（699）	321（659）	11（1208）	14（863）	5（35 651）	0.324 7（597）
29	中南财经政法大学	26（353）	691.5（464）	127（423）	73（481）	0（192 051）	0.273 6（611）
30	湖北省农业科学院	10（607）	422（590）	45（684）	27（693）	0（192 051）	0.130 6（673）

资料来源：中国产业智库大数据中心

	综合	农业科学	生物与生化	化学	临床医学	计算机科学	经济与商学	工程科学	环境/生态学	地球科学	免疫学	材料科学	数学	微生物学	分子生物与遗传学	综合交叉学科	神经科学与行为	药理学与毒物学	物理学	植物与动物科学	精神病学/心理学	一般社会科学	空间科学	进入ESI学科数
华中科技大学	266	703	348	182	437	23	0	19	707	0	482	53	182	0	445	0	423	161	292	0	0	788	0	15
武汉大学	336	558	344	82	616	106	0	158	590	204	622	95	189	450	563	0	0	331	612	611	0	586	0	17
武汉理工大学	835	0	0	203	0	0	0	328	0	0	0	104	0	0	0	0	0	0	0	0	0	0	0	3
华中农业大学	905	83	558	894	0	0	0	1388	712	0	0	0	0	296	503	0	0	0	0	94	0	0	0	8
华中师范大学	1011	0	0	268	0	0	0	0	0	0	0	387	0	0	0	0	0	0	490	0	0	0	0	3
湖北大学	2178	0	0	825	0	0	0	0	0	0	0	481	0	0	0	0	0	0	0	0	0	0	0	2
中国科学院水生生物研究所	2339	0	0	0	0	0	0	0	603	0	0	0	0	0	0	0	0	0	0	483	0	0	0	2
中国科学院武汉物理与数学研究所	2611	0	0	1022	0	0	0	0	0	0	0	0	0	0	0	0	0	0	0	0	0	0	0	1
中南民族大学	2782	0	0	890	0	0	0	0	0	0	0	0	0	0	0	0	0	0	0	0	0	0	0	1
武汉科技大学	2848	0	0	0	0	0	0	1158	0	0	0	584	0	0	0	0	0	0	0	0	0	0	0	2
武汉工程大学	2946	0	0	1135	0	0	0	0	0	0	0	747	0	0	0	0	0	0	0	0	0	0	0	2
三峡大学	3172	0	0	0	0	0	0	1346	0	0	0	0	0	0	0	0	0	0	0	0	0	0	0	1
中国科学院武汉病毒研究所	3282	0	0	0	0	0	0	0	0	0	0	0	0	332	0	0	0	0	0	0	0	0	0	1
中国科学院武汉植物园	3493	815	0	0	0	0	0	0	953	0	0	0	0	0	0	0	0	0	0	722	0	0	0	3
湖北医药学院	4545	0	0	0	2918	0	0	0	0	0	0	0	0	0	0	0	0	0	0	0	0	0	0	1
中国科学院武汉岩土力学研究所	4768	0	0	0	0	0	0	1257	0	0	0	0	0	0	0	0	0	0	0	0	0	0	0	1
海军工程大学	4823	0	0	0	0	0	0	830	0	0	0	0	0	0	0	0	0	0	0	0	0	0	0	1

图 3-15　2018 年湖北省各机构 ESI 前 1%学科分布

表 3-34　2018 年湖北省在华发明专利申请量二十强企业和科研机构列表

序号	二十强企业	发明专利申请量/件	二十强科研机构	发明专利申请量/件
1	武汉华星光电半导体显示技术有限公司	762	华中科技大学	1656
2	武汉斗鱼网络科技有限公司	718	武汉理工大学	1541
3	武汉华星光电技术有限公司	537	武汉大学	802
4	中铁第四勘察设计院集团有限公司	333	中国地质大学（武汉）	690
5	长江存储科技有限责任公司	328	武汉科技大学	578
6	烽火通信科技股份有限公司	324	三峡大学	541
7	武汉钢铁有限公司	261	湖北工业大学	527
8	武汉船用机械有限责任公司	248	武汉轻工大学	444
9	中国一冶集团有限公司	235	华中农业大学	438
10	武汉天马微电子有限公司	226	武汉工程大学	387
11	湖北中烟工业有限责任公司	199	长江大学	361
12	东风商用车有限公司	184	武汉纺织大学	320
13	中国船舶重工集团公司第七一九研究所	184	湖北大学	310
14	武汉新芯集成电路制造有限公司	150	湖北文理学院	171
15	国家电网有限公司	137	中南民族大学	164
16	格力电器（武汉）有限公司	137	湖北科技学院	146
17	湖北艾孚威环境能源科技有限公司	111	江汉大学	137
18	武汉精测电子集团股份有限公司	107	中国人民解放军海军工程大学	136
19	钟祥博谦信息科技有限公司	104	中国科学院武汉岩土力学研究所	120
20	中铁大桥局集团有限公司	103	华中师范大学	87

资料来源：中国产业智库大数据中心

3.3.7 山东省

2018 年，山东省的基础研究竞争力指数为 1.4325，排名第 7 位。山东省争取国家自然科学基金项目总数为 1950 项，项目经费总额为 90 097.66 万元，全国排名均为第 8 位。争取国家自然科学基金项目经费金额大于 2000 万元的有 10 个学科（图 3-16）；海洋科学项目经费呈下降趋势，自动化项目经费呈上升趋势（表 3-35）；争取国家自然科学基金项目经费最多的学科为海洋科学，项目数量 184 项，项目经费 11 136.08 万元，全国排名均为第 1 位（表 3-36）。发表 SCI 论文数量最多的学科为材料科学、跨学科（表 3-37）。争取国家自然科学基金经费超过 5000 万元的有 4 个机构（表 3-38）；山东省共有 26 个机构进入相关学科的 ESI 全球前 1% 行列（图 3-17）。山东省的发明专利申请量为 54 273 件，全国排名第 6 位，主要专利权人如表 3-39 所示。

2018 年，山东省地方财政科技投入经费预算 208.85 亿元，全国排名第 8 位；拥有国家重点实验室 13 个，省级重点实验室 193 个，获得国家科技奖励 9 项；拥有院士 16 人，新增“千人计划”青年项目入选者 12 人，新增“万人计划”入选者 50 人，新增国家自然科学基金杰出青年科学基金入选者 2 人，累计入选院士人数、新增“千人计划”青年项目入选者人数、新增“万人计划”入选者人数、新增国家自然科学基金杰出青年科学基金入选者人数全国排名分别为第 14 位、第 12 位、第 8 位、第 17 位。

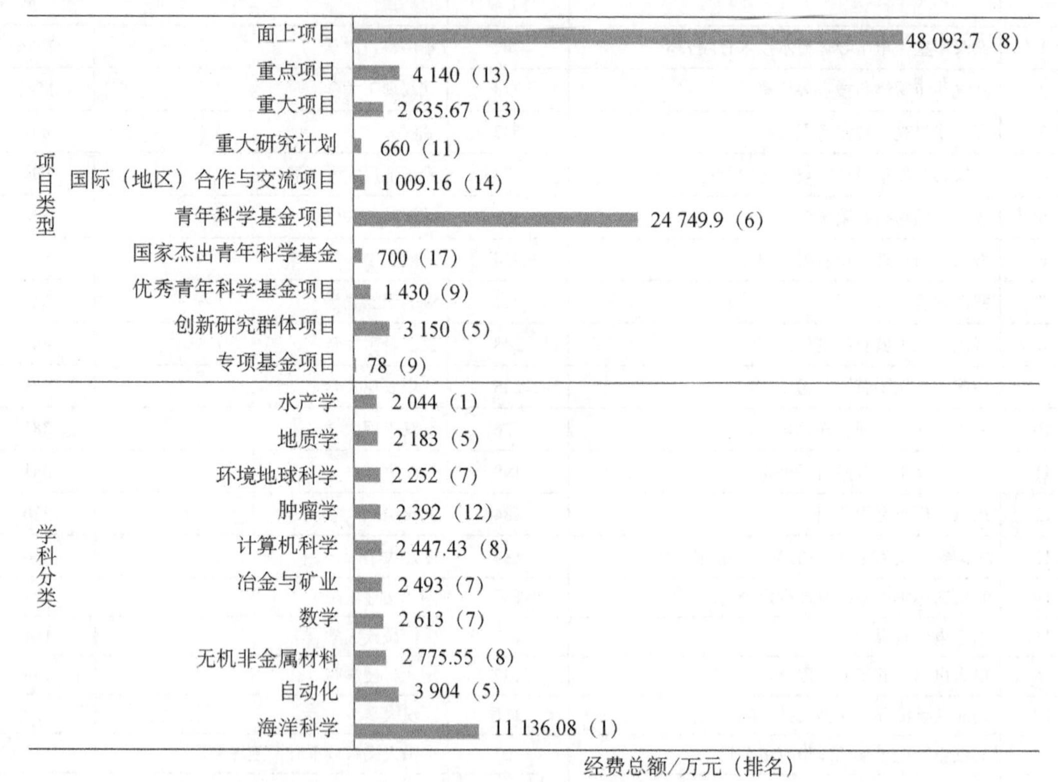

图 3-16 2018 年山东省争取国家自然科学基金项目情况

资料来源：中国产业智库大数据中心

表 3-35　2014～2018 年山东省争取国家自然科学基金项目经费十强学科

项目经费趋势	学科	指标	2014 年	2015 年	2016 年	2017 年	2018 年
	合计	项目数/项	1 565	1 737	1 694	1 969	1 950
		项目经费/万元	99 403.2	85 572.74	81 504.26	96 646.47	90 097.66
		机构数/个	62	67	66	69	63
		主持人数/人	1 544	1 720	1 685	1 940	1 938
	海洋科学	项目数/项	162	184	150	172	184
		项目经费/万元	22 994	19 448.21	19 277.8	13 520.36	11 136.08
		机构数/个	14	20	17	15	14
		主持人数/人	156	180	147	170	182
	自动化	项目数/项	46	56	44	67	63
		项目经费/万元	2 150.5	3 219.61	1 924	2 899	3 904
		机构数/个	20	16	17	24	18
		主持人数/人	46	56	44	67	63
	无机非金属材料	项目数/项	46	31	49	44	52
		项目经费/万元	2 574	1 556	2 749	2 328	2 775.55
		机构数/个	14	12	14	15	11
		主持人数/人	46	31	49	44	52
	肿瘤学	项目数/项	58	74	83	58	76
		项目经费/万元	2 654	2 301	2 604	1 633	2 392
		机构数/个	8	9	9	9	10
		主持人数/人	58	74	83	58	76
	水利科学与海洋工程	项目数/项	26	26	21	36	37
		项目经费/万元	3 609	1 298	981	3 511	1 937
		机构数/个	8	9	9	10	12
		主持人数/人	24	25	21	34	37
	水产学	项目数/项	39	45	38	41	36
		项目经费/万元	1 947.8	2 477	2 060	2 675	2 044
		机构数/个	9	9	10	7	6
		主持人数/人	39	45	38	41	36
	计算机科学	项目数/项	45	53	42	51	36
		项目经费/万元	2 437	2 299	1 629	2 322	2 447.43
		机构数/个	17	19	15	18	14
		主持人数/人	44	53	42	50	36
	地质学	项目数/项	33	33	35	49	23
		项目经费/万元	2 522	1 403.1	1 498	3 213	2 183
		机构数/个	10	11	10	13	8
		主持人数/人	33	33	35	49	23
	微生物学	项目数/项	37	43	50	49	40
		项目经费/万元	2 213	2 161	1 908	2 695.9	1 769
		机构数/个	12	18	14	11	13
		主持人数/人	37	43	50	48	40

续表

项目经费趋势	学科	指标	2014 年	2015 年	2016 年	2017 年	2018 年
	电子学与信息系统	项目数/项	31	32	36	44	30
		项目经费/万元	1 544	1 600	1 445	4 075.5	1 933.12
		机构数/个	16	15	18	24	19
		主持人数/人	31	31	36	43	30

资料来源：中国产业智库大数据中心

表 3-36　2018 年山东省争取国家自然科学基金项目经费二十强学科及国内排名

序号	研究领域	项目数量/项（排名）	项目经费/万元（排名）
合计		1 950（8）	90 097.66（8）
1	海洋科学	184（1）	11 136.08（1）
2	自动化	63（4）	3 904（5）
3	无机非金属材料	52（7）	2 775.55（8）
4	数学	73（6）	2 613（7）
5	冶金与矿业	57（5）	2 493（7）
6	计算机科学	36（10）	2 447.43（8）
7	肿瘤学	76（8）	2 392（12）
8	环境地球科学	47（7）	2 252（7）
9	地质学	23（7）	2 183（5）
10	水产学	36（1）	2 044（1）
11	机械工程	48（11）	1 999（16）
12	建筑环境与结构工程	50（12）	1 972.76（15）
13	水利科学与海洋工程	37（6）	1 937（7）
14	电子学与信息系统	30（11）	1 933.12（12）
15	微生物学	40（3）	1 769（5）
16	化学工程与工业化学	41（6）	1 750（9）
17	物理学Ⅰ	45（7）	1 749（10）
18	作物学	38（4）	1 603（5）
19	神经系统和精神疾病	31（8）	1 578（8）
20	植物学	34（4）	1 397（6）

资料来源：中国产业智库大数据中心

表 3-37　2018 年山东省发表 SCI 论文数量二十强学科

序号	研究领域	发文量全国排名	发文量/篇	被引次数/次	篇均被引/次
1	材料科学、跨学科	8	1 920	3 018	1.57
2	化学、跨学科	5	1 304	1 925	1.48
3	化学、物理	5	1 301	2 916	2.24
4	医学、研究和试验	3	1 205	520	0.43
5	肿瘤学	5	1 193	804	0.67
6	工程、电气和电子	11	1 072	1 049	0.98
7	药理学和药剂学	4	998	715	0.72

续表

序号	研究领域	发文量全国排名	发文量/篇	被引次数/次	篇均被引/次
8	生物化学与分子生物学	5	949	1 044	1.10
9	能源和燃料	7	946	1 493	1.58
10	物理学、应用	9	931	1 447	1.55
11	环境科学	6	924	932	1.01
12	工程、化学	4	828	1 790	2.16
13	化学、分析	3	682	1 937	2.84
14	生物工程学和应用微生物学	3	681	955	1.40
15	纳米科学和纳米技术	8	674	1 728	2.56
16	数学、应用	3	556	922	1.66
17	电化学	5	529	1 780	3.36
18	光学	11	511	447	0.87
19	细胞生物学	6	488	450	0.92
20	海洋学	1	477	189	0.40
全省（自治区、直辖市）合计		7	21 475	22 829	1.06

资料来源：中国产业智库大数据中心

表3-38　2018年山东省争取国家自然科学基金项目经费三十强机构

序号	机构名称	项目数量/项（排名）	项目经费/万元（排名）	发文量/篇（排名）	被引次数/次（排名）	发明专利申请数/件（排名）	BRCI（排名）
1	山东大学	404（14）	22 730.01（18）	4 973（14）	4 731（20）	1 653（30）	48.989 8（13）
2	青岛大学	161（53）	5 900.02（90）	1 534（68）	1 898（55）	562（125）	16.991 6（59）
3	中国石油大学（华东）	117（84）	6 733.2（81）	1 288（80）	1 597（68）	940（70）	16.073 7（68）
4	中国海洋大学	145（66）	9 550.38（49）	1 454（74）	1 101（106）	418（191）	15.281 2（72）
5	济南大学	75（141）	2 844.9（183）	924（104）	1 551（73）	977（64）	11.376 8（88）
6	山东科技大学	52（196）	1 916.7（251）	869（112）	1 981（52）	616（112）	9.001 2（112）
7	山东农业大学	85（120）	3 784（145）	599（148）	509（173）	430（180）	8.382 2（117）
8	山东师范大学	78（136）	2 771（189）	734（127）	1 105（105）	263（322）	8.368 8（119）
9	青岛科技大学	57（178）	1 939.2（249）	667（137）	1 015（111）	654（107）	8.015 6（124）
10	中国科学院海洋研究所	85（119）	4 636.03（123）	480（177）	396（201）	118（737）	6.447 7（145）
11	山东理工大学	43（237）	1 443.2（305）	347（221）	352（223）	662（106）	5.247 6（184）
12	曲阜师范大学	46（224）	1 608.1（291）	457（185）	928（120）	127（692）	5.106 7（188）
13	齐鲁工业大学	32（296）	1 062.3（371）	524（164）	518（171）	335（243）	4.607 9（205）
14	青岛农业大学	35（279）	1 307（324）	295（246）	322（235）	370（220）	4.194 4（219）
15	中国科学院青岛生物能源与过程研究所	46（223）	2 567（200）	190（317）	369（211）	150（572）	4.189 6（220）
16	鲁东大学	30（310）	1 133（355）	239（276）	203（296）	213（399）	3.172 6（264）
17	烟台大学	31（304）	1 007（384）	229（287）	238（271）	112（780）	2.880 9（277）
18	青岛理工大学	21（401）	894（413）	168（354）	124（374）	431（179）	2.645 2（292）
19	国家海洋局第一海洋研究所	40（254）	3 717.82（149）	85（525）	47（571）	88（1075）	2.423（307）
20	临沂大学	29（325）	874.9（416）	135（407）	140（354）	115（755）	2.317 1（322）

续表

序号	机构名称	项目数量/项（排名）	项目经费/万元（排名）	发文量/篇（排名）	被引次数/次（排名）	发明专利申请数/件（排名）	BRCI（排名）
21	聊城大学	20（409）	565（504）	241（275）	329（231）	89（1064）	2.316（323）
22	山东建筑大学	21（400）	843.4（424）	152（383）	92（430）	305（273）	2.314（324）
23	中国科学院烟台海岸带研究所	19（430）	863.4（420）	148（389）	199（301）	64（1544）	1.960 9（348）
24	潍坊医学院	25（357）	843.2（425）	166（362）	110（402）	42（2774）	1.842 4（361）
25	济宁医学院	26（351）	680.5（468）	190（317）	119（384）	19（8601）	1.635 3（391）
26	滨州医学院	18（443）	665.7（473）	178（335）	145（344）	34（3729）	1.623 6（392）
27	山东中医药大学	26（350）	915（405）	118（437）	42（592）	60（1655）	1.615 8（394）
28	山东省农业科学院	17（467）	627（484）	109（461）	60（518）	1（107 252）	0.697（516）
29	山东省科学院	24（371）	656.2（475）	45（684）	39（604）	0（192 051）	0.200 1（640）
30	山东省医学科学院	16（483）	802（432）	54（631）	21（756）	0（192 051）	0.168 1（658）

资料来源：中国产业智库大数据中心

	综合	农业科学	生物与生化	化学	临床医学	计算机科学	经济与商学	工程科学	环境/生态学	地球科学	免疫学	材料科学	数学	微生物学	分子生物与遗传学	综合交叉学科	神经科学与行为	药理学与毒物学	物理学	植物与动物科学	精神病学/心理学	一般社会科学	空间科学	进入ESI学科数
山东大学	289	812	251	85	450	234	0	117	582	0	507	101	81	0	482	0	571	117	231	761	0	933	0	16
中国海洋大学	972	338	723	715	0	0	0	761	405	243	0	544	0	0	0	0	0	564	0	314	0	0	0	9
济南大学	1337	0	0	453	1578	0	0	926	0	0	0	479	0	0	0	0	0	0	0	0	0	0	0	4
青岛大学	1355	0	0	788	1426	0	0	701	0	0	0	652	0	0	0	0	768	0	0	0	0	0	0	5
青岛科技大学	1713	0	0	407	0	0	0	971	0	0	0	571	0	0	0	0	0	0	0	0	0	0	0	3
中国科学院海洋研究所	1889	0	0	0	0	0	0	0	860	570	0	0	0	0	0	0	0	0	0	381	0	0	0	3
山东农业大学	1939	238	0	0	0	0	0	0	0	0	0	0	0	0	0	0	0	0	0	301	0	0	0	2
山东师范大学	2287	0	0	768	0	0	0	1207	0	0	0	0	0	0	0	0	0	0	0	1190	0	0	0	3
曲阜师范大学	2408	0	0	939	0	0	0	735	0	0	0	0	154	0	0	0	0	0	0	0	0	0	0	3
中国科学院青岛生物能源与过程研究所	2518	0	1012	934	0	0	0	0	0	0	0	811	0	0	0	0	0	0	0	0	0	0	0	3
中国科学院烟台海岸带研究所	2566	0	0	1088	0	0	0	0	572	0	0	0	0	0	0	0	0	0	0	0	0	0	0	2
齐鲁工业大学	2704	0	0	1027	0	0	0	1211	0	0	0	872	0	0	0	0	0	0	0	0	0	0	0	3
山东科技大学	2733	0	0	0	0	0	0	822	0	0	0	0	228	0	0	0	0	0	0	0	0	0	0	2
聊城大学	2739	0	0	896	0	0	0	1431	0	0	0	0	0	0	0	0	0	0	0	0	0	0	0	2
山东医学科学院	2887	0	0	0	1644	0	0	0	0	0	0	0	0	0	0	0	0	0	0	0	0	0	0	1
烟台大学	2979	0	0	1209	0	0	0	0	0	0	0	0	0	0	0	0	0	0	0	0	0	0	0	1
青岛农业大学	3081	661	0	0	0	0	0	0	0	0	0	0	0	0	0	0	0	0	0	1063	0	0	0	2
山东省立医院	3191	0	0	0	1788	0	0	0	0	0	0	0	0	0	0	0	0	0	0	0	0	0	0	1
山东理工大学	3289	0	0	1205	0	0	0	0	0	0	0	0	0	0	0	0	0	0	0	0	0	0	0	1
鲁东大学	3612	0	0	0	0	0	0	1348	0	0	0	0	0	0	0	0	0	0	0	0	0	0	0	1
济南市中心医院	3689	0	0	0	1766	0	0	0	0	0	0	0	0	0	0	0	0	0	0	0	0	0	0	1
山东农业科学院	3986	789	0	0	0	0	0	0	0	0	0	0	0	0	0	0	0	0	0	1055	0	0	0	2
滨州医学院	4230	0	0	0	3194	0	0	0	0	0	0	0	0	0	0	0	0	0	0	0	0	0	0	1
泰山医学院	4312	0	0	0	3851	0	0	0	0	0	0	0	0	0	0	0	0	0	0	0	0	0	0	1
潍坊医学院	4560	0	0	0	3608	0	0	0	0	0	0	0	0	0	0	0	0	0	0	0	0	0	0	1
山东中医药大学	4637	0	0	0	3603	0	0	0	0	0	0	0	0	0	0	0	0	0	0	0	0	0	0	1

图 3-17　2018 年山东省各机构 ESI 前 1%学科分布

表 3-39　2018 年山东省在华发明专利申请量二十强企业和科研机构列表

序号	二十强企业	发明专利申请量/件	二十强科研机构	发明专利申请量/件
1	国家电网有限公司	631	山东大学	1617

续表

序号	二十强企业	发明专利申请量/件	二十强科研机构	发明专利申请量/件
2	歌尔股份有限公司	597	济南大学	973
3	青岛海尔空调器有限总公司	539	中国石油大学（华东）	892
4	歌尔科技有限公司	467	山东理工大学	656
5	潍柴动力股份有限公司	322	青岛科技大学	651
6	青岛海信电器股份有限公司	313	山东科技大学	616
7	国家电网公司	280	青岛大学	560
8	中车青岛四方机车车辆股份有限公司	268	山东农业大学	428
9	济南浪潮高新科技投资发展有限公司	242	青岛理工大学	421
10	青岛海尔股份有限公司	213	中国海洋大学	411
11	山东超越数控电子股份有限公司	209	青岛农业大学	370
12	国网山东省电力公司电力科学研究院	183	齐鲁工业大学	335
13	国网山东省电力公司烟台供电公司	178	山东建筑大学	303
14	山东钢铁股份有限公司	170	山东师范大学	263
15	青岛海信宽带多媒体技术有限公司	161	哈尔滨工业大学（威海）	217
16	青岛海尔洗衣机有限公司	139	山东交通学院	216
17	万华化学集团股份有限公司	129	鲁东大学	212
18	青岛海信移动通信技术股份有限公司	121	滨州学院	205
19	九阳股份有限公司	114	中国科学院青岛生物能源与过程研究所	147
20	青岛海尔空调电子有限公司	112	泰山医学院	142

资料来源：中国产业智库大数据中心

3.3.8 陕西省

2018 年，陕西省的基础研究竞争力指数为 1.3308，排名第 8 位。陕西省争取国家自然科学基金项目总数为 2149 项，全国排名第 6 位；项目经费总额为 109 243.23 万元，全国排名第 7 位。争取国家自然科学基金项目经费金额大于 5000 万元的有 4 个学科（图 3-18），力学、肿瘤学项目经费呈下降趋势（表 3-40）；争取国家自然科学基金项目经费最多的学科为电子学与信息系统，项目数量 122 项，项目经费 5910 万元（表 3-41）。发表 SCI 论文数量最多的学科为工程、电气和电子（表 3-42）。争取国家自然科学基金经费超过 5000 万元的有 7 个机构（表 3-43）；陕西省共有 17 个机构进入相关学科的 ESI 全球前 1%行列（图 3-19）。陕西省的发明专利申请量为 63 337 件，全国排名第 5，主要专利权人如表 3-44 所示。

2018 年，陕西省地方财政科技投入经费预算 86.71 亿元，全国排名第 14 位；拥有国家重点实验室 18 个，省级重点实验室 93 个，获得国家科技奖励 8 项；拥有院士 33 人，新增“千人计划”青年项目入选者 29 人，新增“万人计划”入选者 70 人，新增国家自然科学基金杰出青年科学基金入选者 7 人，累计入选院士人数、新增“千人计划”青年项目入选者人数、新增“万人计划”入选者人数、新增国家自然科学基金杰出青年科学基金入选者人数全国排名分别为第 6 位、第 8 位、第 4 位、第 7 位。

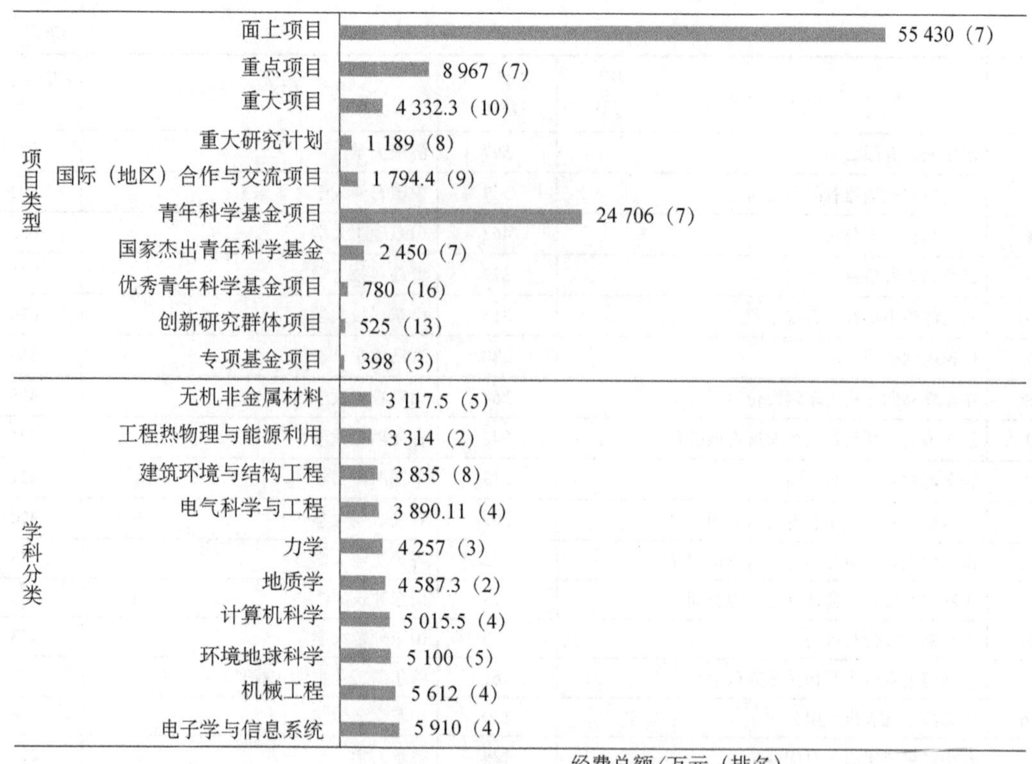

图 3-18　2018 年陕西省争取国家自然科学基金项目情况

资料来源：中国产业智库大数据中心

表 3-40　2014～2018 年陕西省争取国家自然科学基金项目经费十强学科

项目经费趋势	学科	指标	2014 年	2015 年	2016 年	2017 年	2018 年
	合计	项目数/项	1 794	1 868	1 959	2 138	2 149
		项目经费/万元	107 870	92 470.6	98 961.95	119 064.97	109 243.23
		机构数/个	54	58	54	56	56
		主持人数/人	1 767	1 839	1 936	2 102	2 126
	电子学与信息系统	项目数/项	116	113	125	145	122
		项目经费/万元	6 968	5 353.5	6 498.05	6 960	5 910
		机构数/个	20	16	16	23	21
		主持人数/人	114	112	125	145	121
	机械工程	项目数/项	88	88	99	118	115
		项目经费/万元	8 536	4 608	5 312.88	6 798	5 612
		机构数/个	15	18	14	15	14
		主持人数/人	86	88	98	114	113
	计算机科学	项目数/项	88	77	84	112	64
		项目经费/万元	5 396	3 551.17	3 739	7 337.5	5 015.5
		机构数/个	16	11	10	18	13
		主持人数/人	87	76	84	111	64

续表

项目经费趋势	学科	指标	2014年	2015年	2016年	2017年	2018年
	力学	项目数/项	68	79	67	74	80
		项目经费/万元	6 887.5	4 684.5	3 546.5	4 098.5	4257
		机构数/个	11	13	12	17	12
		主持人数/人	66	78	66	73	79
	地质学	项目数/项	51	59	56	55	34
		项目经费/万元	4 529	3 180	4 342.1	3 248	4 587.3
		机构数/个	10	9	12	9	6
		主持人数/人	51	58	56	55	32
	工程热物理与能源利用	项目数/项	56	61	52	73	63
		项目经费/万元	4 452	3 999.4	2 389.13	5 610.66	3 314
		机构数/个	8	9	9	7	9
		主持人数/人	56	60	51	72	63
	自动化	项目数/项	64	68	59	81	59
		项目经费/万元	3 834	3 547.1	3 519.5	5 227.4	3 012
		机构数/个	14	10	12	12	11
		主持人数/人	64	68	59	79	59
	肿瘤学	项目数/项	79	83	74	78	78
		项目经费/万元	4 829	3 173.5	2 894	3 521.36	3 080.5
		机构数/个	7	7	3	7	6
		主持人数/人	79	83	73	78	77
	电气科学与工程	项目数/项	37	49	34	61	48
		项目经费/万元	2 630	2 480.4	1 779	6 634	3 890.11
		机构数/个	7	11	10	11	8
		主持人数/人	37	49	33	60	48
	建筑环境与结构工程	项目数/项	78	76	75	50	85
		项目经费/万元	3 328	5 291.35	2 588.33	1 865	3 835
		机构数/个	7	11	10	10	12
		主持人数/人	78	72	75	50	84

资料来源：中国产业智库大数据中心

表 3-41　2018 年陕西省争取国家自然科学基金项目经费二十强学科及国内排名

序号	研究领域	项目数量/项（排名）	项目经费/万元（排名）
合计		2 149（6）	109 243.23（7）
1	电子学与信息系统	122（3）	5 910（4）
2	机械工程	115（3）	5 612（4）
3	环境地球科学	94（5）	5 100（5）
4	计算机科学	64（4）	5 015.5（4）
5	地质学	34（5）	4 587.3（2）
6	力学	80（3）	4 257（3）
7	电气科学与工程	48（4）	3 890.11（4）

续表

序号	研究领域	项目数量/项（排名）	项目经费/万元（排名）
8	建筑环境与结构工程	85（5）	3 835（8）
9	工程热物理与能源利用	63（3）	3 314（2）
10	无机非金属材料	67（2）	3 117.5（5）
11	肿瘤学	78（7）	3 080.5（9）
12	自动化	59（7）	3 012（7）
13	人工智能	50（3）	2 988（3）
14	光学和光电子学	47（4）	2 762.1（6）
15	冶金与矿业	54（6）	2 736（6）
16	数学	62（7）	2 328（8）
17	物理学Ⅱ	53（6）	2 321（7）
18	化学工程与工业化学	37（9）	2 016（8）
19	水利科学与海洋工程	31（7）	1 989（6）
20	金属材料	42（4）	1 894（5）

资料来源：中国产业智库大数据中心

表 3-42　2018 年陕西省发表 SCI 论文数量二十强学科

序号	研究领域	发文量全国排名	发文量/篇	被引次数/次	篇均被引/次
1	工程、电气和电子	3	3 202	2 566	0.80
2	材料科学、跨学科	4	2 754	4 253	1.54
3	物理学、应用	4	1 619	2 293	1.42
4	电信	3	1 208	825	0.68
5	化学、物理	7	1 132	3 011	2.66
6	化学、跨学科	12	1 003	1 586	1.58
7	光学	4	986	565	0.57
8	工程、机械	3	978	879	0.90
9	能源和燃料	6	949	1 534	1.62
10	计算机科学、信息系统	3	905	697	0.77
11	环境科学	7	870	963	1.11
12	计算机科学、人工智能	3	791	1 149	1.45
13	纳米科学和纳米技术	6	776	1 675	2.16
14	冶金和冶金工程学	4	684	837	1.22
15	机械学	4	671	715	1.07
16	生物化学与分子生物学	8	624	629	1.01
17	设备和仪器	3	589	629	1.07
18	工程、化学	10	588	1 083	1.84
19	计算机科学、理论和方法	3	573	310	0.54
20	物理学、凝聚态物质	4	564	1 174	2.08
全省（自治区、直辖市）合计		5	22 699	22 727	1.00

资料来源：中国产业智库大数据中心

表 3-43　2018 年陕西省争取国家自然科学基金项目经费三十强机构

序号	机构名称	项目数量/项（排名）	项目经费/万元（排名）	发文量/篇（排名）	被引次数/次（排名）	发明专利申请数/件（排名）	BRCI（排名）
1	西安交通大学	501（9）	30 415.63（13）	5 486（10）	5 163（16）	1 957（20）	58.572 4（8）
2	西北工业大学	253（27）	12 996.9（34）	3 226（26）	4 480（21）	1 384（39）	34.122 4（25）
3	西安电子科技大学	155（60）	7 550.5（67）	2 237（38）	1 727（62）	1 531（33）	21.656 3（38）
4	西北大学	120（82）	8 507.2（58）	985（99）	1 049（109）	301（279）	12.376 9（82）
5	陕西师范大学	104（97）	5 139.1（107）	992（98）	1 463（78）	380（211）	11.986 9（84）
6	中国人民解放军第四军医大学	172（48）	7 726（66）	809（118）	793（128）	198（430）	11.855 7（85）
7	长安大学	92（109）	4 593.5（125）	870（111）	934（119）	871（76）	11.773 1（86）
8	西安理工大学	88（115）	4 328.5（133）	820（116）	700（136）	743（89）	10.535 7（95）
9	陕西科技大学	69（146）	2 415（206）	482（175）	668（142）	947（68）	8.331（120）
10	西安建筑科技大学	66（152）	3 055（171）	490（173）	488（179）	416（192）	7.082（135）
11	西北农林科技大学	173（46）	8 096.8（62）	67（577）	56（536）	451（169）	5.834 6（163）
12	西安科技大学	47（219）	1 889（254）	282（255）	278（251）	450（172）	4.923 6（195）
13	中国人民解放军空军工程大学	23（380）	874（417）	542（159）	356（221）	87（1088）	3.015（272）
14	西安石油大学	34（286）	1 103（362）	195（313）	76（473）	219（385）	2.715（286）
15	中国科学院西安光学精密机械研究所	17（472）	939.6（399）	208（300）	158（332）	215（392）	2.388 5（313）
16	西安邮电大学	18（454）	665（474）	154（377）	161（331）	89（1064）	1.893（357）
17	西安工业大学	11（585）	249.7（716）	199（308）	184（312）	254（333）	1.734 1（378）
18	延安大学	24（374）	789.7（438）	105（466）	58（526）	64（1544）	1.606（395）
19	西安工程大学	16（487）	370.4（624）	126（426）	64（506）	215（392）	1.585 9（397）
20	宝鸡文理学院	10（612）	305.8（674）	90（508）	90（440）	104（868）	1.164 4（438）
21	陕西中医药大学	16（488）	586（498）	76（545）	39（604）	46（2498）	1.120 5（443）
22	中国科学院地球环境研究所	17（471）	751（450）	112（451）	132（366）	6（30 066）	1.109 3（444）
23	西安医学院	8（677）	244（720）	152（383）	97（423）	42（2774）	0.989（466）
24	西安近代化学研究所	7（716）	248.4（717）	42（702）	48（563）	170（494）	0.859 7（482）
25	西北核技术研究所	7（715）	370（625）	73（551）	24（720）	88（1075）	0.804 2（492）
26	榆林学院	12（567）	406（601）	38（725）	9（1052）	128（686）	0.792 5（493）
27	西北有色金属研究院	4（876）	285（689）	36（743）	32（651）	62（1587）	0.562（541）
28	中国科学院国家授时中心	12（566）	1 199.1（343）	4（2060）	9（1052）	37（3297）	0.522 7（548）
29	中国科学院水利部水土保持研究所	7（714）	605（493）	31（793）	40（600）	0（192 051）	0.123 6（679）
30	中国人民解放军第二炮兵工程大学	5（814）	455（572）	0（4494）	0（4386）	0（192 051）	0.003 2（1398）

资料来源：中国产业智库大数据中心

机构	综合	农业科学	生物与生化	化学	临床医学	计算机科学	经济与商学	工程科学	环境/生态学	地球科学	免疫学	材料科学	数学	微生物学	分子生物与遗传学	综合交叉学科	神经科学与行为	药理学与毒物学	物理学	植物与动物科学	精神病学/心理学	一般社会科学	空间科学	进入ESI学科数
西安交通大学	353	0	607	229	714	60	299	15	0	369	0	73	163	0	621	0	667	335	390	0	0	925	0	14
第四军医大学	843	0	532	0	513	0	0	0	0	0	0	595	0	0	533	0	432	298	0	0	0	0	0	6
西北工业大学	879	0	0	659	0	207	0	140	0	0	0	93	0	0	0	0	0	0	0	0	0	0	0	4
西北农林科技大学	989	29	653	931	0	0	0	790	472	0	0	0	0	0	0	0	0	0	0	150	0	0	0	6
西北大学	1160	0	0	376	0	0	0	1003	0	209	0	604	0	0	0	0	0	0	0	0	0	0	0	4
西安电子科技大学	1255	0	0	0	0	29	0	98	0	0	0	0	0	0	0	0	0	0	0	0	0	0	0	2
陕西师范大学	1447	513	0	505	0	0	0	1238	0	0	0	449	0	0	0	0	0	0	0	0	0	0	0	4
中国科学院地球环境研究所	2676	0	0	0	0	0	0	0	851	291	0	0	0	0	0	0	0	0	0	0	0	0	0	2
中国科学院西安光学精密机械研究所	3047	0	0	0	0	324	0	891	0	0	0	0	0	0	0	0	0	0	0	0	0	0	0	2
长安大学	3103	0	0	0	0	0	0	863	0	0	0	0	0	0	0	0	0	0	0	0	0	0	0	1
瞬态光学与光子技术国家重点实验室	3185	0	0	0	0	339	0	923	0	0	0	0	0	0	0	0	0	0	0	0	0	0	0	2
中国科学院水利部水土保持研究所	3225	203	0	0	0	0	0	0	852	0	0	0	0	0	0	0	0	0	0	0	0	0	0	2
陕西科技大学	3424	0	0	0	0	0	0	0	0	0	0	639	0	0	0	0	0	0	0	0	0	0	0	1
西安理工大学	3436	0	0	0	0	0	0	1037	0	0	0	824	0	0	0	0	0	0	0	0	0	0	0	2
西安建筑科技大学	3458	0	0	0	0	0	0	980	0	0	0	0	0	0	0	0	0	0	0	0	0	0	0	1
空军工程大学	4510	0	0	0	0	0	0	1131	0	0	0	0	0	0	0	0	0	0	0	0	0	0	0	1
西安医学院	4578	0	0	0	2950	0	0	0	0	0	0	0	0	0	0	0	0	0	0	0	0	0	0	1

图 3-19　2018 年陕西省各机构 ESI 前 1%学科分布

表 3-44　2018 年陕西省在华发明专利申请量二十强企业和科研机构列表

序号	二十强企业	发明专利申请量/件	二十强科研机构	发明专利申请量/件
1	西安艾润物联网技术服务有限责任公司	268	西安交通大学	1869
2	西安热工研究院有限公司	158	西安电子科技大学	1513
3	中国航发动力股份有限公司	115	西北工业大学	1358
4	西安飞机工业（集团）有限责任公司	109	陕西科技大学	942
5	中国重型机械研究院股份公司	95	长安大学	854
6	西安万像电子科技有限公司	77	西安理工大学	734
7	中铁第一勘察设计院集团有限公司	75	西北农林科技大学	449
8	国网陕西省电力公司电力科学研究院	70	西安科技大学	442
9	中煤科工集团西安研究院有限公司	66	西安建筑科技大学	412
10	西安中电科西电科大雷达技术协同创新研究院有限公司	63	陕西师范大学	379
11	中国航空工业集团公司西安飞行自动控制研究所	61	西北大学	299
12	西安增材制造国家研究院有限公司	60	西安工业大学	253
13	陕西杨凌陕特农业发展有限公司	53	陕西理工大学	218
14	中国西电电气股份有限公司	51	西安石油大学	216
15	中国航空工业集团公司西安飞机设计研究所	48	西安工程大学	215
16	西安航空制动科技有限公司	47	中国科学院西安光学精密机械研究所	214
17	国家电网有限公司	45	中国人民解放军第四军医大学	196
18	中国电力工程顾问集团西北电力设计院有限公司	44	西安近代化学研究所	168
19	西安科锐盛创新科技有限公司	44	西京学院	164
20	陕西飞机工业（集团）有限公司	44	西安空间无线电技术研究所	135

资料来源：中国产业智库大数据中心

3.3.9 四川省

2018 年，四川省的基础研究竞争力指数为 1.2284，排名第 9 位。四川省争取国家自然科学基金项目总数为 1588 项，项目经费总额为 88 526.87 万元，全国排名均为第 9 位。争取国家自然科学基金项目经费金额大于 3000 万元的有 8 个学科（图 3-20），电子学与信息系统、地质学项目经费呈下降趋势（表 3-45）；争取国家自然科学基金项目经费最多的学科为冶金与矿业（表 3-46）。发表 SCI 论文数量最多的学科为工程、电气和电子（表 3-47）。争取国家自然科学基金经费超过 5000 万元的有 3 个机构（表 3-48）；共有 12 个机构进入相关学科的 ESI 全球前 1%行列（图 3-21）。四川省的发明专利申请量为 63 337 件，全国排名第 5，主要专利权人如表 3-49 所示。

2018 年，四川省地方财政科技投入经费预算 108.40 亿元，全国排名第 12 位；拥有国家重点实验室 11 个，省级重点实验室 114 个，获得国家科技奖励 11 项；拥有院士 31 人，新增“千人计划”青年项目入选者 30 人，新增“万人计划”入选者 34 人，新增国家自然科学基金杰出青年科学基金入选者 5 人，累计入选院士人数、新增“千人计划”青年项目入选者人数、新增“万人计划”入选者人数、新增国家自然科学基金杰出青年科学基金入选者人数全国排名分别为第 8 位、第 7 位、第 13 位、第 9 位。

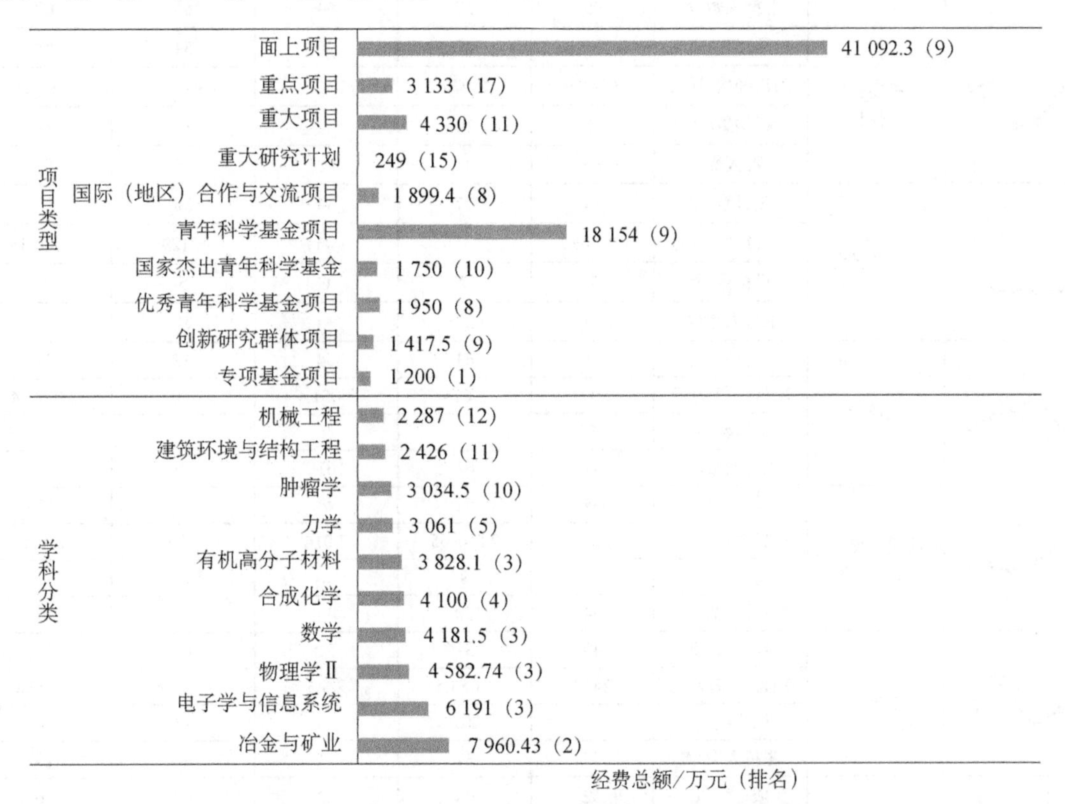

图 3-20 2018 年四川省争取国家自然科学基金项目情况

资料来源：中国产业智库大数据中心

表 3-45　2014～2018 年四川省争取国家自然科学基金项目经费十强学科

项目经费趋势	学科	指标	2014 年	2015 年	2016 年	2017 年	2018 年
	合计	项目数/项	1 347	1 414	1 469	1 580	1 588
		项目经费/万元	74 317.81	75 554	65 847.29	82 787.18	88 526.87
		机构数/个	56	58	57	60	60
		主持人数/人	1 323	1 392	1 452	1 559	1 572
	电子学与信息系统	项目数/项	76	76	94	100	111
		项目经费/万元	5 531	5 285.5	4 827.96	7 401.62	6 191
		机构数/个	10	12	12	15	14
		主持人数/人	75	76	94	97	110
	物理学Ⅱ	项目数/项	61	64	72	73	75
		项目经费/万元	4 212	2 403.5	2 350.3	3 318	4 582.74
		机构数/个	13	16	21	14	17
		主持人数/人	61	64	72	72	74
	力学	项目数/项	49	57	64	65	69
		项目经费/万元	2 462	3 243	2 355	5 158	3 061
		机构数/个	11	12	13	12	12
		主持人数/人	49	57	64	64	69
	有机高分子材料	项目数/项	41	42	40	54	58
		项目经费/万元	3 740.9	2 070	1 829	4158	3 828.1
		机构数/个	8	10	8	12	14
		主持人数/人	39	41	40	54	58
	冶金与矿业	项目数/项	24	27	34	30	27
		项目经费/万元	1 569	1 450	1 717	1 129	7 960.43
		机构数/个	7	7	6	5	6
		主持人数/人	24	27	34	30	27
	地质学	项目数/项	41	61	64	57	31
		项目经费/万元	2 077	3 616	3 051.4	2 603	2 049.54
		机构数/个	8	9	9	9	7
		主持人数/人	41	61	61	57	31
	建筑环境与结构工程	项目数/项	54	51	44	52	57
		项目经费/万元	3 519	2 501.65	2 014	2 430	2 426
		机构数/个	10	8	8	10	12
		主持人数/人	54	50	44	51	57
	地理学	项目数/项	43	31	51	43	29
		项目经费/万元	2479	1 683.5	2884	4 405.6	1 299.8
		机构数/个	12	10	14	12	10
		主持人数/人	43	31	51	42	29
	肿瘤学	项目数/项	52	44	62	48	46
		项目经费/万元	2 429	1 995.5	2 239	1 953	3 034.5
		机构数/个	6	5	8	4	5
		主持人数/人	52	44	61	48	46

续表

项目经费趋势	学科	指标	2014年	2015年	2016年	2017年	2018年
	数学	项目数/项	53	58	46	57	46
		项目经费/万元	1 711	1 892.6	1 229	2 312.5	4 181.5
		机构数/个	12	11	10	13	9
		主持人数/人	52	57	46	56	44

资料来源：中国产业智库大数据中心

表3-46　2018年四川省争取国家自然科学基金项目经费二十强学科及国内排名

序号	研究领域	项目数量/项（排名）	项目经费/万元（排名）
合计		1 588（9）	88 526.87（9）
1	冶金与矿业	27（11）	7 960.43（2）
2	电子学与信息系统	111（4）	6 191（3）
3	物理学Ⅱ	75（3）	4 582.74（3）
4	数学	46（11）	4 181.5（3）
5	合成化学	30（6）	4 100（4）
6	有机高分子材料	58（2）	3 828.1（3）
7	力学	69（4）	3 061（5）
8	肿瘤学	46（12）	3 034.5（10）
9	建筑环境与结构工程	57（11）	2 426（11）
10	机械工程	44（12）	2 287（12）
11	地质学	31（6）	2 049.54（6）
12	环境地球科学	45（8）	1 944（9）
13	光学和光电子学	36（7）	1 808（9）
14	计算机科学	39（9）	1 738（11）
15	材料化学与能源化学	32（8）	1 599.9（10）
16	口腔颅颌面科学	33（2）	1 560（1）
17	无机非金属材料	20（16）	1 399.4（12）
18	地理学	29（9）	1 299.8（9）
19	影像医学与生物医学工程	21（7）	1 258（9）
20	中药学	22（7）	1 173（6）

资料来源：中国产业智库大数据中心

表3-47　2018年四川省发表SCI论文数量二十强学科

序号	研究领域	发文量全国排名	发文量/篇	被引次数/次	篇均被引/次
1	工程、电气和电子	5	2 178	1 652	0.76
2	材料科学、跨学科	9	1 870	3 348	1.79
3	物理学、应用	7	1 297	1 915	1.48
4	化学、跨学科	10	1 044	2 204	2.11
5	化学、物理	10	892	2 292	2.57
6	电信	4	790	641	0.81
7	光学	8	688	508	0.74

续表

序号	研究领域	发文量全国排名	发文量/篇	被引次数/次	篇均被引/次
8	能源和燃料	10	654	1 110	1.70
9	纳米科学和纳米技术	10	627	1 575	2.51
10	环境科学	10	591	612	1.04
11	肿瘤学	8	569	314	0.55
12	工程、化学	11	557	1 228	2.20
13	计算机科学、信息系统	7	554	514	0.93
14	物理学、凝聚态物质	7	517	1 108	2.14
15	生物化学与分子生物学	10	485	462	0.95
16	工程、机械	7	475	411	0.87
17	多学科科学	6	470	354	0.75
18	药理学和药剂学	9	445	354	0.80
19	聚合物科学	7	440	480	1.09
20	医学、研究和试验	9	423	242	0.57
全省（自治区、直辖市）合计		9	18 232	18 837	1.03

资料来源：中国产业智库大数据中心

表 3-48　2018 年四川省争取国家自然科学基金项目经费三十强机构

序号	机构名称	项目数量/项（排名）	项目经费/万元（排名）	发文量/篇（排名）	被引次数/次（排名）	发明专利申请数/件（排名）	BRCI（排名）
1	四川大学	496（11）	38 279.03（8）	6 148（6）	5 976（8）	1 487（34）	60.406 2（7）
2	电子科技大学	211（39）	11 794.9（36）	3 262（25）	4 379（23）	2 181（14）	34.139 2（24）
3	西南交通大学	141（71）	7 072（72）	1 559（65）	1 575（70）	1 213（54）	18.533 3（54）
4	四川农业大学	67（150）	3 257.3（162）	890（109）	648（149）	320（258）	7.994 9（125）
5	西南石油大学	44（231）	1 828.4（269）	820（116）	936（118）	821（82）	7.745 1（130）
6	西南科技大学	44（232）	1 847.46（263）	512（170）	726（134）	269（311）	5.686 8（168）
7	成都理工大学	41（248）	1 850.4（262）	414（197）	312（239）	340（237）	4.862 6（197）
8	成都中医药大学	43（238）	1 906.3（252）	178（335）	99（418）	78（1228）	2.776 3（281）
9	四川师范大学	20（412）	621.5（485）	226（289）	1 124（103）	36（3430）	2.457（305）
10	中国工程物理研究院化工材料研究所	26（354）	1 123.7（356）	98（482）	133（364）	187（453）	2.374 3（315）
11	西南医科大学	32（298）	965（390）	294（248）	235（275）	20（7565）	2.256 9（327）
12	西华大学	18（452）	617（488）	166（362）	144（348）	283（296）	2.253 2（329）
13	中国工程物理研究院激光聚变研究中心	30（314）	831（429）	107（462）	64（506）	220（382）	2.185 7（334）
14	成都大学	20（413）	898（411）	175（345）	191（308）	74（1299）	2.100 9（339）
15	成都信息工程大学	16（486）	516.5（534）	159（369）	100（417）	305（273）	1.989 7（346）
16	西南财经大学	40（256）	1 827.6（270）	254（269）	203（296）	3（54 859）	1.877 3（359）
17	中国科学院成都生物研究所	18（450）	1 082（366）	146（392）	127（371）	61（1620）	1.819 1（365）
18	西华师范大学	24（373）	649.9（477）	123（430）	320（237）	24（6020）	1.801 8（369）
19	中国工程物理研究院流体物理研究所	27（344）	1 822.24（273）	84（529）	36（630）	60（1655）	1.690 3（383）

续表

序号	机构名称	项目数量/项（排名）	项目经费/万元（排名）	发文量/篇（排名）	被引次数/次（排名）	发明专利申请数/件（排名）	BRCI（排名）
20	中国科学院、水利部成都山地灾害与环境研究所	22（389）	1 210.44（340）	123（430）	75（476）	41（2862）	1.666 8（384）
21	中国科学院光电技术研究所	14（517）	629.4（483）	99（478）	146（343）	122（716）	1.661 7（385）
22	中国工程物理研究院材料研究所	19（434）	675.2（470）	67（577）	48（563）	84（1132）	1.361 6（413）
23	中国工程物理研究院核物理与化学研究所	14（516）	757（447）	90（508）	60（518）	68（1441）	1.319 3（417）
24	四川理工学院	8（673）	260.6（710）	133（413）	98（420）	195（436）	1.265 2（426）
25	成都医学院	17（469）	608.5（491）	75（547）	66（497）	18（9146）	1.071 8（449）
26	中国工程物理研究院电子工程研究所	21（402）	552（512）	34（760）	10（994）	88（1075）	0.943 4（471）
27	中国核动力研究设计院	9（637）	996（386）	33（768）	7（1199）	169（497）	0.820 3（489）
28	西南民族大学	8（674）	307（673）	45（684）	23（727）	60（1655）	0.700 4（514）
29	核工业西南物理研究院	17（470）	1 069（368）	55（625）	34（640）	1（107252）	0.612 1（532）
30	中国空气动力研究与发展中心	18（451）	556（510）	61（602）	11（956）	0（192 051）	0.150 7（663）

资料来源：中国产业智库大数据中心

	综合	农业科学	生物与生化	化学	临床医学	计算机科学	经济与商学	工程科学	环境/生态学	地球科学	免疫学	材料科学	数学	微生物学	分子生物与遗传学	综合交叉学科	神经科学与行为	药理学与毒物学	物理学	植物与动物科学	精神病学/心理学	一般社会科学	空间科学	进入ESI学科数
四川大学	293	413	333	59	376	171	0	249	919	0	679	78	212	0	347	0	403	105	633	944	597	981	0	17
电子科技大学	790	0	876	951	0	50	0	73	0	0	0	269	0	0	0	0	663	0	474	0	0	0	0	7
西南交通大学	1546	0	0	0	0	200	0	259	0	0	0	390	0	0	0	0	0	0	0	0	0	0	0	3
中国工程物理研究院	2104	0	0	986	0	0	0	925	0	0	0	537	0	0	0	0	0	0	0	0	0	0	0	3
四川农业大学	2105	370	0	0	0	0	0	0	0	0	0	0	0	0	0	0	0	0	0	402	0	0	0	2
中国科学院成都生物研究所	2972	0	0	1171	0	0	0	0	0	0	0	0	0	0	0	0	0	0	0	942	0	0	0	2
西南石油大学	3144	0	0	1216	0	0	0	831	0	0	0	0	0	0	0	0	0	0	0	0	0	0	0	2
成都理工大学	3259	0	0	0	0	0	0	0	0	547	0	0	0	0	0	0	0	0	0	0	0	0	0	1
西南医科大学	4135	0	0	0	2792	0	0	0	0	0	0	0	0	0	0	0	0	0	0	0	0	0	0	1
中国科学院、水利部成都山地灾害与环境研究所	4217	0	0	0	0	0	0	0	917	0	0	0	0	0	0	0	0	0	0	0	0	0	0	1
四川省人民医院	4268	0	0	0	2764	0	0	0	0	0	0	0	0	0	0	0	0	0	0	0	0	0	0	1
川北医学院	4940	0	0	0	3871	0	0	0	0	0	0	0	0	0	0	0	0	0	0	0	0	0	0	1

图 3-21　2018 年四川省各机构 ESI 前 1%学科分布

表 3-49　2018 年四川省在华发明专利申请量二十强企业和科研机构列表

序号	二十强企业	发明专利申请量/件	二十强科研机构	发明专利申请量/件
1	成都新柯力化工科技有限公司	854	电子科技大学	2167
2	四川长虹电器股份有限公司	605	四川大学	1424
3	四川斐讯信息技术有限公司	489	西南交通大学	1156
4	攀钢集团攀枝花钢铁研究院有限公司	284	西南石油大学	807

续表

序号	二十强企业	发明专利申请量/件	二十强科研机构	发明专利申请量/件
5	中铁二院工程集团有限责任公司	230	成都理工大学	322
6	业成光电（深圳）有限公司	209	四川农业大学	317
7	业成科技（成都）有限公司	209	成都信息工程大学	305
8	英特盛科技股份有限公司	209	西华大学	275
9	中国五冶集团有限公司	170	西南科技大学	268
10	四川力智久创知识产权运营有限公司	152	中国工程物理研究院激光聚变研究中心	218
11	成都尚智恒达科技有限公司	149	四川理工学院	187
12	迈普通信技术股份有限公司	127	中国工程物理研究院化工材料研究所	183
13	中国电建集团成都勘测设计研究院有限公司	118	中国科学院光电技术研究所	122
14	成都飞机工业（集团）有限责任公司	117	攀枝花学院	112
15	四川虹美智能科技有限公司	106	成都工业学院	102
16	成都君硕睿智信息科技有限公司	101	中国工程物理研究院电子工程研究所	88
17	成都先进金属材料产业技术研究院有限公司	100	中国工程物理研究院材料研究所	84
18	成都言行果科技有限公司	100	成都中医药大学	78
19	西南电子技术研究所（中国电子科技集团公司第十研究所）	100	成都大学	74
20	成都蒲江珂贤科技有限公司	98	四川省华蓥中学	69

资料来源：中国产业智库大数据中心

3.3.10 湖南省

2018 年，湖南省的基础研究竞争力指数为 0.954，排名第 10 位。湖南省争取国家自然科学基金项目总数为 1385 项，全国排名第 10 位；项目经费总额为 69 360.31 万元，全国排名第 11 位。争取国家自然科学基金项目经费金额大于 2000 万元的有 10 个学科（图 3-22），计算机科学、冶金与矿业、机械工程、神经系统和精神疾病项目经费呈下降趋势，建筑环境与结构工程、力学、数学项目经费呈上升趋势（表 3-50）；争取国家自然科学基金项目经费最多的学科为建筑环境与结构工程（表 3-51）。发表 SCI 论文数量最多的学科为材料科学、跨学科（表 3-52）。争取国家自然科学基金经费超过 5000 万元的有 3 个机构（表 3-53）；共有 9 个机构进入相关学科的 ESI 全球前 1%行列（图 3-23）。湖南省的发明专利申请量为 26 089 件，全国排名第 12，主要专利权人如表 3-54 所示。

2018 年，湖南省地方财政科技投入经费预算 91.40 亿元，全国排名第 13 位；拥有国家重点实验室 10 个，省级重点实验室 204 个，获得国家科技奖励 16 项；拥有院士 11 人，新增“千人计划”青年项目入选者 12 人，新增“万人计划”入选者 34 人，新增国家自然科学基金杰出青年科学基金入选者 3 人，累计入选院士人数、新增“千人计划”青年项目入选者人数、新增“万人计划”入选者人数、新增国家自然科学基金杰出青年科学基金入选者人数全国排名分别为第 16 位、第 12 位、第 13 位、第 14 位。

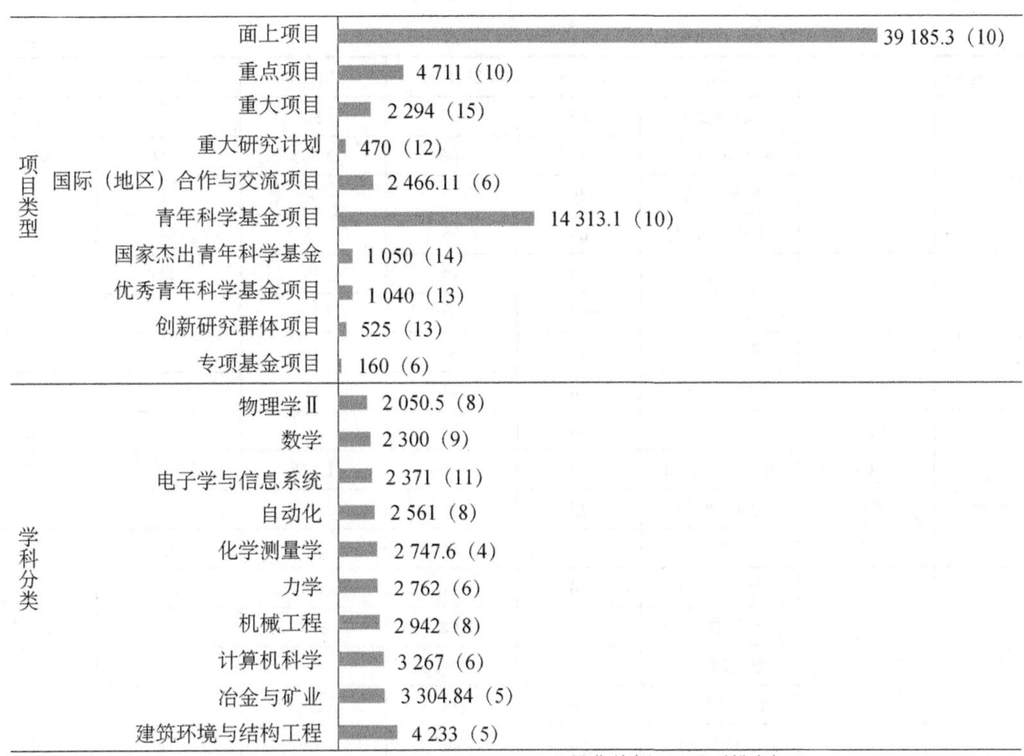

图 3-22　2018 年湖南省争取国家自然科学基金项目情况

资料来源：中国产业智库大数据中心

表 3-50　2014～2018 年湖南省争取国家自然科学基金项目经费十强学科

项目经费趋势	学科	指标	2014 年	2015 年	2016 年	2017 年	2018 年
	合计	项目数/项	1 232	1 266	1 166	1 315	1 385
		项目经费/万元	69 047.9	59 557.49	53 299.96	63 069.1	69 360.31
		机构数/个	37	42	40	39	35
		主持人数/人	1 216	1 255	1 161	1 300	1 363
	计算机科学	项目数/项	94	77	75	90	62
		项目经费/万元	5 396.5	3119	4047	3 774.1	3267
		机构数/个	16	14	14	17	12
		主持人数/人	94	77	75	88	61
	建筑环境与结构工程	项目数/项	78	70	71	71	76
		项目经费/万元	4 378	3 233	3 194.33	3 262	4 233
		机构数/个	8	9	11	9	8
		主持人数/人	78	70	71	71	76
	冶金与矿业	项目数/项	53	53	66	73	70
		项目经费/万元	3 660.9	2 803	4 098.56	3 646	3 304.84
		机构数/个	9	8	10	12	10
		主持人数/人	53	53	66	73	69

续表

项目经费趋势	学科	指标	2014年	2015年	2016年	2017年	2018年
	机械工程	项目数/项	67	56	56	59	57
		项目经费/万元	3 801	3 061	3 483	2 960	2 942
		机构数/个	9	7	7	11	11
		主持人数/人	67	56	55	59	57
	自动化	项目数/项	50	44	35	42	35
		项目经费/万元	3 719	2 659	2 190	3 409	2 561
		机构数/个	10	9	9	9	6
		主持人数/人	48	44	35	41	35
	电子学与信息系统	项目数/项	48	35	27	33	45
		项目经费/万元	5 294	1 560	1 176	1 290.5	2 371
		机构数/个	12	8	4	11	7
		主持人数/人	47	35	27	33	45
	力学	项目数/项	34	44	23	34	42
		项目经费/万元	1 839	2 685	842	2 507	2 762
		机构数/个	8	9	10	7	9
		主持人数/人	34	44	23	34	42
	肿瘤学	项目数/项	56	50	49	54	43
		项目经费/万元	2 879	1 868	1 678	1 775	1 799.5
		机构数/个	5	4	5	6	3
		主持人数/人	56	50	49	54	43
	数学	项目数/项	59	49	56	50	56
		项目经费/万元	1 977	1 443	1 671	1 757	2 300
		机构数/个	16	16	18	17	12
		主持人数/人	59	48	56	49	55
	神经系统和精神疾病	项目数/项	38	37	39	29	29
		项目经费/万元	2 043	1 567.1	1 814.52	1 498	1 446
		机构数/个	2	2	3	4	4
		主持人数/人	37	36	38	29	29

资料来源：中国产业智库大数据中心

表 3-51　2018 年湖南省争取国家自然科学基金项目经费二十强学科及国内排名

序号	研究领域	项目数量/项（排名）	项目经费/万元（排名）
合计		1 385（10）	69 360.31（11）
1	建筑环境与结构工程	76（6）	4 233（5）
2	冶金与矿业	70（3）	3 304.84（5）
3	计算机科学	62（5）	3 267（6）
4	机械工程	57（8）	2 942（8）
5	力学	42（6）	2 762（6）
6	化学测量学	24（6）	2 747.6（4）
7	自动化	35（10）	2 561（8）

续表

序号	研究领域	项目数量/项（排名）	项目经费/万元（排名）
8	电子学与信息系统	45（9）	2 371（11）
9	数学	56（9）	2 300（9）
10	物理学Ⅱ	37（11）	2 050.5（8）
11	肿瘤学	43（13）	1 799.5（13）
12	物理学Ⅰ	31（11）	1 763（9）
13	金属材料	26（7）	1 646（6）
14	无机非金属材料	36（9）	1 557（11）
15	神经系统和精神疾病	29（11）	1 446（9）
16	中医学	31（5）	1 408（5）
17	循环系统	30（7）	1 244（7）
18	管理科学与工程	32（6）	1 187（9）
19	人工智能	20（9）	1 182（6）
20	皮肤及其附属器	11（4）	1 128（2）

资料来源：中国产业智库大数据中心

表 3-52　2018 年湖南省发表 SCI 论文数量二十强学科

序号	研究领域	发文量全国排名	发文量/篇	被引次数/次	篇均被引/次
1	材料科学、跨学科	10	1 780	3 131	1.76
2	工程、电气和电子	9	1 354	1 515	1.12
3	物理学、应用	11	851	1 629	1.91
4	化学、物理	12	803	2 902	3.61
5	化学、跨学科	15	741	1 530	2.06
6	冶金和冶金工程学	3	687	550	0.80
7	环境科学	9	597	1 500	2.51
8	电信	8	546	841	1.54
9	纳米科学和纳米技术	14	527	1 450	2.75
10	能源和燃料	13	526	1 519	2.89
11	计算机科学、信息系统	8	494	848	1.72
12	光学	13	476	443	0.93
13	肿瘤学	11	466	611	1.31
14	工程、市政	6	453	421	0.93
15	工程、化学	12	446	1 481	3.32
16	化学、分析	10	443	821	1.85
17	电化学	8	400	822	2.06
18	工程、机械	10	376	355	0.94
19	医学、研究和试验	11	373	270	0.72
20	物理学、凝聚态物质	10	370	895	2.42
全省（自治区、直辖市）合计		11	13 966	19 851	1.42

资料来源：中国产业智库大数据中心

表 3-53　2018 年湖南省争取国家自然科学基金项目经费三十强机构

序号	机构名称	项目数量/项（排名）	项目经费/万元（排名）	发文量/篇（排名）	被引次数/次（排名）	发明专利申请数/件（排名）	BRCI（排名）
1	中南大学	499（10）	24 594.41（15）	5 567（9）	9 004（1）	1 979（19）	62.082 7（6）
2	湖南大学	222（36）	13 469.5（32）	2 231（39）	5 454（12）	542（133）	27.322 5（29）
3	中国人民解放军国防科学技术大学	132（76）	7 270.8（70）	2 058（43）	1 228（95）	708（92）	16.731 1（63）
4	湘潭大学	68（148）	3 809.6（144）	584（152）	672（141）	614（114）	8.600 6（115）
5	长沙理工大学	61（162）	3 104.5（169）	326（229）	336（228）	488（150）	6.218（149）
6	湖南师范大学	76（140）	3 211.6（164）	550（157）	538（168）	101（903）	6.141 3（152）
7	湖南科技大学	53（195）	2 212.2（226）	316（232）	423（191）	288（289）	5.338 6（181）
8	湖南农业大学	45（226）	1 665.5（287）	322（231）	325（233）	364（224）	4.813 1（198）
9	南华大学	46（225）	2 120.5（237）	343（223）	249（263）	209（406）	4.432 3（214）
10	中南林业科技大学	22（386）	1 139.5（354）	194（315）	147（342）	280（300）	2.722 1（285）
11	湖南工业大学	15（501）	551.5（513）	135（407）	298（243）	284（293）	2.271（326）
12	中国科学院亚热带农业生态研究所	18（446）	868（419）	130（419）	207（293）	27（5177）	1.644 4（389）
13	湖南中医药大学	33（289）	1 413（310）	68（569）	38（611）	39（3099）	1.570 5（399）
14	吉首大学	13（539）	486.2（548）	71（559）	92（430）	62（1587）	1.215 2（434）
15	长沙学院	9（632）	560.5（507）	53（642）	77（471）	82（1155）	1.066 3（450）
16	湖南理工学院	7（700）	279（696）	84（529）	92（430）	97（964）	0.998 6（465）
17	衡阳师范学院	5（803）	412.5（598）	44（693）	39（604）	89（1064）	0.730 9（503）
18	湖南文理学院	4（863）	61（1097）	84（529）	65（503）	258（328）	0.714 5（510）
19	中国农业科学院麻类研究所	6（748）	289（684）	35（755）	29（673）	78（1228）	0.656（519）
20	湖南第一师范学院	10（609）	349（638）	40（713）	12（920）	12（14467）	0.518 6（549）
21	湖南工程学院	3（950）	144（857）	48（667）	30（664）	86（1106）	0.499 5（556）
22	湖南工学院	4（862）	91（970）	25（859）	15（832）	86（1106）	0.407（580）
23	湖南城市学院	2（1101）	117（902）	40（713）	13（889）	178（476）	0.401 5（581）
24	湖南省农业科学院	10（608）	388（612）	22（898）	5（1429）	1（107252）	0.272 9（612）
25	湖南商学院	1（1390）	64（1082）	34（760）	26（701）	14（12423）	0.206 1（637）
26	湖南医药学院	3（949）	67（1062）	9（1340）	8（1109）	2（72476）	0.142 6（668）
27	长沙医学院	1（1394）	56（1153）	30（807）	28（685）	1（107252）	0.128 7（676）
28	湖南财政经济学院	3（952）	93（968）	6（1650）	1（2917）	4（44369）	0.111 7（683）
29	湖南杂交水稻研究中心	3（951）	114（909）	2（3037）	0（4386）	24（6020）	0.041（752）
30	湖南省中医药研究院	5（802）	215（751）	0（4494）	0（4386）	5（35651）	0.011 7（966）

资料来源：中国产业智库大数据中心

	综合	农业科学	生物与生化	化学	临床医学	计算机科学	经济与商学	工程科学	环境/生态学	地球科学	免疫学	材料科学	数学	微生物学	分子生物与遗传学	综合交叉学科	神经科学与行为	药理学与毒物学	物理学	植物与动物科学	精神病学/心理学	一般社会科学	空间科学	进入ESI学科数
中南大学	385	786	463	247	438	111	0	136	834	523	598	59	111	0	486	0	464	278	0	0	561	934	0	16
湖南大学	598	0	747	109	0	165	0	97	568	0	0	175	0	0	0	0	0	0	659	0	0	0	0	7
国防科学技术大学	1403	0	0	0	0	152	0	223	0	0	0	576	0	0	0	0	0	0	656	0	0	0	0	4
湘潭大学	1548	0	0	533	0	0	0	991	0	0	0	401	201	0	0	0	0	0	0	0	0	0	0	4
湖南师范大学	1867	0	0	740	3864	0	0	0	0	0	0	0	0	0	0	0	0	0	0	0	0	0	0	2
南华大学	2615	0	0	0	2497	0	0	0	0	0	0	0	0	0	0	0	0	0	0	0	0	0	0	1
湖南农业大学	2736	444	0	0	0	0	0	0	0	0	0	0	0	0	0	0	0	0	0	791	0	0	0	2
长沙理工大学	3155	0	0	0	0	0	0	935	0	0	0	0	0	0	0	0	0	0	0	0	0	0	0	1
湖南工业大学	3438	0	0	0	0	0	0	0	0	0	0	846	0	0	0	0	0	0	0	0	0	0	0	1

图 3-23　2018 年湖南省各机构 ESI 前 1%学科分布

表 3-54　2018 年湖南省在华发明专利申请量二十强企业和科研机构列表

序号	二十强企业	发明专利申请量/件	二十强科研机构	发明专利申请量/件
1	国网湖南省电力有限公司	240	中南大学	1944
2	株洲时代新材料科技股份有限公司	189	中国人民解放军国防科学技术大学	684
3	国家电网有限公司	187	湘潭大学	613
4	中车株洲电力机车有限公司	185	湖南大学	538
5	中国铁建重工集团有限公司	126	长沙理工大学	478
6	桑顿新能源科技有限公司	112	湖南农业大学	362
7	国网湖南省电力有限公司电力科学研究院	102	湖南科技大学	286
8	中冶长天国际工程有限责任公司	93	湖南工业大学	281
9	湖南华腾制药有限公司	90	中南林业科技大学	280
10	中联重科股份有限公司	89	湖南文理学院	258
11	长沙协浩吉生物工程有限公司	85	南华大学	208
12	中国航发南方工业有限公司	83	湖南城市学院	178
13	长沙瑞多康生物科技有限公司	81	怀化学院	113
14	国网湖南省电力有限公司防灾减灾中心	78	湖南师范大学	99
15	长沙满旺生物工程有限公司	73	湖南理工学院	96
16	三一汽车制造有限公司	72	衡阳师范学院	89
17	湖南国盛石墨科技有限公司	68	湖南工学院	86
18	长沙小如信息科技有限公司	67	湖南工程学院	86
19	长沙浩然医疗科技有限公司	66	长沙学院	81
20	湖南艾达伦科技有限公司	62	中国农业科学院麻类研究所	77

资料来源：中国产业智库大数据中心

3.3.11　安徽省

2018 年，安徽省的基础研究竞争力指数为 0.9516，排名第 11 位。安徽省争取国家自然科学基金项目总数为 1114 项，项目经费总额为 65 877.38 万元，全国排名均为第 12 位。争取国家自然科学基金项目经费金额大于 2000 万元的有 6 个学科（图 3-24），管理科学与工程项目经费呈下降趋势（表 3-55）；争取国家自然科学基金项目经费最多的学科为物理学 I（表 3-56）。发表 SCI 论文数量最多的学科为材料科学、跨学科（表 3-57）。争取国家自然科学基金经费超过 5000 万元的有 3 个机构（表 3-58）；共有 10 个机构进入相关学科的 ESI 全球前

1%行列（图 3-25）。安徽省的发明专利申请量为 104 071 件，全国排名第 4，主要专利权人如表 3-59 所示。

2018 年，安徽省地方财政科技投入经费预算 280.17 亿元，全国排名第 6 位；拥有国家重点实验室 8 个，省级重点实验室 159 个，获得国家科技奖励 5 项；拥有院士 32 人，新增“千人计划”青年项目入选者 25 人，新增“万人计划”入选者 25 人，新增国家自然科学基金杰出青年科学基金入选者 6 人，累计入选院士人数、新增“千人计划”青年项目入选者人数、新增“万人计划”入选者人数、新增国家自然科学基金杰出青年科学基金入选者人数全国排名分别为第 7 位、第 9 位、第 17 位、第 8 位。

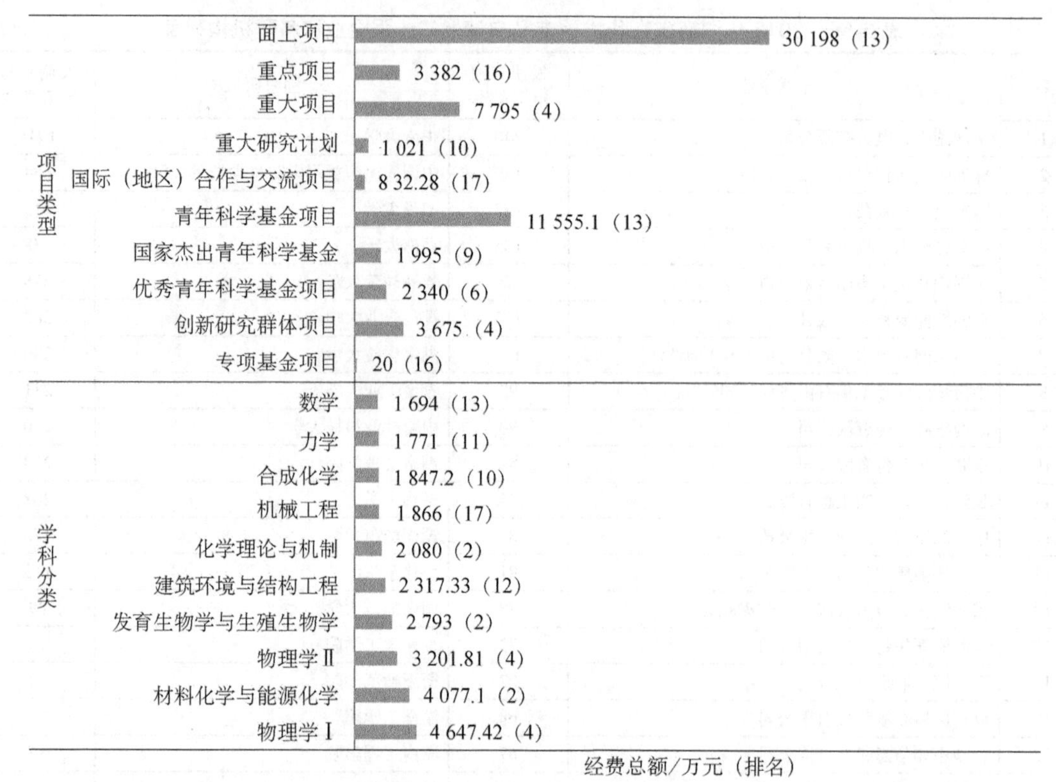

图 3-24 2018 年安徽省争取国家自然科学基金项目情况

资料来源：中国产业智库大数据中心

表 3-55 2014～2018 年安徽省争取国家自然科学基金项目经费十强学科

项目经费趋势	学科	指标	2014 年	2015 年	2016 年	2017 年	2018 年
	合计	项目数/项	1 033	1 125	1 082	1 102	1 114
		项目经费/万元	66 656.1	66 990.41	66 441.14	77 113.12	65 877.38
		机构数/个	35	34	33	33	33
		主持人数/人	1 006	1 093	1 061	1 078	1 097
	物理学Ⅱ	项目数/项	73	95	80	86	71
		项目经费/万元	5 451	4 864	5 758	6 013	3 201.81
		机构数/个	9	9	8	10	7
		主持人数/人	73	95	77	85	70

续表

项目经费趋势	学科	指标	2014年	2015年	2016年	2017年	2018年
	物理学Ⅰ	项目数/项	55	69	62	63	60
		项目经费/万元	4 551	5 270.5	4 288.5	6 526	4 647.42
		机构数/个	8	9	10	8	11
		主持人数/人	54	69	61	60	59
	化学理论与机制	项目数/项	35	41	30	26	19
		项目经费/万元	3 118	2 411	2 117	4 455.22	2 080
		机构数/个	7	6	9	5	4
		主持人数/人	34	40	30	25	19
	地球化学	项目数/项	13	13	17	18	16
		项目经费/万元	895	3 211.5	1 417	5 880.2	1 344.5
		机构数/个	2	3	2	3	2
		主持人数/人	13	11	17	18	15
	计算机科学	项目数/项	39	44	41	42	22
		项目经费/万元	2 609	2 238	2 406	3 096.6	1 086
		机构数/个	11	10	12	12	5
		主持人数/人	38	44	41	41	22
	无机非金属材料	项目数/项	29	34	26	32	28
		项目经费/万元	2 087	1 490	1 437	4 507.9	1 300
		机构数/个	8	8	8	9	5
		主持人数/人	29	33	26	30	28
	力学	项目数/项	27	18	17	22	28
		项目经费/万元	2 211	1 454	2 841.75	1 459	1 771
		机构数/个	5	4	3	4	6
		主持人数/人	27	18	16	22	28
	合成化学	项目数/项	29	27	28	31	27
		项目经费/万元	1 755	2 231	1 549	2 141	1 847.2
		机构数/个	14	10	10	8	6
		主持人数/人	29	27	28	31	27
	管理科学与工程	项目数/项	15	28	40	34	40
		项目经费/万元	745	2 220.3	3 182.2	1 715.5	1 202
		机构数/个	4	6	7	7	7
		主持人数/人	15	28	37	34	40
	大科学装置联合基金	项目数/项	17	24	22	19	20
		项目经费/万元	1 590	2 054	1 734	1 798	1 492
		机构数/个	4	4	5	3	4
		主持人数/人	17	24	22	19	20

资料来源：中国产业智库大数据中心

表 3-56　2018 年安徽省争取国家自然科学基金项目经费二十强学科及国内排名

序号	研究领域	项目数量/项（排名）	项目经费/万元（排名）
合计		1 114（12）	65 877.38（12）
1	物理学Ⅰ	60（6）	4 647.42（4）
2	材料化学与能源化学	23（13）	4 077.1（2）
3	物理学Ⅱ	71（4）	3 201.81（4）
4	发育生物学与生殖生物学	4（10）	2 793（2）
5	建筑环境与结构工程	23（17）	2 317.33（12）
6	化学理论与机制	19（2）	2 080（2）
7	机械工程	44（12）	1 866（17）
8	合成化学	27（11）	1 847.2（10）
9	力学	28（10）	1 771（11）
10	数学	39（12）	1 694（13）
11	地质学	17（8）	1 628（8）
12	医学免疫学	9（9）	1 511（4）
13	大科学装置联合基金	20（2）	1 492（2）
14	电子学与信息系统	29（12）	1 434（14）
15	冶金与矿业	31（8）	1 403（10）
16	环境地球科学	25（18）	1 356（14）
17	地球化学	16（4）	1 344.5（4）
18	无机非金属材料	28（11）	1 300（13）
19	管理科学与工程	40（4）	1 202（8）
20	人工智能	21（8）	1 189（5）

资料来源：中国产业智库大数据中心

表 3-57　2018 年安徽省发表 SCI 论文数量二十强学科

序号	研究领域	发文量全国排名	发文量/篇	被引次数/次	篇均被引/次
1	材料科学、跨学科	15	1 299	2 010	1.55
2	工程、电气和电子	14	837	579	0.69
3	物理学、应用	12	835	1 259	1.51
4	化学、跨学科	13	815	1 702	2.09
5	化学、物理	14	754	1 896	2.51
6	纳米科学和纳米技术	13	543	1 160	2.14
7	光学	9	535	274	0.51
8	能源和燃料	14	418	729	1.74
9	环境科学	15	380	509	1.34
10	物理学、凝聚态物质	11	356	843	2.37
11	工程、化学	14	322	636	1.98
12	设备和仪器	12	319	259	0.81
13	生物化学与分子生物学	17	295	286	0.97
14	计算机科学、信息系统	13	293	187	0.64
15	电信	15	290	151	0.52

续表

序号	研究领域	发文量全国排名	发文量/篇	被引次数/次	篇均被引/次
16	计算机科学、人工智能	12	269	313	1.16
17	化学、分析	15	266	366	1.38
18	多学科科学	11	259	302	1.17
19	电化学	17	250	375	1.50
20	物理学、液体和等离子体	2	250	117	0.47
全省（自治区、直辖市）合计		14	10 799	10 915	1.01

资料来源：中国产业智库大数据中心

表 3-58　2018 年安徽省争取国家自然科学基金项目经费三十强机构

序号	机构名称	项目数量/项（排名）	项目经费/万元（排名）	发文量/篇（排名）	被引次数/次（排名）	发明专利申请数/件（排名）	BRCI（排名）
1	中国科学技术大学	375（15）	34 237.07（9）	3 715（20）	4 766（19）	555（129）	40.472 9（21）
2	合肥工业大学	168（50）	7 977.9（64）	1 541（67）	1 625（65）	1 295（46）	20.312 6（44）
3	安徽大学	80（131）	3 906.8（141）	792（119）	815（126）	361（226）	9.089 1（109）
4	中国科学院合肥物质科学研究院	122（81）	5 954.21（89）	159（369）	196（302）	466（161）	7.057 1（136）
5	安徽医科大学	90（110）	3 534（156）	832（115）	463（184）	28（4975）	5.570 5（172）
6	安徽农业大学	62（159）	2 136.4（234）	386（205）	312（239）	279（302）	5.467 1（176）
7	安徽工业大学	40（252）	1 521（298）	264（265）	409（197）	398（205）	4.650 9（203）
8	安徽理工大学	29（324）	1 334（319）	232（281）	158（332）	773（86）	3.813 6（235）
9	安徽师范大学	27（341）	1 414（309）	308（236）	286（249）	269（311）	3.649 8（240）
10	安徽工程大学	14（512）	414（595）	114（446）	81（461）	674（100）	1.912 1（353）
11	安徽建筑大学	11（580）	358（633）	91（506）	66（497）	214（394）	1.324（415）
12	安徽中医药大学	22（384）	832（428）	92（502）	46（575）	27（5177）	1.282 6（423）
13	淮北师范大学	8（661）	365（628）	120（435）	248（264）	51（2118）	1.228 1（432）
14	皖南医学院	10（598）	317（667）	110（456）	45（580）	24（6020）	0.845 2（484）
15	安庆师范大学	8（660）	223（739）	65（584）	62（513）	65（1519）	0.844 1（485）
16	安徽科技学院	5（792）	156（832）	97（485）	47（571）	183（467）	0.824 8（488）
17	蚌埠医学院	6（740）	140.5（864）	178（335）	90（440）	18（9146）	0.721 6（505）
18	阜阳师范学院	4（853）	111.5（916）	85（525）	34（640）	111（791）	0.617 4（529）
19	合肥学院	5（790）	118（896）	54（631）	15（832）	217（389）	0.607 3（534）
20	安徽财经大学	3（931）	84.5（992）	46（680）	99（418）	14（12423）	0.409 2（578）
21	黄山学院	2（1068）	49（1183）	28（828）	12（920）	55（1852）	0.265 5（615）
22	合肥师范学院	2（1067）	46（1209）	24（869）	9（1052）	42（2774）	0.233 4（630）
23	铜陵学院	1（1347）	25（1370）	15（1049）	4（1607）	9（21079）	0.104 6（690）
24	安徽省农业科学院	5（791）	157（831）	23（881）	4（1607）	0（192051）	0.057 2（719）
25	安徽省气象科学研究所	4（852）	130.5（876）	2（3037）	4（1607）	0（192051）	0.034 3（771）
26	中国人民解放军陆军炮兵防空兵学院	2（1066）	83（999）	3（2415）	0（4386）	10（17409）	0.031 4（779）
27	皖西学院	3（932）	103.5（945）	0（4494）	0（4386）	87（1088）	0.014 1（913）

续表

序号	机构名称	项目数量/项（排名）	项目经费/万元（排名）	发文量/篇（排名）	被引次数/次（排名）	发明专利申请数/件（排名）	BRCI（排名）
28	中国电子科技集团公司第三十八研究所	1（1341）	26（1338）	0（4494）	0（4386）	163（524）	0.008 6（1076）
29	合肥通用机械研究院有限公司	1（1342）	27（1322）	0（4494）	0（4386）	46（2498）	0.007（1159）
30	安徽省地震局	1（1343）	25（1369）	0（4494）	0（4386）	0（192 051）	0.001 2（1486）

资料来源：中国产业智库大数据中心

	综合	农业科学	生物与生化	化学	临床医学	计算机科学	经济与商学	工程科学	环境/生态学	地球科学	免疫学	材料科学	数学	微生物学	分子生物与遗传学	综合交叉学科	神经科学与行为	药理学与毒物学	物理学	植物与动物科学	精神病学/心理学	一般社会科学	空间科学	进入ESI学科数
中国科学技术大学	206	0	418	28	2484	68	0	53	552	246	0	36	129	0	729	0	0	0	54	1131	0	1196	0	13
合肥工业大学	1343	770	0	672	0	301	0	319	0	0	0	337	0	0	0	0	0	0	0	0	0	0	0	5
安徽医科大学	1436	0	0	0	975	0	0	0	0	0	0	0	0	0	724	0	0	508	0	0	0	0	0	3
安徽大学	1769	0	0	789	0	0	0	956	0	0	0	509	0	0	0	0	0	0	0	0	0	0	0	3
安徽师范大学	2067	0	0	534	0	0	0	0	0	0	0	0	0	0	0	0	0	0	0	0	0	0	0	1
安徽工业大学	2706	0	0	1148	0	0	0	1094	0	0	0	513	0	0	0	0	0	0	0	0	0	0	0	3
淮北师范大学	3466	0	0	1048	0	0	0	0	0	0	0	0	0	0	0	0	0	0	0	0	0	0	0	1
安徽农业大学	3579	724	0	0	0	0	0	0	0	0	0	0	0	0	0	0	0	0	0	944	0	0	0	2
皖南医学院	4625	0	0	0	4278	0	0	0	0	0	0	0	0	0	0	0	0	0	0	0	0	0	0	1
蚌埠医学院	4678	0	0	0	3329	0	0	0	0	0	0	0	0	0	0	0	0	0	0	0	0	0	0	1

图 3-25　2018 年安徽省各机构 ESI 前 1%学科分布

表 3-59　2018 年安徽省在华发明专利申请量二十强企业和科研机构列表

序号	二十强企业	发明专利申请量/件	二十强科研机构	发明专利申请量/件
1	安徽江淮汽车集团股份有限公司	1076	合肥工业大学	1270
2	奇瑞汽车股份有限公司	451	安徽理工大学	763
3	中国十七冶集团有限公司	405	安徽工程大学	671
4	合肥国轩高科动力能源有限公司	333	中国科学技术大学	549
5	国家电网有限公司	228	中国科学院合肥物质科学研究院	461
6	马鞍山钢铁股份有限公司	205	安徽工业大学	394
7	华霆（合肥）动力技术有限公司	182	安徽信息工程学院	380
8	芜湖桑乐金电子科技有限公司	173	安徽大学	355
9	中国电子科技集团公司第三十八研究所	160	安徽农业大学	276
10	芜湖航天特种电缆厂股份有限公司	154	安徽师范大学	269
11	芜湖市越泽机器人科技有限公司	146	合肥学院	217
12	科大讯飞股份有限公司	144	安徽建筑大学	214
13	长虹美菱股份有限公司	135	安徽机电职业技术学院	198
14	安徽三弟电子科技有限责任公司	130	安徽科技学院	182
15	合肥鑫晟光电科技有限公司	124	阜阳师范学院	111
16	马鞍山松鹤信息科技有限公司	120	滁州学院	101
17	合肥华凌股份有限公司	117	合肥职业技术学院	91
18	合肥美的电冰箱有限公司	117	皖西学院	87
19	滁州普立惠技术服务有限公司	117	巢湖学院	84
20	芜湖天梦信息科技有限公司	115	芜湖职业技术学院	77

资料来源：中国产业智库大数据中心

3.3.12 辽宁省

2018年，辽宁省的基础研究竞争力指数为0.8925，排名第12位。辽宁省争取国家自然科学基金项目总数为1251项，全国排名第11位；项目经费总额为71 463.57万元，全国排名第10位。争取国家自然科学基金项目经费金额大于2000万元的有9个学科（图3-26），环境化学项目经费呈下降趋势，自动化、水利科学与海洋工程项目经费呈上升趋势（表3-60）；争取国家自然科学基金项目经费最多的学科为自动化（表3-61）。发表SCI论文数量最多的学科为材料科学、跨学科（表3-62）。争取国家自然科学基金经费超过1亿元的有2个机构（表3-63）；共有16个机构进入相关学科的ESI全球前1%行列（图3-27）。辽宁省的发明专利申请量为18 394件，全国排名第14，主要专利权人如表3-64所示。

2018年，辽宁省地方财政科技投入经费预算13.00亿元，全国排名第28位；拥有国家重点实验室13个，省级重点实验室422个，获得国家科技奖励5项；拥有院士37人，新增“千人计划”青年项目入选者12人，新增“万人计划”入选者49人，新增国家自然科学基金杰出青年科学基金入选者5人，累计入选院士人数、新增“千人计划”青年项目入选者人数、新增“万人计划”入选者人数、新增国家自然科学基金杰出青年科学基金入选者人数全国排名分别为第5位、第12位、第9位、第9位。

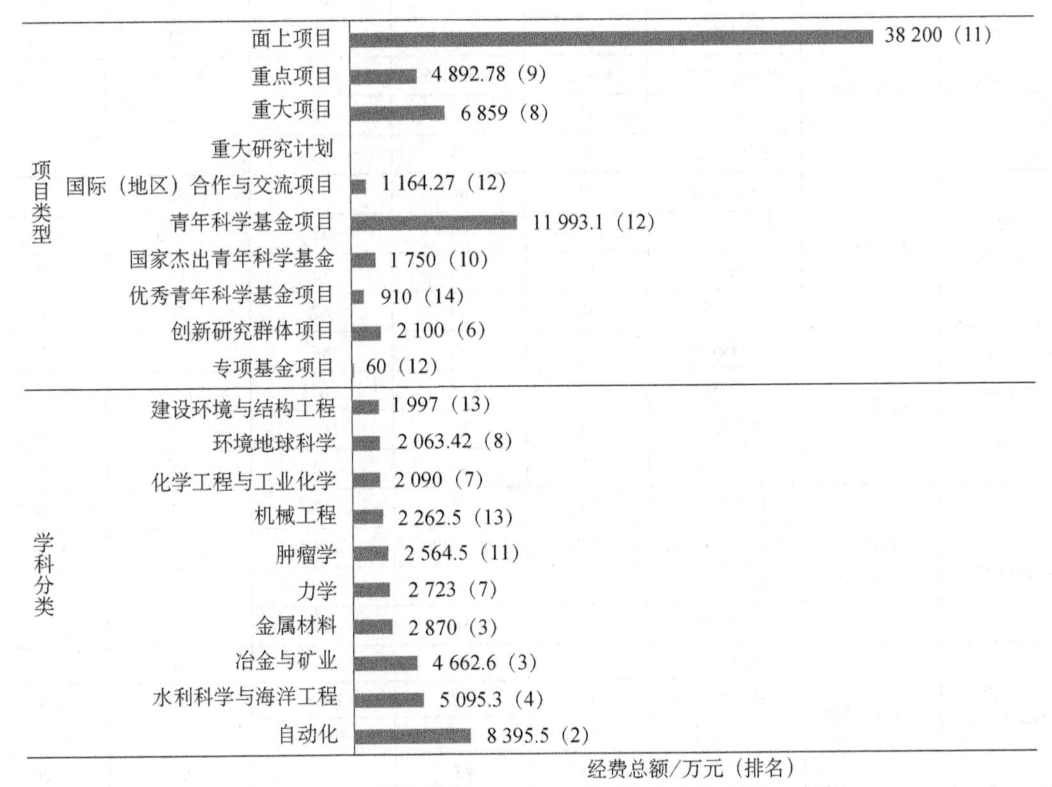

图3-26 2018年辽宁省争取国家自然科学基金项目情况

资料来源：中国产业智库大数据中心

表 3-60　2014～2018 年辽宁省争取国家自然科学基金项目经费十强学科

项目经费趋势	学科	指标	2014 年	2015 年	2016 年	2017 年	2018 年
	合计	项目数/项	1 321	1 414	1 424	1 422	1 251
		项目经费/万元	79 067.04	75 364.2	95 016.99	79 163.25	71 463.57
		机构数/个	47	54	54	55	49
		主持人数/人	1 302	1 391	1 410	1 405	1 234
	化学理论与机制	项目数/项	68	75	50	31	12
		项目经费/万元	4 446.3	8 137.08	22 547.7	2 636.3	1 303
		机构数/个	10	10	8	7	3
		主持人数/人	66	73	49	31	12
	冶金与矿业	项目数/项	79	84	90	98	77
		项目经费/万元	6 078	5 934	6 036.1	6 152	4 662.6
		机构数/个	10	10	11	11	9
		主持人数/人	77	83	90	97	77
	自动化	项目数/项	67	66	65	81	64
		项目经费/万元	5 161.6	4 013.4	5 172.4	5 963	8 395.5
		机构数/个	17	13	19	17	16
		主持人数/人	67	65	65	80	62
	金属材料	项目数/项	64	74	66	72	63
		项目经费/万元	3 607.1	4 692.25	4 946	6 245.6	2 870
		机构数/个	11	9	12	8	7
		主持人数/人	63	74	66	71	63
	环境化学	项目数/项	72	66	70	58	16
		项目经费/万元	5 152.24	4 816	6 337.89	2 715	849.5
		机构数/个	13	9	12	14	3
		主持人数/人	70	65	67	58	16
	机械工程	项目数/项	51	66	58	59	50
		项目经费/万元	2 780	4 141	3 675	3 964.5	2 262.5
		机构数/个	12	12	13	13	14
		主持人数/人	51	64	58	59	50
	水利科学与海洋工程	项目数/项	36	38	38	53	48
		项目经费/万元	2 376	2 221.9	2 518	2 757.4	5 095.3
		机构数/个	4	6	6	6	7
		主持人数/人	36	36	36	52	47
	计算机科学	项目数/项	54	48	57	64	26
		项目经费/万元	3 139	2 228	2 420	3 957	1 542
		机构数/个	12	12	13	11	9
		主持人数/人	54	48	57	64	26
	建筑环境与结构工程	项目数/项	43	42	49	38	43
		项目经费/万元	2 959	1 853.5	2 721.1	2 181	1 997
		机构数/个	9	9	11	9	9
		主持人数/人	43	42	48	38	43

续表

项目经费趋势	学科	指标	2014年	2015年	2016年	2017年	2018年
	肿瘤学	项目数/项	61	62	58	47	51
		项目经费/万元	2 876.5	2 135.5	2 196	1 614	2 564.5
		机构数/个	7	7	7	6	7
		主持人数/人	61	62	58	47	51

资料来源：中国产业智库大数据中心

表 3-61　2018 年辽宁省争取国家自然科学基金项目经费二十强学科及国内排名

序号	研究领域	项目数量/项（排名）	项目经费/万元（排名）
合计		1 251（11）	71 463.57（10）
1	自动化	64（3）	8 395.5（2）
2	水利科学与海洋工程	48（4）	5 095.3（4）
3	冶金与矿业	77（2）	4 662.6（3）
4	金属材料	63（2）	2 870（3）
5	力学	32（8）	2 723（7）
6	肿瘤学	51（11）	2 564.5（11）
7	机械工程	50（10）	2 262.5（13）
8	化学工程与工业化学	41（6）	2 090（7）
9	环境地球科学	33（9）	2 063.42（8）
10	建筑环境与结构工程	43（15）	1 997（13）
11	催化与表界面化学	34（4）	1 973.2（3）
12	计算机科学	26（12）	1 542（12）
13	工程热物理与能源利用	21（9）	1 411（8）
14	化学理论与机制	12（9）	1 303（5）
15	管理科学与工程	26（9）	1 279.48（7）
16	无机非金属材料	21（15）	1 270（14）
17	化学测量学	21（7）	1 255（7）
18	地理学	22（10）	1 251.8（10）
19	电子学与信息系统	27（15）	1 219（16）
20	材料化学与能源化学	18（14）	1 207.5（13）

资料来源：中国产业智库大数据中心

表 3-62　2018 年辽宁省发表 SCI 论文数量二十强学科

序号	研究领域	发文量全国排名	发文量/篇	被引次数/次	篇均被引/次
1	材料科学、跨学科	7	2 076	2 395	1.15
2	工程、电气和电子	12	1 057	1 408	1.33
3	化学、跨学科	11	1 021	1 382	1.35
4	化学、物理	9	998	1 926	1.93
5	冶金和冶金工程学	2	933	785	0.84
6	物理学、应用	14	724	903	1.25
7	工程、化学	9	642	957	1.49

续表

序号	研究领域	发文量全国排名	发文量/篇	被引次数/次	篇均被引/次
8	纳米科学和纳米技术	9	628	1 028	1.64
9	药理学和药剂学	7	614	533	0.87
10	能源和燃料	11	570	767	1.35
11	肿瘤学	9	564	471	0.84
12	自动化和控制系统	3	547	660	1.21
13	生物化学与分子生物学	9	545	489	0.90
14	环境科学	12	524	503	0.96
15	工程、机械	8	472	258	0.55
16	计算机科学、信息系统	11	441	583	1.32
17	计算机科学、人工智能	7	430	817	1.90
18	电信	11	428	613	1.43
19	医学、研究和试验	10	416	283	0.68
20	化学、分析	11	413	664	1.61
全省（自治区、直辖市）合计		10	14 729	14 200	0.96

资料来源：中国产业智库大数据中心

表 3-63　2018 年辽宁省争取国家自然科学基金项目经费三十强机构

序号	机构名称	项目数量/项（排名）	项目经费/万元（排名）	发文量/篇（排名）	被引次数/次（排名）	发明专利申请数/件（排名）	BRCI（排名）
1	大连理工大学	296（22）	21 920.9（19）	3 419（23）	3 792（27）	1 740（24）	39.973 1（22）
2	东北大学	153（61）	10 881.52（42）	2 498（32）	2 512（38）	1 677（28）	25.170 6（32）
3	中国医科大学	111（87）	4 646（122）	1 601（63）	1 043（110）	26（5391）	7.885 9（126）
4	中国科学院大连化学物理研究所	79（133）	5 816.8（92）	619（141）	1 185（97）	34（3729）	6.664 4（141）
5	中国科学院金属研究所	55（187）	2 881.7（182）	498（171）	728（133）	223（375）	6.372 4（147）
6	大连海事大学	47（215）	2 305（215）	485（174）	482（181）	277（305）	5.631 8（170）
7	大连医科大学	64（154）	3 200（165）	644（138）	555（164）	23（6344）	4.674 1（202）
8	沈阳农业大学	55（188）	1 973.5（247）	345（222）	173（321）	158（541）	4.181 9（222）
9	沈阳药科大学	21（395）	1 017.5（378）	617（143）	581（163）	87（1088）	3.326 2（259）
10	中国科学院沈阳应用生态研究所	43（234）	2 596.97（199）	154（377）	109（404）	36（3430）	2.549（300）
11	大连工业大学	19（424）	747（451）	290（250）	207（293）	122（716）	2.4（310）
12	辽宁大学	17（462）	541.9（519）	203（304）	234（276）	245（346）	2.368 1（316）
13	沈阳工业大学	12（555）	483（551）	269（262）	229（280）	316（260）	2.253 7（328）
14	渤海大学	14（509）	435.8（581）	249（271）	451（185）	81（1168）	2.054 4（341）
15	大连大学	17（461）	511（537）	166（362）	79（463）	302（277）	1.939 8（349）
16	辽宁工程技术大学	21（396）	950.5（396）	88（516）	34（640）	371（219）	1.886 2（358）
17	中国科学院沈阳自动化研究所	19（423）	1 996（244）	145（393）	48（563）	69（1416）	1.795 3（370）

续表

序号	机构名称	项目数量/项（排名）	项目经费/万元（排名）	发文量/篇（排名）	被引次数/次（排名）	发明专利申请数/件（排名）	BRCI（排名）
18	沈阳建筑大学	13（527）	493（542）	110（456）	40（600）	813（83）	1.751 2（375）
19	大连民族大学	13（526）	527（530）	96（488）	78（468）	308（267）	1.645 9（387）
20	辽宁师范大学	18（439）	724.8（457）	198（309）	109（404）	29（4748）	1.541 8（401）
21	沈阳航空航天大学	12（556）	442.5（577）	152（383）	94（428）	136（650）	1.490 9（403）
22	辽宁科技大学	10（594）	482（552）	118（437）	72（482）	203（424）	1.415 5（410）
23	辽宁工业大学	6（732）	247（718）	113（448）	221（284）	151（566）	1.216 7（433）
24	大连海洋大学	12（554）	343（643）	136（405）	48（563）	51（2118）	1.080 5（447）
25	大连交通大学	7（688）	351（636）	114（446）	56（536）	125（699）	1.048 4（453）
26	辽宁中医药大学	20（407）	766（442）	49（661）	22（737）	25（5675）	0.963 3（468）
27	国家海洋环境监测中心	15（493）	465.2（560）	17（998）	20（766）	7（26508）	0.537 5（545）
28	中国人民解放军沈阳军区总医院	5（778）	213（753）	72（557）	57（531）	4（44369）	0.451 4（568）
29	东北财经大学	25（355）	1 257.28（329）	76（545）	216（289）	0（192051）	0.328 1（596）
30	中国航发沈阳发动机研究所	1（1275）	475（553）	1（4493）	0（4386）	100（915）	0.040 8（754）

资料来源：中国产业智库大数据中心

	综合	农业科学	生物与生化	化学	临床医学	计算机科学	经济与商学	工程科学	环境/生态学	地球科学	免疫学	材料科学	数学	微生物学	分子生物学与遗传学	综合交叉学科	神经科学与行为	药理学与毒物学	物理学	植物与动物科学	精神病学/心理学	一般社会科学	空间科学	进入ESI学科数
大连理工大学	416	0	585	60	0	56	0	35	495	0	0	84	186	0	0	0	0	0	538	0	0	1221	0	9
中国科学院大连化学物理研究所	685	0	853	53	0	0	0	787	0	0	0	271	0	0	0	0	0	792	0	0	0	0	0	5
中国科学院金属研究所	868	0	0	384	0	0	0	1303	0	0	0	39	0	0	0	0	0	0	0	0	0	0	0	3
东北大学	1043	0	0	719	0	108	0	121	0	0	0	179	0	0	0	0	0	0	0	0	0	0	0	4
中国医科大学	1058	0	737	0	578	0	0	0	0	0	0	0	0	0	739	0	545	438	0	0	0	0	0	5
沈阳药科大学	1747	0	0	856	3739	0	0	0	0	0	0	0	0	0	0	0	0	71	0	0	0	0	0	3
大连医科大学	1936	0	0	0	1378	0	0	0	0	0	0	0	0	0	0	0	0	532	0	0	0	0	0	2
中国科学院沈阳应用生态研究所	2542	349	0	0	0	0	0	857	492	0	0	0	0	0	0	0	0	0	0	880	0	0	0	4
渤海大学	2913	0	0	1177	0	0	0	622	0	0	0	0	0	0	0	0	0	0	0	0	0	0	0	2
大连海事大学	2965	0	0	0	0	0	0	557	0	0	0	0	0	0	0	0	0	0	0	0	0	0	0	1
辽宁师范大学	3210	0	0	1106	0	0	0	0	0	0	0	0	0	0	0	0	0	0	0	0	0	0	0	1
辽宁大学	3295	0	0	1122	0	0	0	0	0	0	0	0	0	0	0	0	0	0	0	0	0	0	0	1
辽宁工业大学	3826	0	0	0	0	0	0	545	0	0	0	0	0	0	0	0	0	0	0	0	0	0	0	1
沈阳农业大学	4145	638	0	0	0	0	0	0	0	0	0	0	0	0	0	0	0	0	0	0	0	0	0	1
锦州医科大学	4277	0	0	0	2955	0	0	0	0	0	0	0	0	0	0	0	0	0	0	0	0	0	0	1
沈阳航空航天大学	4309	0	0	0	0	0	0	1059	0	0	0	0	0	0	0	0	0	0	0	0	0	0	0	1

图 3-27　2018 年辽宁省各机构 ESI 前 1%学科分布

表 3-64　2018 年辽宁省在华发明专利申请量二十强企业和科研机构列表

序号	二十强企业	发明专利申请量/件	二十强科研机构	发明专利申请量/件
1	鞍钢股份有限公司	253	大连理工大学	1702
2	中冶焦耐（大连）工程技术有限公司	213	东北大学	1661
3	国家电网有限公司	208	沈阳建筑大学	813
4	东软集团股份有限公司	164	辽宁工程技术大学	369

续表

序号	二十强企业	发明专利申请量/件	二十强科研机构	发明专利申请量/件
5	沈阳东软医疗系统有限公司	133	沈阳工业大学	308
6	中国航空工业集团公司沈阳飞机设计研究所	101	大连民族大学	307
7	沈阳飞机工业（集团）有限公司	100	大连大学	302
8	中冶北方（大连）工程技术有限公司	98	大连海事大学	272
9	国网辽宁省电力有限公司电力科学研究院	93	辽宁大学	245
10	大连元始机电科技有限公司	73	中国科学院金属研究所	214
11	中国三冶集团有限公司	69	辽宁科技大学	201
12	中国航发沈阳黎明航空发动机有限责任公司	69	沈阳农业大学	157
13	中车大连机车车辆有限公司	64	辽宁工业大学	151
14	鞍钢集团矿业有限公司	61	沈阳理工大学	140
15	国网辽宁省电力有限公司	57	辽宁石油化工大学	136
16	辽宁三三工业有限公司	57	沈阳航空航天大学	133
17	大连高马文化产业发展有限公司	56	大连交通大学	125
18	本钢板材股份有限公司	56	沈阳化工大学	123
19	大连亿辉科技有限公司	54	大连工业大学	122
20	大连多维互动数字科技有限公司	54	中国航发沈阳发动机研究所	100

资料来源：中国产业智库大数据中心

3.3.13 天津市

2018 年，天津市的基础研究竞争力指数为 0.7764，排名第 13 位。天津市争取国家自然科学基金项目总数为 1106 项，项目经费总额为 62 701.52 万元，全国排名均为第 13 位。争取国家自然科学基金项目经费金额大于 2000 万元的有 7 个学科（图 3-28），环境化学项目经费呈下降趋势，肿瘤学项目经费呈上升趋势（表 3-65）；争取国家自然科学基金项目经费最多的学科为无机非金属材料（表 3-66）。发表 SCI 论文数量最多的学科为材料科学、跨学科（表 3-67）。争取国家自然科学基金经费超过 1 亿元的有 2 个机构（表 3-68）；共有 10 个机构进入相关学科的 ESI 全球前 1%行列（图 3-29）。天津市的发明专利申请量为 17 879 件，全国排名第 15，主要专利权人如表 3-69 所示。

2018 年，天津市地方财政科技投入经费预算 120.95 亿元，全国排名第 11 位；拥有国家重点实验室 9 个，省级重点实验室 300 个，获得国家科技奖励 2 项；拥有院士 23 人，新增“千人计划”青年项目入选者 19 人，新增“万人计划”入选者 37 人，新增国家自然科学基金杰出青年科学基金入选者 9 人，累计入选院士人数、新增“千人计划”青年项目入选者人数、新增“万人计划”入选者人数、新增国家自然科学基金杰出青年科学基金入选者人数全国排名分别为第 10 位、第 10 位、第 11 位、第 6 位。

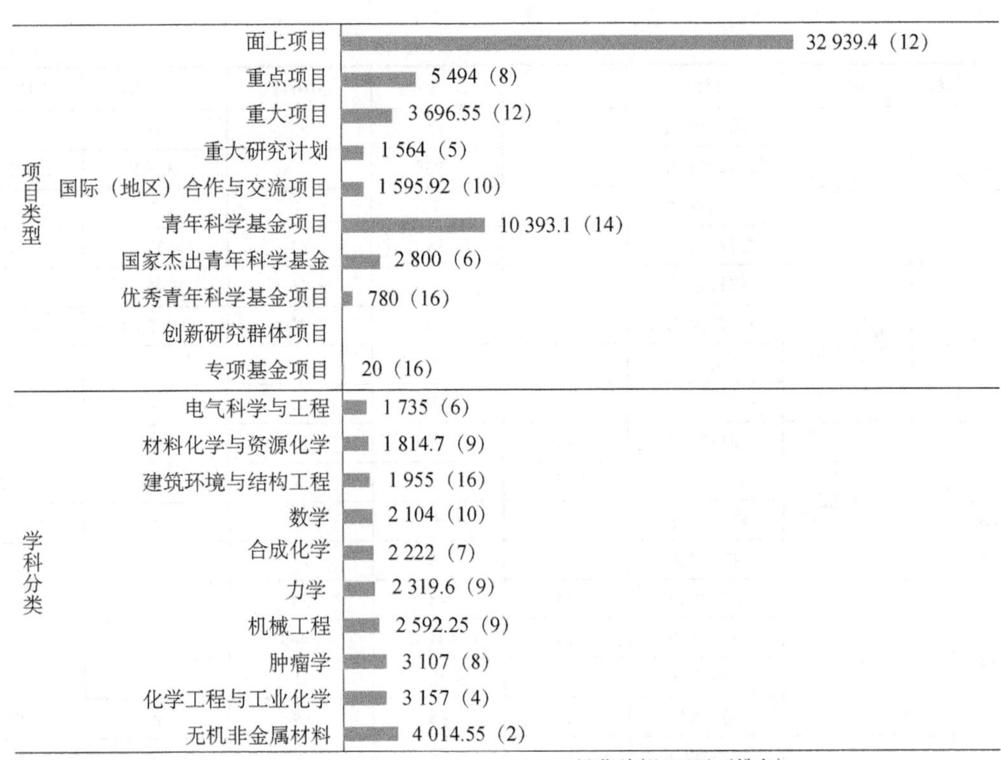

图 3-28 2018 年天津市争取国家自然科学基金项目情况

资料来源：中国产业智库大数据中心

表 3-65 2014～2018 年天津市争取国家自然科学基金项目经费十强学科

项目经费趋势	学科	指标	2014 年	2015 年	2016 年	2017 年	2018 年
	合计	项目数/项	934	1 101	1 034	1 088	1 106
		项目经费/万元	62 639.6	54 127.15	53 641.65	61 244.43	62 701.52
		机构数/个	42	44	38	41	34
		主持人数/人	919	1 084	1 019	1 066	1 092
	建筑环境与结构工程	项目数/项	50	42	54	52	47
		项目经费/万元	7 672	2 026	2 547	2 082	1 955
		机构数/个	7	7	8	8	10
		主持人数/人	50	41	54	52	47
	环境化学	项目数/项	62	70	53	41	14
		项目经费/万元	4 744	4 075	3 934	2 136	641
		机构数/个	8	8	6	9	6
		主持人数/人	60	70	53	41	14
	肿瘤学	项目数/项	54	68	58	69	56
		项目经费/万元	2 384	2 701.5	2 248.6	2 800	3 107
		机构数/个	5	7	5	4	3
		主持人数/人	54	68	57	69	56

续表

项目经费趋势	学科	指标	2014年	2015年	2016年	2017年	2018年
	机械工程	项目数/项	37	37	33	38	41
		项目经费/万元	2 591	1 958	1 526	2 593	2 592.25
		机构数/个	8	7	5	7	7
		主持人数/人	36	36	33	37	41
	电子学与信息系统	项目数/项	38	48	46	45	29
		项目经费/万元	2 104.9	2 292	2 128	2 093.67	1 647
		机构数/个	10	9	9	6	7
		主持人数/人	38	48	46	44	29
	合成化学	项目数/项	12	16	15	23	29
		项目经费/万元	1 838	924	1 001	3 660.4	2 222
		机构数/个	6	8	6	5	7
		主持人数/人	12	16	15	22	29
	数学	项目数/项	43	48	50	46	47
		项目经费/万元	1 977	1 484.42	1 443	2 193	2 104
		机构数/个	10	9	11	9	9
		主持人数/人	43	48	49	45	47
	电气科学与工程	项目数/项	15	19	20	24	31
		项目经费/万元	860	1 134	3 200	1 526	1 735
		机构数/个	4	3	3	6	4
		主持人数/人	15	19	18	24	31
	有机高分子材料	项目数/项	27	29	28	26	19
		项目经费/万元	2 328	1 380	2 345	1 365	939
		机构数/个	6	9	7	7	6
		主持人数/人	26	29	28	26	19
	光学和光电子学	项目数/项	25	24	24	26	16
		项目经费/万元	2 274	1 303	1 272	1 935	1 458.65
		机构数/个	9	6	4	6	4
		主持人数/人	25	24	24	26	16

资料来源：中国产业智库大数据中心

表 3-66　2018 年天津市争取国家自然科学基金项目经费二十强学科及国内排名

序号	研究领域	项目数量/项（排名）	项目经费/万元（排名）
合计		1 106（13）	62 701.52（13）
1	无机非金属材料	27（12）	4 014.55（2）
2	化学工程与工业化学	56（3）	3 157（4）
3	肿瘤学	56（10）	3 107（8）
4	机械工程	41（14）	2 592.25（9）
5	力学	28（10）	2 319.6（9）
6	合成化学	29（10）	2 222（7）
7	数学	47（10）	2 104（10）

续表

序号	研究领域	项目数量/项（排名）	项目经费/万元（排名）
8	建筑环境与结构工程	47（13）	1 955（16）
9	材料化学与能源化学	26（11）	1 814.7（9）
10	电气科学与工程	31（5）	1 735（6）
11	物理学Ⅰ	29（12）	1 694.7（12）
12	电子学与信息系统	29（12）	1 647（13）
13	金属材料	26（7）	1 635（7）
14	环境地球科学	28（14）	1 593（11）
15	水利科学与海洋工程	22（10）	1 553（8）
16	光学和光电子学	16（12）	1 458.65（11）
17	自动化	23（12）	1 449（12）
18	计算机科学	24（15）	1 300（13）
19	微生物学	21（8）	1 251（7）
20	工程热物理与能源利用	20（10）	1 183（9）

资料来源：中国产业智库大数据中心

表 3-67 2018 年天津市发表 SCI 论文数量二十强学科

序号	研究领域	发文量全国排名	发文量/篇	被引次数/次	篇均被引/次
1	材料科学、跨学科	12	1 546	2 634	1.70
2	化学、跨学科	9	1 093	2 025	1.85
3	工程、电气和电子	13	944	594	0.63
4	物理学、应用	10	905	1 534	1.70
5	化学、物理	11	878	2 294	2.61
6	工程、化学	5	725	1 207	1.66
7	能源和燃料	8	672	1 060	1.58
8	纳米科学和纳米技术	12	610	1 479	2.42
9	环境科学	11	573	789	1.38
10	光学	10	521	318	0.61
11	肿瘤学	10	487	405	0.83
12	生物化学与分子生物学	12	390	460	1.18
13	生物工程学和应用微生物学	8	386	317	0.82
14	医学、研究和试验	12	369	236	0.64
15	聚合物科学	8	355	535	1.51
16	物理学、凝聚态物质	12	352	897	2.55
17	工程、机械	13	339	268	0.79
18	工程、环境	9	323	684	2.12
19	电化学	12	302	449	1.49
20	设备和仪器	14	290	297	1.02
全省（自治区、直辖市）合计		12	12 572	13 546	1.08

资料来源：中国产业智库大数据中心

表 3-68　2018 年天津市争取国家自然科学基金项目经费三十强机构

序号	机构名称	项目数量/项（排名）	项目经费/万元（排名）	发文量/篇（排名）	被引次数/次（排名）	发明专利申请数/件（排名）	BRCI（排名）
1	天津大学	334（17）	21 318.27（20）	4 505（16）	5 308（15）	2 522（10）	48.874 4（14）
2	南开大学	229（35）	15 344.6（27）	1 877（53）	3 232（30）	358（231）	23.429 7（35）
3	天津医科大学	157（55）	8 451（59）	1 286（81）	1 090（107）	30（4382）	9.728 4（104）
4	河北工业大学	84（121）	3 748.5（147）	741（126）	679（140）	617（111）	9.624（106）
5	天津工业大学	48（212）	1 790（278）	682（135）	650（147）	463（163）	6.590 1（144）
6	天津理工大学	39（259）	4 421.55（131）	457（185）	520（170）	160（537）	5.351（180）
7	天津科技大学	32（291）	1 164.5（352）	603（145）	409（197）	480（152）	4.889 3（196）
8	天津中医药大学	46（220）	1 990（246）	216（293）	139（355）	34（3729）	2.722 2（284）
9	天津师范大学	18（436）	562（506）	315（233）	238（271）	122（716）	2.332 8（320）
10	中国民航大学	17（459）	509（538）	179（333）	87（451）	162（528）	1.816 4（367）
11	天津城建大学	12（552）	389（609）	113（448）	70（489）	198（430）	1.428 3（406）
12	天津商业大学	15（491）	465（561）	70（562）	51（549）	218（386）	1.410 6（411）
13	中国科学院天津工业生物技术研究所	17（460）	635（481）	48（667）	74（480）	18（9146）	1.021 4（459）
14	天津农学院	5（777）	119（893）	73（551）	17（798）	152（559）	0.615 4（531）
15	天津职业技术师范大学	3（903）	102（951）	54（631）	21（756）	82（1155）	0.449 6（569）
16	农业部环境保护科研监测所	11（571）	427（587）	2（3037）	7（1199）	36（3430）	0.368 9（590）
17	中国人民武装警察部队后勤学院	2（1031）	77（1023）	36（743）	28（685）	1（107252）	0.176 3（652）
18	天津财经大学	8（651）	207.1（764）	44（693）	27（693）	0（192051）	0.107 3（688）
19	交通运输部天津水运工程科学研究所	5（776）	117（901）	20（933）	0（4386）	69（1416）	0.085 5（699）
20	天津国际生物医药联合研究院	1（1236）	27（1320）	5（1830）	1（2917）	13（13442）	0.074 4（705）
21	天津市疾病预防控制中心	1（1240）	57（1145）	18（969）	4（1607）	0（192051）	0.027 1（797）
22	中国地震局第一监测中心	3（902）	76（1026）	2（3037）	0（4386）	2（72476）	0.025 3（808）
23	中国地质调查局天津地质调查中心	5（775）	203（772）	1（4493）	0（4386）	0（192051）	0.008 9（1062）
24	国家海洋技术中心	1（1235）	60（1106）	0（4494）	0（4386）	31（4193）	0.007 5（1133）
25	天津市农业科学院	2（1032）	85（987）	5（1830）	0（4386）	0（192051）	0.007 4（1139）
26	天津市天津医院	2（1033）	114（910）	0（4494）	0（4386）	2（72476）	0.006 7（1175）
27	天津渤海水产研究所	1（1241）	25（1349）	0（4494）	0（4386）	15（11143）	0.005 8（1239）
28	天津外国语大学	1（1238）	45（1220）	3（2415）	0（4386）	0（192051）	0.004 9（1305）
29	天津市气候中心	2（1034）	44（1222）	0（4494）	0（4386）	0（192051）	0.001 6（1437）
30	天津地热勘查开发设计院	1（1237）	61（1099）	0（4494）	0（4386）	0（192051）	0.001 3（1457）

资料来源：中国产业智库大数据中心

	综合	农业科学	生物与生化	化学	临床医学	计算机科学	经济与商学	工程科学	环境/生态学	地球科学	免疫学	材料科学	数学	微生物学	分子生物与遗传学	综合交叉学科	神经科学与行为	药理学与毒物学	物理学	植物与动物科学	精神病学/心理学	一般社会科学	空间科学	进入ESI学科数
南开大学	380	494	490	40	2048	0	0	401	303	0	0	103	85	0	716	0	0	522	417	1243	0	0	0	12
天津大学	450	601	572	86	0	206	0	38	920	0	0	65	0	0	0	0	0	769	592	0	0	0	0	9
天津医科大学	985	0	697	0	557	0	0	0	0	0	0	877	0	0	591	0	559	539	0	0	0	0	0	6
天津工业大学	2360	0	0	889	0	0	0	918	0	0	0	674	0	0	0	0	0	0	0	0	0	0	0	3
天津科技大学	2516	355	0	1111	0	0	0	0	0	0	0	0	0	0	0	0	0	0	0	0	0	0	0	2
河北工业大学	2685	0	0	1071	0	0	0	1328	0	0	0	638	0	0	0	0	0	0	0	0	0	0	0	3
天津理工大学	2827	0	0	1069	0	0	0	1366	0	0	0	795	0	0	0	0	0	0	0	0	0	0	0	3
天津师范大学	2870	0	0	906	0	0	0	0	0	0	0	0	0	0	0	0	0	0	0	0	0	0	0	1
天津中医药大学	3908	0	0	0	4019	0	0	0	0	0	0	0	0	0	0	0	0	725	0	0	0	0	0	2
天津市疾病预防控制中心	4396	0	0	0	2146	0	0	0	0	0	0	0	0	0	0	0	0	0	0	0	0	0	0	1

图 3-29　2018 年天津市各机构 ESI 前 1%学科分布

表 3-69　2018 年天津市在华发明专利申请量二十强企业和科研机构列表

序号	二十强企业	发明专利申请量/件	二十强科研机构	发明专利申请量/件
1	国网天津市电力公司	309	天津大学	2489
2	国家电网有限公司	195	河北工业大学	612
3	国网天津市电力公司电力科学研究院	155	天津科技大学	470
4	天津市湖滨盘古基因科学发展有限公司	152	天津工业大学	459
5	国家电网公司	126	南开大学	352
6	中国石油集团渤海钻探工程有限公司	107	天津商业大学	218
7	中国船舶重工集团公司第七〇七研究所	83	天津城建大学	193
8	中国铁路设计集团有限公司	83	中国民航大学	162
9	五八有限公司	80	天津理工大学	158
10	中国汽车技术研究中心有限公司	70	天津农学院	149
11	天津字节跳动科技有限公司	60	天津师范大学	122
12	中交第一航务工程局有限公司	54	天津中德应用技术大学	97
13	中铁十八局集团有限公司	50	中国北方发动机研究所（天津）	95
14	天津市晨辉饲料有限公司	50	天津职业技术师范大学	81
15	天津英创汇智汽车技术有限公司	48	核工业理化工程研究院	69
16	中国天辰工程有限公司	43	中国医学科学院生物医学工程研究所	67
17	中汽研（天津）汽车工程研究院有限公司	43	交通运输部天津水运工程科学研究所	67
18	建科机械（天津）股份有限公司	41	天津市职业大学	60
19	中冶天工集团有限公司	39	天津津航计算技术研究所	57
20	吉兴远（天津）环保科技有限公司/天津天地伟业信息系统集成有限公司/天津芯海创科技有限公司	38	国家海洋局天津海水淡化与综合利用研究所	34

资料来源：中国产业智库大数据中心

3.3.14　河南省

2018 年，河南省的基础研究竞争力指数为 0.7111，排名第 14 位。河南省争取国家自然科学基金项目总数为 877 项，全国排名第 17 位；项目经费总额为 32 009.22 万元，全国排名第

19 位。争取国家自然科学基金项目经费金额大于 1000 万元的有 7 个学科（图 3-30），合成化学、神经系统和精神疾病项目经费呈下降趋势，肿瘤学项目经费呈上升趋势（表 3-70）；争取国家自然科学基金项目经费最多的学科为肿瘤学（表 3-71）。发表 SCI 论文数量最多的学科为材料科学、跨学科（表 3-72）。争取国家自然科学基金经费超过 5000 万元的有 1 个机构（表 3-73）；共有 11 个机构进入相关学科的 ESI 全球前 1%行列（图 3-31）。河南省的发明专利申请量为 36 923 件，全国排名第 10，主要专利权人如表 3-74 所示。

2018 年，河南省地方财政科技投入经费预算 145.29 亿元，全国排名第 10 位；拥有国家重点实验室 6 个，省级重点实验室 206 个，获得国家科技奖励 4 项；拥有院士 7 人，新增“万人计划”入选者 19 人，新增国家自然科学基金杰出青年科学基金入选者 1 人，累计入选院士人数、新增“万人计划”入选者人数、新增国家自然科学基金杰出青年科学基金入选者人数全国排名分别为第 18 位、第 18 位、第 19 位。

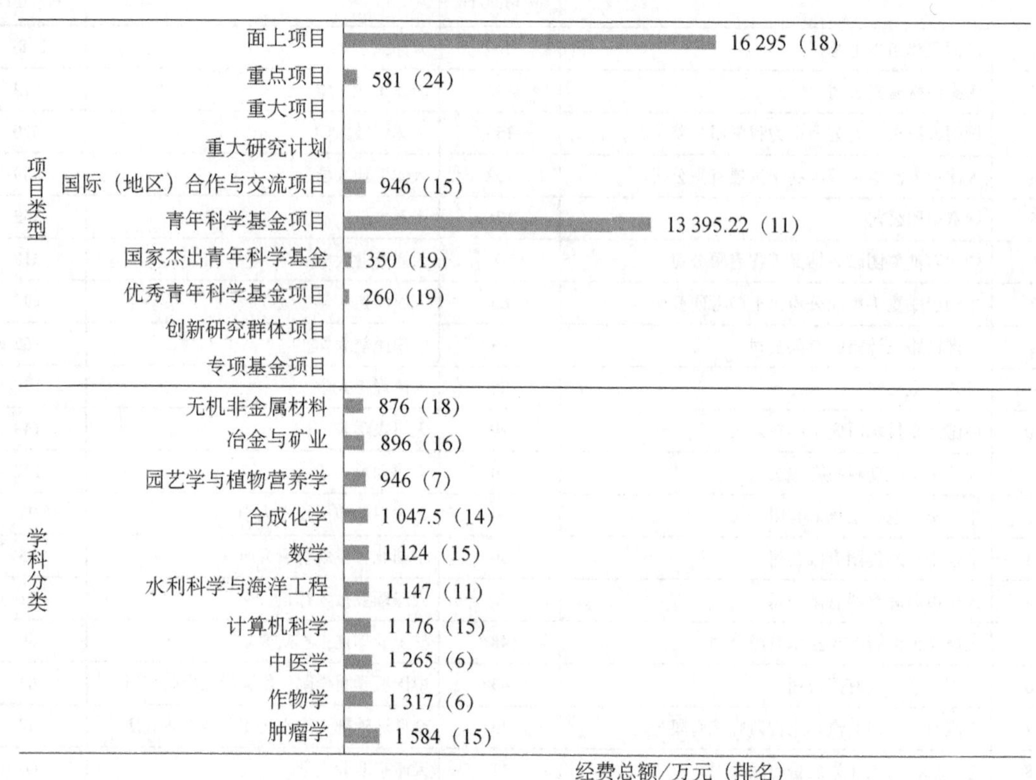

图 3-30 2018 年河南省争取国家自然科学基金项目情况

资料来源：中国产业智库大数据中心

表 3-70 2014～2018 年河南省争取国家自然科学基金项目经费十强学科

项目经费趋势	学科	指标	2014 年	2015 年	2016 年	2017 年	2018 年
	合计	项目数/项	906	958	979	1 008	877
		项目经费/万元	38 038	33 258.7	38 376.84	39 048.52	32 009.22
		机构数/个	57	53	51	56	56
		主持人数/人	894	953	971	996	876

续表

项目经费趋势	学科	指标	2014年	2015年	2016年	2017年	2018年
	作物学	项目数/项	29	41	29	24	31
		项目经费/万元	1 591	1 841	2 532	927	1 317
		机构数/个	9	9	10	8	10
		主持人数/人	29	41	28	24	31
	地理学	项目数/项	51	43	50	47	22
		项目经费/万元	2 177	1 266	1 597.7	1 606	737.8
		机构数/个	14	17	19	17	9
		主持人数/人	51	43	50	47	22
	计算机科学	项目数/项	36	46	32	31	36
		项目经费/万元	1 344	2 509.5	958	1 386	1 176
		机构数/个	13	17	11	13	13
		主持人数/人	36	46	32	30	36
	合成化学	项目数/项	39	36	37	27	24
		项目经费/万元	1 764	1 520	1 516	1 134	1 047.5
		机构数/个	15	12	12	14	9
		主持人数/人	39	36	37	27	24
	肿瘤学	项目数/项	33	32	22	48	41
		项目经费/万元	1 327	1 105	906.45	1 470.92	1 584
		机构数/个	6	6	4	6	5
		主持人数/人	33	32	22	48	41
	数学	项目数/项	56	57	54	48	35
		项目经费/万元	1 478	1 172.2	1 037	1 388	1 124
		机构数/个	13	17	16	14	17
		主持人数/人	56	57	54	47	35
	水利科学与海洋工程	项目数/项	20	27	34	37	29
		项目经费/万元	725	1 085	1 270	1 606	1 147
		机构数/个	7	8	5	8	8
		主持人数/人	20	27	34	37	29
	兽医学	项目数/项	17	17	11	23	15
		项目经费/万元	2 669	437	395	812	387
		机构数/个	5	8	8	8	6
		主持人数/人	16	17	11	23	15
	神经系统和精神疾病学	项目数/项	21	20	27	22	20
		项目经费/万元	889	1 130.5	968	803	761
		机构数/个	3	4	3	4	3
		主持人数/人	21	20	27	22	20
	物理学Ⅰ	项目数/项	28	31	24	27	26
		项目经费/万元	1 048	1 238	662.5	793	743.5
		机构数/个	15	14	10	15	12
		主持人数/人	28	31	24	27	26

资料来源：中国产业智库大数据中心

表 3-71　2018 年河南省争取国家自然科学基金项目经费二十强学科及国内排名

序号	研究领域	项目数量/项（排名）	项目经费/万元（排名）
合计		877（17）	32 009.22（19）
1	肿瘤学	41（14）	1 584（15）
2	作物学	31（6）	1 317（6）
3	中医学	25（9）	1 265（6）
4	计算机科学	36（10）	1 176（15）
5	水利科学与海洋工程	29（9）	1 147（11）
6	数学	35（13）	1 124（15）
7	合成化学	24（13）	1 047.5（14）
8	园艺学与植物营养学	22（7）	946（7）
9	冶金与矿业	23（13）	896（16）
10	无机非金属材料	24（13）	876（18）
11	环境地球科学	25（18）	800（23）
12	建筑环境与结构工程	22（18）	796（19）
13	神经系统和精神疾病	20（12）	761（15）
14	机械工程	18（20）	759（22）
15	生态学	15（11）	750（9）
16	物理学 I	26（14）	743.5（18）
17	电子学与信息系统	21（16）	741.5（18）
18	地理学	22（10）	737.8（12）
19	药物学	8（10）	592（9）
20	植物学	13（11）	561（13）

资料来源：中国产业智库大数据中心

表 3-72　2018 年河南省发表 SCI 论文数量二十强学科

序号	研究领域	发文量全国排名	发文量/篇	被引次数/次	篇均被引/次
1	材料科学、跨学科	17	968	1565	1.62
2	化学、跨学科	17	613	821	1.34
3	工程、电气和电子	16	544	343	0.63
4	化学、物理	17	522	1250	2.39
5	物理学、应用	17	517	768	1.49
6	生物化学与分子生物学	11	461	563	1.22
7	肿瘤学	12	442	413	0.93
8	药理学和药剂学	11	405	320	0.79
9	医学、研究和试验	13	360	288	0.80
10	环境科学	18	313	324	1.04
11	数学、应用	9	304	152	0.50
12	纳米科学和纳米技术	18	303	660	2.18
13	细胞生物学	9	299	397	1.33
14	电信	14	294	127	0.43
15	化学、有机	8	282	393	1.39

续表

序号	研究领域	发文量全国排名	发文量/篇	被引次数/次	篇均被引/次
16	能源和燃料	18	272	523	1.92
17	计算机科学、信息系统	16	264	132	0.50
18	电化学	16	256	606	2.37
19	化学、分析	17	254	576	2.27
20	工程、化学	16	250	492	1.97
全省（自治区、直辖市）合计		16	9418	8855	0.94

资料来源：中国产业智库大数据中心

表 3-73　2018 年河南省争取国家自然科学基金项目经费三十强机构

序号	机构名称	项目数量/项（排名）	项目经费/万元（排名）	发文量/篇（排名）	被引次数/次（排名）	发明专利申请数/件（排名）	BRCI（排名）
1	郑州大学	231（34）	9 459.4（51）	2 558（31）	3 130（32）	615（113）	24.937 9（33）
2	河南大学	84（122）	3 464.1（157）	787（120）	985（115）	225（374）	8.610 9（114）
3	河南师范大学	41（246）	1 546.9（295）	602（146）	748（132）	497（146）	6.191 2（151）
4	河南理工大学	41（247）	1 766.6（280）	601（147）	518（171）	541（134）	6.036 8（157）
5	河南科技大学	44（228）	1 618.5（290）	548（158）	393（202）	557（128）	5.756 2（164）
6	河南农业大学	54（192）	1 898（253）	323（230）	226（282）	187（453）	4.405 5（216）
7	郑州轻工业学院	29（327）	723（458）	284（253）	296（246）	254（333）	3.284 9（260）
8	信阳师范学院	29（326）	909.8（406）	231（283）	390（203）	138（637）	3.118 9（267）
9	新乡医学院	34（285）	1 000.12（385）	255（267）	264（257）	102（892）	3.026 3（271）
10	河南工业大学	25（358）	754（448）	310（235）	187（310）	257（329）	2.965（273）
11	河南中医药大学	30（311）	1 349.6（317）	158（372）	37（623）	165（512）	2.2（333）
12	华北水利水电大学	13（537）	424（589）	219（292）	109（404）	420（190）	2.027 8（345）
13	中国人民解放军战略支援部队信息工程大学	32（297）	1 098.9（363）	61（602）	28（685）	230（368）	1.870 1（360）
14	洛阳师范学院	15（500）	467.5（557）	167（359）	145（344）	73（1329）	1.618 8（393）
15	河南科技学院	10（602）	387（615）	127（423）	95（427）	146（599）	1.369 5（412）
16	南阳师范学院	11（581）	449（576）	89（513）	126（372）	100（915）	1.344 1（414）
17	中原工学院	13（536）	397（604）	90（508）	31（657）	255（332）	1.290 5（421）
18	安阳师范学院	10（600）	253（714）	78（542）	76（473）	80（1182）	1.025 2（458）
19	周口师范学院	9（631）	174.6（809）	102（469）	57（531）	57（1764）	0.876 5（478）
20	中国农业科学院棉花研究所	8（664）	291（681）	48（667）	46（575）	81（1168）	0.828（487）
21	河南工程学院	10（601）	242.5（723）	40（713）	14（863）	206（415）	0.804 3（491）
22	新乡学院	8（666）	270.5（702）	42（702）	37（623）	55（1852）	0.723 3（504）
23	商丘师范学院	5（798）	143（858）	67（577）	66（497）	81（1168）	0.706 1（511）
24	安阳工学院	5（799）	121（888）	57（615）	56（536）	73（1329）	0.639 2（524）
25	中国农业科学院郑州果树研究所	8（665）	363（631）	32（782）	22（737）	35（3558）	0.617 4（529）
26	河南省农业科学院	7（698）	244（721）	38（725）	34（640）	24（6020）	0.574 3（539）
27	河南财经政法大学	10（603）	334.7（654）	41（708）	27（693）	6（30066）	0.527 4（546）
28	郑州航空工业管理学院	6（744）	149（844）	34（760）	7（1199）	150（572）	0.514 4（551）

续表

序号	机构名称	项目数量/项（排名）	项目经费/万元（排名）	发文量/篇（排名）	被引次数/次（排名）	发明专利申请数/件（排名）	BRCI（排名）
29	黄河水利委员会黄河水利科学研究院	10（604）	348（639）	10（1262）	1（2917）	17（9708）	0.288 2（606）
30	中国农业科学院农田灌溉研究所	4（860）	175（808）	0（4494）	0（4386）	58（1729）	0.015 8（888）

资料来源：中国产业智库大数据中心

	综合	农业科学	生物与生化	化学	临床医学	计算机科学	经济与商学	工程科学	环境/生态学	地球科学	免疫学	材料科学	数学	微生物学	分子生物与遗传学	综合交叉学科	神经科学与行为	药理学与毒物学	物理学	植物与动物科学	精神病学/心理学	一般社会科学	空间科学	进入ESI学科数
郑州大学	818	0	863	284	832	0	0	628	0	0	0	336	0	0	0	0	0	603	0	0	0	0	0	6
河南大学	1766	0	0	635	3758	0	0	0	0	0	0	577	0	0	0	0	0	0	0	0	0	0	0	3
河南师范大学	1780	0	0	584	0	0	0	1247	0	0	0	793	0	0	0	0	0	0	0	0	0	0	0	3
河南科技大学	2857	0	0	0	4185	0	0	0	0	0	0	0	0	0	0	0	0	0	0	0	0	0	0	1
河南理工大学	3014	0	0	0	0	0	0	933	0	0	0	0	0	0	0	0	0	0	0	0	0	0	0	1
河南工业大学	3255	714	0	0	0	0	0	0	0	0	0	0	0	0	0	0	0	0	0	0	0	0	0	1
河南农业大学	3285	643	0	0	0	0	0	0	0	0	0	0	0	0	0	0	0	0	0	897	0	0	0	2
郑州轻工业大学	3600	0	0	0	0	0	0	1443	0	0	0	0	0	0	0	0	0	0	0	0	0	0	0	1
洛阳师范大学	3690	0	0	1092	0	0	0	0	0	0	0	0	0	0	0	0	0	0	0	0	0	0	0	1
新乡医学院	3746	0	0	0	3093	0	0	0	0	0	0	0	0	0	0	0	0	0	0	0	0	0	0	1
中国农业科学院棉花研究所	4621	0	0	0	0	0	0	0	0	0	0	0	0	0	0	0	0	0	0	1107	0	0	0	1

图 3-31　2018 年河南省各机构 ESI 前 1%学科分布

表 3-74　2018 年河南省在华发明专利申请量二十强企业和科研机构列表

序号	二十强企业	发明专利申请量/件	二十强科研机构	发明专利申请量/件
1	郑州云海信息技术有限公司	3995	郑州大学	604
2	国家电网有限公司	301	河南科技大学	557
3	河南森源电气股份有限公司	256	河南理工大学	535
4	许继集团有限公司	249	河南师范大学	496
5	河南中烟工业有限责任公司	204	华北水利水电大学	420
6	中铁工程装备集团有限公司	202	黄河科技学院	268
7	许继电气股份有限公司	191	中原工学院	254
8	中国烟草总公司郑州烟草研究院	147	郑州轻工业学院	253
9	国家电网公司	147	河南工业大学	251
10	郑州启硕电子科技有限公司	119	河南大学	225
11	新乡市振英机械设备有限公司	113	中国人民解放军战略支援部队信息工程大学	221
12	舞阳钢铁有限责任公司	109	许昌学院	210
13	许昌许继软件技术有限公司	99	河南工程学院	206
14	中国航空工业集团公司洛阳电光设备研究所	92	河南农业大学	184
15	郑州极致科技有限公司	90	洛阳理工学院	169
16	国网河南省电力公司电力科学研究院	87	河南中医药大学	165
17	郑州仁宏医药科技有限公司	83	郑州航空工业管理学院	150
18	郑州丽福爱生物技术有限公司	80	河南科技学院	146
19	郑州郑先医药科技有限公司	79	信阳师范学院	138
20	郑州游爱网络技术有限公司	78	河南城建学院	128

资料来源：中国产业智库大数据中心

3.3.15 福建省

2018年，福建省的基础研究竞争力指数为0.6863，排名第15位。福建省争取国家自然科学基金项目总数为927项，项目经费总额为51 941.5万元，全国排名均为第14位。争取国家自然科学基金项目经费金额大于2000万元的有4个学科（图3-32），化学理论与机制、地理学、环境化学项目经费呈下降趋势，海洋科学、数学项目经费呈上升趋势（表3-75）；争取国家自然科学基金项目经费最多的学科为海洋科学（表3-76）。发表SCI论文数量最多的学科为材料科学、跨学科（表3-77）。争取国家自然科学基金经费超过5000万元的有2个机构（表3-78）；共有10个机构进入相关学科的ESI全球前1%行列（图3-33）。福建省的发明专利申请量为31 063件，全国排名第11，主要专利权人如表3-79所示。

2018年，福建省地方财政科技投入经费预算76.49亿元，全国排名第15位；拥有国家重点实验室9个，省级重点实验室193个，获得国家科技奖励1项；拥有院士18人，新增“千人计划”青年项目入选者16人，新增“万人计划”入选者36人，新增国家自然科学基金杰出青年科学基金入选者2人，累计入选院士人数、新增“千人计划”青年项目入选者人数、新增“万人计划”入选者人数、新增国家自然科学基金杰出青年科学基金入选者人数全国排名分别为第13位、第11位、第12位、第17位。

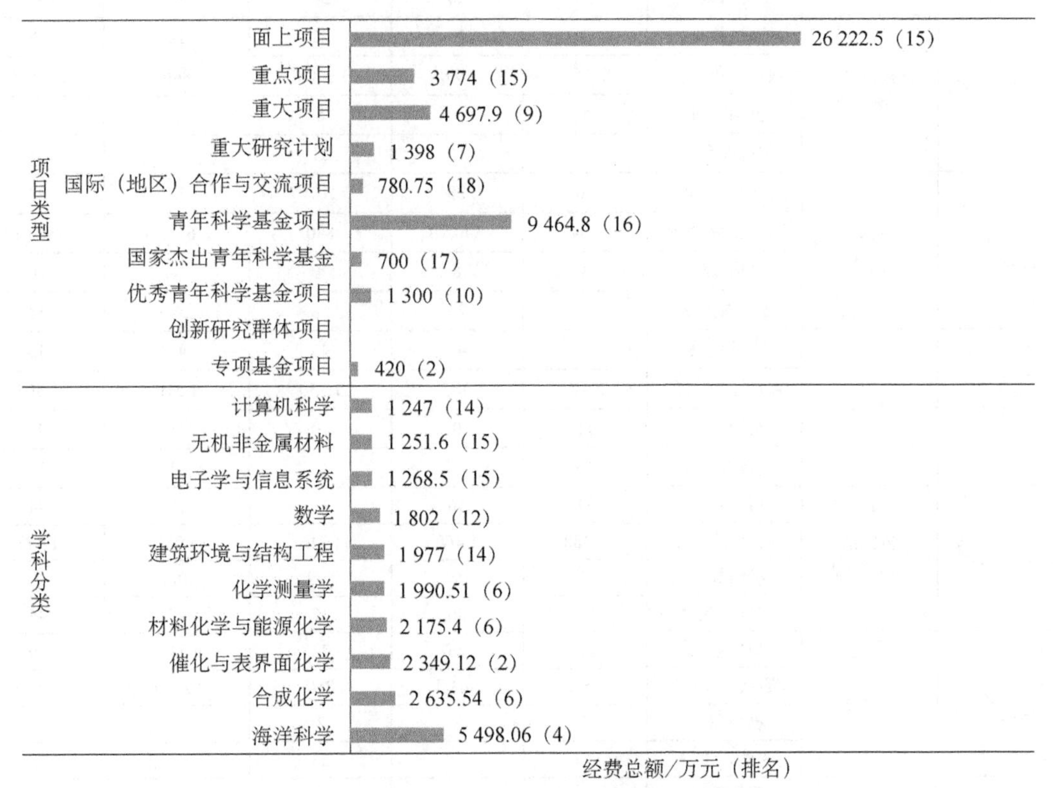

图3-32　2018年福建省争取国家自然科学基金项目情况

资料来源：中国产业智库大数据中心

表 3-75　2014～2018 年福建省争取国家自然科学基金项目经费十强学科

项目经费趋势	学科	指标	2014 年	2015 年	2016 年	2017 年	2018 年
	合计	项目数/项	755	829	849	930	927
		项目经费/万元	46 928.8	41 296.73	41 728.24	51 533.03	51 941.5
		机构数/个	32	31	31	28	30
		主持人数/人	734	813	846	917	915
	海洋科学	项目数/项	39	31	46	45	43
		项目经费/万元	3826	1 750.5	2 860	4 893.8	5 498.06
		机构数/个	5	5	6	6	5
		主持人数/人	39	31	46	43	40
	化学理论与机制	项目数/项	51	40	49	36	9
		项目经费/万元	4 247	2 390.67	3 037	2 293	945
		机构数/个	6	6	9	7	3
		主持人数/人	50	40	48	36	9
	合成化学	项目数/项	26	24	30	35	30
		项目经费/万元	2 400	2 575	1 235.4	3 318	2 635.54
		机构数/个	4	4	6	6	5
		主持人数/人	26	23	30	34	30
	材料化学与能源化学	项目数/项	20	13	21	12	38
		项目经费/万元	2 165	1 998	1 970.8	846	2 175.4
		机构数/个	5	5	8	5	6
		主持人数/人	19	13	21	12	38
	催化与表界面化学	项目数/项	20	20	18	34	38
		项目经费/万元	864	840.99	880	2 611.24	2 349.12
		机构数/个	4	6	4	4	10
		主持人数/人	19	20	18	34	38
	数学	项目数/项	44	48	45	41	35
		项目经费/万元	1 417	1 387.5	1 350	1 516	1 802
		机构数/个	11	9	10	9	8
		主持人数/人	43	46	45	41	35
	建筑环境与结构工程	项目数/项	31	36	32	25	44
		项目经费/万元	1 388	1 468	1 316	1 062	1 977
		机构数/个	6	9	7	6	7
		主持人数/人	31	36	32	25	44
	肿瘤学	项目数/项	30	25	23	31	29
		项目经费/万元	1 576	863.5	810	2 270.4	1 063.6
		机构数/个	4	8	3	5	4
		主持人数/人	30	25	23	31	29
	地理学	项目数/项	33	34	25	22	22
		项目经费/万元	1 931	1 759.9	939	956	819.4
		机构数/个	9	10	9	6	10
		主持人数/人	33	33	25	22	22

续表

项目经费趋势	学科	指标	2014年	2015年	2016年	2017年	2018年
	环境化学	项目数/项	14	18	17	24	9
		项目经费/万元	1 521	1 074	1 124.87	1 121	385.5
		机构数/个	4	4	6	10	4
		主持人数/人	13	18	17	24	9

资料来源：中国产业智库大数据中心

表3-76　2018年福建省争取国家自然科学基金项目经费二十强学科及国内排名

序号	研究领域	项目数量/项（排名）	项目经费/万元（排名）
合计		927（14）	51 941.5（14）
1	海洋科学	43（5）	5 498.06（4）
2	合成化学	30（6）	2 635.54（6）
3	催化与表界面化学	38（3）	2 349.12（2）
4	材料化学与能源化学	38（6）	2 175.4（6）
5	化学测量学	19（8）	1 990.51（6）
6	建筑环境与结构工程	44（14）	1 977（14）
7	数学	35（13）	1 802（12）
8	电子学与信息系统	28（14）	1 268.5（15）
9	无机非金属材料	15（18）	1 251.6（15）
10	计算机科学	25（13）	1 247（14）
11	化学工程与工业化学	21（11）	1 170（11）
12	林学	22（6）	1 119（7）
13	肿瘤学	29（19）	1 063.6（19）
14	微生物学	16（10）	1 001（9）
15	环境地球科学	23（21）	961（20）
16	化学理论与机制	9（13）	945（7）
17	医学免疫学	9（9）	917（6）
18	细胞生物学	12（6）	877（6）
19	植物保护学	13（6）	849（6）
20	机械工程	15（21）	828（21）

资料来源：中国产业智库大数据中心

表3-77　2018年福建省发表SCI论文数量二十强学科

序号	研究领域	发文量全国排名	发文量/篇	被引次数/次	篇均被引/次
1	材料科学、跨学科	18	871	1522	1.75
2	化学、跨学科	14	770	1785	2.32
3	化学、物理	16	532	1451	2.73
4	工程、电气和电子	18	527	348	0.66
5	物理学、应用	18	494	890	1.80
6	环境科学	14	466	664	1.42
7	纳米科学和纳米技术	17	368	1015	2.76

续表

序号	研究领域	发文量全国排名	发文量/篇	被引次数/次	篇均被引/次
8	肿瘤学	16	333	188	0.56
9	光学	16	294	205	0.70
10	能源和燃料	17	288	548	1.90
11	生物化学与分子生物学	18	280	276	0.99
12	工程、化学	15	262	705	2.69
13	化学、分析	16	261	694	2.66
14	数学、应用	12	225	144	0.64
15	医学、研究和试验	19	220	135	0.61
16	生物工程学和应用微生物学	17	213	332	1.56
17	电化学	18	213	437	2.05
18	电信	17	199	174	0.87
19	计算机科学、信息系统	17	196	123	0.63
20	工程、环境	14	196	653	3.33
全省（自治区、直辖市）合计		18	8320	9677	1.16

资料来源：中国产业智库大数据中心

表 3-78　2018 年福建省争取国家自然科学基金项目经费三十强机构

序号	机构名称	项目数量/项（排名）	项目经费/万元（排名）	发文量/篇（排名）	被引次数/次（排名）	发明专利申请数/件（排名）	BRCI（排名）
1	厦门人学	311（20）	23 116.28（16）	2 427（35）	3 101（34）	689（97）	32.06（27）
2	福州大学	107（93）	5 194.81（105）	1 138（88）	1 958（53）	1 478（36）	16.303 2（66）
3	福建农林大学	106（95）	4 690.5（119）	786（121）	903（122）	477（154）	10.953（90）
4	华侨大学	59（172）	2 510.3（203）	540（160）	623（154）	501（144）	7.227 4（133）
5	中国科学院福建物质结构研究所	63（155）	4 670.01（120）	397（201）	1 009（112）	121（720）	6.655 8（142）
6	福建师范大学	59（173）	3 139.3（167）	474（179）	365（215）	259（327）	5.998 4（158）
7	福建医科大学	61（161）	2 247.2（222）	765（125）	434（189）	61（1620）	5.039 9（192）
8	中国科学院城市环境研究所	27（342）	1 231.9（334）	209（299）	340（225）	57（1764）	2.657 2（291）
9	厦门理工学院	17（465）	621.5（486）	224（290）	138（358）	239（358）	2.246 1（330）
10	集美大学	25（356）	987.5（389）	161（368）	90（440）	143（614）	2.232 3（332）
11	福建工程学院	9（628）	396.4（605）	110（456）	36（630）	335（243）	1.266 2（425）
12	福建中医药大学	21（399）	881（414）	74（550）	31（657）	46（2498）	1.258 2（428）
13	国家海洋局第三海洋研究所	8（662）	608（492）	95（490）	50（554）	28（4975）	0.891 1（475）
14	闽南师范大学	5（793）	123.5（885）	65（584）	61（514）	65（1519）	0.652 3（522）
15	泉州师范学院	4（856）	98.6（962）	64（589）	48（563）	102（892）	0.602 5（536）
16	闽江学院	5（794）	150.2（841）	51（650）	9（1052）	103（886）	0.508（553）
17	福建省农业科学院	6（741）	215（750）	63（592）	27（693）	5（35651）	0.430 6（573）
18	宁德师范学院	4（855）	89.5（973）	25（859）	19（772）	60（1655）	0.397 6（582）
19	龙岩学院	2（1072）	45（1217）	41（708）	21（756）	87（1088）	0.330 6（594）
20	福建省立医院	7（696）	290（682）	22（898）	9（1052）	3（54859）	0.305 7（599）
21	中国人民解放军南京军区福州总医院	4（854）	159（827）	11（1208）	8（1109）	11（15817）	0.249（620）

续表

序号	机构名称	项目数量/项（排名）	项目经费/万元（排名）	发文量/篇（排名）	被引次数/次（排名）	发明专利申请数/件（排名）	BRCI（排名）
22	三明学院	3（933）	76（1028）	11（1208）	4（1607）	61（1620）	0.237 1（629）
23	福建江夏学院	2（1070）	23（1425）	22（898）	11（956）	35（3558）	0.205 5（638）
24	莆田学院	2（1071）	48（1196）	24（869）	2（2224）	53（1948）	0.190 1（644）
25	厦门医学院	2（1069）	44（1225）	15（1049）	12（920）	10（17409）	0.176 9（651）
26	福建省中医药研究院	4（857）	155（836）	4（2060）	7（1199）	0（192051）	0.043 4（746）
27	厦门市仙岳医院	1（1348）	56（1152）	4（2060）	7（1199）	0（192051）	0.023 1（822）
28	福建省亚热带植物研究所	1（1351）	24（1409）	1（4493）	0（4386）	5（35651）	0.015（902）
29	福建出入境检验检疫局检验检疫技术中心	1（1350）	25（1372）	0（4494）	0（4386）	10（17409）	0.005 4（1274）
30	厦门市气象局	1（1349）	25（1371）	0（4494）	0（4386）	0（192051）	0.001 2（1486）

资料来源：中国产业智库大数据中心

	综合	农业科学	生物与生化	化学	临床医学	计算机科学	经济与商学	工程科学	环境/生态学	地球科学	免疫学	材料科学	数学	微生物学	分子生物与遗传学	综合交叉学科	神经科学与行为	药理学与毒物学	物理学	植物与动物科学	精神病学/心理学	一般社会科学	空间科学	进入ESI学科数
厦门大学	442	671	528	70	1395	243	0	275	539	648	0	128	104	432	699	0	0	825	719	618	0	909	0	16
福州大学	875	0	0	131	0	0	0	572	0	0	0	221	0	0	0	0	0	0	0	0	0	0	0	3
中国科学院福建物质结构研究所	1095	0	0	143	0	0	0	0	0	0	0	306	0	0	0	0	0	0	0	0	0	0	0	2
福建医科大学	2143	0	0	0	1287	0	0	0	0	0	0	0	0	0	0	0	0	0	0	0	0	0	0	1
福建师范大学	2393	0	0	1025	0	0	0	0	0	0	0	0	0	0	0	0	0	0	0	0	0	0	0	1
华侨大学	2436	0	0	857	0	0	0	938	0	0	0	809	0	0	0	0	0	0	0	0	0	0	0	3
福建农林大学	2699	592	0	0	0	0	0	0	0	0	0	0	0	0	0	0	0	0	0	609	0	0	0	2
中国科学院城市环境研究所	2766	0	0	0	0	0	0	0	432	0	0	0	0	0	0	0	0	0	0	0	0	0	0	1
福建中医药大学	4161	0	0	0	3304	0	0	0	0	0	0	0	0	0	0	0	0	0	0	0	0	0	0	1
福建省立医院	4779	0	0	0	3224	0	0	0	0	0	0	0	0	0	0	0	0	0	0	0	0	0	0	1

图 3-33　2018 年福建省各机构 ESI 前 1%学科分布

表 3-79　2018 年福建省在华发明专利申请量二十强企业和科研机构列表

序号	二十强企业	发明专利申请量/件	二十强科研机构	发明专利申请量/件
1	厦门天马微电子有限公司	360	福州大学	1475
2	国网福建省电力有限公司	333	厦门大学	683
3	南安市创培电子科技有限公司	188	华侨大学	501
4	锐捷网络股份有限公司	94	福建农林大学	475
5	漳州龙文维克信息技术有限公司	90	福建工程学院	335
6	福建省复新农业科技发展有限公司	90	福建师范大学	259
7	福建金砖知识产权服务有限公司	83	厦门理工学院	230
8	共同科技开发有限公司	80	集美大学	142
9	厦门建霖健康家居股份有限公司	76	中国科学院福建物质结构研究所	121
10	厦门盈趣科技股份有限公司	72	厦门大学嘉庚学院	120
11	厦门攸信信息技术有限公司	71	闽江学院	103
12	九牧厨卫股份有限公司	70	泉州师范学院	102
13	厦门快商通信息技术有限公司	67	龙岩学院	86
14	国网福建省电力有限公司电力科学研究院	67	闽南师范大学	65

续表

序号	二十强企业	发明专利申请量/件	二十强科研机构	发明专利申请量/件
15	福州准点信息科技有限公司	67	福建医科大学	61
16	宁德时代新能源科技股份有限公司	66	三明学院	59
17	厦门科华恒盛股份有限公司	60	宁德师范学院	59
18	奥佳华智能健康科技集团股份有限公司	54	福建师范大学福清分校	56
19	厦门美图之家科技有限公司	53	莆田学院	53
20	福建福光股份有限公司	53	中国科学院城市环境研究所	50

资料来源：中国产业智库大数据中心

3.3.16 黑龙江省

2018 年，黑龙江省的基础研究竞争力指数为 0.6081，排名第 16 位。黑龙江省争取国家自然科学基金项目总数为 919 项，项目经费总额为 50 029.95 万元，全国排名均为第 15 位。争取国家自然科学基金项目经费金额大于 2000 万元的有 5 个学科（图 3-34），建筑环境与结构工程项目经费呈上升趋势（表 3-80）；争取国家自然科学基金项目经费最多的学科为建筑环境与结构工程（表 3-81）。发表 SCI 论文数量最多的学科为材料科学、跨学科（表 3-82）。争取国家自然科学基金经费超过 5000 万元的有 3 个机构（表 3-83）；共有 10 个机构进入相关学科的 ESI 全球前 1%行列（图 3-35）。黑龙江省的发明专利申请量为 10 460 件，全国排名第 21，主要专利权人如表 3-84 所示。

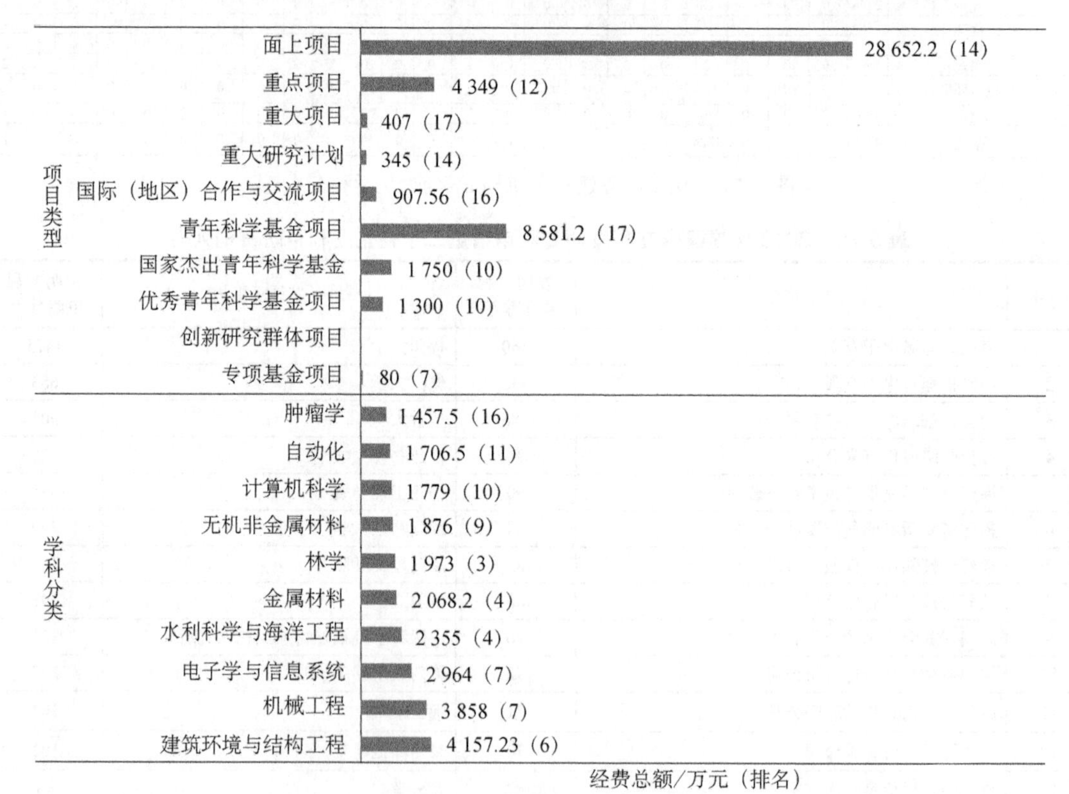

图 3-34　2018 年黑龙江省争取国家自然科学基金项目情况

资料来源：中国产业智库大数据中心

2018年，黑龙江省地方财政科技投入经费预算27.19亿元，全国排名第24位；拥有国家重点实验室5个，省级重点实验室90个，获得国家科技奖励4项；拥有院士4人，新增“千人计划”青年项目入选者5人，新增“万人计划”入选者47人，新增国家自然科学基金杰出青年科学基金入选者5人，累计入选院士人数、新增“千人计划”青年项目入选者人数、新增“万人计划”入选者人数、新增国家自然科学基金杰出青年科学基金入选者人数全国排名分别为第20位、第15位、第10位、第9位。

表3-80　2014～2018年黑龙江省争取国家自然科学基金项目经费十强学科

项目经费趋势	学科	指标	2014年	2015年	2016年	2017年	2018年
	合计	项目数/项	872	898	916	908	919
		项目经费/万元	49 585.2	45 438.7	49 784.53	48 380.78	50 029.95
		机构数/个	28	27	27	26	27
		主持人数/人	864	887	910	901	908
	机械工程	项目数/项	62	56	63	61	61
		项目经费/万元	3 691	4 455	4 754	4 803	3 858
		机构数/个	8	7	6	7	5
		主持人数/人	62	56	63	61	61
	建筑环境与结构工程	项目数/项	58	68	66	64	66
		项目经费/万元	3 352	3 667	3 481.6	3 472	4 157.23
		机构数/个	6	7	10	9	4
		主持人数/人	58	68	66	64	65
	电子学与信息系统	项目数/项	37	53	50	43	43
		项目经费/万元	2 837	3 188	2 530	2 443.5	2 964
		机构数/个	5	6	7	7	6
		主持人数/人	37	52	50	43	43
	自动化	项目数/项	40	36	33	29	29
		项目经费/万元	2 626	2 178.5	3 959.5	1 596	1 706.5
		机构数/个	8	4	6	4	6
		主持人数/人	40	36	32	29	29
	水利科学与海洋工程	项目数/项	34	36	36	40	41
		项目经费/万元	1 637	1 344	1 823	2 769	2 355
		机构数/个	3	3	5	3	2
		主持人数/人	34	36	36	39	40
	力学	项目数/项	26	22	30	31	27
		项目经费/万元	2 547	1 109.5	1 874	2 654.5	1 145
		机构数/个	5	5	2	2	3
		主持人数/人	26	22	30	31	27
	计算机科学	项目数/项	29	22	34	26	25
		项目经费/万元	1 516	884	2 010	2 032.8	1 779
		机构数/个	5	5	6	7	5
		主持人数/人	29	22	34	26	25

续表

项目经费趋势	学科	指标	2014 年	2015 年	2016 年	2017 年	2018 年
	无机非金属材料	项目数/项	24	31	28	26	29
		项目经费/万元	1 249	1 619	1 903	1 231	1 876
		机构数/个	5	6	6	8	7
		主持人数/人	24	31	28	26	28
	兽医学	项目数/项	31	25	28	31	32
		项目经费/万元	1 887	1 953	1 291.5	1 233.93	1 456
		机构数/个	4	4	4	3	3
		主持人数/人	30	25	28	31	32
	电气科学与工程	项目数/项	20	26	31	19	26
		项目经费/万元	1 270	1 471	2 096.5	1 227	1 331
		机构数/个	3	2	5	2	2
		主持人数/人	20	25	31	19	26

资料来源：中国产业智库大数据中心

表 3-81　2018 年黑龙江省争取国家自然科学基金项目经费二十强学科及国内排名

序号	研究领域	项目数量/项（排名）	项目经费/万元（排名）
合计		919（15）	50 029.95（15）
1	建筑环境与结构工程	66（7）	4 157.23（6）
2	机械工程	61（7）	3 858（7）
3	电子学与信息系统	43（10）	2 964（7）
4	水利科学与海洋工程	41（5）	2 355（5）
5	金属材料	24（10）	2 068.2（4）
6	林学	33（4）	1 973（3）
7	无机非金属材料	29（10）	1 876（9）
8	计算机科学	25（13）	1 779（10）
9	自动化	29（11）	1 706.5（11）
10	肿瘤学	39（16）	1 457.5（16）
11	兽医学	32（2）	1 456（5）
12	电气科学与工程	26（7）	1 331（8）
13	影像医学与生物医学工程	13（11）	1 299（8）
14	冶金与矿业	15（17）	1 179（12）
15	力学	27（12）	1 145（12）
16	神经系统和精神疾病	15（15）	976（12）
17	循环系统	21（10）	960.94（10）
18	数学	23（19）	876（19）
19	工程热物理与能源利用	18（11）	645（12）
20	中医学	18（12）	635（12）

资料来源：中国产业智库大数据中心

表 3-82　2018 年黑龙江省发表 SCI 论文数量二十强学科

序号	研究领域	发文量全国排名	发文量/篇	被引次数/次	篇均被引/次
1	材料科学、跨学科	13	1 371	2 163	1.58
2	工程、电气和电子	10	1 145	826	0.72
3	物理学、应用	15	703	1 018	1.45
4	化学、跨学科	16	636	885	1.39
5	化学、物理	15	622	1 640	2.64
6	工程、机械	6	577	443	0.77
7	能源和燃料	12	552	938	1.70
8	环境科学	13	469	595	1.27
9	电信	9	454	201	0.44
10	光学	14	453	339	0.75
11	纳米科学和纳米技术	16	400	922	2.31
12	生物化学与分子生物学	12	390	442	1.13
13	设备和仪器	6	372	332	0.89
14	机械学	5	372	396	1.06
15	医学、研究和试验	14	356	221	0.62
16	计算机科学、信息系统	12	351	176	0.50
17	工程、化学	13	347	1 005	2.90
18	电化学	10	330	415	1.26
19	自动化和控制系统	9	323	354	1.10
20	肿瘤学	17	317	248	0.78
全省（自治区、直辖市）合计		13	10 880	11 056	1.02

资料来源：中国产业智库大数据中心

表 3-83　2018 年黑龙江省争取国家自然科学基金项目经费二十七强机构

序号	机构名称	项目数量/项（排名）	项目经费/万元（排名）	发文量/篇（排名）	被引次数/次（排名）	发明专利申请数/件（排名）	BRCI（排名）
1	哈尔滨工业大学	356（16）	23 053.51（17）	5 250（13）	6 526（7）	1 931（21）	51.352 1（11）
2	哈尔滨工程大学	111（88）	5 383（100）	1 494（71）	1 309（89）	1 273（48）	15.846 5（70）
3	哈尔滨医科大学	157（56）	8 051.94（63）	1 090（93）	905（121）	58（1729）	10.147 6（101）
4	东北农业大学	50（204）	2 347（212）	696（131）	630（152）	379（214）	6.724 6（140）
5	东北林业大学	53（193）	2 968（174）	593（149）	480（182）	204（420）	5.985 1（159）
6	哈尔滨理工大学	28（330）	1 228（335）	405（198）	256（260）	842（80）	4.484 5（211）
7	黑龙江大学	18（440）	717.5（459）	351（219）	618（157）	120（723）	2.892 4（276）
8	东北石油大学	15（495）	988（388）	302（239）	193（305）	246（345）	2.599 3（298）
9	黑龙江中医药大学	29（320）	1 248（332）	97（485）	78（468）	36（3430）	1.739 1（376）
10	齐齐哈尔大学	11（574）	330（657）	101（473）	92（430）	79（1207）	1.189 8（436）
11	黑龙江八一农垦大学	8（657）	335（652）	115（442）	50（554）	95（982）	1.021 1（460）

续表

序号	机构名称	项目数量/项（排名）	项目经费/万元（排名）	发文量/篇（排名）	被引次数/次（排名）	发明专利申请数/件（排名）	BRCI（排名）
12	哈尔滨师范大学	5（781）	294（680）	144（395）	193（305）	23（6344）	0.876 9（477）
13	佳木斯大学	5（780）	250（715）	93（497）	66（497）	106（837）	0.856（483）
14	中国地震局工程力学研究所	8（656）	362（632）	49（661）	16（813）	41（2862）	0.645 1（523）
15	齐齐哈尔医学院	6（736）	201（774）	86（520）	85（454）	11（15817）	0.619 1（528）
16	哈尔滨商业大学	4（842）	91.8（969）	63（592）	37（623）	45（2567）	0.496 1（558）
17	牡丹江医学院	3（915）	180（803）	84（529）	38（611）	11（15817）	0.420 2（575）
18	黑龙江科技大学	6（735）	203.2（769）	27（837）	4（1607）	61（1620）	0.408 7（579）
19	中国水产科学研究院黑龙江水产研究所	6（734）	181（802）	18（969）	5（1429）	31（4193）	0.347 4（592）
20	黑龙江工程学院	5（782）	153（837）	14（1078）	11（956）	22（6714）	0.328 4（595）
21	中国农业科学院哈尔滨兽医研究所	24（369）	1 118（358）	84（529）	61（514）	0（192051）	0.261 4（617）
22	哈尔滨学院	3（914）	76（1027）	12（1160）	1（2917）	46（2498）	0.182 2（647）
23	牡丹江师范学院	1（1288）	26（1336）	9（1340）	5（1429）	41（2862）	0.129 2（675）
24	黑龙江省农业科学院	4（843）	133（874）	20（933）	5（1429）	0（192051）	0.052 4（724）
25	国家林业局哈尔滨林业机械研究所	1（1287）	23（1431）	0（4494）	0（4386）	11（15817）	0.005 4（1274）
26	中国人民解放军第二一一医院	1（1286）	63（1088）	1（4493）	0（4386）	0（192051）	0.004 3（1340）
27	黑龙江省气象科学研究所	1（1289）	25（1358）	0（4494）	0（4386）	0（192051）	0.001 2（1486）

资料来源：中国产业智库大数据中心

	综合	农业科学	生物与生化	化学	临床医学	计算机科学	经济与商学	工程科学	环境/生态学	地球科学	免疫学	材料科学	数学	微生物学	分子生物与遗传学	综合交叉学科	神经科学与行为	药理学与毒物学	物理学	植物与动物科学	精神病学/心理学	一般社会科学	空间科学	进入ESI学科数
哈尔滨工业大学	337	667	449	171	3674	49	0	7	273	0	0	33	73	0	0	0	0	0	374	0	0	1123	0	11
哈尔滨医科大学	1050	0	573	0	599	0	0	0	0	0	0	0	0	0	575	0	832	446	0	0	0	0	0	5
哈尔滨工程大学	1332	0	0	578	0	0	0	345	0	0	0	207	0	0	0	0	0	0	0	0	0	0	0	3
东北林业大学	2126	567	0	985	0	0	0	0	0	0	0	806	0	0	0	0	0	0	0	762	0	0	0	4
黑龙江大学	2184	0	0	675	0	0	0	1295	0	0	0	625	0	0	0	0	0	0	0	0	0	0	0	3
东北农林大学	2531	306	0	0	0	0	0	0	0	0	0	0	0	0	0	0	0	0	0	820	0	0	0	2
哈尔滨师范大学	3243	0	0	1220	0	0	0	0	0	0	0	814	0	0	0	0	0	0	0	0	0	0	0	2
哈尔滨理工大学	3701	0	0	0	0	0	0	1353	0	0	0	0	0	0	0	0	0	0	0	0	0	0	0	1
中国农业科学院哈尔滨兽医研究所	4008	0	0	0	0	0	0	0	0	0	0	0	0	404	0	0	0	0	0	0	0	0	0	1
东北石油大学	4506	0	0	0	0	0	0	1156	0	0	0	0	0	0	0	0	0	0	0	0	0	0	0	1

图 3-35　2018 年黑龙江省各机构 ESI 前 1%学科分布

表 3-84　2018 年黑龙江省在华发明专利申请量二十强企业和科研机构列表

序号	二十强企业	发明专利申请量/件	二十强科研机构	发明专利申请量/件
1	哈尔滨锅炉厂有限责任公司	86	哈尔滨工业大学	1900
2	中国航发哈尔滨东安发动机有限公司	78	哈尔滨工程大学	1266

续表

序号	二十强企业	发明专利申请量/件	二十强科研机构	发明专利申请量/件
3	中国船舶重工集团公司第七〇三研究所	75	哈尔滨理工大学	835
4	国家电网有限公司	71	东北农业大学	370
5	哈尔滨汽轮机厂有限责任公司	66	东北石油大学	243
6	哈尔滨伟平科技开发有限公司	57	东北林业大学	203
7	哈尔滨电机厂有限责任公司	55	黑龙江大学	120
8	大庆东油睿佳石油科技有限公司	55	佳木斯大学	105
9	哈尔滨电气股份有限公司	51	黑龙江八一农垦大学	94
10	黑龙江兰德超声科技股份有限公司	48	齐齐哈尔大学	79
11	中国航发哈尔滨轴承有限公司	46	黑龙江科技大学	61
12	航天科技控股集团股份有限公司	43	哈尔滨医科大学	58
13	哈尔滨共阳科技咨询有限公司	41	哈尔滨学院	46
14	国家电网公司	40	哈尔滨商业大学	45
15	国网黑龙江省电力有限公司电力科学研究院	37	黑龙江工业学院	45
16	东北轻合金有限责任公司	35	中国地震局工程力学研究所	41
17	哈尔滨电气动力装备有限公司	35	牡丹江师范学院	41
18	中车齐齐哈尔车辆有限公司	32	黑龙江中医药大学	36
19	哈尔滨飞机工业集团有限责任公司	25	中国水产科学研究院黑龙江水产研究所	30
20	黑龙江莱睿普思环境科技发展有限公司	22	哈尔滨师范大学/黑龙江省科学院石油化学研究院	23

资料来源：中国产业智库大数据中心

3.3.17 重庆市

2018 年，重庆市的基础研究竞争力指数为 0.603，排名第 17 位。重庆市争取国家自然科学基金项目总数为 913 项，项目经费总额为 44 322.84 万元，全国排名均为第 16 位。争取国家自然科学基金项目经费金额大于 2000 万元的有 3 个学科（图 3-36），电子学与信息系统项目经费呈下降趋势，建筑环境与结构工程、机械工程项目经费呈上升趋势（表 3-85）；争取国家自然科学基金项目经费最多的学科为肿瘤学（表 3-86）。发表 SCI 论文数量最多的学科为材料科学、跨学科（表 3-87）。争取国家自然科学基金经费超过 1 亿元的有 2 个机构（表 3-88）；共有 5 个机构进入相关学科的 ESI 全球前 1%行列（图 3-37）。重庆市的发明专利申请量为 16 975 件，全国排名第 17，主要专利权人如表 3-89 所示。

2018 年，重庆市地方财政科技投入经费预算 59.28 亿元，全国排名第 17 位；拥有国家重点实验室 8 个，省级重点实验室 114 个，获得国家科技奖励 2 项；拥有院士 2 人，新增“千人计划”青年项目入选者 3 人，新增“万人计划”入选者 31 人，新增国家自然科学基金杰出青年科学基金入选者 3 人，累计入选院士人数、新增“千人计划”青年项目入选者人数、新增“万人计划”入选者人数、新增国家自然科学基金杰出青年科学基金入选者人数全国排名分别为第 25 位、第 16 位、第 16 位、第 14 位。

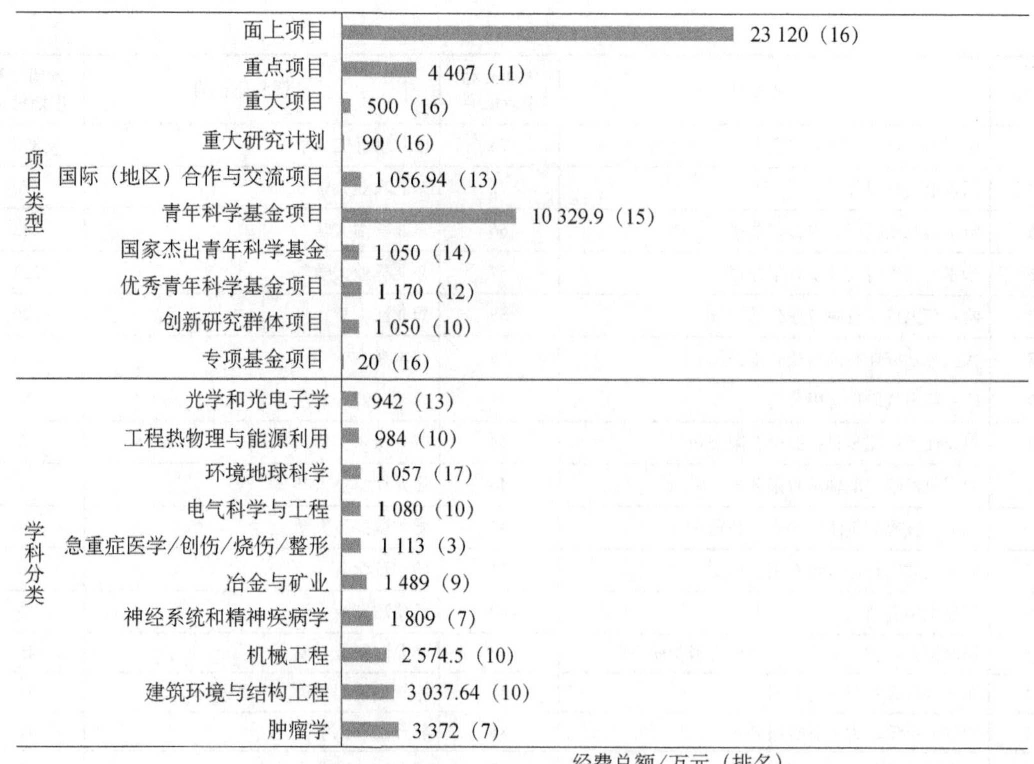

图 3-36　2018 年重庆市争取国家自然科学基金项目情况

资料来源：中国产业智库大数据中心

表 3-85　2014～2018 年重庆市争取国家自然科学基金项目经费十强学科

项目经费趋势	学科	指标	2014 年	2015 年	2016 年	2017 年	2018 年
	合计	项目数/项	810	860	866	890	913
		项目经费/万元	45 592.3	38 031.51	37 249.65	41 069.82	44 322.84
		机构数/个	24	28	26	24	25
		主持人数/人	801	853	862	882	900
	肿瘤学	项目数/项	62	56	61	49	62
		项目经费/万元	3 456	2 193	2 468	2 268.66	3 372
		机构数/个	4	5	3	2	5
		主持人数/人	62	56	61	49	61
	建筑环境与结构工程	项目数/项	44	47	51	56	61
		项目经费/万元	3 214	2 304.8	2 249	2 828	3 037.64
		机构数/个	7	6	7	7	6
		主持人数/人	44	46	51	56	61
	机械工程	项目数/项	32	29	35	39	41
		项目经费/万元	2 284	1 279	1 553	1 838	2 574.5
		机构数/个	7	8	6	6	7
		主持人数/人	32	29	35	39	41

续表

项目经费趋势	学科	指标	2014年	2015年	2016年	2017年	2018年
	神经系统和精神疾病学	项目数/项	38	30	38	41	30
		项目经费/万元	1 733.8	1 618.5	1 782	1 623	1 809
		机构数/个	4	2	2	2	2
		主持人数/人	37	30	38	41	30
	冶金与矿业	项目数/项	18	22	31	25	29
		项目经费/万元	1 098	9 94	1 681	1 295	1 489
		机构数/个	2	7	7	4	5
		主持人数/人	18	22	30	25	29
	电气科学与工程	项目数/项	17	14	19	23	18
		项目经费/万元	1 738	510	1 084.5	1 690	1 080
		机构数/个	1	4	3	2	3
		主持人数/人	17	14	19	23	18
	电子学与信息系统	项目数/项	24	22	26	30	21
		项目经费/万元	1 549	995.66	855	1 030	656.5
		机构数/个	7	7	9	6	5
		主持人数/人	24	22	26	30	21
	急重症医学/创伤/烧伤/整形	项目数/项	17	19	14	19	21
		项目经费/万元	868	1 227	770	915	1 113
		机构数/个	2	2	2	3	2
		主持人数/人	17	19	14	19	21
	数学	项目数/项	42	33	35	23	26
		项目经费/万元	1 435	648	1 138	639.5	903.5
		机构数/个	11	9	10	9	7
		主持人数/人	42	31	35	23	24
	力学	项目数/项	7	17	12	17	14
		项目经费/万元	372	1 088.6	766	1 388	909
		机构数/个	3	5	5	7	4
		主持人数/人	7	17	12	17	14

资料来源：中国产业智库大数据中心

表 3-86　2018 年重庆市争取国家自然科学基金项目经费二十强学科及国内排名

序号	研究领域	项目数量/项（排名）	项目经费/万元（排名）
合计		913（16）	44 322.84（16）
1	肿瘤学	62（9）	3 372（7）
2	建筑环境与结构工程	61（10）	3 037.64（10）
3	机械工程	41（14）	2 574.5（10）
4	神经系统和精神疾病	30（9）	1 809（7）
5	冶金与矿业	29（10）	1 489（9）
6	急重症医学/创伤/烧伤/整形	21（4）	1 113（3）
7	电气科学与工程	18（11）	1 080（10）

续表

序号	研究领域	项目数量/项（排名）	项目经费/万元（排名）
8	环境地球科学	17（23）	1 057（17）
9	工程热物理与能源利用	16（12）	984（10）
10	光学和光电子学	14（15）	942（13）
11	力学	14（15）	909（14）
12	数学	26（16）	903.5（18）
13	运动系统	13（7）	786（6）
14	金属材料	11（18）	763（14）
15	物理学Ⅰ	22（15）	758（17）
16	作物学	11（18）	757（12）
17	影像医学与生物医学工程	14（10）	716（11）
18	自动化	16（15）	713（16）
19	医学病原生物与感染	11（8）	685（6）
20	电子学与信息系统	21（16）	656.5（20）

资料来源：中国产业智库大数据中心

表 3-87　2018 年重庆市发表 SCI 论文数量二十强学科

序号	研究领域	发文量全国排名	发文量/篇	被引次数/次	篇均被引/次
1	材料科学、跨学科	16	1029	1484	1.44
2	工程、电气和电子	15	814	697	0.86
3	物理学、应用	16	536	848	1.58
4	化学、跨学科	18	433	638	1.47
5	化学、物理	19	417	1274	3.06
6	纳米科学和纳米技术	15	415	827	1.99
7	能源和燃料	15	377	565	1.50
8	生物化学与分子生物学	15	376	375	1.00
9	化学、分析	12	374	674	1.80
10	肿瘤学	14	366	236	0.64
11	环境科学	17	335	342	1.02
12	工程、机械	14	307	225	0.73
13	医学、研究和试验	16	305	167	0.55
14	电信	13	301	273	0.91
15	药理学和药剂学	13	284	199	0.70
16	电化学	14	280	525	1.88
17	细胞生物学	13	268	222	0.83
18	计算机科学、信息系统	15	268	235	0.88
19	神经科学	7	264	276	1.05
20	冶金和冶金工程学	11	254	317	1.25
全省（自治区、直辖市）合计		17	9150	9453	1.03

资料来源：中国产业智库大数据中心

表 3-88　2018 年重庆市国家自然科学基金项目经费二十五强机构

序号	机构名称	项目数量/项（排名）	项目经费/万元（排名）	发文量/篇（排名）	被引次数/次（排名）	发明专利申请数/件（排名）	BRCI（排名）
1	重庆大学	234（33）	13 850.1（31）	2 909（29）	3 792（27）	1 355（41）	31.975 5（28）
2	西南大学	150（65）	7 016（75）	1 808（55）	2 014（50）	428（182）	16.942 2（61）
3	重庆医科大学	144（67）	5 416.5（96）	1 253（82）	977（116）	70（1389）	9.882 2（103）
4	重庆邮电大学	45（227）	1 302.5（326）	472（181）	449（186）	671（103）	5.754 1（165）
5	中国人民解放军第三军医大学	177（44）	10 282.5（48）	865（113）	623（154）	1（107252）	5.046 4（191）
6	重庆理工大学	30（313）	1 669（286）	186（324）	243（267）	138（637）	3.111 1（268）
7	重庆交通大学	28（333）	905.4（408）	178（335）	144（348）	376（215）	2.952 2（274）
8	重庆师范大学	22（388）	736.5（455）	195（313）	243（267）	34（3729）	1.922 7（351）
9	重庆工商大学	12（563）	468（556）	159（369）	326（232）	105（852）	1.812 8（368）
10	中国科学院重庆绿色智能技术研究院	19（433）	837.94（427）	115（442）	128（369）	66（1492）	1.731 4（379）
11	重庆科技学院	13（541）	393（606）	103（467）	51（549）	245（346）	1.422 1（408）
12	长江师范学院	13（542）	312.7（670）	139（400）	97（423）	118（737）	1.418 2（409）
13	重庆文理学院	6（757）	215.7（748）	106（463）	83（456）	167（506）	1.016 6（461）
14	中国人民解放军陆军勤务学院	4（870）	211（757）	68（569）	35（638）	13（13442）	0.465（564）
15	重庆三峡学院	1（1452）	19（1508）	59（608）	38（611）	82（1155）	0.263 9（616）
16	重庆第二师范学院	1（1455）	59（1131）	27（837）	26（701）	51（2118）	0.242 7（624）
17	重庆三峡中心医院	2（1123）	46（1214）	21（916）	6（1301）	2（72476）	0.128 4（677）
18	重庆市环境科学研究院	1（1454）	61（1101）	1（4493）	0（4386）	3（54859）	0.016 1（886）
19	中国兵器工业第五九研究所	1（1448）	130（878）	0（4494）	0（4386）	63（1565）	0.009 6（1030）
20	中煤科工集团重庆研究院有限公司	1（1450）	60（1116）	0（4494）	0（4386）	102（892）	0.009 2（1042）
21	重庆市中医研究院	4（871）	123（886）	1（4493）	0（4386）	0（192051）	0.007 6（1124）
22	西南政法大学	2（1122）	67（1063）	0（4494）	0（4386）	2（72476）	0.006 1（1219）
23	中国农业科学院柑桔研究所	1（1449）	59（1130）	0（4494）	0（4386）	2（72476）	0.004 7（1315）
24	四川外国语大学	1（1451）	20（1500）	2（3037）	0（4386）	0（192051）	0.004（1359）
25	重庆市气候中心	1（1453）	62（1096）	0（4494）	0（4386）	0（192051）	0.001 3（1457）

资料来源：中国产业智库大数据中心

	综合	农业科学	生物与生化	化学	临床医学	计算机科学	经济与商学	工程科学	环境/生态学	地球科学	免疫学	材料科学	数学	微生物学	分子生物与遗传学	综合交叉学科	神经科学与行为	药理学与毒物学	物理学	植物与动物科学	精神病学/心理学	一般社会科学	空间科学	进入ESI学科数
重庆大学	753	0	0	440	4028	232	0	84	972	0	0	133	227	0	0	0	0	0	0	1167	0	0	0	8
西南大学	990	384	919	296	0	422	0	785	0	0	0	470	0	0	0	0	0	0	0	536	0	0	0	7
第三军医大学	1020	0	679	0	651	0	0	0	0	0	591	0	0	0	579	0	534	425	0	0	0	0	0	6
重庆医科大学	1195	0	939	0	678	0	0	0	0	0	706	0	0	0	0	0	687	550	0	0	0	0	0	5
重庆邮电大学	3728	0	0	0	0	0	0	1233	0	0	0	0	0	0	0	0	0	0	0	0	0	0	0	1

图 3-37　2018 年重庆市各机构 ESI 前 1%学科分布

表 3-89　2018 年重庆市在华发明专利申请量二十强企业和科研机构列表

序号	二十强企业	发明专利申请量/件	二十强科研机构	发明专利申请量/件
1	OPPO（重庆）智能科技有限公司	562	重庆大学	1284
2	重庆长安汽车股份有限公司	318	重庆邮电大学	667
3	中冶建工集团有限公司	153	西南大学	420
4	力帆实业（集团）股份有限公司	101	重庆交通大学	375
5	中煤科工集团重庆研究院有限公司	99	重庆科技学院	243
6	国网重庆市电力公司电力科学研究院	87	重庆文理学院	167
7	隆鑫通用动力股份有限公司	75	重庆工业职业技术学院	159
8	中冶赛迪技术研究中心有限公司	73	重庆理工大学	137
9	国家电网有限公司	71	长江师范学院	118
10	重庆澳净环保科技有限公司	62	重庆工商大学	104
11	重庆金山医疗器械有限公司	61	重庆电子工程职业学院	93
12	中冶赛迪工程技术股份有限公司	60	重庆三峡学院	82
13	中国电子科技集团公司第二十四研究所	60	重庆医科大学	70
14	招商局重庆交通科研设计院有限公司	55	重庆工程职业技术学院	68
15	重庆惠科金渝光电科技有限公司	55	中国兵器工业第五九研究所	63
16	重庆中烟工业有限责任公司	53	中国科学院重庆绿色智能技术研究院	60
17	重庆延锋安道拓汽车部件系统有限公司	53	重庆第二师范学院	51
18	重庆长江造型材料（集团）股份有限公司	52	重庆市农业科学院	49
19	重庆恩光科技有限公司	50	中国人民解放军陆军军医大学	46
20	重庆新康意安得达尔新材料有限公司	50	重庆医药高等专科学校	36

资料来源：中国产业智库大数据中心

3.3.18　吉林省

2018 年，吉林省的基础研究竞争力指数为 0.5128，排名第 18 位。吉林省争取国家自然科学基金项目总数为 721 项，全国排名第 20 位；项目经费总额为 42 170.78 万元，全国排名第 17 位。争取国家自然科学基金项目经费金额大于 2000 万元的有 5 个学科（图 3-38），光学和光电子学、化学测量学项目经费呈下降趋势，机械工程项目经费呈上升趋势（表 3-90）；争取国家自然科学基金项目经费最多的学科为电子学与信息系统（表 3-91）。发表 SCI 论文数量最多的学科为材料科学、跨学科（表 3-92）。争取国家自然科学基金经费超过 1 亿元的有 1 个机构（表 3-93）；共有 6 个机构进入相关学科的 ESI 全球前 1%行列（图 3-39）。吉林省的发明专利申请量为 8 379 件，全国排名第 22，主要专利权人如表 3-94 所示。

2018 年，吉林省地方财政科技投入经费预算 40.74 亿元，全国排名第 21 位；拥有国家重点实验室 12 个，省级重点实验室 85 个，获得国家科技奖励 1 项；拥有院士 22 人，新增“千人计划”青年项目入选者 2 人，新增“万人计划”入选者 34 人，新增国家自然科学基金杰出青年科学基金入选者 3 人，累计入选院士人数、新增“千人计划”青年项目入选者人数、新增“万人计划”入选者人数、新增国家自然科学基金杰出青年科学基金入选者人数全国排名分别为第 11 位、第 17 位、第 13 位、第 14 位。

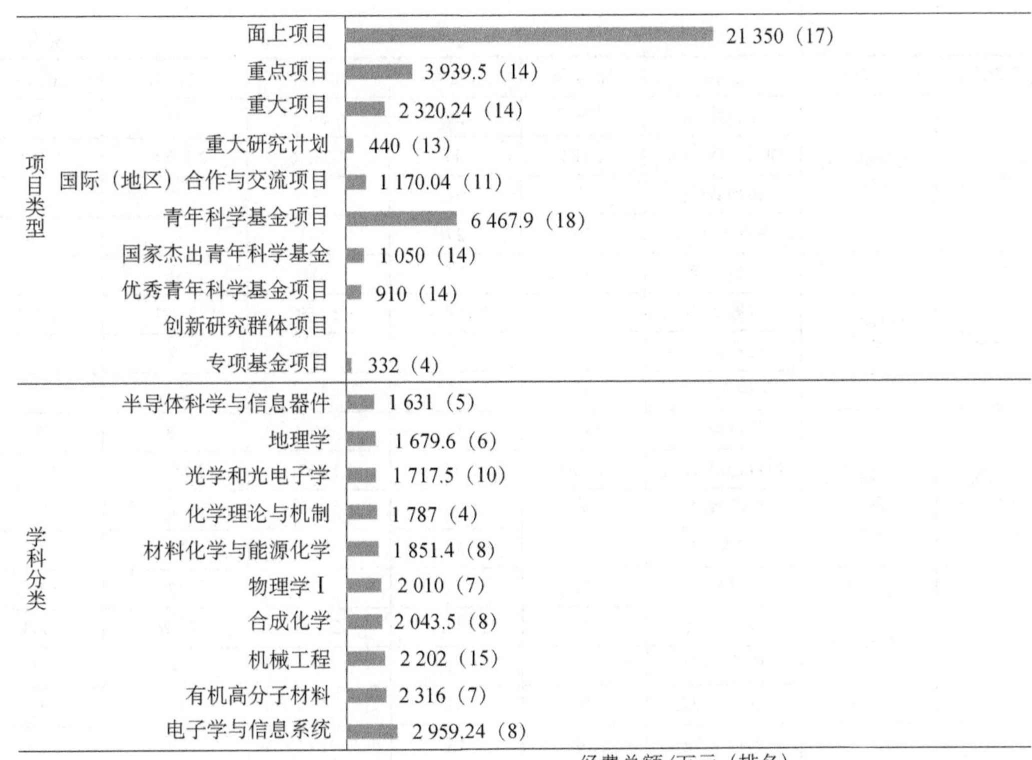

图 3-38　2018 年吉林省争取国家自然科学基金项目情况

资料来源：中国产业智库大数据中心

表 3-90　2014～2018 年吉林省争取国家自然科学基金项目经费十强学科

项目经费趋势	学科	指标	2014 年	2015 年	2016 年	2017 年	2018 年
	合计	项目数/项	757	762	764	798	721
		项目经费/万元	47 026.07	42 252.04	39 304.2	54 324.94	42 170.78
		机构数/个	30	29	27	27	27
		主持人数/人	747	746	757	786	713
	物理学Ⅰ	项目数/项	39	34	34	47	34
		项目经费/万元	2 470	1 856	2 762	8 634.08	2 010
		机构数/个	10	8	7	6	7
		主持人数/人	39	33	34	47	34
	合成化学	项目数/项	35	32	30	29	30
		项目经费/万元	2 753	4 495.2	2 525	1 674	2 043.5
		机构数/个	8	6	6	5	6
		主持人数/人	35	30	30	29	30
	地理学	项目数/项	45	40	43	53	31
		项目经费/万元	3 077	2 189	2 155	3 409	1 679.6
		机构数/个	9	6	6	6	9
		主持人数/人	45	40	42	53	31

续表

项目经费趋势	学科	指标	2014年	2015年	2016年	2017年	2018年
	光学和光电子学	项目数/项	28	28	34	33	39
		项目经费/万元	2 884	3 178	2 335.6	2 115.86	1 717.5
		机构数/个	7	6	5	5	5
		主持人数/人	28	27	34	33	39
	有机高分子材料	项目数/项	43	35	38	35	37
		项目经费/万元	3 366.5	2 719.04	1 950	1 721	2 316
		机构数/个	7	7	4	5	4
		主持人数/人	42	33	38	35	37
	化学理论与机制	项目数/项	32	35	32	28	15
		项目经费/万元	1 830	2 476	1 667	3 855.2	1 787
		机构数/个	7	6	7	4	4
		主持人数/人	32	34	32	26	15
	化学测量学	项目数/项	40	34	33	13	10
		项目经费/万元	2 745	2 270.65	2 226	2 596	533
		机构数/个	5	5	4	4	2
		主持人数/人	39	33	33	13	10
	材料化学与能源化学	项目数/项	20	19	18	27	26
		项目经费/万元	1 991	1 426.55	1 709	2 131	1 851.4
		机构数/个	5	6	5	4	7
		主持人数/人	20	18	18	27	25
	机械工程	项目数/项	28	33	27	42	35
		项目经费/万元	1 573	1 294	1 476	1 829	2 202
		机构数/个	6	6	3	6	6
		主持人数/人	28	33	27	40	35
	半导体科学与信息器件	项目数/项	21	15	16	25	12
		项目经费/万元	1 732	967	566	2 692	1 631
		机构数/个	6	7	7	6	3
		主持人数/人	21	15	16	23	12

资料来源：中国产业智库大数据中心

表3-91　2018年吉林省争取国家自然科学基金项目经费二十强学科及国内排名

序号	研究领域	项目数量/项（排名）	项目经费/万元（排名）
合计		721（20）	42 170.78（17）
1	电子学与信息系统	10（21）	2 959.24（8）
2	有机高分子材料	37（7）	2 316（7）
3	机械工程	35（16）	2 202（15）
4	合成化学	30（6）	2 043.5（8）
5	物理学Ⅰ	34（10）	2 010（7）
6	材料化学与能源化学	26（11）	1 851.4（8）
7	化学理论与机制	15（5）	1 787（4）

续表

序号	研究领域	项目数量/项（排名）	项目经费/万元（排名）
8	光学和光电子学	39（6）	1 717.5（10）
9	地理学	31（8）	1 679.6（6）
10	半导体科学与信息器件	12（9）	1 631（5）
11	环境地球科学	27（16）	1 362（13）
12	地球物理学和空间物理学	12（11）	1 179.1（4）
13	无机非金属材料	18（17）	1 164（16）
14	数学	25（17）	1 149（14）
15	催化与表界面化学	13（12）	1 034（8）
16	地质学	16（9）	925（9）
17	兽医学	15（7）	783（7）
18	化学生物学	11（9）	681.2（8）
19	自动化	11（19）	645（17）
20	植物学	7（18）	626（10）

资料来源：中国产业智库大数据中心

表 3-92　2018 年吉林省发表 SCI 论文数量二十强学科

序号	研究领域	发文量全国排名	发文量/篇	被引次数/次	篇均被引/次
1	材料科学、跨学科	14	1336	2278	1.71
2	化学、跨学科	8	1123	1643	1.46
3	化学、物理	13	795	1672	2.10
4	物理学、应用	13	749	1223	1.63
5	纳米科学和纳米技术	11	617	1286	2.08
6	光学	12	493	300	0.61
7	工程、电气和电子	19	460	162	0.35
8	化学、分析	9	449	741	1.65
9	生物化学与分子生物学	14	385	346	0.90
10	环境科学	17	368	284	0.77
11	肿瘤学	14	366	231	0.63
12	医学、研究和试验	15	353	215	0.61
13	药理学和药剂学	12	345	227	0.66
14	能源和燃料	16	308	557	1.81
15	物理学、凝聚态物质	14	289	698	2.42
16	聚合物科学	10	284	331	1.17
17	电化学	15	275	596	2.17
18	设备和仪器	15	243	443	1.82
19	细胞生物学	15	221	234	1.06
20	生物工程学和应用微生物学	16	214	91	0.43
全省（自治区、直辖市）合计		15	9722	9013	0.93

资料来源：中国产业智库大数据中心

表 3-93　2018 年吉林省争取国家自然科学基金项目经费二十七强机构

序号	机构名称	项目数量/项（排名）	项目经费/万元（排名）	发文量/篇（排名）	被引次数/次（排名）	发明专利申请数/件（排名）	BRCI（排名）
1	吉林大学	331（18）	20 000.5（22）	5 442（11）	4 918（17）	2 197（13）	48.032 5（16）
2	中国科学院长春应用化学研究所	77（138）	5 665.2（95）	629（140）	1 319（88）	190（444）	8.945 4（113）
3	东北师范大学	76（139）	4 258.24（135）	875（110）	1 009（112）	114（767）	7.863 4（127）
4	中国科学院长春光学精密机械与物理研究所	46（221）	2 657.5（196）	299（240）	243（267）	361（226）	4.925 2（194）
5	长春理工大学	22（383）	2 901.24（180）	492（172）	270（253）	308（267）	4.176 5（223）
6	中国科学院东北地理与农业生态研究所	27（339）	1 228（336）	190（317）	157（336）	104（868）	2.540 3（301）
7	吉林农业大学	19（425）	807.2（431）	290（250）	179（317）	130（674）	2.398 3（311）
8	东北电力大学	17（463）	690（465）	216（293）	151（340）	204（420）	2.246 1（330）
9	延边大学	30（307）	1 417（308）	168（354）	90（440）	43（2699）	2.076 8（340）
10	长春工业大学	11（573）	453（574）	181（330）	116（392）	176（481）	1.642（390）
11	吉林师范大学	15（494）	435.6（582）	172（348）	123（378）	84（1132）	1.582 9（398）
12	吉林建筑大学	8（655）	216.7（746）	42（702）	29（673）	129（679）	0.771 5（496）
13	长春中医药大学	10（595）	282（692）	73（551）	38（611）	18（9146）	0.717 3（507）
14	吉林化工学院	4（841）	99.6（957）	81（537）	68（493）	77（1246）	0.634 7（525）
15	北华大学	3（913）	72（1042）	101（473）	28（685）	69（1416）	0.48（561）
16	长春师范大学	5（779）	229（737）	45（684）	22（737）	15（11143）	0.449 3（570）
17	长春大学	6（733）	215（749）	17（998）	16（813）	17（9708）	0.389（584）
18	吉林工程技术师范学院	2（1044）	65（1076）	17（998）	1（2917）	81（1168）	0.180 6（648）
19	吉林农业科技学院	1（1282）	59（1123）	23（881）	2（2224）	47（2428）	0.152（662）
20	吉林医药学院	1（1283）	21（1471）	20（933）	9（1052）	14（12423）	0.131 3（672）
21	吉林财经大学	2（1045）	45（1215）	23（881）	6（1301）	2（72476）	0.129 9（674）
22	中国科学院国家天文台长春人造卫星观测站	1（1281）	25（1357）	2（3037）	4（1607）	1（107252）	0.051 8（726）
23	长春工程学院	2（1046）	119（895）	8（1428）	0（4386）	41（2862）	0.049 7（734）
24	中国农业科学院特产研究所	2（1043）	81（1004）	0（4494）	0（4386）	54（1903）	0.010 9（990）
25	中国人民解放军 63850 部队	1（1280）	25（1356）	0（4494）	0（4386）	2（72476）	0.004 1（1353）
26	长白山科学研究院	1（1285）	40（1251）	0（4494）	0（4386）	1（107252）	0.004（1359）
27	吉林省气象科学研究所	1（1284）	63（1087）	0（4494）	0（4386）	0（192051）	0.001 4（1448）

资料来源：中国产业智库大数据中心

	综合	农业科学	生物与生化	化学	临床医学	计算机科学	经济与商学	工程科学	环境/生态学	地球科学	免疫学	材料科学	数学	微生物学	分子生物与遗传学	综合交叉学科	神经科学与行为	药理学与毒物学	物理学	植物与动物科学	精神病学/心理学	一般社会科学	空间科学	进入ESI学科数
吉林大学	302	359	423	36	852	0	0	301	0	338	618	47	0	0	774	0	0	269	378	1117	0	0	0	12
中国科学院长春应用化学研究所	479	0	0	35	0	0	0	0	0	0	0	49	0	0	0	0	0	0	0	0	0	0	0	2
东北师范大学	1023	0	0	179	0	0	0	1007	0	0	0	419	252	0	0	0	0	0	0	1099	0	0	0	5
中国科学院长春光学精密机械与物理研究所	2281	0	0	966	0	0	0	0	0	0	0	555	0	0	0	0	0	0	0	0	0	0	0	2
延边大学	3364	0	0	0	3236	0	0	0	0	0	0	0	0	0	0	0	0	0	0	0	0	0	0	1
中国科学院东北地理与农业生态研究所	3823	480	0	0	0	0	0	0	976	0	0	0	0	0	0	0	0	0	0	0	0	0	0	2

图 3-39 2018 年吉林省各机构 ESI 前 1%学科分布

表 3-94 2018 年吉林省在华发明专利申请量二十强企业和科研机构列表

序号	二十强企业	发明专利申请量/件	二十强科研机构	发明专利申请量/件
1	长春海谱润斯科技有限公司	238	吉林大学	2182
2	中车长春轨道客车股份有限公司	130	中国科学院长春光学精密机械与物理研究所	361
3	中国第一汽车股份有限公司	113	长春理工大学	308
4	一汽-大众汽车有限公司	77	中国科学院长春应用化学研究所	187
5	迪瑞医疗科技股份有限公司	69	东北电力大学	179
6	一汽解放汽车有限公司	61	长春工业大学	176
7	长春黄金研究院有限公司	54	吉林农业大学	130
8	长光卫星技术有限公司	37	吉林建筑大学	129
9	国家电网公司	29	东北师范大学	114
10	吉林省电力科学研究院有限公司	28	吉林省农业科学院	105
11	国网吉林省电力有限公司电力科学研究院	25	中国科学院东北地理与农业生态研究所	86
12	长春云创空间科技有限公司	25	吉林师范大学	84
13	长春智享优创科技咨询有限公司	25	吉林工程技术师范学院	81
14	吉林省瑞中科技有限公司	24	吉林化工学院	77
15	大唐东北电力试验研究院有限公司	24	北华大学	69
16	吉林奥来德光电材料股份有限公司	23	中国农业科学院特产研究所	54
17	吉林省恒实一传食品科技发展有限公司	21	吉林农业科技学院	46
18	吉林合纵信息技术有限公司	20	延边大学	43
19	吉林省京能水处理技术有限公司	19	长春工程学院	39
20	吉林省登泰克牙科材料有限公司	17	通化师范学院	23

资料来源：中国产业智库大数据中心

3.3.19 江西省

2018 年，江西省的基础研究竞争力指数为 0.4538，排名第 19 位。江西省争取国家自然科学基金项目总数为 857 项，项目经费总额为 32 431.97 万元，全国排名均为第 18 位。争取国家自然科学基金项目经费金额大于 1000 万元的有 7 个学科（图 3-40），计算机科学、地理学项目经费呈波动下降趋势，食品科学、冶金与矿业、机械工程项目经费呈上升趋势（表3-95）；争取国家自然科学基金项目经费最多的学科为肿瘤学（表3-96）。发表SCI论文数量最多的学科为材料科学、跨学科（表3-97）。争取国家自然科学基金经费超过1亿元的有1个机构（表3-98）；共有6个机构进入相关学科的ESI全球前1%行列（图3-41）。江西省的发明专利申请量为11 852件，全国排名第20，主要专利权人如表3-99所示。

2018年，江西省地方财政科技投入经费预算147.00亿元，全国排名第9位；拥有国家重点实验室1个，省级重点实验室169个；拥有院士3人，新增“万人计划”入选者12人，新增国家自然科学基金杰出青年科学基金入选者1人，累计入选院士人数、新增“万人计划”入选者人数、新增国家自然科学基金杰出青年科学基金入选者人数全国排名分别为第23位、第20位、第19位。

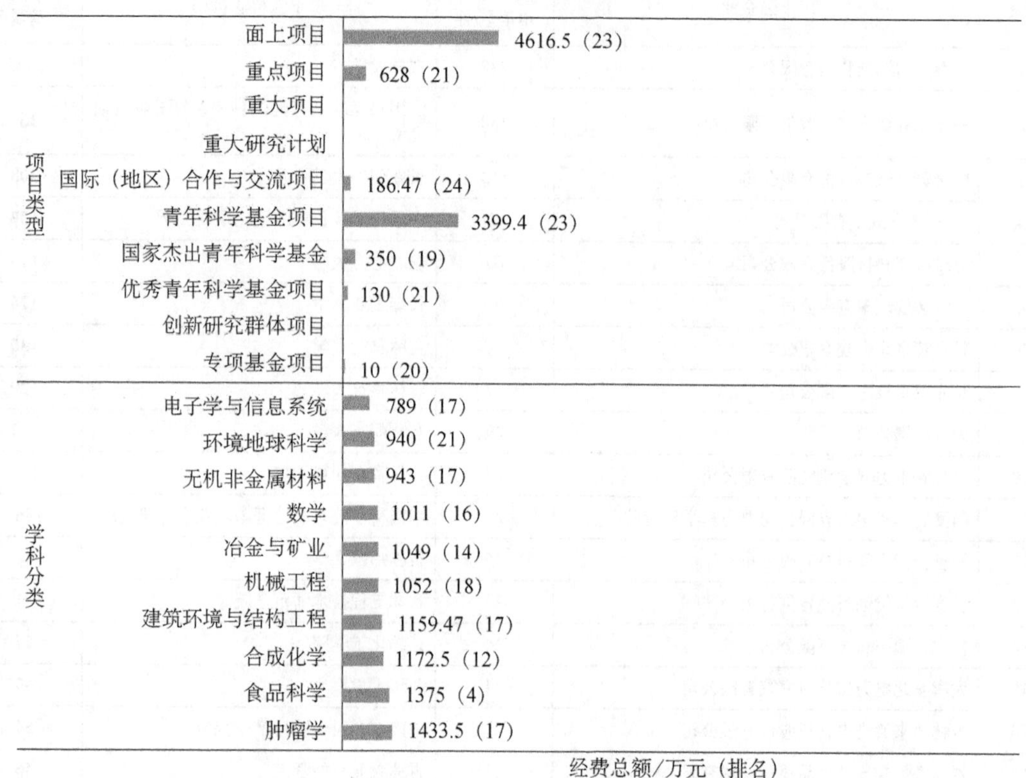

图3-40 2018年江西省争取国家自然科学基金项目情况

资料来源：中国产业智库大数据中心

表3-95 2014～2018年江西省争取国家自然科学基金项目经费十强学科

项目经费趋势	学科	指标	2014年	2015年	2016年	2017年	2018年
	合计	项目数/项	749	746	805	873	857
		项目经费/万元	33 028.2	27 766.24	28 876.09	35 043.98	32 431.97
		机构数/个	36	33	34	36	35
		主持人数/人	736	737	799	868	849

续表

项目经费趋势	学科	指标	2014 年	2015 年	2016 年	2017 年	2018 年
	肿瘤学	项目数/项	35	28	33	45	41
		项目经费/万元	1 469	1 088	1 257	1 487	1 433.5
		机构数/个	4	4	5	7	8
		主持人数/人	35	28	33	45	41
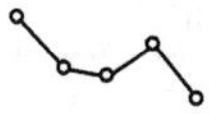	计算机科学	项目数/项	37	30	31	37	21
		项目经费/万元	1 645	1 084	1 020	1 347	774
		机构数/个	12	14	11	16	9
		主持人数/人	37	30	31	37	21
	建筑环境与结构工程	项目数/项	27	19	25	24	31
		项目经费/万元	1 363	726	925	1 286	1 159.47
		机构数/个	10	9	8	7	7
		主持人数/人	27	19	24	24	31
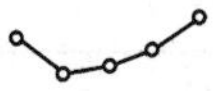	食品科学	项目数/项	21	19	22	28	25
		项目经费/万元	1 152	789	873	1 034	1 375
		机构数/个	5	5	3	6	4
		主持人数/人	21	19	22	28	25
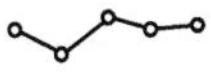	数学	项目数/项	38	27	40	32	33
		项目经费/万元	952	713	1 075	971.5	1 011
		机构数/个	11	11	13	12	12
		主持人数/人	36	27	40	32	32
	地理学	项目数/项	24	37	25	26	16
		项目经费/万元	1 063	1 357	753	910	584.5
		机构数/个	8	15	13	11	10
		主持人数/人	24	37	25	26	16
	畜牧学与草地科学	项目数/项	10	8	7	13	7
		项目经费/万元	471	685	282	2 788	294
		机构数/个	4	3	2	3	2
		主持人数/人	10	8	7	12	7
	冶金与矿业	项目数/项	20	23	22	24	27
		项目经费/万元	888	823	863	895	1 049
		机构数/个	6	7	6	6	5
		主持人数/人	20	23	22	24	27
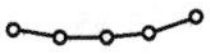	机械工程	项目数/项	20	22	20	26	28
		项目经费/万元	902	821	802	875	1 052
		机构数/个	4	9	6	6	8
		主持人数/人	20	22	20	26	28
	无机非金属材料	项目数/项	19	18	26	22	24
		项目经费/万元	792	737	922	801	943
		机构数/个	6	8	9	9	11
		主持人数/人	19	17	26	22	24

资料来源：中国产业智库大数据中心

表 3-96　2018 年江西省争取国家自然科学基金项目经费二十强学科及国内排名

序号	研究领域	项目数量/项（排名）	项目经费/万元（排名）
合计		857（18）	32 431.97（18）
1	肿瘤学	41（14）	1 433.5（17）
2	食品科学	25（6）	1 375（4）
3	合成化学	22（14）	1 172.5（12）
4	建筑环境与结构工程	31（16）	1 159.47（17）
5	机械工程	28（18）	1 052（18）
6	冶金与矿业	27（11）	1 049（14）
7	数学	33（15）	1 011（16）
8	无机非金属材料	24（13）	943（17）
9	环境地球科学	25（18）	940（21）
10	电子学与信息系统	18（18）	789（17）
11	计算机科学	21（18）	774（18）
12	物理学Ⅰ	22（15）	769（16）
13	中药学	20（8）	756（8）
14	金属材料	17（13）	667（16）
15	水利科学与海洋工程	11（16）	647（15）
16	有机高分子材料	10（16）	645（13）
17	循环系统	18（11）	604（12）
18	人工智能	16（11）	588.5（14）
19	材料化学与能源化学	15（16）	587（16）
20	地理学	16（14）	584.5（16）

资料来源：中国产业智库大数据中心

表 3-97　2018 年江西省发表 SCI 论文数量二十强学科

序号	研究领域	发文量全国排名	发文量/篇	被引次数/次	篇均被引/次
1	材料科学、跨学科	22	500	539	1.08
2	化学、跨学科	22	262	309	1.18
3	工程、电气和电子	21	240	190	0.79
4	物理学、应用	22	235	244	1.04
5	化学、物理	22	233	508	2.18
6	医学、研究和试验	20	186	93	0.50
7	肿瘤学	21	186	132	0.71
8	生物化学与分子生物学	20	184	212	1.15
9	化学、分析	19	161	265	1.65
10	环境科学	23	159	148	0.93
11	药理学和药剂学	21	154	93	0.60
12	化学、有机	14	153	188	1.23
13	工程、化学	22	149	380	2.55
14	食品科学和技术	13	149	173	1.16
15	光学	21	135	88	0.65

续表

序号	研究领域	发文量全国排名	发文量/篇	被引次数/次	篇均被引/次
16	化学、应用	16	133	288	2.17
17	物理学、凝聚态物质	22	131	169	1.29
18	能源和燃料	23	123	271	2.20
19	数学、应用	20	121	58	0.48
20	电化学	21	119	244	2.05
全省（自治区、直辖市）合计		21	4478	4170	0.93

资料来源：中国产业智库大数据中心

表 3-98　2018 年江西省争取国家自然科学基金项目经费三十强机构

序号	机构名称	项目数量/项（排名）	项目经费/万元（排名）	发文量/篇（排名）	被引次数/次（排名）	发明专利申请数/件（排名）	BRCI（排名）
1	南昌大学	257（26）	10 481.6（44）	1 722（58）	1 726（63）	590（119）	22.087 4（37）
2	南昌航空大学	56（185）	2 077.47（239）	249（271）	413（193）	326（250）	5.242 4（185）
3	华东交通大学	66（151）	2 407.2（207）	230（284）	139（355）	380（211）	4.806 3（199）
4	江西师范大学	51（199）	2 019.1（241）	388（204）	381（205）	165（512）	4.778 8（201）
5	江西理工大学	57（177）	1 996.5（243）	247（273）	202（299）	295（281）	4.567 3（206）
6	东华理工大学	56（184）	2 207.2（228）	165（365）	96（426）	164（518）	3.457 7（253）
7	江西农业大学	59（174）	2 276.1（219）	178（335）	101（415）	107（827）	3.373 9（256）
8	江西中医药大学	40（253）	1 417（307）	93（497）	61（514）	80（1182）	2.152 9（337）
9	江西科技师范大学	27（343）	903.6（410）	167（359）	167（326）	55（1852）	2.146 4（338）
10	江西财经大学	37（268）	1 185.9（349）	131（417）	187（310）	7（26508）	1.731 4（379）
11	赣南师范大学	19（429）	716.3（460）	99（478）	82（458）	26（5391）	1.319 7（416）
12	景德镇陶瓷大学	9（629）	332（655）	89（513）	221（284）	92（1024）	1.294 7（420）
13	井冈山大学	16（482）	587.9（497）	87（519）	72（482）	23（6344）	1.131 5（441）
14	南昌工程学院	13（533）	534（525）	58（612）	43（587）	95（982）	1.128 8（442）
15	九江学院	17（466）	611（489）	72（557）	21（756）	66（1492）	1.093（445）
16	上饶师范学院	13（532）	364（630）	50（653）	20（766）	27（5177）	0.737 4（502）
17	江西省科学院	13（534）	471（554）	27（837）	29（673）	10（17409）	0.626 2（527）
18	宜春学院	5（795）	144.2（856）	28（828）	22（737）	50（2170）	0.469 8（563）
19	赣南医学院	9（630）	319.8（664）	42（702）	17（798）	5（35651）	0.455 6（567）
20	江西省农业科学院	7（697）	275（700）	10（1262）	5（1429）	9（21079）	0.289 3（605）
21	江西省人民医院	4（858）	140（866）	30（807）	13（889）	1（107252）	0.209 5（636）
22	江西省妇幼保健院	6（742）	204（767）	13（1119）	6（1301）	0（192051）	0.061 7（714）
23	萍乡学院	2（1077）	78（1019）	15（1049）	0（4386）	38（3195）	0.050 8（731）
24	南昌市第三医院	2（1074）	69.8（1055）	12（1160）	13（889）	0（192051）	0.040 2（757）
25	江西省儿童医院	2（1075）	71（1049）	9（1340）	3（1836）	0（192051）	0.030 1（785）
26	中国科学院苏州纳米技术与纳米仿生研究所南昌研究院	2（1073）	86（983）	0（4494）	0（4386）	18（9146）	0.009 2（1042）
27	江西省水土保持科学研究院	3（934）	125（884）	0（4494）	0（4386）	2（72476）	0.007 8（1113）

续表

序号	机构名称	项目数量/项（排名）	项目经费/万元（排名）	发文量/篇（排名）	被引次数/次（排名）	发明专利申请数/件（排名）	BRCI（排名）
28	江西省林业科学院	1（1355）	41（1242）	0（4494）	0（4386）	14（12423）	0.006 2（1213）
29	江西省医学科学院	2（1076）	69.8（1056）	0（4494）	0（4386）	1（107252）	0.005 5（1261）
30	江西省气象科学研究所	1（1356）	39（1264）	0（4494）	0（4386）	0（192051）	0.0012（1486）

资料来源：中国产业智库大数据中心

	综合	农业科学	生物与生化	化学	临床医学	计算机科学	经济与商学	工程科学	环境/生态学	地球科学	免疫学	材料科学	数学	微生物学	分子生物与遗传学	综合交叉学科	神经科学与行为	药理学与毒物学	物理学	植物与动物科学	精神病学/心理学	一般社会科学	空间科学	进入ESI学科数
南昌大学	1183	170	982	607	1621	0	0	893	0	0	0	615	0	0	0	0	0	819	0	0	0	0	0	7
江西师范大学	2239	0	0	622	0	0	0	0	0	0	0	0	0	0	0	0	0	0	0	0	0	0	0	1
南昌航空大学	3143	0	0	0	0	0	0	1287	0	0	0	730	0	0	0	0	0	0	0	0	0	0	0	2
东华理工大学	3616	0	0	1238	0	0	0	0	0	0	0	0	0	0	0	0	0	0	0	0	0	0	0	1
江西科技师范大学	3992	0	0	1251	0	0	0	0	0	0	0	0	0	0	0	0	0	0	0	0	0	0	0	1
江西财经大学	4709	0	0	0	0	0	0	1414	0	0	0	0	0	0	0	0	0	0	0	0	0	0	0	1

图 3-41 2018 年江西省各机构 ESI 前 1%学科分布

表 3-99 2018 年江西省在华发明专利申请量二十强企业和科研机构列表

序号	二十强企业	发明专利申请量/件	二十强科研机构	发明专利申请量/件
1	江西洪都航空工业集团有限责任公司	154	南昌大学	589
2	国家电网公司	104	华东交通大学	377
3	国网江西省电力有限公司电力科学研究院	97	南昌航空大学	323
4	国家电网有限公司	96	江西理工大学	288
5	爱驰汽车有限公司	88	江西师范大学	165
6	江铃汽车股份有限公司	87	东华理工大学	159
7	南昌黑鲨科技有限公司	54	江西农业大学	107
8	江西合力泰科技有限公司	53	南昌工程学院	90
9	赣州研顺飞科技有限公司	52	景德镇陶瓷大学	90
10	江西中烟工业有限责任公司	46	中国直升机设计研究所	84
11	江铃控股有限公司	42	江西中医药大学	79
12	江西景旺精密电路有限公司	40	九江学院	60
13	江西豪普高科涂层织物有限公司	37	江西科技师范大学	55
14	赣州市翔义科技有限公司	37	宜春学院	50
15	江西江铃集团新能源汽车有限公司	36	萍乡学院	37
16	南昌启迈科技有限公司	35	九江职业技术学院	35
17	赣州市兴顺辉科技有限公司	35	江西省食品发酵研究所	34
18	晶科能源有限公司	33	九江精密测试技术研究所	33
19	浙江晶科能源有限公司	33	江西电力职业技术学院	31
20	合达信科技有限公司	30	上饶师范学院	27

资料来源：中国产业智库大数据中心

3.3.20 云南省

2018年，云南省的基础研究竞争力指数为0.392，排名第20位。云南省争取国家自然科学基金项目总数为732项，全国排名第19位；项目经费总额为29 792.4万元，全国排名第21位。争取国家自然科学基金项目经费金额大于1000万元的有7个学科（图3-42），地理学、遗传学与生物信息学项目经费呈波动下降趋势，天文学、肿瘤学、林学项目经费呈波动上升趋势（表3-100）；争取国家自然科学基金项目经费最多的学科为天文学（表3-101）。发表SCI论文数量最多的学科为材料科学、跨学科（表3-102）。争取国家自然科学基金经费超过3000万元的有3个机构（表3-103）；共有7个机构进入相关学科的ESI全球前1%行列（图3-43）。云南省的发明专利申请量为8024件，全国排名第23，主要专利权人如表3-104所示。

2018年，云南省地方财政科技投入经费预算57.30亿元，全国排名第19位；拥有国家重点实验室5个，省级重点实验室52个，获得国家科技奖励1项；拥有院士9人，新增“千人计划”青年项目入选者1人，新增“万人计划”入选者10人，累计入选院士人数、新增“千人计划”青年项目入选者人数、新增“万人计划”入选者人数全国排名分别为第17位、第18位、第22位。

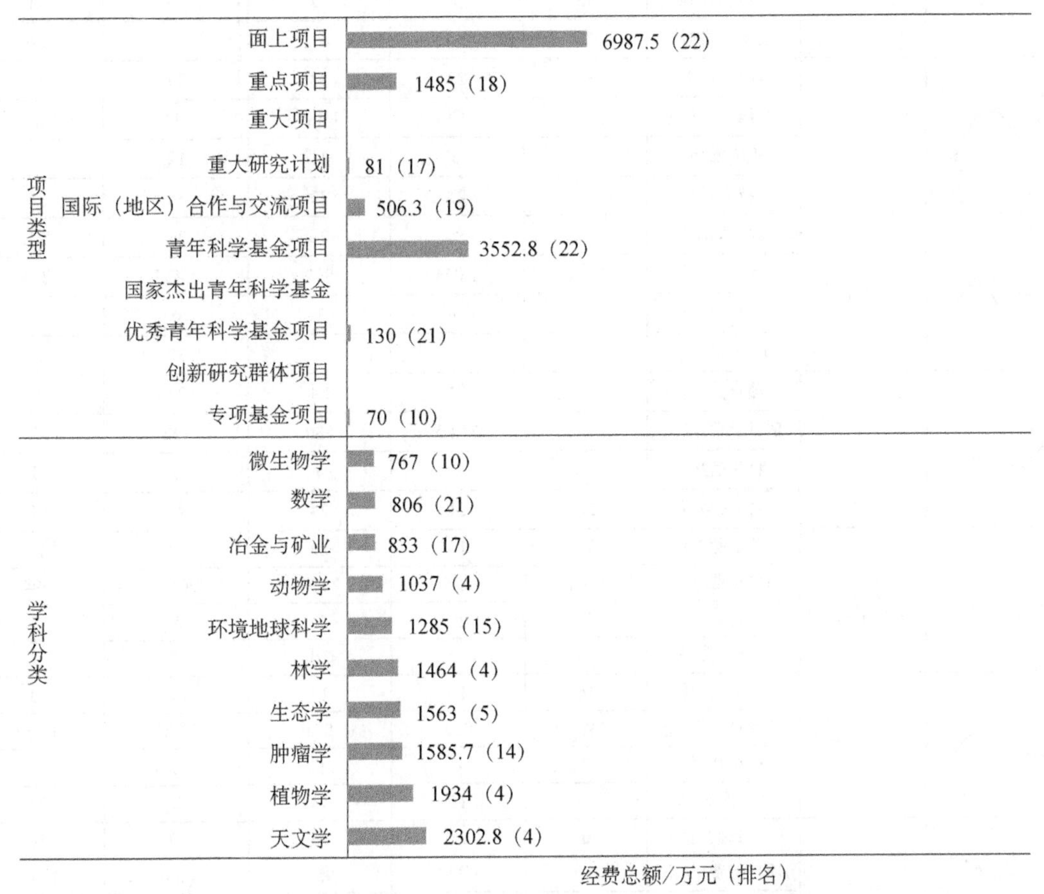

图3-42 2018年云南省争取国家自然科学基金项目情况

资料来源：中国产业智库大数据中心

表 3-100 2014～2018 年云南省争取国家自然科学基金项目经费十强学科

项目经费趋势	学科	指标	2014 年	2015 年	2016 年	2017 年	2018 年
	合计	项目数/项	669	721	717	809	732
		项目经费/万元	33 838.2	34 697.75	31 465.71	37 009.18	29 792.4
		机构数/个	37	42	40	38	38
		主持人数/人	660	714	706	795	721
	植物学	项目数/项	41	43	42	51	48
		项目经费/万元	2 614	3 600.1	1 846	2 373.26	1 934
		机构数/个	11	10	11	12	15
		主持人数/人	41	42	41	51	48
	天文学	项目数/项	29	33	28	35	41
		项目经费/万元	1 831	3 536.1	1 436	2 082	2 302.8
		机构数/个	4	6	8	4	7
		主持人数/人	29	32	28	35	40
	生态学	项目数/项	37	30	31	43	36
		项目经费/万元	1 760	1 213	1 279.81	1 789.22	1 563
		机构数/个	13	9	12	13	11
		主持人数/人	37	30	31	42	36
	地理学	项目数/项	31	23	33	34	14
		项目经费/万元	1 496	970	1 587	1 439	573.4
		机构数/个	10	6	11	12	5
		主持人数/人	31	23	33	34	14
	冶金与矿业	项目数/项	25	30	26	31	21
		项目经费/万元	1 116	1 054	932	1 435	833
		机构数/个	3	3	1	6	2
		主持人数/人	25	30	26	30	21
	肿瘤学	项目数/项	26	21	24	27	39
		项目经费/万元	1 215	714.5	880	942	1 585.7
		机构数/个	7	7	4	6	8
		主持人数/人	26	21	24	26	38
	遗传学与生物信息学	项目数/项	20	14	20	18	16
		项目经费/万元	1 012	524	2 097	901.6	694
		机构数/个	9	9	8	5	7
		主持人数/人	19	14	20	17	16
	动物学	项目数/项	16	16	14	22	21
		项目经费/万元	642.5	935	583	2 024	1 037
		机构数/个	7	8	6	8	9
		主持人数/人	16	16	13	22	21
	林学	项目数/项	0	28	23	33	36
		项目经费/万元	0	1 114	951	1 249	1 464
		机构数/个	0	7	7	8	7
		主持人数/人	0	28	23	33	36

续表

项目经费趋势	学科	指标	2014年	2015年	2016年	2017年	2018年
	微生物学	项目数/项	16	20	18	24	18
		项目经费/万元	831	820	714	930	767
		机构数/个	8	10	10	8	9
		主持人数/人	16	20	18	24	18

资料来源：中国产业智库大数据中心

表3-101　2018年云南省争取国家自然科学基金项目经费二十强学科及国内排名

序号	研究领域	项目数量/项（排名）	项目经费/万元（排名）
合计		732（19）	29 792.4（21）
1	天文学	41（3）	2 302.8（4）
2	植物学	48（2）	1 934（4）
3	肿瘤学	39（16）	1 585.7（14）
4	生态学	36（3）	1 563（5）
5	林学	36（3）	1 464（4）
6	环境地球科学	31（12）	1 285（15）
7	动物学	21（2）	1 037（4）
8	冶金与矿业	21（14）	833（17）
9	数学	23（19）	806（21）
10	微生物学	18（9）	767（10）
11	遗传学与生物信息学	16（6）	694（6）
12	作物学	17（9）	694（13）
13	地理学	14（17）	573.4（17）
14	药物学	14（9）	548（10）
15	建筑环境与结构工程	13（22）	528（22）
16	金属材料	13（16）	518（19）
17	植物保护学	12（9）	457（10）
18	合成化学	11（19）	448（21）
19	天文联合基金	4（4）	437（4）
20	化学生物学	4（20）	423.6（14）

资料来源：中国产业智库大数据中心

表3-102　2018年云南省发表SCI论文数量二十强学科

序号	研究领域	发文量全国排名	发文量/篇	被引次数/次	篇均被引/次
1	材料科学、跨学科	23	343	390	1.14
2	植物学	9	272	193	0.71
3	化学、跨学科	23	218	241	1.11
4	生物化学与分子生物学	19	217	215	0.99
5	环境科学	20	189	184	0.97
6	化学、物理	23	186	389	2.09
7	药理学和药剂学	20	167	117	0.70
8	工程、化学	20	155	256	1.65

续表

序号	研究领域	发文量全国排名	发文量/篇	被引次数/次	篇均被引/次
9	冶金和冶金工程学	18	146	150	1.03
10	多学科科学	19	146	112	0.77
11	物理学、应用	24	143	205	1.43
12	天文学和天体物理学	4	139	186	1.34
13	化学、有机	17	137	116	0.85
14	肿瘤学	22	129	89	0.69
15	化学、药物	8	128	103	0.80
16	遗传学和遗传性	11	128	82	0.64
17	能源和燃料	22	127	220	1.73
18	工程、电气和电子	24	112	110	0.98
19	医学、研究和试验	24	102	41	0.40
20	化学、应用	22	94	92	0.98
全省（自治区、直辖市）合计		23	3956	3457	0.87

资料来源：中国产业智库大数据中心

表 3-103　2018 年云南省争取国家自然科学基金项目经费三十强机构

序号	机构名称	项目数量/项（排名）	项目经费/万元（排名）	发文量/篇（排名）	被引次数/次（排名）	发明专利申请数/件（排名）	BRCI（排名）
1	昆明理工大学	135（74）	4 936.4（111）	1 103（91）	1 235（93）	1 879（22）	16.691 2（64）
2	云南大学	110（90）	4 847.4（114）	522（165）	421（192）	222（376）	8.048 8（122）
3	昆明医科大学	88（114）	3 097.6（170）	360（212）	205（295）	29（4748）	4.122 9（225）
4	中国科学院昆明植物研究所	38（266）	1 852.5（260）	482（175）	595（160）	65（1519）	4.092 6（226）
5	云南师范大学	37（270）	1 379（312）	212（296）	212（290）	43（2699）	2.658 5（289）
6	西南林业大学	51（201）	1 995（245）	123（430）	92（430）	62（1587）	2.657 6（290）
7	云南农业大学	32（300）	1 271（328）	126（426）	36（630）	179（473）	2.162 5（336）
8	中国科学院昆明动物研究所	32（299）	1 697（284）	106（463）	90（440）	22（6714）	1.791 8（371）
9	中国科学院云南天文台	29（329）	1 828.8（268）	113（448）	157（336）	11（15817）	1.753 3（374）
10	中国科学院西双版纳热带植物园	25（363）	1 221（338）	115（442）	72（482）	4（44369）	1.160 8（439）
11	大理大学	21（403）	765（444）	48（667）	34（640）	24（6020）	1.041 8（455）
12	云南中医学院	18（453）	639（480）	35（755）	31（657）	49（2300）	1.010 6（464）
13	云南民族大学	7（713）	265（704）	83（535）	79（463）	53（1948）	0.871（479）
14	云南省农业科学院	25（364）	947（398）	50（653）	59（522）	1（107252）	0.743 5（500）
15	云南财经大学	13（544）	600（494）	54（631）	67（494）	5（35651）	0.739 7（501）
16	曲靖师范学院	9（639）	318（665）	52（647）	36（630）	25（5675）	0.699（515）
17	昆明学院	6（758）	232.8（733）	41（708）	26（701）	48（2365）	0.588 4（538）
18	云南省第一人民医院	13（543）	454.1（573）	34（760）	24（720）	5（35651）	0.558 4（542）
19	红河学院	4（875）	108（929）	45（684）	22（737）	30（4382）	0.413 1（577）
20	云南省烟草农业科学研究院	5（813）	197（782）	8（1428）	1（2917）	71（1371）	0.254 3（619）
21	楚雄师范学院	4（873）	143（859）	7（1542）	3（1836）	11（15817）	0.192 7（643）
22	云南省林业科学院	3（976）	119（894）	5（1830）	2（2224）	28（4975）	0.175 3（653）

续表

序号	机构名称	项目数量/项（排名）	项目经费/万元（排名）	发文量/篇（排名）	被引次数/次（排名）	发明专利申请数/件（排名）	BRCI（排名）
23	玉溪师范学院	4（874）	99（959）	9（1340）	4（1607）	5（35651）	0.173 8（654）
24	昆明贵金属研究所	4（872）	144.3（855）	10（1262）	2（2224）	2（72476）	0.144 1（667）
25	云南省热带作物科学研究所	1（1481）	40（1256）	9（1340）	2（2224）	21（7118）	0.106 5（689）
26	昭通学院	1（1485）	40（1257）	12（1160）	0（4386）	3（54859）	0.022 8（825）
27	中国林业科学研究院资源昆虫研究所	3（975）	143（861）	0（4494）	0（4386）	10（17409）	0.010 4（1011）
28	中国医学科学院医学生物学研究所	3（974）	63（1084）	0（4494）	0（4386）	20（7565）	0.010 2（1016）
29	云南省第三人民医院	2（1135）	58.7（1133）	0（4494）	0（4386）	3（54859）	0.006 4（1195）
30	云南省测绘资料档案馆（云南省基础地理信息中心）	1（1480）	40.8（1245）	0（4494）	0（4386）	0（192051）	0.001 3（1457）

资料来源：中国产业智库大数据中心

	综合	农业科学	生物与生化	化学	临床医学	计算机科学	经济与商学	工程科学	环境/生态学	地球科学	免疫学	材料科学	数学	微生物学	分子生物与遗传学	综合交叉学科	神经科学与行为	药理学与毒物学	物理学	植物与动物科学	精神病学/心理学	一般社会科学	空间科学	进入ESI学科数
云南大学	1817	0	0	892	0	0	0	0	0	0	0	0	0	0	0	0	0	0	0	1113	0	0	0	2
昆明理工大学	1949	0	0	1107	0	0	0	734	0	0	0	534	0	0	0	0	0	0	0	0	0	0	0	3
中国科学院昆明植物研究所	2034	0	0	1064	0	0	0	0	0	0	0	0	0	0	0	0	0	464	0	340	0	0	0	3
中国科学院昆明动物研究所	2484	0	0	0	0	0	0	0	0	0	0	0	0	0	0	0	0	0	0	1040	0	0	0	1
昆明医科大学	2974	0	0	0	2086	0	0	0	0	0	0	0	0	0	0	0	0	0	0	0	0	0	0	1
中国科学院西双版纳热带植物园	3061	0	0	0	0	0	0	0	645	0	0	0	0	0	0	0	0	0	0	591	0	0	0	2
云南农业大学	4123	0	0	0	0	0	0	0	0	0	0	0	0	0	0	0	0	0	0	1069	0	0	0	1

图 3-43 2018 年云南省各机构 ESI 前 1%学科分布

表 3-104 2018 年云南省在华发明专利申请量二十强企业和科研机构列表

序号	二十强企业	发明专利申请量/件	二十强科研机构	发明专利申请量/件
1	云南电网有限责任公司电力科学研究院	413	昆明理工大学	1875
2	云南中烟工业有限责任公司	403	云南大学	220
3	红塔烟草（集团）有限责任公司	73	云南农业大学	176
4	云南电网有限责任公司	58	云南省烟草农业科学研究院	71
5	红云红河烟草（集团）有限责任公司	54	中国科学院昆明植物研究所	64
6	昆明创培知识产权服务有限公司	38	西南林业大学	62
7	云南森博混凝土外加剂有限公司	34	云南民族大学	53
8	云南电网有限责任公司昆明供电局	29	云南中医学院	49
9	云南电网有限责任公司红河供电局	29	昆明学院	48
10	智慧式控股有限公司	28	云南师范大学	42
11	云南电网有限责任公司曲靖供电局	26	昆明冶金研究院	30
12	武钢集团昆明钢铁股份有限公司	24	红河学院	30
13	云南科威液态金属谷研发有限公司	21	昆明医科大学	29
14	中国水利水电第十四工程局有限公司	20	云南省林业科学院	28

续表

序号	二十强企业	发明专利申请量/件	二十强科研机构	发明专利申请量/件
15	云南巴菰生物科技有限公司	20	曲靖师范学院	25
16	云南靖创液态金属热控技术研发有限公司	20	大理大学	24
17	云南驰宏锌锗股份有限公司	19	中国科学院昆明动物研究所	22
18	昆明群之英科技有限公司	19	云南省农业科学院农业环境资源研究所	21
19	中国南方电网有限责任公司超高压输电公司曲靖局	18	云南省热带作物科学研究所	21
20	中铁二院昆明勘察设计研究院有限责任公司	18	中国医学科学院医学生物学研究所	20

资料来源：中国产业智库大数据中心

3.3.21 甘肃省

2018 年，甘肃省的基础研究竞争力指数为 0.3789，排名第 21 位。甘肃省争取国家自然科学基金项目总数为 644 项，全国排名第 21 位；项目经费总额为 29 982.5 万元，全国排名第 20 位。争取国家自然科学基金项目经费金额大于 1000 万元的有 8 个学科（图 3-44），地理学、催化与表界面化学项目经费呈下降趋势（表 3-105）；争取国家自然科学基金项目经费最多的学科为地理学（表 3-106）。发表 SCI 论文数量最多的学科为材料科学、跨学科（表 3-107）。争取国家自然科学基金经费超过 1 亿元的有 1 个机构（表 3-108）；共有 8 个机构进入相关学科的 ESI 全球前 1%行列（图 3-45）。甘肃省的发明专利申请量为 4 541 件，全国排名第 25，主要专利权人如表 3-109 所示。

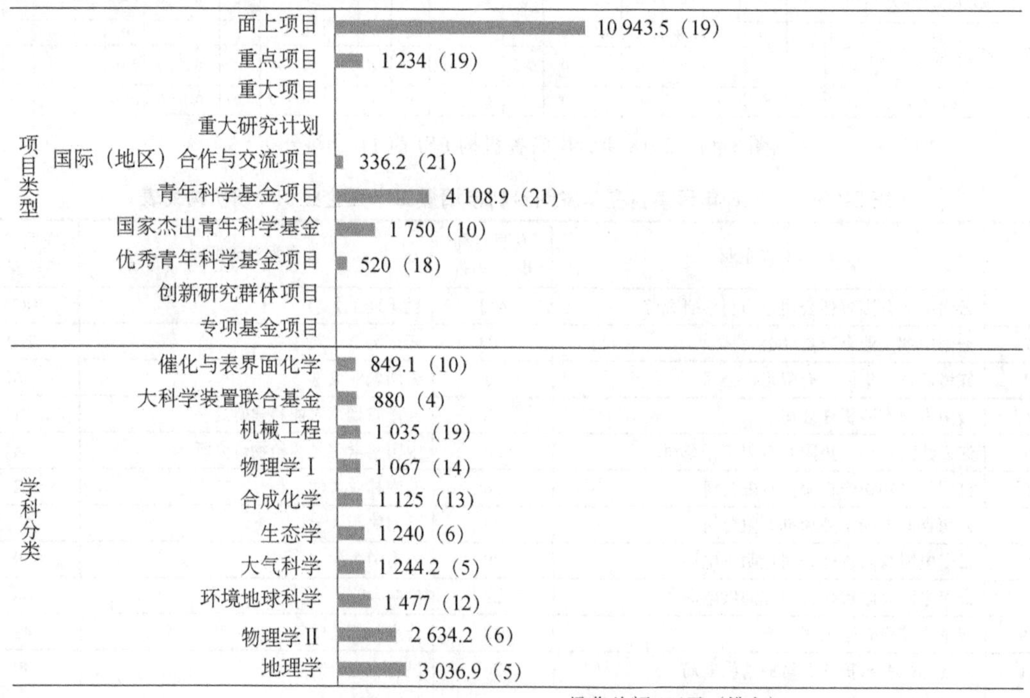

图 3-44 2018 年甘肃省争取国家自然科学基金项目情况

资料来源：中国产业智库大数据中心

2018年，甘肃省地方财政科技投入经费预算25.97亿元，全国排名第25位；拥有国家重点实验室8个，省级重点实验室109个，获得国家科技奖励5项；拥有院士13人，新增“千人计划”青年项目入选者1人，新增“万人计划”入选者19人，新增国家自然科学基金杰出青年科学基金入选者5人，累计入选院士人数、新增“千人计划”青年项目入选者人数、新增“万人计划”入选者人数、新增国家自然科学基金杰出青年科学基金入选者人数全国排名分别为第15位、第18位、第18位、第9位。

表3-105 2014～2018年甘肃省争取国家自然科学基金项目经费十强学科

项目经费趋势	学科	指标	2014年	2015年	2016年	2017年	2018年
	合计	项目数/项	669	682	662	688	644
		项目经费/万元	48 929.4	32 746.62	36 025.68	35 708.1	29 982.5
		机构数/个	31	40	33	33	34
		主持人数/人	661	680	657	685	636
	地理学	项目数/项	94	81	106	101	67
		项目经费/万元	6 970	4 826.67	10 278.38	6 477	3 036.9
		机构数/个	10	9	14	8	8
		主持人数/人	93	81	103	101	66
	物理学Ⅱ	项目数/项	59	60	62	54	50
		项目经费/万元	14 018.4	3 136	2 896.7	2 619	2 634.2
		机构数/个	5	7	9	6	8
		主持人数/人	58	60	61	54	49
	大气科学	项目数/项	27	27	22	23	26
		项目经费/万元	2 176	2 875	1 841	1 241	1 244.2
		机构数/个	3	4	3	5	3
		主持人数/人	27	27	22	23	26
	机械工程	项目数/项	24	30	33	37	20
		项目经费/万元	1 085	1 271	1 715	2 032	1 035
		机构数/个	6	6	9	4	4
		主持人数/人	24	30	33	36	20
	催化与表界面化学	项目数/项	31	25	21	19	14
		项目经费/万元	2 300	1 506	1 423	1 007	849.1
		机构数/个	8	5	5	5	7
		主持人数/人	30	25	21	19	14
	生态学	项目数/项	22	32	29	23	26
		项目经费/万元	1 186	1 338	1 278	922	1 240
		机构数/个	11	14	9	9	10
		主持人数/人	22	32	29	23	26
	物理学Ⅰ	项目数/项	20	20	16	12	16
		项目经费/万元	1 145	902	824	548	1 067
		机构数/个	7	6	4	6	4
		主持人数/人	20	20	16	12	16

续表

项目经费趋势	学科	指标	2014年	2015年	2016年	2017年	2018年
	建筑环境与结构工程	项目数/项	21	22	20	23	21
		项目经费/万元	935	880	760	945	808
		机构数/个	4	6	4	4	5
		主持人数/人	21	22	20	23	21
	地质学	项目数/项	21	13	17	14	12
		项目经费/万元	967	826	955.1	928	616
		机构数/个	6	6	6	3	3
		主持人数/人	21	13	17	14	12
	数学	项目数/项	27	31	20	20	17
		项目经费/万元	918	1 086	602	882	622
		机构数/个	6	8	7	7	5
		主持人数/人	27	31	19	20	17

资料来源：中国产业智库大数据中心

表3-106　2018年甘肃省争取国家自然科学基金项目经费二十强学科及国内排名

序号	研究领域	项目数量/项（排名）	项目经费/万元（排名）
合计		644（21）	29 982.5（20）
1	地理学	67（5）	3 036.9（5）
2	物理学Ⅱ	50（7）	2 634.2（6）
3	环境地球科学	32（11）	1 477（12）
4	大气科学	26（4）	1 244.2（5）
5	生态学	26（6）	1 240（6）
6	合成化学	18（16）	1 125（13）
7	物理学Ⅰ	16（18）	1 067（14）
8	机械工程	20（19）	1 035（19）
9	大科学装置联合基金	9（4）	880（4）
10	催化与表界面化学	14（11）	849.1（10）
11	作物学	20（8）	808（8）
12	建筑环境与结构工程	21（19）	808（18）
13	兽医学	21（6）	789（6）
14	海洋科学	2（16）	659（8）
15	植物学	14（8）	636（8）
16	数学	17（23）	622（23）
17	地质学	12（11）	616（10）
18	畜牧学与草地科学	15（8）	614（9）
19	力学	12（16）	584（16）
20	环境化学	6（17）	520（13）

资料来源：中国产业智库大数据中心

表 3-107　2018 年甘肃省发表 SCI 论文数量二十强学科

序号	研究领域	发文量全国排名	发文量/篇	被引次数/次	篇均被引/次
1	材料科学、跨学科	21	579	1085	1.87
2	化学、跨学科	19	402	657	1.63
3	化学、物理	20	383	851	2.22
4	物理学、应用	20	353	504	1.43
5	环境科学	19	257	255	0.99
6	化学、有机	12	188	250	1.33
7	物理学、凝聚态物质	18	178	332	1.87
8	纳米科学和纳米技术	21	171	280	1.64
9	地球学、跨学科	9	170	151	0.89
10	数学、应用	17	170	102	0.60
11	工程、化学	20	155	277	1.79
12	气象学和大气科学	4	152	206	1.36
13	能源和燃料	21	148	276	1.86
14	化学、分析	20	145	279	1.92
15	物理学、跨学科	16	137	78	0.57
16	生物化学与分子生物学	22	135	140	1.04
17	数学	15	132	67	0.51
18	植物学	15	130	79	0.61
19	工程、电气和电子	23	129	146	1.13
20	电化学	20	126	290	2.30
全省（自治区、直辖市）合计		19	5095	5348	1.05

资料来源：中国产业智库大数据中心

表 3-108　2018 年甘肃省争取国家自然科学基金项目经费三十强机构

序号	机构名称	项目数量/项（排名）	项目经费/万元（排名）	发文量/篇（排名）	被引次数/次（排名）	发明专利申请数/件（排名）	BRCI（排名）
1	兰州大学	182（43）	10 497（43）	2 041（44）	2 397（40）	240（357）	18.386 7（56）
2	兰州理工大学	57（179）	2 044（240）	525（163）	553（165）	261（325）	6.043（156）
3	西北师范大学	57（180）	2 234.8（223）	478（178）	553（165）	192（440）	5.720 3（166）
4	中国科学院兰州化学物理研究所	32（301）	1 854.4（259）	333（225）	605（159）	174（484）	4.313 5（218）
5	兰州交通大学	49（210）	1 807.2（277）	296（245）	374（209）	112（780）	4.163 1（224）
6	甘肃农业大学	40（257）	1 557（294）	165（365）	97（423）	141（619）	2.857 2（279）
7	中国科学院近代物理研究所	38（267）	2 269.2（220）	196（312）	107（409）	53（1948）	2.633 9（293）
8	中国科学院寒区旱区环境与工程研究所	60（168）	2 883.9（181）	33（768）	64（506）	80（1182）	2.346 5（319）
9	西北民族大学	14（518）	512（536）	89（513）	29（673）	50（2170）	1.038 3（456）
10	中国农业科学院兰州兽医研究所	9（640）	277（698）	95（490）	58（526）	63（1565）	0.954（470）
11	河西学院	8（678）	345（642）	33（768）	18（784）	33（3862）	0.589 3（537）

续表

序号	机构名称	项目数量/项（排名）	项目经费/万元（排名）	发文量/篇（排名）	被引次数/次（排名）	发明专利申请数/件（排名）	BRCI（排名）
12	甘肃中医药大学	18（455）	634（482）	26（845）	5（1429）	11（15817）	0.552 4（544）
13	中国农业科学院兰州畜牧与兽药研究所	6（761）	254（712）	26（845）	13（889）	52（2017）	0.499 6（555）
14	中国科学院地质与地球物理研究所兰州油气资源研究中心	7（717）	422（591）	30（807）	30（664）	5（35651）	0.456 1（566）
15	甘肃省人民医院	9（641）	320（660）	12（1160）	10（994）	2（72476）	0.290 6（604）
16	天水师范学院	3（981）	113（913）	22（898）	17（798）	14（12423）	0.283 1（608）
17	陇东学院	3（984）	85（986）	17（998）	7（1199）	21（7118）	0.238 7（627）
18	兰州城市学院	2（1143）	82（1003）	22（898）	1（2917）	23（6344）	0.158 8（659）
19	中国气象局兰州干旱气象研究所	5（818）	195.5（787）	10（1262）	1（2917）	2（72476）	0.145 4（666）
20	中国人民解放军兰州军区兰州总医院	3（980）	104（941）	11（1208）	3（1836）	2（72476）	0.134 7（670）
21	兰州工业学院	1（1503）	40（1258）	12（1160）	2（2224）	18（9146）	0.108 9（685）
22	甘肃政法学院	3（982）	94（967）	2（3037）	3（1836）	2（72476）	0.099 7（694）
23	甘肃省中医院	3（983）	108（932）	3（2415）	1（2917）	1（107252）	0.081（702）
24	甘肃省治沙研究所	5（819）	185（798）	1（4493）	0（4386）	21（7118）	0.045 9（739）
25	兰州财经大学	1（1504）	39（1270）	9（1340）	6（1301）	0（192051）	0.024 3（813）
26	甘肃省农业科学院	17（473）	670（472）	11（1208）	0（4386）	0（192051）	0.024 3（813）
27	兰州空间技术物理研究所	4（878）	90（971）	0（4494）	0（4386）	30（4382）	0.012 7（945）
28	甘肃省祁连山水源涵养林研究院	2（1144）	79（1012）	0（4494）	0（4386）	4（44369）	0.007（1159）
29	甘肃省科学院生物研究所	1（1508）	39（1271）	0（4494）	0（4386）	5（35651）	0.005 2（1290）
30	甘肃省科学院	1（1507）	40（1259）	2（3037）	0（4386）	0（192051）	0.004 4（1333）

资料来源：中国产业智库大数据中心

	综合	农业科学	生物与生化	化学	临床医学	计算机科学	经济与商学	工程科学	环境/生态学	地球科学	免疫学	材料科学	数学	微生物学	分子生物与遗传学	综合交叉学科	神经科学与行为	药理学与毒物学	物理学	植物与动物科学	精神病学/心理学	一般社会科学	空间科学	进入ESI学科数
兰州大学	501	310	861	93	1794	0	0	456	505	227	0	176	83	0	0	0	0	620	475	498	0	0	0	12
中国科学院兰州化学物理研究所	1159	0	0	201	0	0	0	608	0	0	0	252	0	0	0	0	0	0	0	0	0	0	0	3
中国科学院寒区旱区环境与工程研究所	2233	686	0	0	0	0	0	1073	570	299	0	0	0	0	0	0	0	0	0	0	0	0	0	4
西北师范大学	2271	0	0	733	0	0	0	0	0	0	0	844	0	0	0	0	0	0	0	0	0	0	0	2
中国科学院近代物理研究所	2764	0	0	0	0	0	0	0	0	0	0	0	0	0	0	0	0	0	677	0	0	0	0	1
兰州理工大学	2988	0	0	0	0	0	0	1157	0	0	0	701	0	0	0	0	0	0	0	0	0	0	0	2
兰州交通大学	3549	0	0	1138	0	0	0	0	0	0	0	0	0	0	0	0	0	0	0	0	0	0	0	1
甘肃农业大学	4874	811	0	0	0	0	0	0	0	0	0	0	0	0	0	0	0	0	0	0	0	0	0	1

图 3-45 2018 年甘肃省各机构 ESI 前 1%学科分布

表 3-109 2018 年甘肃省在华发明专利申请量二十强企业和科研机构列表

序号	二十强企业	发明专利申请量/件	二十强科研机构	发明专利申请量/件
1	国网甘肃省电力公司	112	兰州理工大学	257
2	金川集团股份有限公司	109	兰州大学	236
3	国家电网公司	87	西北师范大学	190
4	国网甘肃省电力公司经济技术研究院	82	中国科学院兰州化学物理研究所	171
5	甘肃酒钢集团宏兴钢铁股份有限公司	61	甘肃农业大学	139
6	甘肃万维信息技术有限责任公司	37	兰州交通大学	108
7	国网甘肃省电力公司电力科学研究院	27	中国科学院寒区旱区环境与工程研究所	80
8	甘肃添彩纸品包装科技开发有限公司	26	中国农业科学院兰州兽医研究所	62
9	武威市津威环境科技有限责任公司	24	中国农业科学院兰州畜牧与兽药研究所	52
10	甘肃大整健康管理股份有限公司	24	西北矿冶研究院	50
11	甘肃省机械科学研究院有限责任公司	23	西北民族大学	49
12	甘肃利国农牧业科技发展有限公司	20	中国科学院近代物理研究所	45
13	甘肃地道之源药业科技发展有限公司	20	河西学院	33
14	甘肃尚珍农产品科技发展有限公司	20	兰州空间技术物理研究所	29
15	甘肃省张掖市地之源农林牧业科技发展有限公司	20	兰州城市学院	23
16	张掖鼎达农业科技发展有限公司	19	陇东学院	21
17	甘肃枣一枣农产品科技发展有限公司	19	甘肃省治沙研究所	20
18	兰州金川新材料科技股份有限公司	18	兰州工业学院	18
19	兰州金川科技园有限公司	16	张掖市农业科学研究院	18
20	兰州兰石能源装备工程研究院有限公司	15	天水师范学院	14

资料来源：中国产业智库大数据中心

3.3.22 广西壮族自治区

2018 年，广西壮族自治区的基础研究竞争力指数为 0.3585，排名第 22 位。广西壮族自治区争取国家自然科学基金项目总数为 578 项，项目经费总额为 22 540.11 万元，全国排名均为第 22 位。争取国家自然科学基金项目经费金额大于 1000 万元的有 2 个学科（图 3-46），中医学、地理学项目经费呈下降趋势；作物学项目经费呈上升趋势（表 3-110）；争取国家自然科学基金项目经费最多的学科为肿瘤学（表 3-111）。发表 SCI 论文数量最多的学科为材料科学、跨学科（表 3-112）。争取国家自然科学基金经费超过 5000 万元的有 1 个机构（表 3-113）；共有 4 个机构进入相关学科的 ESI 全球前 1%行列（图 3-47）。广西壮族自治区的发明专利申请量为 17 112 件，全国排名第 16，主要专利权人如表 3-114 所示。

2018 年，广西壮族自治区地方财政科技投入经费预算 58.88 亿元，全国排名第 18 位；拥有国家重点实验室 3 个，省级重点实验室 96 个，获得国家科技奖励 1 项；新增“千人计划”青年项目入选者 1 人，新增“万人计划”入选者 6 人，新增“千人计划”青年项目入选者人数、新增“万人计划”入选者人数全国排名分别为第 18 位、第 24 位。

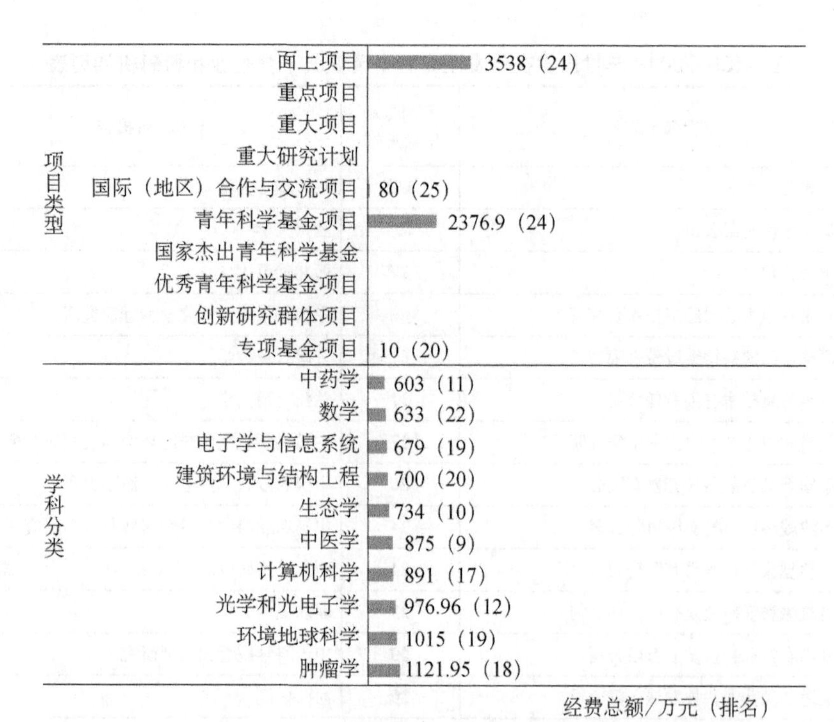

图 3-46　2018 年广西壮族自治区争取国家自然科学基金项目情况

资料来源：中国产业智库大数据中心

表 3-110　2014～2018 年广西壮族自治区争取国家自然科学基金项目经费十强学科

项目经费趋势	学科	指标	2014 年	2015 年	2016 年	2017 年	2018 年
	合计	项目数/项	550	560	543	568	578
		项目经费/万元	26 170	21 550.86	20 523.7	20 735.3	22 540.11
		机构数/个	33	38	35	36	35
		主持人数/人	542	552	541	564	575
	肿瘤学	项目数/项	31	44	28	40	33
		项目经费/万元	1 439	1 632	1 006	1 375	1 121.95
		机构数/个	7	7	8	9	8
		主持人数/人	31	44	28	40	33
	中医学	项目数/项	35	29	31	27	26
		项目经费/万元	1 607	1 107	1 123	985	875
		机构数/个	2	4	3	4	2
		主持人数/人	35	29	31	27	26
	建筑环境与结构工程	项目数/项	17	19	19	22	16
		项目经费/万元	812	763	993	1 073	700
		机构数/个	4	5	5	6	2
		主持人数/人	17	19	19	22	16
	计算机科学	项目数/项	16	18	19	30	23
		项目经费/万元	674	649	717	1 127	891
		机构数/个	5	8	8	9	7
		主持人数/人	16	18	19	30	23

续表

项目经费趋势	学科	指标	2014年	2015年	2016年	2017年	2018年
	电子学与信息系统	项目数/项	13	16	21	19	17
		项目经费/万元	541	570	1 403.5	698.5	679
		机构数/个	3	4	8	7	6
		主持人数/人	13	16	21	19	17
	地理学	项目数/项	20	14	20	13	7
		项目经费/万元	1 204	542	757	436	236
		机构数/个	9	6	9	6	3
		主持人数/人	20	14	20	13	7
	中药学	项目数/项	17	16	18	15	17
		项目经费/万元	800	612	628	482	603
		机构数/个	5	6	5	7	8
		主持人数/人	17	16	18	15	17
	数学	项目数/项	25	17	23	14	20
		项目经费/万元	695	438.5	790	475.5	633
		机构数/个	10	9	7	6	8
		主持人数/人	25	17	23	14	20
	预防医学	项目数/项	13	17	12	16	14
		项目经费/万元	632	595.2	443	530	493
		机构数/个	4	4	5	5	4
		主持人数/人	13	17	12	16	14
	作物学	项目数/项	14	13	12	12	14
		项目经费/万元	678	518	421	447	523
		机构数/个	3	2	2	3	4
		主持人数/人	14	13	12	12	14

资料来源：中国产业智库大数据中心

表 3-111　2018 年广西壮族自治区争取国家自然科学基金项目经费二十强学科及国内排名

序号	研究领域	项目数量/项（排名）	项目经费/万元（排名）
合计		578（22）	22 540.11（22）
1	肿瘤学	33（18）	1 121.95（18）
2	环境地球科学	27（16）	1 015（19）
3	光学和光电子学	8（18）	976.96（12）
4	计算机科学	23（16）	891（17）
5	中医学	26（8）	875（9）
6	生态学	19（7）	734（10）
7	建筑环境与结构工程	16（20）	700（20）
8	电子学与信息系统	17（19）	679（19）
9	数学	20（21）	633（22）
10	中药学	17（9）	603（11）
11	作物学	14（13）	523（17）
12	物理学Ⅱ	10（22）	520（16）

续表

序号	研究领域	项目数量/项（排名）	项目经费/万元（排名）
13	预防医学	14（9）	493（11）
14	合成化学	11（19）	464（20）
15	冶金与矿业	11（19）	452（19）
16	化学工程与工业化学	10（16）	444（16）
17	人工智能	10（17）	432（18）
18	林学	10（14）	431（15）
19	金属材料	11（18）	421（20）
20	微生物学	9（13）	376（12）

资料来源：中国产业智库大数据中心

表 3-112　2018 年广西壮族自治区发表 SCI 论文数量二十强学科

序号	研究领域	发文量全国排名	发文量/篇	被引次数/次	篇均被引/次
1	材料科学、跨学科	24	340	280	0.82
2	肿瘤学	18	261	147	0.56
3	工程、电气和电子	20	258	167	0.65
4	物理学、应用	23	177	148	0.84
5	医学、研究和试验	21	169	91	0.54
6	化学、跨学科	24	161	150	0.93
7	化学、物理	24	136	281	2.07
8	生物化学与分子生物学	23	134	115	0.86
9	环境科学	25	126	69	0.55
10	药理学和药剂学	22	109	50	0.46
11	细胞生物学	21	95	96	1.01
12	化学、分析	23	92	90	0.98
13	物理学、凝聚态物质	23	90	91	1.01
14	能源和燃料	24	87	59	0.68
15	数学、应用	23	85	45	0.53
16	计算机科学、信息系统	21	84	42	0.50
17	计算机科学、理论和方法	20	83	66	0.80
18	电化学	23	83	92	1.11
19	电信	21	83	29	0.35
20	生物工程学和应用微生物学	21	82	45	0.55
全省（自治区、直辖市）合计		24	3260	2398	0.74

资料来源：中国产业智库大数据中心

表 3-113　2018 年广西壮族自治区争取国家自然科学基金项目经费三十强机构

序号	机构名称	项目数量/项（排名）	项目经费/万元（排名）	发文量/篇（排名）	被引次数/次（排名）	发明专利申请数/件（排名）	BRCI（排名）
1	广西大学	119（83）	5 054.3（110）	773（123）	783（130）	521（140）	11.358 5（89）
2	桂林电子科技大学	61（163）	2 963.06（175）	314（234）	221（284）	612（115）	5.970 9（160）
3	广西医科大学	84（123）	2 906.05（179）	719（130）	442（188）	55（1852）	5.710 7（167）
4	桂林理工大学	51（200）	1 935.7（250）	328（227）	304（241）	495（147）	5.372 5（179）
5	广西师范大学	42（244）	1 865.8（256）	230（284）	252（262）	190（444）	3.882 3（232）

续表

序号	机构名称	项目数量/项（排名）	项目经费/万元（排名）	发文量/篇（排名）	被引次数/次（排名）	发明专利申请数/件（排名）	BRCI（排名）
6	广西中医药大学	39（262）	1 328.8（321）	47（676）	29（673）	173（486）	1.893 7（355）
7	桂林医学院	35（281）	1 224.5（337）	94（494）	69（490）	35（3558）	1.790 5（372）
8	广西师范学院	25（362）	800（434）	57（615）	25（709）	56（1805）	1.252 5（429）
9	广西科技大学	16（485）	560.1（508）	55（625）	9（1052）	157（546）	1.012 7（463）
10	广西民族大学	7（707）	287（687）	63（592）	49（559）	77（1246）	0.828 5（486）
11	广西壮族自治区农业科学院	18（449）	674（471）	19（947）	6（1301）	87（1088）	0.770 7（497）
12	钦州学院	8（670）	281（694）	28（828）	9（1052）	279（302）	0.704 6（512）
13	玉林师范学院	8（669）	299（677）	36（743）	36（630）	20（7565）	0.602 8（535）
14	右江民族医学院	13（540）	461.8（563）	30（807）	11（956）	6（30066）	0.496 4（557）
15	贺州学院	4（868）	118（897）	32（782）	8（1109）	71（1371）	0.386 3（585）
16	广西壮族自治区中国科学院广西植物研究所	9（635）	339（648）	9（1340）	4（1607）	0（192051）	0.363 2（591）
17	桂林航天工业学院	3（969）	116（904）	18（969）	6（1301）	74（1299）	0.305 2（600）
18	中国地质科学院岩溶地质研究所	5（807）	236（728）	23（881）	7（1199）	8（23419）	0.300 4（601）
19	广西财经学院	6（756）	199.1（777）	23（881）	5（1429）	5（35651）	0.271 3（613）
20	广西壮族自治区人民医院	3（966）	105（938）	44（693）	9（1052）	3（54859）	0.218 4（634）
21	广西壮族自治区药用植物园	3（968）	94（966）	7（1542）	2（2224）	52（2017）	0.197 6（641）
22	百色学院	1（1443）	40（1253）	20（933）	15（832）	29（4748）	0.179 7（649）
23	广西科学院	2（1119）	80（1009）	14（1078）	3（1836）	19（8601）	0.170 7（656）
24	梧州学院	2（1120）	73（1041）	8（1428）	1（2917）	68（1441）	0.157 7（661）
25	广西壮族自治区疾病预防控制中心	1（1439）	38（1273）	12（1160）	3（1836）	12（14467）	0.108（686）
26	梧州市红十字会医院	2（1121）	71.8（1046）	1（4493）	3（1836）	1（107252）	0.066 1（707）
27	广西壮族自治区林业科学研究院	1（1438）	41（1243）	0（4494）	0（4386）	81（1168）	0.008 3（1089）
28	广西壮族自治区自然博物馆	1（1440）	39（1266）	1（4493）	0（4386）	0（192051）	0.003 9（1367）
29	广西壮族自治区肿瘤防治研究所	3（967）	103.1（946）	0（4494）	0（4386）	0（192051）	0.002 1（1416）
30	广西壮族自治区蚕业科学研究院	1（1441）	40（1252）	0（4494）	0（4386）	0（192051）	0.001 3（1457）

资料来源：中国产业智库大数据中心

	综合	农业科学	生物与生化	化学	临床医学	计算机科学	经济与商学	工程科学	环境/生态学	地球科学	免疫学	材料科学	数学	微生物学	分子生物与遗传学	综合交叉学科	神经科学与行为	药理学与毒物学	物理学	植物与动物科学	精神病学/心理学	一般社会科学	空间科学	进入ESI学科数
广西大学	1903	609	0	1224	0	0	0	880	0	0	0	651	0	0	0	0	0	0	0	1126	0	0	0	5
广西医科大学	2072	0	0	0	1125	0	0	0	0	0	0	0	0	0	0	0	0	0	0	0	0	0	0	1
广西师范大学	2651	0	0	832	0	0	0	0	0	0	0	0	0	0	0	0	0	0	0	0	0	0	0	1
桂林电子科技大学	3605	0	0	0	0	0	0	1299	0	0	0	0	0	0	0	0	0	0	0	0	0	0	0	1

图 3-47　2018 年广西壮族自治区各机构 ESI 前 1%学科分布

表 3-114 2018 年广西壮族自治区在华发明专利申请量二十强企业和科研机构列表

序号	二十强企业	发明专利申请量/件	二十强科研机构	发明专利申请量/件
1	广西玉柴机器股份有限公司	415	桂林电子科技大学	605
2	上汽通用五菱汽车股份有限公司	148	广西大学	514
3	广西电网有限责任公司电力科学研究院	148	桂林理工大学	491
4	广西驰胜农业科技有限公司	92	钦州学院	279
5	广西柳工机械股份有限公司	90	南宁学院	191
6	广西浙缘农业科技有限公司	74	广西师范大学	188
7	天峨县平昌生态农业有限公司	67	广西中医药大学	173
8	桂林恒正科技有限公司	63	广西科技大学	156
9	岑溪市东正动力科技开发有限公司	62	广西壮族自治区农业科学院	87
10	广西路桥工程集团有限公司	61	广西壮族自治区林业科学研究院	79
11	北海和思科技有限公司	60	广西民族大学	77
12	贵港市瑞成科技有限公司	57	桂林航天工业学院	74
13	贺州市骏鑫矿产品有限责任公司	55	贺州学院	71
14	桂林嘉宏电子科技有限公司	54	梧州学院	68
15	贵港市厚顺信息技术有限公司	53	广西师范学院	56
16	靖西市秀美边城农业科技有限公司	51	广西医科大学	54
17	北海农瑞农业技术开发有限公司	50	广西南亚热带农业科学研究所	53
18	北海益生源农贸有限责任公司	50	广西壮族自治区农业科学院农产品加工研究所	50
19	北海飞九天电子科技有限公司	50	大新县科学技术情报研究所	39
20	北海智联投资有限公司	49	广西壮族自治区农业科学院经济作物研究所	35

资料来源：中国产业智库大数据中心

3.3.23 河北省

2018 年，河北省的基础研究竞争力指数为 0.3512，排名第 23 位。河北省争取国家自然科学基金项目总数为 392 项，项目经费总额为 16 152.97 万元，全国排名均为第 25 位。争取国家自然科学基金项目经费金额大于 1000 万元的有 2 个学科（图 3-48），地理学项目经费呈下降趋势；机械工程、金属材料、自动化、作物学项目经费呈上升趋势（表 3-115）；争取国家自然科学基金项目经费最多的学科为冶金与矿业（表 3-116）。发表 SCI 论文数量最多的学科为材料科学、跨学科（表 3-117）。争取国家自然科学基金经费超过 1000 万元的有 5 个机构（表 3-118）；共有 7 个机构进入相关学科的 ESI 全球前 1%行列（图 3-49）。河北省的发明专利申请量为 15 153 件，全国排名第 18，主要专利权人如表 3-119 所示。

2018 年，河北省地方财政科技投入经费预算 75.61 亿元，全国排名第 16 位；拥有国家重点实验室 6 个，省级重点实验室 61 个，获得国家科技奖励 2 项；拥有院士 4 人，新增“千人计划”青年项目入选者 1 人，新增“万人计划”入选者 9 人，新增国家自然科学基金杰出青年科学基金入选者 1 人，累计入选院士人数、新增“千人计划”青年项目入选者人数、新增“万人计划”入选者人数、新增国家自然科学基金杰出青年科学基金入选者人数全国排名分别为第20位、第18位、第23位、第19位。

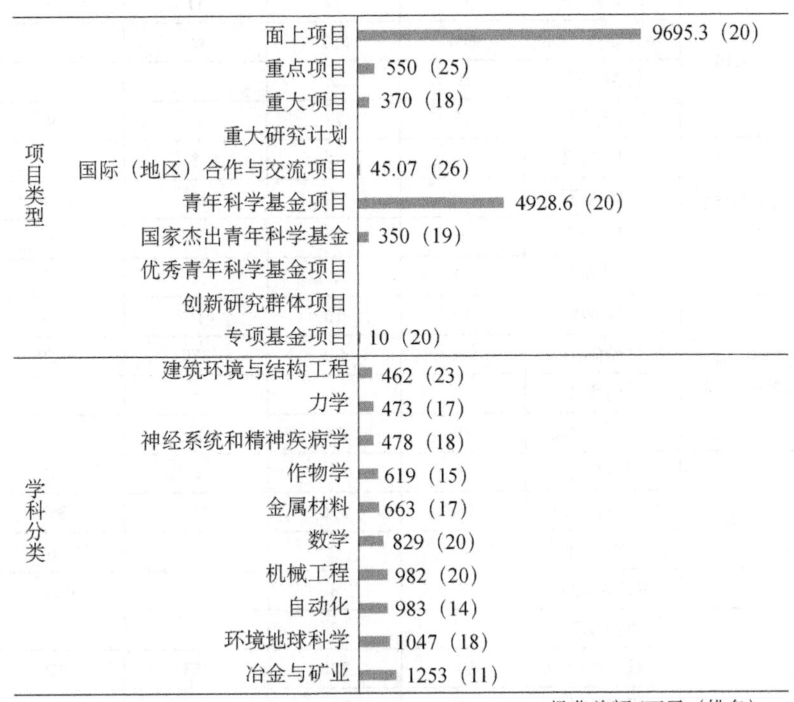

图3-48　2018年河北省争取国家自然科学基金项目情况

资料来源：中国产业智库大数据中心

表3-115　2014～2018年河北省争取国家自然科学基金项目经费十强学科

项目经费趋势	学科	指标	2014年	2015年	2016年	2017年	2018年
	合计	项目数/项	376	337	314	358	392
		项目经费/万元	18 131.2	13 364.3	11 991.2	14 878.4	16 152.97
		机构数/个	37	34	37	41	35
		主持人数/人	375	336	311	354	392
	冶金与矿业	项目数/项	16	19	19	18	31
		项目经费/万元	1 045	991	841	879	1 253
		机构数/个	5	4	5	6	7
		主持人数/人	16	19	19	18	31
	机械工程	项目数/项	16	19	26	23	13
		项目经费/万元	821	872	1 077	1 001	982
		机构数/个	5	4	3	4	3
		主持人数/人	16	19	25	23	13
	金属材料	项目数/项	14	8	8	11	10
		项目经费/万元	1 395	617	320	466	663
		机构数/个	4	3	3	4	4
		主持人数/人	14	8	8	11	10

续表

项目经费趋势	学科	指标	2014 年	2015 年	2016 年	2017 年	2018 年
	自动化	项目数/项	15	21	11	9	14
		项目经费/万元	664	792	427	558	983
		机构数/个	2	7	3	5	3
		主持人数/人	15	21	11	9	14
	无机非金属材料	项目数/项	10	8	8	18	12
		项目经费/万元	548	583	412	1 167	404
		机构数/个	5	6	4	5	4
		主持人数/人	10	8	8	18	12
	建筑环境与结构工程	项目数/项	20	16	11	14	13
		项目经费/万元	906	445	379	559	462
		机构数/个	8	6	6	5	9
		主持人数/人	20	16	11	14	13
	力学	项目数/项	7	8	6	12	10
		项目经费/万元	476	376	216	896	473
		机构数/个	4	2	3	6	1
		主持人数/人	7	8	6	12	10
	作物学	项目数/项	12	8	9	12	12
		项目经费/万元	559.7	338	353	499	619
		机构数/个	5	4	6	6	5
		主持人数/人	12	8	9	12	12
	电气科学与工程	项目数/项	13	10	13	9	10
		项目经费/万元	493	442.5	454.5	465	372
		机构数/个	3	3	4	4	5
		主持人数/人	13	10	13	9	10
	地理学	项目数/项	17	7	11	6	5
		项目经费/万元	788	468	689	148	116.7
		机构数/个	10	3	5	6	5
		主持人数/人	17	7	10	6	5

资料来源：中国产业智库大数据中心

表 3-116　2018 年河北省争取国家自然科学基金项目经费二十强学科及国内排名

序号	研究领域	项目数量/项（排名）	项目经费/万元（排名）
合计		392（25）	16 152.97（25）
1	冶金与矿业	31（8）	1 253（11）
2	环境地球科学	28（14）	1 047（18）
3	自动化	14（17）	983（14）
4	机械工程	13（22）	982（20）
5	数学	19（22）	829（20）
6	金属材料	10（20）	663（17）
7	作物学	12（17）	619（15）

续表

序号	研究领域	项目数量/项（排名）	项目经费/万元（排名）
8	神经系统和精神疾病	10（19）	478（18）
9	力学	10（17）	473（17）
10	建筑环境与结构工程	13（22）	462（23）
11	无机非金属材料	12（19）	404（19）
12	电气科学与工程	10（14）	372（16）
13	动物学	7（12）	341（12）
14	园艺学与植物营养学	10（13）	326.3（16）
15	肿瘤学	8（24）	319（24）
16	植物学	6（20）	292（19）
17	计算机科学	9（22）	250（23）
18	预防医学	6（18）	236（18）
19	材料化学与能源化学	6（25）	230.5（25）
20	物理学Ⅱ	10（22）	230（24）

资料来源：中国产业智库大数据中心

表 3-117　2018 年河北省发表 SCI 论文数量二十强学科

序号	研究领域	发文量全国排名	发文量/篇	被引次数/次	篇均被引/次
1	材料科学、跨学科	20	605	886	1.46
2	工程、电气和电子	19	382	301	0.79
3	物理学、应用	19	354	407	1.15
4	化学、物理	21	271	842	3.11
5	医学、研究和试验	17	270	150	0.56
6	化学、跨学科	21	268	425	1.59
7	能源和燃料	19	254	296	1.17
8	肿瘤学	19	248	175	0.71
9	冶金和冶金工程学	14	196	216	1.10
10	药理学和药剂学	18	188	99	0.53
11	纳米科学和纳米技术	20	187	396	2.12
12	物理学、凝聚态物质	19	167	273	1.63
13	环境科学	22	160	212	1.33
14	生物化学与分子生物学	21	151	132	0.87
15	光学	20	151	84	0.56
16	工程、机械	16	147	58	0.39
17	电信	19	132	98	0.74
18	医学、全科和内科	11	130	22	0.17
19	计算机科学、信息系统	19	129	89	0.69
20	细胞生物学	19	123	145	1.18
全省（自治区、直辖市）合计		20	5072	4548	0.90

资料来源：中国产业智库大数据中心

表 3-118　2018 年河北省争取国家自然科学基金项目经费三十强机构

序号	机构名称	项目数量/项（排名）	项目经费/万元（排名）	发文量/篇（排名）	被引次数/次（排名）	发明专利申请数/件（排名）	BRCI（排名）
1	燕山大学	55（186）	3 415（158）	972（100）	1 214（96）	891（75）	10.083 3（102）
2	华北理工大学	29（317）	1 018.9（376）	295（246）	546（167）	327（249）	4.043（227）
3	河北大学	32（292）	1 251.9（331）	513（169）	473（183）	71（1371）	3.589（243）
4	河北医科大学	42（239）	1 777.5（279）	693（133）	339（226）	13（13442）	3.122 4（266）
5	河北师范大学	40（251）	1 820.84（274）	216（293）	195（304）	36（3430）	2.744 7（282）
6	华北电力大学（保定）	10（591）	461.2（564）	435（192）	649（148）	251（339）	2.610 2（294）
7	河北农业大学	23（377）	895（412）	201（306）	123（378）	152（559）	2.358 6（317）
8	石家庄铁道大学	29（318）	949（397）	122（434）	83（456）	181（471）	2.282 9（325）
9	河北工程大学	19（421）	683（467）	148（389）	112（398）	152（559）	1.979 2（347）
10	河北科技大学	13（525）	544.2（517）	153（381）	109（404）	185（459）	1.7369（377）
11	中国科学院遗传与发育生物学研究所农业资源研究中心	19（420）	797.23（437）	57（615）	59（522）	5（35651）	0.881 2（476）
12	河北地质大学	10（592）	233（731）	48（667）	55（540）	30（4382）	0.750 4（499）
13	华北科技学院	8（653）	263（708）	23（881）	33（647）	99（932）	0.704 6（512）
14	河北中医学院	12（553）	399.5（602）	16（1023）	13（889）	18（9146）	0.524 6（547）
15	中国地质科学院水文地质环境地质研究所	8（652）	302（675）	28（828）	14（863）	24（6020）	0.51（552）
16	河北科技师范学院	4（836）	134（870）	35（755）	23（727）	47（2428）	0.445 8（571）
17	防灾科技学院	6（729）	184（799）	13（1119）	3（1836）	17（9708）	0.274 2（610）
18	北华航天工业学院	4（835）	164（823）	12（1160）	10（994）	10（17409）	0.259 4（618）
19	河北经贸大学	7（687）	140（865）	23（881）	12（920）	1（107252）	0.238 3（628）
20	中国地质科学院地球物理地球化学勘查研究所	2（1035）	51（1168）	10（1262）	2（2224）	9（21079）	0.123 5（680）
21	廊坊师范学院	1（1246）	25（1351）	13（1119）	3（1836）	7（26508）	0.093 3（696）
22	中国人民解放军白求恩国际和平医院	1（1243）	44（1226）	5（1830）	3（1836）	1（107252）	0.063 2（712）
23	河北省人民医院	2（1037）	42（1235）	4（2060）	0（4386）	2（72476）	0.022 5（827）
24	中国电子科技集团公司第十三研究所	2（1036）	83（998）	0（4494）	0（4386）	84（1132）	0.011 8（965）
25	中国人民解放军军械工程学院	3（904）	101（955）	7（1542）	0（4386）	0（192051）	0.009 2（1042）
26	河北建筑工程学院	1（1248）	60（1107）	0（4494）	0（4386）	53（1948）	0.008 2（1094）
27	河北省农林科学院植物保护研究所	2（1038）	53（1160）	0（4494）	0（4386）	15（11143）	0.008 2（1094）
28	河北省农林科学院粮油作物研究所	1（1249）	60（1108）	0（4494）	0（4386）	20（7565）	0.007（1159）
29	河北省农林科学院谷子研究所	1（1250）	60（1109）	0（4494）	0（4386）	8（23419）	0.006（1226）
30	中国地质调查局水文地质环境地质调查中心	1（1244）	25（1350）	0（4494）	0（4386）	12（14467）	0.005 5（1261）

资料来源：中国产业智库大数据中心

	综合	农业科学	生物与生化	化学	临床医学	计算机科学	经济与商学	工程科学	环境/生态学	地球科学	免疫学	材料科学	数学	微生物学	分子生物与遗传学	综合交叉学科	神经科学与行为	药理学与毒物学	物理学	植物与动物科学	精神病学/心理学	一般社会科学	空间科学	进入ESI学科数
燕山大学	1907	0	0	1100	0	0	0	530	0	0	0	377	0	0	0	0	0	0	0	0	0	0	0	3
河北医科大学	2022	0	0	0	1343	0	0	0	0	0	0	0	0	0	0	0	825	783	0	0	0	0	0	3
河北大学	2356	0	0	895	0	0	0	0	0	0	0	0	0	0	0	0	0	0	0	0	0	0	0	1
河北师范大学	2640	0	0	1115	0	0	0	0	0	0	0	0	0	0	0	0	0	0	0	1226	0	0	0	2
华北理工大学	2726	0	0	0	3665	0	0	0	0	0	0	0	0	0	0	0	0	0	0	0	0	0	0	1
河北农业大学	3523	629	0	0	0	0	0	0	0	0	0	0	0	0	0	0	0	0	0	1212	0	0	0	2
河北科技大学	3804	0	0	0	0	0	0	1403	0	0	0	0	0	0	0	0	0	0	0	0	0	0	0	1

图 3-49 2018 年河北省各机构 ESI 前 1%学科分布

表 3-119 2018 年河北省在华发明专利申请量二十强企业和科研机构列表

序号	二十强企业	发明专利申请量/件	二十强科研机构	发明专利申请量/件
1	云谷（固安）科技有限公司	411	燕山大学	886
2	国家电网有限公司	192	华北理工大学	322
3	河北晨阳工贸集团有限公司	185	华北电力大学（保定）	223
4	中国电子科技集团公司第五十四研究所	153	河北科技大学	183
5	国网河北省电力有限公司	128	石家庄铁道大学	173
6	首钢京唐钢铁联合有限责任公司	119	河北农业大学	149
7	中信戴卡股份有限公司	116	河北工程大学	146
8	中国二十二冶集团有限公司	116	邯郸学院	111
9	国网河北省电力有限公司电力科学研究院	110	东北大学秦皇岛分校	91
10	河钢股份有限公司承德分公司	110	华北科技学院	85
11	国家电网公司	104	中国人民解放军陆军工程大学	82
12	国网河北能源技术服务有限公司	104	河北大学	71
13	邯郸钢铁集团有限责任公司	102	河北建筑工程学院	52
14	唐山钢铁集团有限责任公司	100	河北科技师范学院	44
15	河钢股份有限公司唐山分公司	95	河北师范大学	36
16	河钢股份有限公司邯郸分公司	81	河北工业职业技术学院	33
17	中国电子科技集团公司第十三研究所	80	邢台职业技术学院	33
18	国网河北省电力有限公司沧州供电分公司	57	唐山学院	31
19	唐山肽景堂生物科技有限公司	54	河北地质大学	29
20	新奥科技发展有限公司	52	唐山师范学院	26

资料来源：中国产业智库大数据中心

3.3.24 山西省

2018 年，山西省的基础研究竞争力指数为 0.3016，排名第 24 位。山西省争取国家自然科学基金项目总数为 422 项，全国排名第 24 位；项目经费总额为 18 381.47 万元，全国排名第 23 位。争取国家自然科学基金项目经费金额大于 1000 万元的有 4 个学科（图 3-50），化学理论与机制、无机非金属材料、计算机科学项目经费呈下降趋势；机械工程、光学和光电子学项目经费呈上升趋势（表 3-120）；争取国家自然科学基金项目经费最多的学科为机械工程（表 3-121）。发表 SCI 论文数量最多的学科为材料科学、跨学科（表 3-122）。争取国家自然科学基金经费超过 1000 万元的有 5 个机构（表 3-123）；共有 6 个机构进入相关学科的 ESI 全球前 1%行列（图 3-51）。山西省的发明专利申请量为 7758 件，全国排名第 24，主要专利权人如表 3-124 所示。

2018 年，山西省地方财政科技投入经费预算 48.89 亿元，全国排名第 20 位；拥有国家重点实验室 2 个，省级重点实验室 75 个，获得国家科技奖励 1 项；拥有院士 5 人，新增“千人计划”青年项目入选者 1 人，新增“万人计划”入选者 6 人，新增国家自然科学基金杰出青年科学基金入选者 1 人，累计入选院士人数、新增“千人计划”青年项目入选者人数、新增“万人计划”入选者人数、新增国家自然科学基金杰出青年科学基金入选者人数全国排名分别为第 19 位、第 18 位、第 24 位、第 19 位。

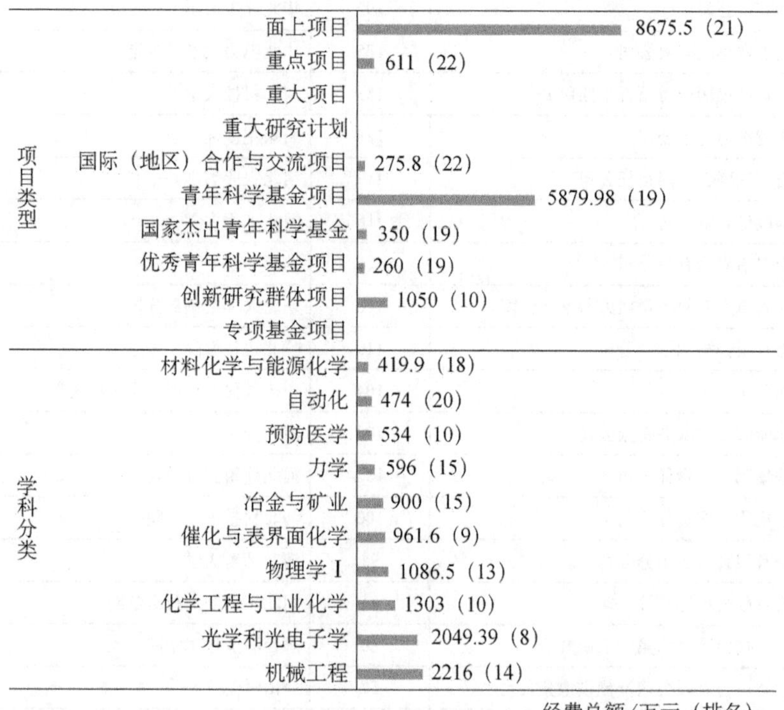

图 3-50　2018 年山西省争取国家自然科学基金项目情况

资料来源：中国产业智库大数据中心

表 3-120　2014～2018 年山西省争取国家自然科学基金项目经费十强学科

项目经费趋势	学科	指标	2014 年	2015 年	2016 年	2017 年	2018 年
	合计	项目数/项	358	396	374	392	422
		项目经费/万元	16 793	16 398.42	14 439.6	17 365.2	18 381.47
		机构数/个	24	19	27	20	25
		主持人数/人	356	391	372	391	416

续表

项目经费趋势	学科	指标	2014年	2015年	2016年	2017年	2018年
	机械工程	项目数/项	17	22	21	24	30
		项目经费/万元	1 151	1 045	1 367	1 695	2 216
		机构数/个	3	3	3	5	3
		主持人数/人	17	21	20	24	30
	光学和光电子学	项目数/项	16	18	15	22	27
		项目经费/万元	999	1 588.68	685	952.5	2 049.39
		机构数/个	3	4	3	4	6
		主持人数/人	16	18	15	22	27
	环境化学	项目数/项	16	29	20	34	6
		项目经费/万元	1 292	1 680	1 305	1 573	150.5
		机构数/个	5	5	5	5	4
		主持人数/人	16	28	20	34	6
	物理学Ⅰ	项目数/项	17	23	24	11	21
		项目经费/万元	1 047	1 139	1 458	370.5	1 086.5
		机构数/个	3	6	5	4	6
		主持人数/人	17	23	24	11	21
	冶金与矿业	项目数/项	13	18	19	13	20
		项目经费/万元	573	808	582	976	900
		机构数/个	2	3	5	3	5
		主持人数/人	13	18	19	13	20
	化学理论与机制	项目数/项	17	27	23	8	2
		项目经费/万元	694	1 237	869	493	90
		机构数/个	4	5	4	4	1
		主持人数/人	17	26	23	8	2
	电子学与信息系统	项目数/项	10	12	8	7	5
		项目经费/万元	552	793	287	1 148	153
		机构数/个	3	4	4	3	3
		主持人数/人	10	12	8	7	5
	力学	项目数/项	13	9	10	15	16
		项目经费/万元	499	400	561	609	596
		机构数/个	2	2	3	4	5
		主持人数/人	13	9	10	15	16
	无机非金属材料	项目数/项	7	20	11	6	6
		项目经费/万元	176	1 052	709	489	136.1
		机构数/个	2	5	3	3	4
		主持人数/人	7	20	11	6	6
	计算机科学	项目数/项	11	11	11	10	5
		项目经费/万元	959	441	481	385	194
		机构数/个	3	3	5	4	2
		主持人数/人	10	11	11	10	5

资料来源：中国产业智库大数据中心

表 3-121　2018 年山西省争取国家自然科学基金项目经费二十强学科及国内排名

序号	研究领域	项目数量/项（排名）	项目经费/万元（排名）
合计		422（24）	18 381.47（23）
1	机械工程	30（17）	2 216（14）
2	光学和光电子学	27（10）	2 049.39（8）
3	化学工程与工业化学	25（10）	1 303（10）
4	物理学Ⅰ	21（17）	1 086.5（13）
5	催化与表界面化学	16（9）	961.6（9）
6	冶金与矿业	20（15）	900（15）
7	力学	16（14）	596（15）
8	预防医学	13（10）	534（10）
9	自动化	13（18）	474（20）
10	材料化学与能源化学	12（17）	419.9（18）
11	数学	13（25）	394（25）
12	物理学Ⅱ	17（16）	334（21）
13	人工智能	9（18）	321（20）
14	地理学	8（21）	299.3（23）
15	金属材料	7（23）	272（24）
16	动物学	8（10）	270（15）
17	环境地球科学	9（25）	255（28）
18	大科学装置联合基金	1（14）	248（8）
19	作物学	6（25）	246（25）
20	建筑环境与结构工程	8（25）	234（25）

资料来源：中国产业智库大数据中心

表 3-122　2018 年山西省发表 SCI 论文数量二十强学科

序号	研究领域	发文量全国排名	发文量/篇	被引次数/次	篇均被引/次
1	材料科学、跨学科	19	714	930	1.30
2	化学、物理	18	443	783	1.77
3	化学、跨学科	20	355	311	0.88
4	物理学、应用	21	329	393	1.19
5	工程、化学	17	246	548	2.23
6	能源和燃料	20	204	285	1.40
7	纳米科学和纳米技术	19	192	266	1.39
8	光学	19	188	218	1.16
9	冶金和冶金工程学	17	168	245	1.46
10	环境科学	21	167	145	0.87
11	工程、电气和电子	22	166	79	0.48
12	电化学	19	162	255	1.57
13	物理学、凝聚态物质	21	150	158	1.05
14	化学、分析	21	133	185	1.39

续表

序号	研究领域	发文量全国排名	发文量/篇	被引次数/次	篇均被引/次
15	设备和仪器	19	123	142	1.15
16	物理学、跨学科	18	123	48	0.39
17	数学、应用	21	115	84	0.73
18	化学、无机和核	16	113	94	0.83
19	化学、应用	20	102	278	2.73
20	生物化学与分子生物学	25	90	62	0.69
全省（自治区、直辖市）合计		22	4152	4024	0.97

资料来源：中国产业智库大数据中心

表 3-123　2018 年山西省争取国家自然科学基金项目经费二十五强机构

序号	机构名称	项目数量/项（排名）	项目经费/万元（排名）	发文量/篇（排名）	被引次数/次（排名）	发明专利申请数/件（排名）	BRCI（排名）
1	太原理工大学	114（85）	4599.9（124）	1213（85）	1595（69）	856（77）	14.5522（74）
2	山西大学	103（99）	5072.69（109）	731（128）	621（156）	360（229）	9.7031（105）
3	中北大学	33（288）	2078.5（238）	571（154）	680（139）	475（155）	5.8577（162）
4	山西医科大学	49（209）	1833.68（266）	357（215）	184（312）	29（4748）	3.0542（270）
5	中国科学院山西煤炭化学研究所	18（437）	1331.1（320）	204（303）	331（230）	75（1280）	2.4175（308）
6	太原科技大学	16（478）	655（476）	169（352）	157（336）	253（336）	2.1854（335）
7	山西农业大学	24（368）	909（407）	178（335）	71（486）	61（1620）	1.842（362）
8	山西师范大学	15（492）	419.6（593）	198（309）	166（327）	34（3729）	1.4729（404）
9	山西大同大学	9（622）	288（685）	68（569）	45（580）	26（5391）	0.7511（498）
10	太原师范学院	9（621）	203（770）	37（734）	55（540）	24（6020）	0.6533（521）
11	山西财经大学	11（572）	287（686）	44（693）	15（832）	5（35651）	0.4722（562）
12	山西中医药大学	6（730）	210（758）	9（1340）	3（1836）	36（3430）	0.2988（602）
13	运城学院	1（1262）	24（1399）	32（782）	8（1109）	39（3099）	0.1689（657）
14	太原工业学院	1（1254）	23（1430）	15（1049）	31（657）	15（11143）	0.1579（660）
15	晋中学院	1（1261）	24（1398）	13（1119）	6（1301）	11（15817）	0.1122（682）
16	长治学院	1（1264）	5（1521）	10（1262）	12（920）	10（17409）	0.0913（697）
17	长治医学院	1（1263）	21（1470）	19（947）	2（2224）	2（72476）	0.0732（706）
18	山西省交通科学研究院	1（1255）	21（1469）	0（4494）	0（4386）	41（2862）	0.0066（1180）
19	山西省农业科学院经济作物研究所	1（1257）	60（1110）	0（4494）	0（4386）	10（17409）	0.0062（1213）
20	山西省农业科学院植物保护研究所	1（1256）	20（1494）	0（4494）	0（4386）	8（23419）	0.005（1297）
21	内蒙古自治区综合疾病预防控制中心	1（1253）	44（1227）	0（4494）	0（4386）	1（107252）	0.004（1359）
22	奈曼旗扶贫开发办公室	3（905）	150（843）	0（4494）	0（4386）	0（192051）	0.0019（1419）
23	山西省运城市中心医院	1（1260）	55（1155）	0（4494）	0（4386）	0（192051）	0.0013（1457）
24	山西省气象台	1（1259）	25（1353）	0（4494）	0（4386）	0（192051）	0.0012（1486）
25	山西省地质矿产研究院	1（1258）	22（1450）	0（4494）	0（4386）	0（192051）	0.0011（1533）

资料来源：中国产业智库大数据中心

	综合	农业科学	生物与生化	化学	临床医学	计算机科学	经济与商学	工程科学	环境/生态学	地球科学	免疫学	材料科学	数学	微生物学	分子生物与遗传学	综合交叉学科	神经科学与行为	药理学与毒物学	物理学	植物与动物科学	精神病学/心理学	一般社会科学	空间科学	进入ESI学科数
山西大学	1652	0	0	685	0	0	0	1068	0	0	0	0	0	0	0	0	0	0	0	0	0	0	0	2
太原理工大学	1863	0	0	809	0	0	0	590	0	0	0	365	0	0	0	0	0	0	0	0	0	0	0	3
中国科学院山西煤炭化学研究所	2168	0	0	577	0	0	0	1050	0	0	0	546	0	0	0	0	0	0	0	0	0	0	0	3
山西医科大学	3045	0	0	0	2130	0	0	0	0	0	0	0	0	0	0	0	0	0	0	0	0	0	0	1
中北大学	3316	0	0	0	0	0	0	1356	0	0	0	0	0	0	0	0	0	0	0	0	0	0	0	1
山西省人民医院	5457	0	0	0	3715	0	0	0	0	0	0	0	0	0	0	0	0	0	0	0	0	0	0	1

图 3-51　2018 年山西省各机构 ESI 前 1%学科分布

表 3-124　2018 年山西省在华发明专利申请量二十强企业和科研机构列表

序号	二十强企业	发明专利申请量/件	二十强科研机构	发明专利申请量/件
1	大同新成新材料股份有限公司	276	太原理工大学	854
2	中铁十二局集团有限公司	127	中北大学	471
3	中铁十二局集团第二工程有限公司	97	山西大学	359
4	山西太钢不锈钢股份有限公司	93	太原科技大学	252
5	国网山西省电力公司电力科学研究院	50	中国科学院山西煤炭化学研究所	75
6	中国煤炭科工集团太原研究院有限公司	49	山西农业大学	59
7	中车永济电机有限公司	49	吕梁学院	49
8	山西天地煤机装备有限公司	49	山西省交通科学研究院	40
9	中铁三局集团有限公司	48	运城学院	39
10	山西省工业设备安装集团有限公司	36	中国辐射防护研究院	36
11	山西晋城无烟煤矿业集团有限责任公司	33	山西中医药大学	36
12	山西汾西重工有限责任公司	30	山西师范大学	34
13	山西尚风科技股份有限公司	27	山西医科大学	29
14	大同煤矿集团有限责任公司	24	山西大同大学	26
15	山西云度知识产权服务有限公司	22	清华大学山西清洁能源研究院	26
16	山西新华化工有限责任公司	21	太原师范学院	24
17	中国日用化学研究院有限公司	20	山西省农业科学院作物科学研究所	24
18	中车太原机车车辆有限公司	20	山西省农业科学院果树研究所	17
19	国网山西省电力公司阳泉供电公司	19	太原工业学院	15
20	山西海玉园食品有限公司	19	忻州师范学院	15

资料来源：中国产业智库大数据中心

3.3.25　贵州省

2018 年，贵州省的基础研究竞争力指数为 0.254，排名第 25 位。贵州省争取国家自然科学基金项目总数为 456 项，全国排名第 23 位；项目经费总额为 17 880.1 万元，全国排名第 24 位。国家自然科学基金项目经费金额大于 1000 万元的有 2 个学科（图 3-52），地理学项目经费呈波动下降趋势；中药学、冶金与矿业、植物保护学项目经费呈上升趋势（表 3-125）；争取国家自然科学基金项目经费最多的学科为地球化学（表 3-126）。发表 SCI 论文数量最多的学科为材料科学、跨学科（表 3-127）。争取国家自然科学基金经费超过 1000 万元的有 6 个机构（表 3-128）；共有 2 个机构进入相关学科的 ESI 全球前 1%行列（图 3-53）。贵州省的发明专利申请量为 13 414 件，全国排名第 19，主要专利权人如表 3-129 所示。

2018 年，贵州省地方财政科技投入经费预算 18.41 亿元，全国排名第 26 位；拥有国家重点实验室 3 个，省级重点实验室 30 个；拥有院士 4 人，新增“千人计划”青年项目入选者 1 人，新增“万人计划”入选者 6 人，累计入选院士人数、新增“千人计划”青年项目入选者人数、新增“万人计划”入选者人数全国排名分别为第 20 位、第 18 位、第 24 位。

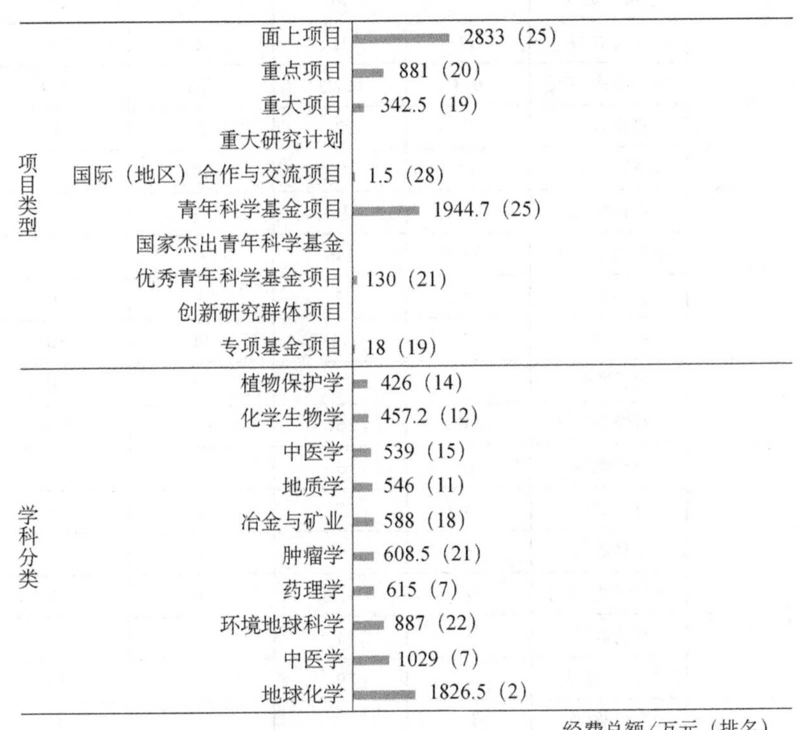

图 3-52　2018 年贵州省争取国家自然科学基金项目情况

资料来源：中国产业智库大数据中心

表 3-125　2014～2018 年贵州省争取国家自然科学基金项目经费十强学科

项目经费趋势	学科	指标	2014 年	2015 年	2016 年	2017 年	2018 年
	合计	项目数/项	310	347	412	427	456
		项目经费/万元	19 830.4	13 870.4	20 783.1	15 935.8	17 880.1
		机构数/个	25	26	27	23	25
		主持人数/人	307	344	412	421	453
	地球化学	项目数/项	46	38	44	38	24
		项目经费/万元	6 439.4	2 216.2	7 879	1 803	1 826.5
		机构数/个	7	6	5	7	6
		主持人数/人	44	38	44	38	24

续表

项目经费趋势	学科	指标	2014年	2015年	2016年	2017年	2018年
	地质学	项目数/项	7	5	12	12	13
		项目经费/万元	1 118	839.2	560	578	546
		机构数/个	2	2	4	4	4
		主持人数/人	7	5	12	12	13
	中药学	项目数/项	14	14	15	21	30
		项目经费/万元	688	521	469	687	1 029
		机构数/个	6	3	4	4	5
		主持人数/人	14	14	15	21	30
	地理学	项目数/项	13	11	10	14	8
		项目经费/万元	614	632.5	363	479	330.9
		机构数/个	8	7	3	5	6
		主持人数/人	13	11	10	14	8
	肿瘤学	项目数/项	8	14	13	11	18
		项目经费/万元	330	546	493	328	608.5
		机构数/个	3	2	3	3	3
		主持人数/人	8	14	13	10	18
	中医学	项目数/项	8	7	15	16	16
		项目经费/万元	352	258	577	548	539
		机构数/个	2	3	3	2	3
		主持人数/人	8	7	15	16	16
	冶金与矿业	项目数/项	6	9	9	13	15
		项目经费/万元	322	421	344	506	588
		机构数/个	3	4	2	2	3
		主持人数/人	6	9	9	13	14
	催化与表界面化学	项目数/项	11	17	8	9	1
		项目经费/万元	553	586	332	617	40
		机构数/个	5	7	4	6	1
		主持人数/人	11	17	8	9	1
	植物保护学	项目数/项	9	7	10	11	12
		项目经费/万元	393	251	332	363	426
		机构数/个	4	6	6	6	6
		主持人数/人	9	7	10	11	12
	药理学	项目数/项	5	7	6	7	10
		项目经费/万元	266	271	207.3	264	615
		机构数/个	2	3	2	2	3
		主持人数/人	5	7	6	7	10

资料来源：中国产业智库大数据中心

表 3-126 2018 年贵州省争取国家自然科学基金项目经费二十强学科及国内排名

序号	研究领域	项目数量/项（排名）	项目经费/万元（排名）
合计		456（23）	17 880.1（24）
1	地球化学	24（2）	1 826.5（2）
2	中药学	30（5）	1 029（7）
3	环境地球科学	19（22）	887（22）
4	药理学	10（7）	615（7）
5	肿瘤学	18（21）	608.5（21）
6	冶金与矿业	15（17）	588（18）
7	地质学	13（10）	546（11）
8	中医学	16（13）	539（15）
9	化学生物学	11（9）	457.2（12）
10	植物保护学	12（9）	426（14）
11	合成化学	9（22）	378.5（22）
12	数学	11（26）	367（26）
13	地理学	8（21）	330.9（22）
14	光学和光电子学	2（23）	322（19）
15	林学	8（17）	306（20）
16	影像医学与生物医学工程	8（13）	301（14）
17	作物学	8（23）	291（24）
18	植物学	7（18）	287（20）
19	神经系统和精神疾病	8（23）	284（23）
20	食品科学	8（18）	277（19）

资料来源：中国产业智库大数据中心

表 3-127 2018 年贵州省发表 SCI 论文数量二十强学科

序号	研究领域	发文量全国排名	发文量/篇	被引次数/次	篇均被引/次
1	材料科学、跨学科	25	163	91	0.56
2	化学、跨学科	26	131	77	0.59
3	环境科学	26	125	86	0.69
4	医学、研究和试验	23	103	51	0.50
5	物理学、应用	25	91	63	0.69
6	生物化学与分子生物学	25	90	82	0.91
7	药理学和药剂学	24	88	48	0.55
8	化学、有机	21	86	63	0.73
9	工程、电气和电子	25	73	24	0.33
10	肿瘤学	25	73	66	0.90
11	数学、应用	24	70	92	1.31
12	化学、物理	27	67	89	1.33
13	多学科科学	25	62	35	0.56
14	聚合物科学	24	53	60	1.13
15	物理学、凝聚态物质	26	48	27	0.56

续表

序号	研究领域	发文量全国排名	发文量/篇	被引次数/次	篇均被引/次
16	数学	25	43	15	0.35
17	冶金和冶金工程学	26	42	27	0.64
18	化学、分析	25	41	15	0.37
19	能源和燃料	26	41	24	0.59
20	地球化学和地球物理学	14	41	28	0.68
全省（自治区、直辖市）合计		25	1986	1277	0.64

资料来源：中国产业智库大数据中心

表 3-128　2018 年贵州省争取国家自然科学基金项目经费二十五强机构

序号	机构名称	项目数量/项（排名）	项目经费/万元（排名）	发文量/篇（排名）	被引次数/次（排名）	发明专利申请数/件（排名）	BRCI（排名）
1	贵州大学	100（101）	3862（142）	631（139）	488（179）	1243（51）	10.6148（93）
2	遵义医学院	79（134）	2813.2（186）	277（259）	188（309）	135（655）	4.7811（200）
3	贵州医科大学	72（145）	2838.9（184）	197（311）	123（378）	54（1903）	3.508（247）
4	中国科学院地球化学研究所	37（269）	2708.5（192）	154（377）	141（353）	46（2498）	2.6652（287）
5	贵州师范大学	29（328）	1023.4（375）	128（422）	38（611）	91（1034）	1.8243（364）
6	贵阳中医学院	35（283）	1245（333）	30（807）	12（920）	48（2365）	1.1689（437）
7	贵州省人民医院	15（504）	530.8（528）	79（540）	48（563）	30（4382）	1.0467（454）
8	贵州理工学院	10（611）	346.3（640）	50（653）	23（727）	111（791）	0.868（480）
9	贵州民族大学	12（564）	370.5（623）	60（604）	30（664）	45（2567）	0.8648（481）
10	铜仁学院	9（638）	280（695）	31（793）	17（798）	107（827）	0.6598（518）
11	遵义师范学院	7（711）	177（806）	37（734）	14（863）	68（1441）	0.5561（543）
12	贵州财经大学	8（675）	216.5（747）	32（782）	30（664）	10（17409）	0.4841（560）
13	黔南民族师范学院	7（712）	181（801）	14（1078）	1（2917）	79（1207）	0.3135（598）
14	贵阳学院	3（973）	74（1036）	21（916）	7（1199）	70（1389）	0.2953（603）
15	贵州师范学院	7（710）	238（727）	1（4493）	2（2224）	19（8601）	0.1871（646）
16	六盘水师范学院	1（1473）	39（1267）	21（916）	7（1199）	19（8601）	0.1481（665）
17	安顺学院	1（1474）	37（1278）	15（1049）	5（1429）	9（21079）	0.1158（681）
18	贵州省农业科学院	12（565）	461（565）	16（1023）	18（784）	0（192051）	0.1108（684）
19	凯里学院	2（1130）	75（1032）	8（1428）	1（2917）	5（35651）	0.1025（692）
20	贵州省疾病预防控制中心	2（1134）	67（1064）	4（2060）	1（2917）	4（44369）	0.0864（698）
21	贵州省林业科学研究院	1（1476）	39（1268）	2（3037）	0（4386）	2（72476）	0.0157（889）
22	贵州省烟草科学研究院	2（1133）	80（1010）	0（4494）	0（4386）	38（3195）	0.0103（1014）
23	贵州省植物保护研究所	2（1132）	78（1021）	0（4494）	0（4386）	2（72476）	0.0063（1202）
24	贵州省山地环境气候研究所	2（1131）	75（1033）	0（4494）	0（4386）	0（192051）	0.0018（1424）
25	贵州省地质矿产勘查开发局	1（1475）	24（1418）	0（4494）	0（4386）	0（192051）	0.0012（1486）

资料来源：中国产业智库大数据中心

	综合	农业科学	生物与生化	化学	临床医学	计算机科学	经济与商学	工程科学	环境/生态学	地球科学	免疫学	材料科学	数学	微生物学	分子生物与遗传学	综合交叉学科	神经科学与行为	药理学与毒物学	物理学	植物与动物科学	精神病学/心理学	一般社会科学	空间科学	进入ESI学科数
贵州大学	2617	0	0	981	0	0	0	0	0	0	0	0	0	0	0	0	0	0	0	866	0	0	0	2
遵义医科大学	4444	0	0	0	3894	0	0	0	0	0	0	0	0	0	0	0	0	0	0	0	0	0	0	1

图 3-53 2018 年贵州省各机构 ESI 前 1%学科分布

表 3-129 2018 年贵州省在华发明专利申请量二十强企业和科研机构列表

序号	二十强企业	发明专利申请量/件	二十强科研机构	发明专利申请量/件
1	贵州电网有限责任公司	337	贵州大学	1237
2	中国电建集团贵阳勘测设计研究院有限公司	186	遵义医学院	135
3	贵阳锐航智能科技有限公司	74	贵州理工学院	110
4	贵州钢绳股份有限公司	60	铜仁学院	107
5	中国航发贵州黎阳航空动力有限公司	55	贵州师范大学	89
6	贵州开阳永红丰顺农业发展有限公司	42	黔南民族师范学院	79
7	贵州禾锋霖农业科技有限公司	42	贵阳学院	70
8	贵州黔新茂源农业发展有限公司	42	遵义师范学院	68
9	贵州开磷集团股份有限公司	39	贵州医科大学	54
10	贵州新联爆破工程集团有限公司	36	贵阳中医学院	48
11	贵州务川科华生物科技有限公司	33	中国科学院地球化学研究所	46
12	贵州岚宇茶业有限公司	33	贵州民族大学	45
13	贵州宏财聚农投资有限责任公司	32	贵州省烟草科学研究院	36
14	贵州省仁怀市西科电脑科技有限公司	30	贵州工程应用技术学院	35
15	贵州天刺力食品科技有限责任公司	28	贵州省水利水电勘测设计研究院	31
16	贵州新天鑫化工有限公司	28	贵州省生物研究所	23
17	贵州四季硕果农业开发有限责任公司	27	贵州省蚕业研究所	23
18	中国航空工业标准件制造有限责任公司	26	贵州省材料产业技术研究院	21
19	中铁五局集团有限公司	26	贵州师范学院	19
20	贵州太朴生态农业有限公司	26	六盘水师范学院	17

资料来源：中国产业智库大数据中心

3.3.26 新疆维吾尔自治区

2018 年，新疆维吾尔自治区的基础研究竞争力指数为 0.1936，排名第 26 位。新疆维吾尔自治区争取国家自然科学基金项目总数为 389 项，项目经费总额为 15 500.32 万元，全国排名均为第 26 位。争取国家自然科学基金项目经费金额大于 500 万元的有 7 个学科（图 3-54），地理学、肿瘤学项目经费呈下降趋势；中药学、天文学项目经费呈上升趋势（表 3-130）；争取国家自然科学基金项目经费最多的学科为机械工程（表 3-131）。发表 SCI 论文数量最多的学科为化学、跨学科（表 3-132）。争取国家自然科学基金经费超过 2000 万元的有 3 个机构（表 3-133）；共有 3 个机构进入相关学科的 ESI 全球前 1%行列（图 3-55）。新疆维吾尔自治区的发明专利申请量为2617件，全国排名第27，主要专利权人如表3-134所示。

2018年，新疆维吾尔自治区地方财政科技投入经费预算35.44亿元，全国排名第22位；拥有国家重点实验室2个，省级重点实验室54个，获得国家科技奖励1项；拥有院士3人，新增“万人计划”入选者11人，累计入选院士人数、新增“万人计划”入选者人数全国排名分别为第23位、第21位。

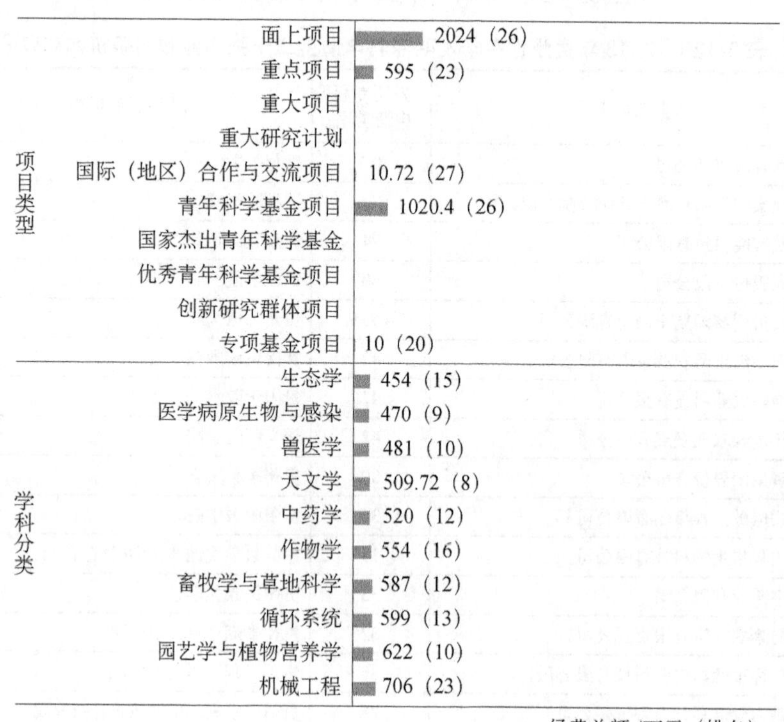

图3-54 2018年新疆维吾尔自治区争取国家自然科学基金项目情况

资料来源：中国产业智库大数据中心

表3-130 2014～2018年新疆维吾尔自治区争取国家自然科学基金项目经费十强学科

项目经费趋势	学科	指标	2014年	2015年	2016年	2017年	2018年
	合计	项目数/项	505	507	480	467	389
		项目经费/万元	26 741	21 720.86	21 377.3	19 902	15 500.32
		机构数/个	29	29	26	26	27
		主持人数/人	496	502	479	459	386
	地理学	项目数/项	35	36	38	30	9
		项目经费/万元	1 938	1 728	1 985	1 360	335.2
		机构数/个	7	10	9	7	7
		主持人数/人	35	36	38	30	9
	作物学	项目数/项	18	29	19	22	14
		项目经费/万元	909	1 116	740	921	554
		机构数/个	5	5	5	5	4
		主持人数/人	18	29	19	22	14

续表

项目经费趋势	学科	指标	2014年	2015年	2016年	2017年	2018年
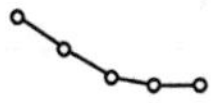	食品科学	项目数/项	23	19	13	11	10
		项目经费/万元	1 102	776	507	415	419
		机构数/个	9	6	5	5	5
		主持人数/人	23	19	13	11	10
	畜牧学与草地科学	项目数/项	11	10	15	17	16
		项目经费/万元	562	388	546	632	587
		机构数/个	4	4	5	5	5
		主持人数/人	11	10	15	17	16
	生态学	项目数/项	13	21	11	14	13
		项目经费/万元	525	816	412	493	454
		机构数/个	6	8	7	4	7
		主持人数/人	13	21	11	14	13
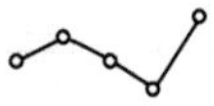	机械工程	项目数/项	11	16	13	9	12
		项目经费/万元	475	598	486	334	706
		机构数/个	4	5	4	3	4
		主持人数/人	11	15	13	9	12
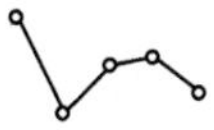	植物学	项目数/项	15	9	13	14	8
		项目经费/万元	764	276	525	551	378
		机构数/个	7	8	7	6	3
		主持人数/人	15	9	13	14	8
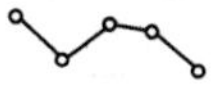	肿瘤学	项目数/项	14	11	16	16	10
		项目经费/万元	621	395	582	537	333
		机构数/个	3	3	3	3	4
		主持人数/人	14	11	16	16	10
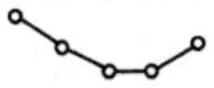	中药学	项目数/项	14	13	10	10	15
		项目经费/万元	663	490	358	363	520
		机构数/个	3	4	5	5	6
		主持人数/人	14	13	10	10	15
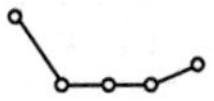	天文学	项目数/项	11	8	6	7	13
		项目经费/万元	1 017	280	283	277	509.72
		机构数/个	2	2	1	2	2
		主持人数/人	11	8	6	7	13

资料来源：中国产业智库大数据中心

表3-131　2018年新疆维吾尔自治区争取国家自然科学基金项目经费二十强学科及国内排名

序号	研究领域	项目数量/项（排名）	项目经费/万元（排名）
合计		389（26）	15 500.32（26）
1	机械工程	12（23）	706（23）
2	园艺学与植物营养学	16（10）	622（10）
3	循环系统	15（13）	599（13）

续表

序号	研究领域	项目数量/项（排名）	项目经费/万元（排名）
4	畜牧学与草地科学	16（7）	587（12）
5	作物学	14（13）	554（16）
6	中药学	15（11）	520（12）
7	天文学	13（5）	509.72（8）
8	兽医学	12（9）	481（10）
9	医学病原生物与感染	6（10）	470（9）
10	生态学	13（13）	454（15）
11	数学	14（24）	451（24）
12	食品科学	10（15）	419（14）
13	环境地球科学	10（24）	413（24）
14	植物学	8（17）	378（16）
15	光学和光电子学	2（23）	368（18）
16	化学工程与工业化学	9（17）	367（19）
17	地理学	9（20）	335.2（21）
18	肿瘤学	10（23）	333（23）
19	材料化学与能源化学	8（21）	308.4（24）
20	合成化学	7（24）	305（23）

资料来源：中国产业智库大数据中心

表 3-132　2018 年新疆维吾尔自治区发表 SCI 论文数量二十强学科

序号	研究领域	发文量全国排名	发文量/篇	被引次数/次	篇均被引/次
1	化学、跨学科	24	143	216	1.51
2	环境科学	24	132	102	0.77
3	医学、研究和试验	22	118	57	0.48
4	材料科学、跨学科	27	115	150	1.30
5	化学、物理	25	111	225	2.03
6	肿瘤学	24	89	64	0.72
7	生物化学与分子生物学	27	80	35	0.44
8	药理学和药剂学	27	74	38	0.51
9	物理学、应用	27	67	95	1.42
10	多学科科学	25	62	50	0.81
11	周围性血管疾病	11	61	1	0.02
12	植物学	23	60	29	0.48
13	工程、化学	25	56	92	1.64
14	地球学、跨学科	21	51	44	0.86
15	化学、有机	22	50	27	0.54
16	医学、全科和内科	23	46	12	0.26
17	化学、无机和核	24	44	61	1.39
18	物理学、凝聚态物质	27	44	78	1.77
19	纳米科学和纳米技术	25	43	58	1.35

续表

序号	研究领域	发文量全国排名	发文量/篇	被引次数/次	篇均被引/次
20	水资源	20	43	22	0.51
	全省（自治区、直辖市）合计	26	1923	1488	0.77

资料来源：中国产业智库大数据中心

表 3-133　2018 年新疆维吾尔自治区争取国家自然科学基金项目经费二十七强机构

序号	机构名称	项目数量/项（排名）	项目经费/万元（排名）	发文量/篇（排名）	被引次数/次（排名）	发明专利申请数/件（排名）	BRCI（排名）
1	新疆大学	80（132）	3317.9（161）	442（191）	412（194）	118（737）	5.9202（161）
2	石河子大学	82（127）	3016.3（172）	352（218）	269（254）	146（599）	5.4817（175）
3	新疆医科大学	69（147）	2768.4（190）	307（237）	128（369）	19（8601）	3.129（265）
4	中国科学院新疆理化技术研究所	12（569）	845（423）	183（325）	315（238）	70（1389）	1.9031（354）
5	中国科学院新疆生态与地理研究所	13（545）	493（543）	168（354）	144（348）	21（7118）	1.2649（427）
6	新疆农业大学	25（365）	955.8（393）	60（604）	18（784）	60（1655）	1.2462（430）
7	塔里木大学	24（375）	962（392）	36（743）	5（1429）	114（767）	1.0161（462）
8	新疆师范大学	11（586）	434（583）	54（631）	25（709）	2（72476）	0.4893（559）
9	中国科学院新疆天文台	12（568）	487.72（545）	19（947）	5（1429）	6（30066）	0.3963（583）
10	中国气象局乌鲁木齐沙漠气象研究所	5（823）	197（784）	19（947）	13（889）	2（72476）	0.2485（621）
11	新疆维吾尔自治区人民医院	3（989）	104（942）	90（508）	5（1429）	5（35651）	0.2426（625）
12	伊犁师范学院	3（988）	75（1030）	18（969）	9（1052）	11（15817）	0.221（633）
13	新疆维吾尔自治区药物研究所	3（990）	103（949）	2（3037）	4（1607）	5（35651）	0.1237（678）
14	新疆农业科学院	14（520）	542（518）	5（1830）	7（1199）	0（192051）	0.0843（700）
15	新疆财经大学	7（718）	196.2（785）	11（1208）	2（2224）	0（192051）	0.0523（725）
16	新疆农垦科学院	5（825）	199（779）	1（4493）	0（4386）	40（2960）	0.0518（726）
17	新疆工程学院	4（879）	165（820）	3（2415）	0（4386）	21（7118）	0.0502（733）
18	新疆维吾尔自治区地震局	1（1522）	63（1091）	1（4493）	1（2917）	1（107252）	0.0427（748）
19	喀什大学	5（824）	172（811）	1（4493）	4（1607）	0（192051）	0.0344（769）
20	新疆林业科学院	1（1520）	35（1299）	2（3037）	0（4386）	3（54859）	0.0165（882）
21	新疆畜牧科学院	2（1151）	78（1022）	2（3037）	0（4386）	0（192051）	0.0063（1202）
22	喀什地区第一人民医院	2（1150）	67（1065）	2（3037）	0（4386）	0（192051）	0.0061（1219）
23	中国人民解放军兰州军区乌鲁木齐总医院	2（1149）	79（1015）	1（4493）	0（4386）	0（192051）	0.0056（1254）
24	新疆维吾尔自治区中药民族药研究所	1（1521）	34（1305）	0（4494）	0（4386）	8（23419）	0.0055（1261）
25	克拉玛依市中心医院	1（1518）	35（1297）	3（2415）	0（4386）	0（192051）	0.0047（1315）
26	新疆维吾尔自治区气象台	1（1523）	41（1244）	0（4494）	0（4386）	0（192051）	0.0013（1457）
27	和田地区人民医院	1（1519）	35（1298）	0（4494）	0（4386）	0（192051）	0.0012（1486）

资料来源：中国产业智库大数据中心

	综合	农业科学	生物与生化	化学	临床医学	计算机科学	经济与商学	工程科学	环境/生态学	地球科学	免疫学	材料科学	数学	微生物学	分子生物与遗传学	综合交叉学科	神经科学与行为	药理学与毒物学	物理学	植物与动物科学	精神病学/心理学	一般社会科学	空间科学	进入ESI学科数
新疆大学	2577	0	0	1112	0	0	0	0	0	0	0	0	0	0	0	0	0	0	0	0	0	0	0	1
中国科学院新疆生态与地理研究所	3104	0	0	0	0	0	0	0	666	626	0	0	0	0	0	0	0	0	0	0	0	0	0	2
新疆医科大学	3512	0	0	0	2040	0	0	0	0	0	0	0	0	0	0	0	0	0	0	0	0	0	0	1

图 3-55　2018 年新疆维吾尔自治区各机构 ESI 前 1%学科分布

表 3-134　2018 年新疆维吾尔自治区在华发明专利申请量二十强企业和科研机构列表

序号	二十强企业	发明专利申请量/件	二十强科研机构	发明专利申请量/件
1	国家电网有限公司	117	石河子大学	143
2	乌鲁木齐九品芝麻信息科技有限公司	88	新疆大学	117
3	中国石油集团西部钻探工程有限公司	67	塔里木大学	114
4	新疆八一钢铁股份有限公司	56	中国科学院新疆理化技术研究所	70
5	新疆金风科技股份有限公司	55	新疆农业大学	60
6	国网新疆电力有限公司电力科学研究院	27	新疆农垦科学院	40
7	天康生物股份有限公司	23	中国科学院新疆生态与地理研究所	20
8	新疆中泰化学股份有限公司	17	新疆工程学院	20
9	新疆石油管理局有限公司准东勘探开发分公司	16	新疆医科大学	19
10	新疆华泰重化工有限责任公司	14	新疆维吾尔自治区产品质量监督检验研究院	13
11	新疆玖富万卡信息技术有限公司	14	伊犁师范学院	11
12	新疆众和股份有限公司	13	新疆维吾尔自治区分析测试研究院	9
13	新疆天业（集团）有限公司	13	新疆畜牧科学院兽医研究所（新疆畜牧科学院动物临床医学研究中心）	8
14	新疆晶硕新材料有限公司	13	新疆维吾尔自治区交通规划勘察设计研究院	8
15	中建西部建设新疆有限公司	12	昌吉学院	8
16	国投新疆罗布泊钾盐有限责任公司	12	新疆农业科学院经济作物研究所	7
17	国网新疆电力有限公司乌鲁木齐供电公司	12	新疆维吾尔自治区中药民族药研究所	7
18	国网新疆电力有限公司	11	中国科学院新疆天文台	6
19	国网新疆电力有限公司信息通信公司	11	新疆农业科学院农业机械化研究所	6
20	国网新疆电力有限公司阿克苏供电公司	11	新疆农业科学院园艺作物研究所	5

资料来源：中国产业智库大数据中心

3.3.27　内蒙古自治区

2018 年，内蒙古自治区的基础研究竞争力指数为 0.14，排名第 27 位。内蒙古自治区争取国家自然科学基金项目总数为 282 项，项目经费总额为 10 613.05 万元，全国排名均为第 27 位。争取国家自然科学基金项目经费金额大于 500 万元的有 2 个学科（图 3-56），电子学与信息系统、冶金与矿业项目经费呈波动下降趋势；地理学项目经费呈波动上升趋势（表3-135）；争取国家自然科学基金项目经费最多的学科为畜牧学与草地科学（表3-136）。发表SCI论文数量最多的学科为材料科学、跨学科（表3-137）。争取国家自然科学基金经费超过1000万元的有4个机构（表3-138）；共有2个机构进入相关学科的ESI全球前1%行列（图3-57）。内蒙古自治区的发明专利申请量为2875件，全国排名第26，主要专利权人如表3-139所示。

2018年，内蒙古自治区地方财政科技投入经费预算16.62亿元，全国排名第27位；拥有国家重点实验室1个，省级重点实验室40个；拥有院士2人，新增“千人计划”青年项目入选者1人，新增“万人计划”入选者5人，累计入选院士人数、新增“千人计划”青年项目入选者人数、新增“万人计划”入选者人数全国排名分别为第25位、第18位、第28位。

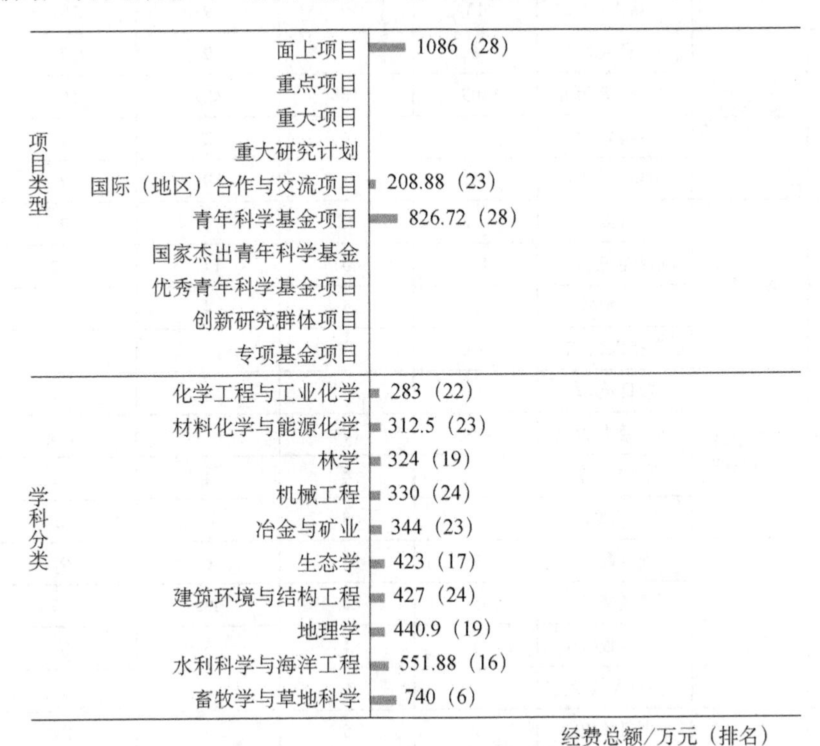

图3-56 2018年内蒙古自治区争取国家自然科学基金项目情况

资料来源：中国产业智库大数据中心

表3-135 2014～2018年内蒙古自治区争取国家自然科学基金项目经费十强学科

项目经费趋势	学科	指标	2014年	2015年	2016年	2017年	2018年
	合计	项目数/项	284	274	294	296	282
		项目经费/万元	12 758	10 123	11 279.4	11 004.1	10 613.05
		机构数/个	21	21	23	22	20
		主持人数/人	277	268	291	287	282
	畜牧学与草地科学	项目数/项	25	17	18	20	19
		项目经费/万元	1 195	662	635	791	740
		机构数/个	6	8	5	6	4
		主持人数/人	25	17	18	20	19

续表

项目经费趋势	学科	指标	2014年	2015年	2016年	2017年	2018年
	水利科学与海洋工程	项目数/项	12	12	16	12	14
		项目经费/万元	551	765	768	541	551.88
		机构数/个	4	3	4	3	2
		主持人数/人	12	12	16	12	14
	生态学	项目数/项	13	9	9	9	8
		项目经费/万元	578	365	383	343	423
		机构数/个	6	4	4	4	5
		主持人数/人	13	9	9	9	8
	食品科学	项目数/项	6	3	9	7	5
		项目经费/万元	609	168	429	507	200
		机构数/个	1	1	2	1	2
		主持人数/人	6	3	9	7	5
	地理学	项目数/项	10	12	5	9	11
		项目经费/万元	496	461	173	302	440.9
		机构数/个	6	6	4	5	3
		主持人数/人	10	12	5	9	11
	电子学与信息系统	项目数/项	11	5	13	12	4
		项目经费/万元	459	179	677	413	137
		机构数/个	6	4	4	4	1
		主持人数/人	11	5	13	12	4
	冶金与矿业	项目数/项	7	5	6	9	9
		项目经费/万元	352	202	483	369	344
		机构数/个	1	1	3	3	1
		主持人数/人	7	5	6	9	9
	环境化学	项目数/项	7	5	9	13	3
		项目经费/万元	400	200	367	509	119
		机构数/个	3	2	3	5	1
		主持人数/人	7	5	9	13	3
	力学	项目数/项	9	6	6	9	8
		项目经费/万元	419	220	212	384	281
		机构数/个	5	2	3	4	3
		主持人数/人	9	6	6	9	8
	中药学	项目数/项	8	11	11	11	6
		项目经费/万元	308	336	281	376	213
		机构数/个	3	5	4	4	4
		主持人数/人	8	11	11	11	6

资料来源：中国产业智库大数据中心

表 3-136　2018 年内蒙古自治区争取国家自然科学基金项目经费二十强学科及国内排名

序号	研究领域	项目数量/项（排名）	项目经费/万元（排名）
合计		282（27）	10 613.05（27）
1	畜牧学与草地科学	19（5）	740（6）
2	水利科学与海洋工程	14（15）	551.88（16）
3	地理学	11（19）	440.9（19）
4	建筑环境与结构工程	11（24）	427（24）
5	生态学	8（20）	423（17）
6	冶金与矿业	9（20）	344（23）
7	机械工程	9（24）	330（24）
8	林学	8（17）	324（19）
9	材料化学与能源化学	7（24）	312.5（23）
10	化学工程与工业化学	7（18）	283（22）
11	力学	8（20）	281（19）
12	物理学 I	7（23）	259（24）
13	环境地球科学	9（25）	259（27）
14	兽医学	7（14）	256（15）
15	肿瘤学	7（25）	242.15（25）
16	园艺学与植物营养学	6（20）	238（21）
17	金属材料	5（25）	218（25）
18	中药学	6（24）	213（24）
19	植物学	5（21）	204（22）
20	食品科学	5（23）	200（23）

资料来源：中国产业智库大数据中心

表 3-137　2018 年内蒙古自治区发表 SCI 论文数量二十强学科

序号	研究领域	发文量全国排名	发文量/篇	被引次数/次	篇均被引/次
1	材料科学、跨学科	26	155	119	0.77
2	化学、物理	26	76	87	1.14
3	化学、跨学科	27	75	52	0.69
4	药理学和药剂学	26	75	23	0.31
5	物理学、应用	26	75	68	0.91
6	环境科学	27	68	30	0.44
7	工程、电气和电子	27	67	19	0.28
8	能源和燃料	25	63	40	0.63
9	物理学、凝聚态物质	25	56	61	1.09
10	医学、研究和试验	27	55	25	0.45
11	冶金和冶金工程学	25	45	26	0.58
12	工程、化学	26	44	24	0.55
13	毒物学	22	44	5	0.11
14	植物学	27	43	22	0.51

续表

序号	研究领域	发文量全国排名	发文量/篇	被引次数/次	篇均被引/次
15	生物化学与分子生物学	28	41	12	0.29
16	农业、制奶业和动物科学	9	39	16	0.41
17	数学、应用	27	36	31	0.86
18	多学科科学	28	35	14	0.40
19	纳米科学和纳米技术	26	34	33	0.97
20	生物工程学和应用微生物学	26	33	7	0.21
全省（自治区、直辖市）合计		27	1391	721	0.52

资料来源：中国产业智库大数据中心

表 3-138　2018 年内蒙古自治区争取国家自然科学基金项目经费二十强机构

序号	机构名称	项目数量/项（排名）	项目经费/万元（排名）	发文量/篇（排名）	被引次数/次（排名）	发明专利申请数/件（排名）	BRCI（排名）
1	内蒙古大学	73（144）	2678.62（194）	303（238）	259（259）	69（1416）	4.4223（215）
2	内蒙古农业大学	62（158）	2452.18（205）	181（330）	71（486）	88（1075）	3.1787（263）
3	内蒙古工业大学	35（277）	1306.2（325）	210（298）	108（408）	161（534）	2.8756（278）
4	内蒙古科技大学	29（319）	1104.1（361）	144（395）	89（445）	148（585）	2.3547（318）
5	内蒙古民族大学	14（508）	535（523）	137（403）	41（594）	27（5177）	1.0745（448）
6	内蒙古医科大学	18（438）	647.55（478）	99（478）	37（623）	18（9146）	1.0498（452）
7	内蒙古师范大学	19（422）	698.8（463）	57（615）	15（832）	11（15817）	0.7825（494）
8	内蒙古科技大学包头医学院	10（593）	377（621）	24（869）	6（1301）	6（30066）	0.3829（587）
9	内蒙古自治区农牧业科学院	4（837）	160（826）	6（1650）	7（1199）	15（11143）	0.232（631）
10	赤峰学院	3（908）	109.6（922）	26（845）	15（832）	4（44369）	0.2302（632）
11	中国农业科学院草原研究所	3（906）	109（926）	8（1428）	3（1836）	19（8601）	0.1874（645）
12	内蒙古财经大学	1（1268）	44（1228）	22（898）	38（611）	3（54859）	0.1484（664）
13	内蒙古科技大学包头师范学院	2（1039）	68（1060）	3（2415）	1（2917）	1（107252）	0.0655（709）
14	河套学院	1（1270）	39（1263）	4（2060）	1（2917）	2（72476）	0.0558（720）
15	内蒙古自治区人民医院	3（907）	105（936）	19（947）	5（1429）	0（192051）	0.0453（740）
16	水利部牧区水利科学研究所	1（1269）	24（1400）	0（4494）	0（4386）	15（11143）	0.0057（1248）
17	内蒙古自治区国际蒙医医院	1（1265）	40（1248）	3（2415）	0（4386）	0（192051）	0.0048（1311）
18	内蒙古自治区林业科学研究院	1（1267）	40（1249）	0（4494）	0（4386）	0（192051）	0.0013（1457）
19	集宁师范学院	1（1271）	40（1250）	0（4494）	0（4386）	0（192051）	0.0013（1457）
20	内蒙古自治区妇幼保健院	1（1266）	35（1289）	0（4494）	0（4386）	0（192051）	0.0012（1486）

资料来源：中国产业智库大数据中心

	综合	农业科学	生物与生化	化学	临床医学	计算机科学	经济与商学	工程科学	环境/生态学	地球科学	免疫学	材料科学	数学	微生物学	分子生物与遗传学	综合交叉学科	神经科学与行为	药理学与毒物学	物理学	植物与动物科学	精神病学/心理学	一般社会科学	空间科学	进入ESI学科数
内蒙古农业大学	4246	656	0	0	0	0	0	0	0	0	0	0	0	0	0	0	0	0	0	0	0	0	0	1
内蒙古医科大学	4639	0	0	0	3057	0	0	0	0	0	0	0	0	0	0	0	0	0	0	0	0	0	0	1

图 3-57 2018 年内蒙古自治区各机构 ESI 前 1%学科分布

表 3-139 2018 年内蒙古自治区在华发明专利申请量二十强企业和科研机构列表

序号	二十强企业	发明专利申请量/件	二十强科研机构	发明专利申请量/件
1	包头钢铁（集团）有限责任公司	153	内蒙古工业大学	159
2	内蒙古蒙草生态环境（集团）股份有限公司	60	内蒙古科技大学	146
3	中国二冶集团有限公司	46	内蒙古农业大学	88
4	内蒙古第一机械集团股份有限公司	41	内蒙古大学	67
5	内蒙古蒙牛乳业（集团）股份有限公司	39	包头稀土研究院	32
6	内蒙古聚能节能服务有限公司	28	内蒙古民族大学	26
7	内蒙古伊泰煤炭股份有限公司	26	中国农业科学院草原研究所	19
8	国家电网有限公司	24	内蒙古医科大学	18
9	瑞科稀土冶金及功能材料国家工程研究中心有限公司	22	水利部牧区水利科学研究所	15
10	国网内蒙古东部电力有限公司电力科学研究院	20	内蒙古自治区农牧业科学院	14
11	启明星宇节能科技股份有限公司	19	内蒙古师范大学	9
12	亿利资源集团有限公司	15	包头轻工职业技术学院	9
13	内蒙古中环光伏材料有限公司	15	锡林郭勒职业学院	9
14	鄂尔多斯市普渡科技有限公司	15	鄂尔多斯应用技术学院	7
15	内蒙古电力（集团）有限责任公司内蒙古电力科学研究院分公司	13	中国科学院包头稀土研发中心	6
16	内蒙古久和能源装备有限公司	12	内蒙古科技大学包头医学院	6
17	内蒙古扎鲁特旗鲁安矿业有限公司	12	内蒙动力机械研究所	5
18	内蒙古拜克生物有限公司	12	内蒙古机电职业技术学院	4
19	包头北方创业有限责任公司	12	内蒙古自治区生物技术研究院	4
20	内蒙古云农实业有限公司	10	内蒙古骆驼研究院	4

资料来源：中国产业智库大数据中心

3.3.28 海南省

2018 年，海南省的基础研究竞争力指数为 0.1028，排名第 28 位。海南省争取国家自然科学基金项目总数为 198 项，项目经费总额为 8094.4 万元，全国排名均为第 28 位。争取国家自然科学基金项目经费金额大于 300 万元的有 8 个学科（图 3-58），食品科学、生态学项目经费呈动态下降趋势；林学、数学项目经费呈上升趋势（表 3-140）；争取国家自然科学基金项目经费最多的学科为林学（表 3-141）。发表 SCI 论文数量最多的学科为生物化学与分子生物学（表 3-142）。争取国家自然科学基金经费超过 1000 万元的有 2 个机构（表 3-143）；共有 3 个机构进入相关学科的 ESI 全球前 1%行列（图 3-59）。海南省的发明专利申请量为 1599 件，全国排名第 29，主要专利权人如表 3-144 所示。

2018 年，海南省地方财政科技投入经费预算 7.39 亿元，全国排名第 30 位；拥有国家重点实验室 1 个，省级重点实验室 58 个；新增“千人计划”青年项目入选者 1 人，新增“万人计划”入选者 3 人，新增“千人计划”青年项目入选者人数、新增“万人计划”入选者人数全国排名分别为第 18 位、第 31 位。

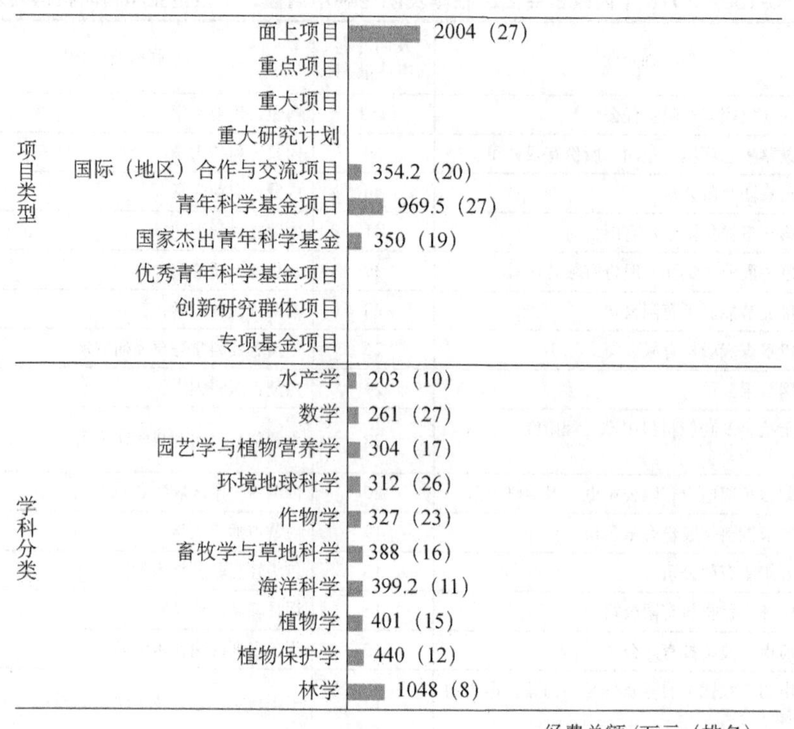

图 3-58 2018 年海南省争取国家自然科学基金项目情况

资料来源：中国产业智库大数据中心

表 3-140 2014～2018 年海南省争取国家自然科学基金项目经费十强学科

项目经费趋势	学科	指标	2014 年	2015 年	2016 年	2017 年	2018 年
	合计	项目数/项	150	154	184	192	198
		项目经费/万元	6950	5794	6386.6	7295.9	8094.4
		机构数/个	18	14	20	16	15
		主持人数/人	149	154	184	190	195
	林学	项目数/项	0	7	10	13	16
		项目经费/万元	0	320	416	562	1048
		机构数/个	0	3	5	4	6
		主持人数/人	0	7	10	13	16
	海洋科学	项目数/项	11	10	9	11	10
		项目经费/万元	516	440	298	468.4	399.2
		机构数/个	3	3	3	5	3
		主持人数/人	11	10	9	10	10

续表

项目经费趋势	学科	指标	2014年	2015年	2016年	2017年	2018年
	植物保护学	项目数/项	6	14	5	8	11
		项目经费/万元	433	736	126	305	440
		机构数/个	3	6	4	3	2
		主持人数/人	6	14	5	8	11
	园艺学与植物营养学	项目数/项	10	5	14	13	7
		项目经费/万元	459	155	404	414	304
		机构数/个	7	3	4	5	4
		主持人数/人	10	5	14	13	7
	作物学	项目数/项	6	6	8	13	5
		项目经费/万元	383	158	299	478	327
		机构数/个	3	5	4	7	4
		主持人数/人	6	6	8	13	5
	植物学	项目数/项	5	4	10	6	10
		项目经费/万元	147	228	393	222	401
		机构数/个	2	3	4	3	5
		主持人数/人	5	4	10	6	10
	食品科学	项目数/项	5	3	10	7	5
		项目经费/万元	245	77	337	274	182
		机构数/个	2	2	2	2	3
		主持人数/人	5	3	10	7	5
	计算机科学	项目数/项	5	9	3	5	4
		项目经费/万元	189	337	110	175	140
		机构数/个	2	3	1	2	2
		主持人数/人	5	9	3	5	4
	生态学	项目数/项	3	3	9	4	3
		项目经费/万元	124	96	356	147	123
		机构数/个	3	2	4	2	1
		主持人数/人	3	3	9	4	3
	数学	项目数/项	4	5	4	5	6
		项目经费/万元	131	94	113	156	261
		机构数/个	2	2	3	2	2
		主持人数/人	4	5	4	5	6

资料来源：中国产业智库大数据中心

表 3-141　2018 年海南省争取国家自然科学基金项目经费二十强学科及国内排名

序号	研究领域	项目数量/项（排名）	项目经费/万元（排名）
合计		198（28）	8094.4（28）
1	林学	16（8）	1048（8）
2	植物保护学	11（11）	440（12）
3	植物学	10（14）	401（15）

续表

序号	研究领域	项目数量/项（排名）	项目经费/万元（排名）
4	海洋科学	10（9）	399.2（11）
5	畜牧学与草地科学	7（15）	388（16）
6	作物学	5（26）	327（23）
7	环境地球科学	9（25）	312（26）
8	园艺学与植物营养学	7（18）	304（17）
9	数学	6（27）	261（27）
10	水产学	5（11）	203（10）
11	食品科学	5（23）	182（25）
12	中医学	5（24）	180（25）
13	呼吸系统	6（12）	172（14）
14	影像医学与生物医学工程	4（21）	169（21）
15	计算机科学	4（25）	140（26）
16	肿瘤学	4（29）	139.6（28）
17	神经系统和精神疾病	4（25）	138（25）
18	建筑环境与结构工程	4（26）	135（28）
19	兽医学	4（18）	129（24）
20	生态学	3（30）	123（30）

资料来源：中国产业智库大数据中心

表3-142　2018年海南省发表SCI论文数量二十强学科

序号	研究领域	发文量全国排名	发文量/篇	被引次数/次	篇均被引/次
1	生物化学与分子生物学	24	96	64	0.67
2	植物学	20	87	36	0.41
3	化学、跨学科	28	67	56	0.84
4	材料科学、跨学科	28	51	55	1.08
5	化学、药物	21	49	24	0.49
6	遗传学和遗传性	22	49	24	0.49
7	药理学和药剂学	28	49	27	0.55
8	化学、应用	25	41	56	1.37
9	多学科科学	27	41	17	0.41
10	化学、分析	26	38	42	1.11
11	环境科学	28	37	20	0.54
12	食品科学和技术	25	36	39	1.08
13	医学、研究和试验	29	34	10	0.29
14	工程、电气和电子	28	32	12	0.38
15	肿瘤学	27	32	16	0.50
16	生物工程学和应用微生物学	28	31	18	0.58
17	电化学	25	31	129	4.16
18	化学、有机	27	28	27	0.96
19	渔业	10	27	19	0.70

续表

序号	研究领域	发文量全国排名	发文量/篇	被引次数/次	篇均被引/次
20	微生物学	23	26	21	0.81
全省（自治区、直辖市）合计		28	1036	722	0.70

资料来源：中国产业智库大数据中心

表 3-143　2018 年海南省争取国家自然科学基金项目经费十五强机构

序号	机构名称	项目数量/项（排名）	项目经费/万元（排名）	发文量/篇（排名）	被引次数/次（排名）	发明专利申请数/件（排名）	BRCI（排名）
1	海南大学	86（118）	3591.1（153）	416（196）	444（187）	298（280）	7.1902（134）
2	海南医学院	35（282）	1193.1（346）	115（442）	42（592）	36（3430）	1.6971（382）
3	海南师范大学	19（432）	761（446）	111（453）	56（536）	120（723）	1.6452（388）
4	中国热带农业科学院热带生物技术研究所	8（671）	438（580）	54（631）	29（673）	33（3862）	0.7207（506）
5	中国科学院深海科学与工程研究所	9（636）	340.2（646）	44（693）	28（685）	26（5391）	0.6636（517）
6	中国热带农业科学院橡胶研究所	7（708）	320（661）	20（933）	13（889）	15（11143）	0.4253（574）
7	中国热带农业科学院环境与植物保护研究所	5（808）	221（742）	20（933）	11（956）	28（4975）	0.3857（586）
8	中国热带农业科学院热带作物品种资源研究所	7（709）	367（627）	14（1078）	4（1607）	18（9146）	0.3473（593）
9	海南省人民医院	11（583）	408（600）	8（1428）	5（1429）	1（107252）	0.24（626）
10	海南热带海洋学院	4（869）	148（846）	8（1428）	2（2224）	16（10355）	0.1971（642）
11	中国热带农业科学院椰子研究所	1（1444）	60（1115）	7（1542）	2（2224）	14（12423）	0.1022（693）
12	中国热带农业科学院香料饮料研究所	3（970）	139（867）	0（4494）	0（4386）	5（35651）	0.0092（1042）
13	海南省农业科学院	1（1445）	40（1254）	0（4494）	0（4386）	0（192051）	0.0013（1457）
14	海南省气象科学研究所	1（1446）	33（1306）	0（4494）	0（4386）	0（192051）	0.0012（1486）
15	海口市人民医院	1（1447）	35（1293）	0（4494）	0（4386）	0（192051）	0.0012（1486）

资料来源：中国产业智库大数据中心

	综合	农业科学	生物与生化	化学	临床医学	计算机科学	经济与商学	工程科学	环境/生态学	地球科学	免疫学	材料科学	数学	微生物学	分子生物与遗传学	综合交叉学科	神经科学与行为	药理学与毒物学	物理学	植物与动物科学	精神病学/心理学	一般社会科学	空间科学	进入ESI学科数
海南大学	3315	0	0	0	0	0	0	0	0	0	0	0	0	0	0	0	0	0	0	1104	0	0	0	1
中国热带农业科学院	3726	0	0	0	0	0	0	0	0	0	0	0	0	0	0	0	0	0	0	921	0	0	0	1
海南医学院	4495	0	0	0	3203	0	0	0	0	0	0	0	0	0	0	0	0	0	0	0	0	0	0	1

图 3-59　2018 年海南省各机构 ESI 前 1%学科分布

表 3-144　2018 年海南省在华发明专利申请量二十强企业和科研机构列表

序号	二十强企业	发明专利申请量/件	二十强科研机构	发明专利申请量/件
1	海南新软软件有限公司	37	海南大学	295

续表

序号	二十强企业	发明专利申请量/件	二十强科研机构	发明专利申请量/件
2	海南电网有限责任公司电力科学研究院	35	海南师范大学	120
3	海南金海浆纸业有限公司	13	海南医学院	36
4	海南易乐物联科技有限公司	11	中国热带农业科学院热带生物技术研究所	32
5	海南立昇净水科技实业有限公司	10	中国热带农业科学院环境与植物保护研究所	27
6	海南鑫申绿色建筑科技有限公司	10	中国科学院深海科学与工程研究所	22
7	中电科海洋信息技术研究院有限公司	9	海南科技职业学院	18
8	海南中航特玻科技有限公司	9	中国热带农业科学院热带作物品种资源研究所	17
9	海南侯臣生物科技有限公司	9	海南热带海洋学院	16
10	海南电网有限责任公司	9	中国热带农业科学院橡胶研究所	15
11	海南省先进天然橡胶复合材料工程研究中心有限公司	9	中国热带农业科学院海口实验站	15
12	海南联塑科技实业有限公司	9	中国热带农业科学院椰子研究所	14
13	海南高灯科技有限公司	9	海南亚元防伪技术研究所（普通合伙）	13
14	海南森祺制药有限公司	8	中国医学科学院药用植物研究所海南分所	9
15	海南赛立克药业有限公司	8	海南省海洋与渔业科学院（海南省海洋开发规划设计研究院）	7
16	海南澄迈神州车用沼气有限公司	7	三亚中科遥感研究所	5
17	海南通用康力制药有限公司	7	中国热带农业科学院香料饮料研究所	5
18	海南春光食品有限公司	6	海南职业技术学院	5
19	一码一路（海南）人工智能有限公司	5	中国科学院遥感与数字地球研究所	4
20	欣龙控股（集团）股份有限公司	5	海南大洋金丝燕研究所	4

资料来源：中国产业智库大数据中心

3.3.29 宁夏回族自治区

2018 年，宁夏回族自治区的基础研究竞争力指数为 0.0755，排名第 29 位。宁夏回族自治区争取国家自然科学基金项目总数为 151 项，项目经费总额为 5624 万元，全国排名均为第 29 位。争取国家自然科学基金项目经费金额大于 300 万元的有 1 个学科（图 3-60），肿瘤学、中药学、循环系统项目经费呈波动下降趋势；生殖系统/围生医学/新生儿项目经费呈波动上升趋势（表 3-145）；争取国家自然科学基金项目经费最多的学科为作物学（表 3-146）。发表 SCI 论文数量最多的学科为医学、研究和试验（表 3-147）。争取国家自然科学基金经费超过 2000 万元的有 2 个机构（表 3-148）；共有 1 个机构进入相关学科的 ESI 全球前 1%行列（图 3-61）。宁夏回族自治区的发明专利申请量为 2534 件，全国排名第 28，主要专利权人如表 3-149 所示。

2018 年，宁夏回族自治区地方财政科技投入经费预算 30.83 亿元，全国排名第 23 位；拥有国家重点实验室 5 个，省级重点实验室 23 个；新增“万人计划”入选者 4 人，全国排名分别为第 29 位。

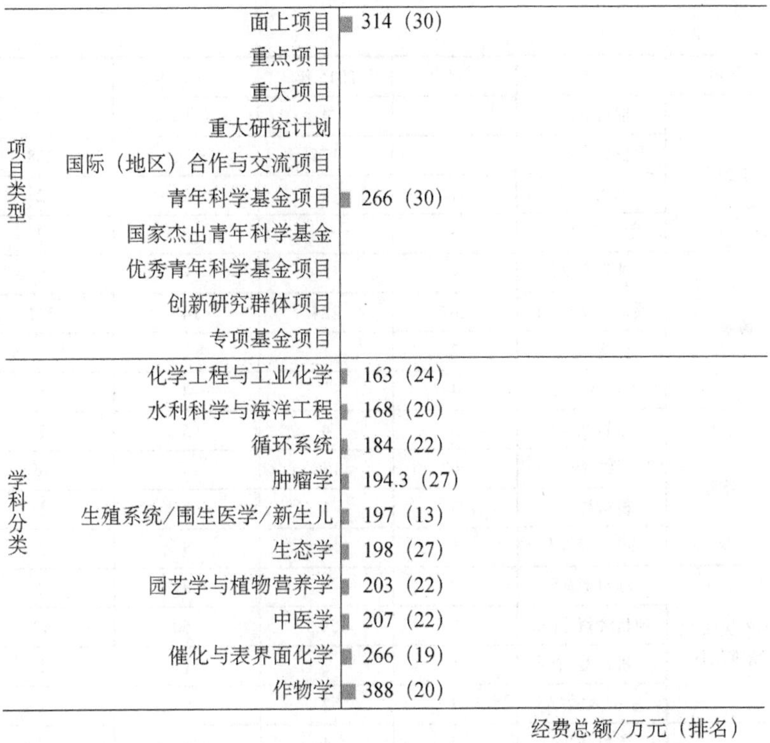

		经费总额/万元（排名）
项目类型	面上项目	314（30）
	重点项目	
	重大项目	
	重大研究计划	
	国际（地区）合作与交流项目	
	青年科学基金项目	266（30）
	国家杰出青年科学基金	
	优秀青年科学基金项目	
	创新研究群体项目	
	专项基金项目	
学科分类	化学工程与工业化学	163（24）
	水利科学与海洋工程	168（20）
	循环系统	184（22）
	肿瘤学	194.3（27）
	生殖系统/围生医学/新生儿	197（13）
	生态学	198（27）
	园艺学与植物营养学	203（22）
	中医学	207（22）
	催化与表界面化学	266（19）
	作物学	388（20）

经费总额/万元（排名）

图3-60　2018年宁夏回族自治区争取国家自然科学基金项目情况

资料来源：中国产业智库大数据中心

表3-145　2014～2018年宁夏回族自治区争取国家自然科学基金项目经费十强学科

项目经费趋势	学科	指标	2014年	2015年	2016年	2017年	2018年
	合计	项目数/项	162	166	170	163	151
		项目经费/万元	7172	6103.6	5933.8	5726.5	5624
		机构数/个	7	7	7	7	11
		主持人数/人	160	165	170	163	151
	肿瘤学	项目数/项	10	8	8	6	6
		项目经费/万元	473	300	249	200	194.3
		机构数/个	2	1	1	2	2
		主持人数/人	10	8	8	6	6
	地理学	项目数/项	7	9	9	10	0
		项目经费/万元	304	353	320	374	0
		机构数/个	2	3	3	1	0
		主持人数/人	7	9	9	10	0
	中医学	项目数/项	3	9	6	8	6
		项目经费/万元	145	335	225	291	207
		机构数/个	1	1	1	1	1
		主持人数/人	3	9	6	8	6

续表

项目经费趋势	学科	指标	2014年	2015年	2016年	2017年	2018年
	中药学	项目数/项	5	4	8	7	4
		项目经费/万元	240	176	277	238	138
		机构数/个	1	1	2	2	1
		主持人数/人	5	4	8	7	4
	兽医学	项目数/项	4	5	4	8	2
		项目经费/万元	267	224	141	331	81
		机构数/个	2	1	1	1	2
		主持人数/人	4	5	4	8	2
	作物学	项目数/项	5	4	5	2	10
		项目经费/万元	202	158	198	76	388
		机构数/个	3	1	2	1	4
		主持人数/人	5	4	5	2	10
	神经系统和精神疾病	项目数/项	7	7	8	2	3
		项目经费/万元	330	259.5	260	67	105
		机构数/个	1	2	1	1	1
		主持人数/人	7	7	8	2	3
	循环系统	项目数/项	2	4	6	7	4
		项目经费/万元	96	176	246	226.5	184
		机构数/个	1	1	1	2	2
		主持人数/人	2	4	6	7	4
	生殖系统/围生医学/新生儿	项目数/项	3	5	5	4	5
		项目经费/万元	143	156	182	134	197
		机构数/个	2	1	1	1	2
		主持人数/人	3	5	5	4	5
	畜牧学与草地科学	项目数/项	5	1	4	6	3
		项目经费/万元	251	42	156	218	118
		机构数/个	1	1	1	2	2
		主持人数/人	5	1	4	6	3

资料来源：中国产业智库大数据中心

表 3-146　2018 年宁夏回族自治区争取国家自然科学基金项目经费二十强学科及国内排名

序号	研究领域	项目数量/项（排名）	项目经费/万元（排名）
合计		151（29）	5624（29）
1	作物学	10（19）	388（20）
2	催化与表界面化学	7（18）	266（19）
3	中医学	6（22）	207（22）
4	园艺学与植物营养学	5（22）	203（22）
5	生态学	5（26）	198（27）
6	生殖系统/围生医学/新生儿	5（14）	197（13）
7	肿瘤学	6（26）	194.3（27）

续表

序号	研究领域	项目数量/项（排名）	项目经费/万元（排名）
8	循环系统	4（21）	184（22）
9	水利科学与海洋工程	4（20）	168（20）
10	化学工程与工业化学	4（23）	163（24）
11	材料化学与能源化学	4（27）	159（27）
12	泌尿系统	4（14）	138（15）
13	中药学	4（26）	138（27）
14	预防医学	4（23）	128（24）
15	畜牧学与草地科学	3（24）	118（26）
16	植物学	3（25）	116（26）
17	计算机科学	3（27）	115（28）
18	数学	3（29）	106（29）
19	食品科学	3（27）	106（27）
20	神经系统和精神疾病	3（26）	105（27）

资料来源：中国产业智库大数据中心

表 3-147 2018 年宁夏回族自治区发表 SCI 论文数量二十强学科

序号	研究领域	发文量全国排名	发文量/篇	被引次数/次	篇均被引/次
1	医学、研究和试验	28	44	23	0.52
2	化学、跨学科	29	40	28	0.70
3	材料科学、跨学科	29	39	19	0.49
4	化学、物理	28	37	64	1.73
5	药理学和药剂学	29	36	27	0.75
6	环境科学	30	24	19	0.79
7	物理学、应用	28	23	36	1.57
8	生物化学与分子生物学	29	21	35	1.67
9	肿瘤学	29	21	26	1.24
10	工程、电气和电子	29	20	0	0.00
11	数学、应用	28	20	11	0.55
12	能源和燃料	29	19	14	0.74
13	工程、化学	28	19	36	1.89
14	化学、药物	28	18	12	0.67
15	化学、分析	28	16	14	0.88
16	多学科科学	29	15	1	0.07
17	数学	28	14	7	0.50
18	细胞生物学	29	13	14	1.08
19	生物工程学和应用微生物学	29	12	3	0.25
20	化学、无机和核	28	11	17	1.55
全省（自治区、直辖市）合计		29	498	361	0.72

资料来源：中国产业智库大数据中心

表 3-148　2018 年宁夏回族自治区争取国家自然科学基金项目经费十一强机构

序号	机构名称	项目数量/项（排名）	项目经费/万元（排名）	发文量/篇（排名）	被引次数/次（排名）	发明专利申请数/件（排名）	BRCI（排名）
1	宁夏大学	61（165）	2286.6（217）	172（348）	113（397）	151（566）	3.6632（238）
2	宁夏医科大学	61（164）	2184.4（230）	168（354）	120（383）	78（1228）	3.2763（261）
3	北方民族大学	14（519）	533（526）	111（453）	115（394）	161（534）	1.658（386）
4	宁夏师范学院	1（1516）	36（1286）	15（1049）	3（1836）	10（17409）	0.1078（687）
5	宁夏回族自治区人民医院	5（822）	197（783）	7（1542）	0（4386）	0（192051）	0.0122（954）
6	宁夏农林科学院枸杞工程技术研究所	2（1148）	79（1014）	0（4494）	0（4386）	19（8601）	0.0091（1051）
7	西北稀有金属材料研究院宁夏有限公司	1（1517）	58（1138）	0（4494）	0（4386）	4（44369）	0.0053（1283）
8	宁夏农林科学院农作物研究所	1（1513）	40（1260）	0（4494）	0（4386）	1（107252）	0.004（1359）
9	宁夏农林科学院农业生物技术研究中心	3（987）	120（891）	0（4494）	0（4386）	0（192051）	0.0022（1415）
10	宁夏农林科学院种质资源研究所	1（1514）	40（1261）	0（4494）	0（4386）	0（192051）	0.0013（1457）
11	宁夏回族自治区气象科学研究所	1（1515）	50（1177）	0（4494）	0（4386）	0（192051）	0.0013（1457）

资料来源：中国产业智库大数据中心

	综合	农业科学	生物与生化	化学	临床医学	计算机科学	经济与商学	工程科学	环境/生态学	地球科学	免疫学	材料科学	数学	微生物学	分子生物与遗传学	综合交叉学科	神经科学与行为	药理学与毒物学	物理学	植物与动物科学	精神病学/心理学	一般社会科学	空间科学	进入ESI学科数
宁夏医科大学	3529	0	0	0	2721	0	0	0	0	0	0	0	0	0	0	0	0	0	0	0	0	0	0	1

图 3-61　2018 年宁夏回族自治区各机构 ESI 前 1%学科分布

表 3-149　2018 年宁夏回族自治区在华发明专利申请量二十强企业和科研机构列表

序号	二十强企业	发明专利申请量/件	二十强科研机构	发明专利申请量/件
1	共享智能铸造产业创新中心有限公司	96	北方民族大学	161
2	宁夏中科天际防雷研究院有限公司	52	宁夏大学	148
3	宁夏共享机床辅机有限公司	47	宁夏医科大学	78
4	共享装备股份有限公司	34	宁夏农林科学院枸杞工程技术研究所	17
5	国网宁夏电力有限公司电力科学研究院	31	宁夏农林科学院植物保护研究所（宁夏植物病虫害防治重点实验室）	9
6	共享铸钢有限公司	26	宁夏农林科学院农业经济与信息技术研究所（宁夏农业科技图书馆）	8
7	宁夏天地奔牛实业集团有限公司	26	宁夏师范学院	6
8	宁夏天地重型装备科技有限公司	25	宁夏农林科学院农作物研究所（宁夏回族自治区农作物育种中心）	5
9	宁夏宝丰能源集团股份有限公司	23	宁夏农林科学院农业资源与环境研究所（宁夏土壤与植物营养重点实验室）	4
10	银川高新区广煜科技有限公司	22	宁夏农林科学院固原分院	4
11	宁夏中科天际防雷检测有限公司	20	宁夏农林科学院荒漠化治理研究所（宁夏防沙治沙与水土保持重点实验室）	3
12	宁夏博文利奥科技有限公司	17	宁夏回族自治区气象科学研究所（宁夏回族自治区气象局培训中心）	3
13	宁夏农林科学院枸杞研究所（有限公司）	16	中国矿业大学银川学院	2

续表

序号	二十强企业	发明专利申请量/件	二十强科研机构	发明专利申请量/件
14	宁夏巨能机器人股份有限公司	15	宁夏农林科学院农业生物技术研究中心（宁夏农业生物技术重点实验室）	2
15	宁夏爱打听科技有限公司	15	宁夏工商职业技术学院（宁夏化工技工学校、宁夏机电工程学校、宁夏农业机械化学校）	2
16	宁夏科杞现代农业机械技术服务有限公司	15	宁夏理工学院	2
17	宁夏中玺枣业股份有限公司	14	宁夏农林科学院	1
18	宁夏宝塔化工中心实验室（有限公司）	14	宁夏农林科学院农业资源与环境研究所	1
19	银川特锐宝信息技术服务有限公司	13	宁夏农林科学院农作物研究所	1
20	中喜（宁夏）新材料有限公司	12	宁夏农林科学院种质资源研究所（宁夏设施农业工程技术研究中心）	1

资料来源：中国产业智库大数据中心

3.3.30 青海省

2018年，青海省的基础研究竞争力指数为0.0428，排名第30位。青海省争取国家自然科学基金项目总数为63项，项目经费总额为2406万元，全国排名均为第30位。争取国家自然科学基金项目经费金额大于200万元的有2个学科（图3-62），环境化学、畜牧学与草地科学、数学项目经费呈波动下降趋势；地质学、计算机科学项目经费呈波动上升趋势（表3-150）；争取国家自然科学基金项目经费最多的学科为生态学（表3-151）。发表SCI论文数量最多的学科为材料科学、跨学科（表3-152）。争取国家自然科学基金经费超过1000万元的有1个机构（表3-153）。青海省的发明专利申请量为1 037件，全国排名第30，主要专利权人如表3-154所示。

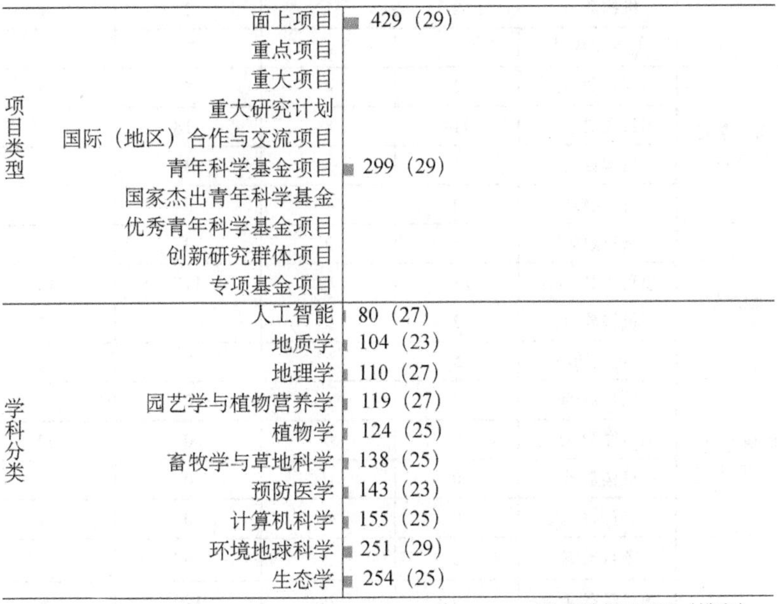

图3-62 2018年青海省争取国家自然科学基金项目情况

资料来源：中国产业智库大数据中心

2018 年，青海省地方财政科技投入经费预算 8.55 亿元，全国排名第 29 位；拥有国家重点实验室 1 个，省级重点实验室 66 个；新增“万人计划”入选者 4 人，全国排名第 29 位。

表 3-150　2014～2018 年青海省争取国家自然科学基金项目经费十强学科

项目经费趋势	学科	指标	2014 年	2015 年	2016 年	2017 年	2018 年
	合计	项目数/项	93	77	76	76	63
		项目经费/万元	4800	3302	2832	3452.5	2406
		机构数/个	13	12	11	12	12
		主持人数/人	90	76	76	76	63
	环境化学	项目数/项	10	6	5	1	0
		项目经费/万元	1145	438	269	32	0
		机构数/个	1	2	2	1	0
		主持人数/人	10	6	5	1	0
	地理学	项目数/项	9	8	5	6	4
		项目经费/万元	501	272	246	521	110
		机构数/个	5	3	3	3	3
		主持人数/人	9	8	5	6	4
	生态学	项目数/项	6	8	3	9	6
		项目经费/万元	285	280	105	311	254
		机构数/个	2	2	1	3	3
		主持人数/人	6	7	3	9	6
	水利科学与海洋工程	项目数/项	7	4	2	2	1
		项目经费/万元	269	445	60	75	41
		机构数/个	2	1	2	1	1
		主持人数/人	7	4	2	2	1
	畜牧学与草地科学	项目数/项	2	4	5	5	3
		项目经费/万元	114	184	218	199	138
		机构数/个	1	4	3	4	2
		主持人数/人	2	4	5	5	3
	地质学	项目数/项	5	2	3	4	2
		项目经费/万元	217	78	117	122	104
		机构数/个	2	2	2	3	2
		主持人数/人	5	2	3	4	2
	化学工程与工业化学	项目数/项	0	0	0	1	1
		项目经费/万元	0	0	0	590	41
		机构数/个	0	0	0	1	1
		主持人数/人	0	0	0	1	1
	植物学	项目数/项	2	2	6	1	3
		项目经费/万元	104	79	196	60	124
		机构数/个	1	1	3	1	2
		主持人数/人	2	2	6	1	3

续表

项目经费趋势	学科	指标	2014年	2015年	2016年	2017年	2018年
	数学	项目数/项	1	4	6	2	1
		项目经费/万元	38	91	227	60.5	26
		机构数/个	1	2	3	2	1
		主持人数/人	1	4	6	2	1
	计算机科学	项目数/项	2	2	3	3	4
		项目经费/万元	57	40	92	89	155
		机构数/个	2	1	2	2	3
		主持人数/人	2	2	3	3	4

资料来源：中国产业智库大数据中心

表3-151　2018年青海省争取国家自然科学基金项目经费二十强学科及国内排名

序号	研究领域	项目数量/项（排名）	项目经费/万元（排名）
合计		63（30）	2406（30）
1	生态学	6（24）	254（25）
2	环境地球科学	6（29）	251（29）
3	计算机科学	4（25）	155（25）
4	预防医学	4（23）	143（23）
5	畜牧学与草地科学	3（24）	138（25）
6	植物学	3（25）	124（25）
7	园艺学与植物营养学	3（26）	119（27）
8	地理学	4（27）	110（27）
9	地质学	2（22）	104（23）
10	人工智能	2（27）	80（27）
11	中药学	2（30）	70（30）
12	作物学	2（29）	61（30）
13	化学工程与工业化学	1（27）	41（28）
14	建筑环境与结构工程	1（31）	41（31）
15	水利科学与海洋工程	1（29）	41（30）
16	自动化	1（27）	41（27）
17	催化与表界面化学	1（28）	40（27）
18	材料化学与能源化学	1（29）	40（29）
19	微生物学	1（28）	40（28）
20	动物学	1（25）	40（26）

资料来源：中国产业智库大数据中心

表3-152　2018年青海省发表SCI论文数量二十强学科

序号	研究领域	发文量全国排名	发文量/篇	被引次数/次	篇均被引/次
1	材料科学、跨学科	30	36	28	0.78
2	环境科学	29	27	8	0.30
3	化学、跨学科	30	26	12	0.46

续表

序号	研究领域	发文量全国排名	发文量/篇	被引次数/次	篇均被引/次
4	化学、物理	30	21	26	1.24
5	遗传学和遗传性	27	20	7	0.35
6	植物学	29	20	13	0.65
7	生物化学与分子生物学	30	18	12	0.67
8	化学、药物	28	18	8	0.44
9	化学、应用	29	17	56	3.29
10	工程、化学	29	17	31	1.82
11	能源和燃料	30	16	10	0.63
12	药理学和药剂学	30	16	9	0.56
13	工程、电气和电子	30	13	3	0.23
14	多学科科学	30	13	11	0.85
15	物理学、应用	30	12	10	0.83
16	地球学、跨学科	28	11	7	0.64
17	医学、研究和试验	30	11	4	0.36
18	物理学、凝聚态物质	28	11	7	0.64
19	农艺学	29	10	3	0.30
20	计算机科学、理论和方法	28	10	5	0.50
全省（自治区、直辖市）合计		30	413	249	0.60

资料来源：中国产业智库大数据中心

表 3-153　2018 年青海省争取国家自然科学基金项目经费十二强机构

序号	机构名称	项目数量/项（排名）	项目经费/万元（排名）	发文量/篇（排名）	被引次数/次（排名）	发明专利申请数/件（排名）	BRCI（排名）
1	青海大学	37（271）	1360（316）	154（377）	93（429）	92（1024）	2.4884（303）
2	中国科学院西北高原生物研究所	5（820）	265（705）	68（569）	58（526）	31（4193）	0.6542（520）
3	中国科学院青海盐湖研究所	3（985）	151（840）	71（559）	48（563）	71（1371）	0.5629（540）
4	青海师范大学	5（821）	156（833）	46（680）	16（813）	19（8601）	0.4173（576）
5	青海民族大学	2（1145）	77（1025）	17（998）	11（956）	40（2960）	0.2462（622）
6	青海省人民医院	1（1510）	34（1304）	17（998）	5（1429）	1（107252）	0.0809（703）
7	青海省地方病预防控制所	1（1511）	35（1296）	5（1830）	2（2224）	0（192051）	0.018（864）
8	青海省农林科学院	3（986）	118（899）	0（4494）	0（4386）	19（8601）	0.0112（983）
9	青海省畜牧兽医科学院	2（1147）	79（1013）	0（4494）	0（4386）	13（13442）	0.0086（1076）
10	青海省交通科学研究院	1（1509）	25（1390）	0（4494）	0（4386）	1（107252）	0.0037（1373）
11	青海省气象科学研究所	2（1146）	68（1061）	0（4494）	0（4386）	0（192051）	0.0017（1432）
12	青海省地质矿产研究所	1（1512）	38（1275）	0（4494）	0（4386）	0（192051）	0.0012（1486）

资料来源：中国产业智库大数据中心

表3-154　2018年青海省在华发明专利申请量二十强企业和十五强科研机构列表

序号	二十强企业	发明专利申请量/件	十五强科研机构	发明专利申请量/件
1	国网青海省电力公司	65	青海大学	91
2	青海盐湖工业股份有限公司	52	中国科学院青海盐湖研究所	71
3	国家电网有限公司	38	青海民族大学	40
4	中国水利水电第四工程局有限公司	35	中国科学院西北高原生物研究所	30
5	国网青海省电力公司电力科学研究院	27	青海省农林科学院	19
6	亚洲硅业（青海）有限公司	25	青海师范大学	17
7	青海七彩花生物科技有限公司	20	青海省畜牧兽医科学院	13
8	青海黄河上游水电开发有限责任公司光伏产业技术分公司	17	青海省科学技术信息研究所	5
9	青海黄河上游水电开发有限责任公司	15	青海大学农林科学院	3
10	国家电投集团黄河上游水电开发有限责任公司	14	青海建筑职业技术学院	3
11	青海电研科技有限责任公司	14	青海省核工业地质局核地质研究所（青海省核工业地质局检测试验中心）	3
12	国网青海省电力公司检修公司	12	西宁市蔬菜研究所	2
13	国网青海省电力公司海东供电公司	11	青海省地质调查院（青海省地质矿产研究所）	2
14	西部矿业股份有限公司	11	青海省重工业职业技术学校	2
15	青海送变电工程有限公司	11	西宁城市职业技术学院	1
16	黄河水电光伏产业技术有限公司	11		
17	国网青海省电力公司黄化供电公司	10		
18	青海清华博众生物技术有限公司	10		
19	北京同仁堂健康药业（青海）有限公司	9		
20	青海瑞丝丝业有限公司	9		

资料来源：中国产业智库大数据中心

3.3.31　西藏自治区

2018年，西藏自治区的基础研究竞争力指数为0.0132，排名第31位。西藏自治区争取国家自然科学基金项目总数为25项，项目经费总额为1059万元，全国排名均为第31位。争取国家自然科学基金项目经费金额大于100万元的有2个学科（图3-63），地理学、中药学、动物学项目经费呈波动下降趋势（表3-155）；争取国家自然科学基金项目经费最多的学科为建筑环境与结构工程（表3-156）。发表SCI论文数量最多的学科为环境科学（表3-157）。各机构争取国家自然科学基金经费均低于500万元（表3-158）。西藏自治区的发明专利申请量为347件，全国排名第31，主要专利权人如表3-159所示。

2018年，西藏自治区地方财政科技投入经费预算7.23亿元，全国排名第31位；拥有国家重点实验室1个，省级重点实验室21个；新增“万人计划”入选者6人，全国排名第24位。

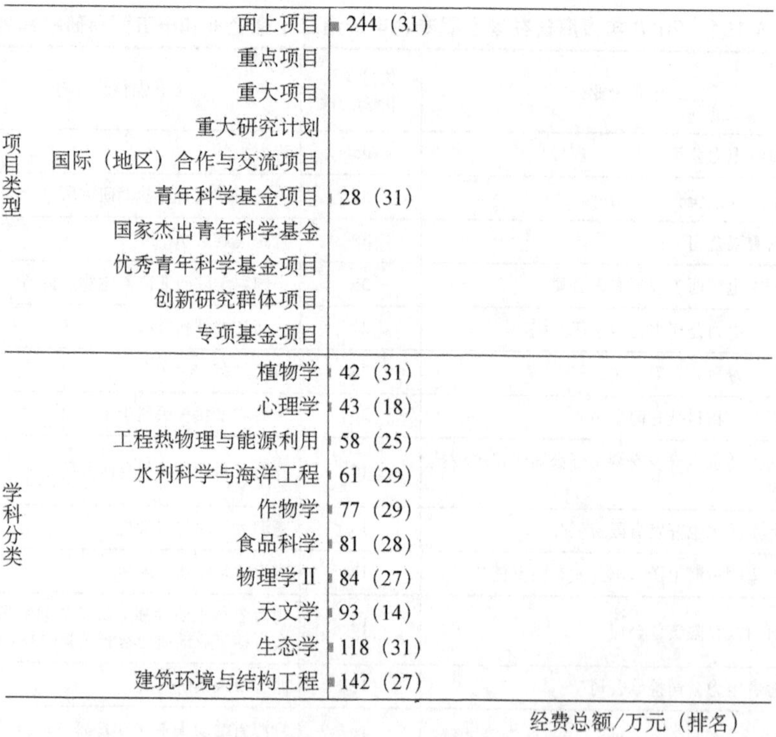

图 3-63　2018 年西藏自治区争取国家自然科学基金项目情况

资料来源：中国产业智库大数据中心

表 3-155　2014～2018 年西藏自治区争取国家自然科学基金项目经费十强学科

项目经费趋势	学科	指标	2014 年	2015 年	2016 年	2017 年	2018 年
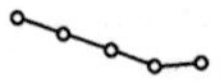	合计	项目数/项	32	40	31	29	25
		项目经费/万元	1506	1343.5	1156	995.25	1059
		机构数/个	6	7	5	4	5
		主持人数/人	32	40	31	28	25
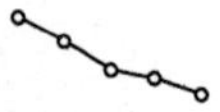	地理学	项目数/项	4	3	2	1	0
		项目经费/万元	202	130	65	41	0
		机构数/个	2	2	2	1	0
		主持人数/人	4	3	2	1	0
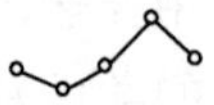	物理学Ⅱ	项目数/项	1	0	2	5	2
		项目经费/万元	58	0	70	195.5	84
		机构数/个	1	0	1	2	1
		主持人数/人	1	0	2	4	2
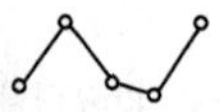	生态学	项目数/项	1	3	2	1	3
		项目经费/万元	50	116	54	42	118
		机构数/个	1	1	1	1	1
		主持人数/人	1	3	2	1	3

续表

项目经费趋势	学科	指标	2014年	2015年	2016年	2017年	2018年
	畜牧学与草地科学	项目数/项	1	2	1	3	1
		项目经费/万元	50	82	40	114	40
		机构数/个	1	1	1	1	1
		主持人数/人	1	2	1	3	1
	建筑环境与结构工程	项目数/项	0	3	1	1	3
		项目经费/万元	0	100	43	38	142
		机构数/个	0	2	1	1	2
		主持人数/人	0	3	1	1	3
	中药学	项目数/项	2	2	2	1	1
		项目经费/万元	95	75	75	34	33
		机构数/个	1	2	2	1	1
		主持人数/人	2	2	2	1	1
	大气科学	项目数/项	2	0	1	2	0
		项目经费/万元	152	0	37	77	0
		机构数/个	2	0	1	1	0
		主持人数/人	2	0	1	2	0
	动物学	项目数/项	1	0	3	1	0
		项目经费/万元	51	0	164	39	0
		机构数/个	1	0	2	1	0
		主持人数/人	1	0	3	1	0
	天文学	项目数/项	1	1	1	0	2
		项目经费/万元	56	54	46	0	93
		机构数/个	1	1	1	0	1
		主持人数/人	1	1	1	0	2
	园艺学与植物营养学	项目数/项	1	1	2	1	1
		项目经费/万元	50	40	80	38	40
		机构数/个	1	1	1	1	1
		主持人数/人	1	1	2	1	1

资料来源：中国产业智库大数据中心

表 3-156　2018 年西藏自治区争取国家自然科学基金项目经费二十强学科及国内排名

序号	研究领域	项目数量/项（排名）	项目经费/万元（排名）
合计		25（31）	1059（31）
1	建筑环境与结构工程	3（28）	142（27）
2	生态学	3（30）	118（31）
3	天文学	2（13）	93（14）
4	物理学Ⅱ	2（28）	84（27）
5	食品科学	2（29）	81（28）
6	作物学	2（29）	77（29）
7	水利科学与海洋工程	1（29）	61（29）

续表

序号	研究领域	项目数量/项（排名）	项目经费/万元（排名）
8	工程热物理与能源利用	1（27）	58（25）
9	心理学	1（18）	43（18）
10	植物学	1（30）	42（31）
11	环境地球科学	1（31）	41（31）
12	园艺学与植物营养学	1（31）	40（31）
13	畜牧学与草地科学	1（30）	40（30）
14	预防医学	1（30）	36（31）
15	呼吸系统	1（23）	35（24）
16	耳鼻咽喉头颈科学	1（12）	35（14）
17	中药学	1（31）	33（31）
18	综合	25（31）	1059（31）
19	建筑环境与结构工程	3（28）	142（27）
20	生态学	3（30）	118（31）

资料来源：中国产业智库大数据中心

表 3-157　2018 年西藏自治区发表 SCI 论文数量二十强学科

序号	研究领域	发文量全国排名	发文量/篇	被引次数/次	篇均被引/次
1	环境科学	31	11	5	0.45
2	医学、研究和试验	31	7	1	0.14
3	肿瘤学	30	6	5	0.83
4	药理学和药剂学	31	6	1	0.17
5	工程、电气和电子	31	5	0	0.00
6	遗传学和遗传性	31	5	4	0.80
7	生物化学与分子生物学	31	4	6	1.50
8	生物学	30	4	4	1.00
9	生物工程学和应用微生物学	31	4	0	0.00
10	内分泌学和新陈代谢	29	4	2	0.50
11	多学科科学	31	4	2	0.50
12	农业、制奶业和动物科学	28	3	0	0.00
13	农业、跨学科	30	3	3	1.00
14	工程、环境	31	3	1	0.33
15	影像科学和照相技术	30	3	0	0.00
16	电信	30	3	0	0.00
17	动物学	30	3	1	0.33
18	农艺学	31	2	0	0.00
19	细胞生物学	30	2	0	0.00
20	计算机科学、信息系统	31	2	0	0.00
全省（自治区、直辖市）合计		31	89	31	0.35

资料来源：中国产业智库大数据中心

表 3-158　2018 年西藏自治区争取国家自然科学基金项目经费五强机构

序号	机构名称	项目数量/项（排名）	项目经费/万元（排名）	发文量/篇（排名）	被引次数/次（排名）	发明专利申请数/件（排名）	BRCI（排名）
1	西藏农牧学院	8（676）	337（650）	25（859）	13（889）	28（4975）	0.5165（550）
2	西藏大学	11（584）	498（541）	18（969）	10（994）	9（21079）	0.4598（565）
3	西藏自治区农牧科学院	3（977）	121（889）	5（1830）	0（4386）	9（21079）	0.041（752）
4	西藏自治区人民医院	2（1136）	70（1053）	1（4493）	0（4386）	0（192051）	0.0055（1261）
5	西藏藏医学院	1（1488）	33（1307）	0（4494）	0（4386）	2（72476）	0.0043（1340）

资料来源：中国产业智库大数据中心

表 3-159　2018 年西藏在华发明专利申请量二十强企业和十五强科研机构列表

序号	二十强企业	发明专利申请量/件	十五强科研机构	发明专利申请量/件
1	桑德集团有限公司	75	西藏农牧学院	27
2	西藏帝亚一维新能源汽车有限公司	9	西藏自治区农牧科学院农业研究所	14
3	华能西藏雅鲁藏布江水电开发投资有限公司	7	西藏自治区农牧科学院	9
4	西藏藏建科技股份有限公司	7	西藏大学	8
5	华能集团技术创新中心有限公司	5	西藏自治区农牧科学院畜牧兽医研究所	7
6	国网西藏电力有限公司	5	西藏自治区农牧科学院水产科学研究所	4
7	西藏净源科技有限公司	5	西藏自治区农牧科学院草业科学研究所	4
8	中国移动通信集团西藏有限公司	4	西藏自治区农牧科学院蔬菜研究所	4
9	华宝香精股份有限公司	4	西藏自治区农牧科学院农业质量标准与检测研究所	2
10	网智天元科技集团股份有限公司	4	西藏自治区农牧科学院农业资源与环境研究所	2
11	西藏藏缘青稞科技有限公司	4	西藏自治区农牧科学院农产品开发与食品科学研究所	2
12	西藏袁氏农业科技发展有限公司	4	西藏藏医学院	2
13	西藏高原之宝牦牛乳业股份有限公司	4	西南民族大学	1
14	万兴科技股份有限公司	3	西藏职业技术学院	1
15	国网西藏电力有限公司拉萨供电公司	3	西藏自治区高原生物研究所	1
16	盛世乐居（亚东）智能科技有限公司	3		
17	西藏俊富环境恢复有限公司	3		
18	西藏雅鲁藏布食品有限公司	3		
19	西藏高原特色产品工程技术研究中心有限公司	3		
20	丁青县邓玛科技研发有限责任公司	2		

资料来源：中国产业智库大数据中心

第4章 中国大学与科研机构基础研究竞争力报告

4.1 中国大学与科研机构基础研究竞争力排行榜

4.1.1 中国大学与科研机构基础研究竞争力指数排行榜二百强

2018 年，中国大学与科研机构基础研究竞争力指数二百强机构如表 4-1。2018 年，浙江大学基础研究竞争力以 100.4625 居全国第 1 位；从国家自然科学基金项目来看，上海交通大学获得 1055 个项目资助，项目数量居全国第 1 位；从 SCI 论文来看，上海交通大学共发表 SCI 论文 8487 篇，全国排名第 1 位；从发明专利申请量来看，浙江大学共申请 3149 件发明专利，在高校和研究机构中排名第 1 位。

表 4-1　2018 年中国大学与科研机构基础研究竞争力指数二百强机构

机构名称	排名	BRCI 指数	项目数/项	项目经费/万元	人才数/个	SCI 论文数/篇	论文被引频次/次	发明专利申请量/件
浙江大学	1	100.462 5	897	59 547.04	879	8 185	8 779	3 149
上海交通大学	2	91.637 6	1 055	61 294.1	1 028	8 487	7 294	1 487
清华大学	3	78.183 3	566	58 684.69	541	6 805	8 348	2 312
华中科技大学	4	77.836 9	740	51 574.7	725	6 160	7 789	1 731
中山大学	5	73.447 9	887	51 990.01	868	5 927	5 670	1 206
中南大学	6	62.082 7	499	24 594.41	486	5 567	9 004	1 979
四川大学	7	60.406 2	496	38 279.03	484	6 148	5 976	1 487
西安交通大学	8	58.572 4	501	30 415.63	494	5 486	5 163	1 957
北京大学	9	56.111	619	53 564.71	597	5 764	5 976	473
复旦大学	10	53.935 8	683	40 411.45	669	5 368	5 347	480
哈尔滨工业大学	11	51.352 1	356	23 053.51	349	5 250	6 526	1 931
武汉大学	12	49.792 1	472	32 496.72	459	4 516	5 479	904

续表

机构名称	排名	BRCI 指数	项目数/项	项目经费/万元	人才数/个	SCI 论文数/篇	论文被引频次/次	发明专利申请量/件
山东大学	13	48.989 8	404	22 730.01	400	4 973	4 731	1 653
天津大学	14	48.874 4	334	21 318.27	328	4 505	5 308	2 522
同济大学	15	48.78	506	29 618.14	500	3 720	4 031	1 239
吉林大学	16	48.032 5	331	20 000.5	326	5 442	4 918	2 197
东南大学	17	43.816 7	304	20 926.59	302	3 804	3 796	2 636
北京航空航天大学	18	43.443 1	287	32 733.51	280	3 836	3 872	1 778
南京大学	19	42.528 8	422	31 918.18	415	3 591	4 421	689
华南理工大学	20	42.509 5	246	17 517	242	3 626	5 354	3 012
中国科学技术大学	21	40.472 9	375	34 237.07	360	3 715	4 766	555
大连理工大学	22	39.973 1	296	21 920.9	288	3 419	3 792	1 740
苏州大学	23	36.983 4	321	17 302.7	318	3 163	4 815	983
电子科技大学	24	34.139 2	211	11 794.9	211	3 262	4 379	2 181
西北工业大学	25	34.122 4	253	12 996.9	248	3 226	4 480	1 384
北京理工大学	26	32.600 4	238	17 051.7	235	2 736	3 532	1 346
厦门大学	27	32.06	311	23 116.28	301	2 427	3 101	689
重庆大学	28	31.975 5	234	13 850.1	228	2 909	3 792	1 355
湖南大学	29	27.322 5	222	13 469.5	218	2 231	5 454	542
深圳大学	30	26.809 7	292	11 648.17	291	1 885	2 202	934
北京科技大学	31	26.206 1	182	15 525.36	178	2 496	3 159	844
东北大学	32	25.170 6	153	10 881.52	150	2 498	2 512	1 677
郑州大学	33	24.937 9	231	9 459.4	231	2 558	3 130	615
江苏大学	34	24.586 7	168	6 991.2	167	2 193	3 089	1 718
南开大学	35	23.429 7	229	15 344.6	224	1 877	3 232	358
南京航空航天大学	36	22.404 2	152	8 752.24	150	2 278	1 837	1 565
南昌大学	37	22.087 4	257	10 481.6	254	1 722	1 726	590
西安电子科技大学	38	21.656 3	155	7 550.5	154	2 237	1 727	1 531
武汉理工大学	39	21.568 1	130	6 324.9	128	2 030	3 119	1 561
南京理工大学	40	21.289 2	143	6 895.2	142	2 028	2 538	1 335
中国农业大学	41	20.834 6	172	10 358.45	167	2 101	2 015	671
中国地质大学（武汉）	42	20.765 1	212	13 298.63	211	1 335	1 486	702
江南大学	43	20.762 2	140	6 644.3	138	1 849	2 049	1 702
合肥工业大学	44	20.312 6	168	7 977.9	167	1 541	1 625	1 295
河海大学	45	19.819 9	155	8 444.8	154	1 698	1 575	1 162
暨南大学	46	19.705	239	11 427.1	237	1 500	1 473	423
上海大学	47	19.537 6	156	9 303.12	155	1 949	1 925	681
华东理工大学	48	19.498 6	153	10 414.92	151	1 970	2 819	425
华中农业大学	49	19.422 2	212	12 982.4	211	1 430	1 481	451
华东师范大学	50	18.752 2	185	11 490.24	182	1 553	1 833	408

续表

机构名称	排名	BRCI 指数	项目数/项	项目经费/万元	人才数/个	SCI 论文数/篇	论文被引频次/次	发明专利申请量/件
南京医科大学	51	18.654 3	293	13 905.9	291	2 338	1 870	84
北京工业大学	52	18.649	125	9 188.3	123	1 584	1 440	1 349
中国矿业大学	53	18.565 1	127	6 088.6	126	1 948	2 254	989
西南交通大学	54	18.533 3	141	7 072	141	1 559	1 575	1 213
广东工业大学	55	18.488 2	153	5 305.9	151	1 091	1 536	2 009
兰州大学	56	18.386 7	182	10 497	178	2 041	2 397	240
南京农业大学	57	17.811 2	187	9 483.4	187	1 746	1 574	362
北京师范大学	58	17.365 5	165	10 480.9	162	2 003	2 004	252
青岛大学	59	16.991 6	161	5 900.02	160	1 534	1 898	562
南京工业大学	60	16.942 7	134	6 759.3	133	1 440	1 795	785
西南大学	61	16.942 2	150	7 016	149	1 808	2 014	428
浙江工业大学	62	16.840 2	107	4 793	107	1 234	1 601	2 174
中国人民解放军国防科学技术大学	63	16.731 1	132	7 270.8	132	2 058	1 228	708
昆明理工大学	64	16.691 2	135	4 936.4	131	1 103	1 235	1 879
南方医科大学	65	16.679 6	252	11 747.4	249	1 639	1 288	143
福州大学	66	16.303 2	107	5 194.81	106	1 138	1 958	1 478
华南农业大学	67	16.114 1	162	7 833.2	161	1 054	1 140	737
中国石油大学（华东）	68	16.073 7	117	6 733.2	117	1 288	1 597	940
扬州大学	69	15.980 6	158	7 036	157	1 228	1 434	560
哈尔滨工程大学	70	15.846 5	111	5 383	110	1 494	1 309	1 273
北京交通大学	71	15.293 5	106	8 861.61	105	1 721	1 343	580
中国海洋大学	72	15.281 2	145	9 550.38	142	1 454	1 101	418
首都医科大学	73	14.715	246	11 339.25	242	3 024	1 606	32
太原理工大学	74	14.552 2	114	4 599.9	113	1 213	1 595	856
北京邮电大学	75	14.297 5	94	5 818.25	93	1 776	1 406	695
北京化工大学	76	14.240 9	89	5 405.4	88	1 534	2 422	548
中国石油大学（北京）	77	14.192 7	103	7 072.06	103	1 293	1 724	505
南京邮电大学	78	13.557	100	4 466.7	99	996	1 054	1 382
南京信息工程大学	79	13.017 4	111	5 404.3	110	1 046	1 349	540
杭州电子科技大学	80	12.847 4	109	5 136	107	774	960	1 044
广州大学	81	12.598 8	141	6 407.24	139	531	1 270	488
西北大学	82	12.376 9	120	8 507.2	117	985	1 049	301
宁波大学	83	12.317 3	104	4 484.3	104	1 191	1 361	459
陕西师范大学	84	11.986 9	104	5 139.1	104	992	1 463	380
中国人民解放军第四军医大学	85	11.855 7	172	7 726	170	809	793	198
长安大学	86	11.773 1	92	4 593.5	92	870	934	871
中国科学院化学研究所	87	11.529 4	92	15 055.14	87	688	2 361	124
济南大学	88	11.376 8	75	2 844.9	75	924	1 551	977

续表

机构名称	排名	BRCI 指数	项目数/项	项目经费/万元	人才数/个	SCI 论文数/篇	论文被引频次/次	发明专利申请量/件
广西大学	89	11.358 5	119	5 054.3	117	773	783	521
福建农林大学	90	10.953	106	4 690.5	106	786	903	477
华北电力大学	91	10.936 6	54	4 480.2	54	1 153	2 038	576
华南师范大学	92	10.929 3	98	5 396.5	96	917	888	426
贵州大学	93	10.614 8	100	3 862	100	631	488	1 243
温州医科大学	94	10.545 1	112	4 693	112	1 477	1 127	145
西安理工大学	95	10.535 7	88	4 328.5	87	820	700	743
中国人民解放军第二军医大学	96	10.447 9	176	8 287	174	902	699	84
南方科技大学	97	10.390 5	132	7 358.35	130	519	848	234
中国药科大学	98	10.386 8	99	4 714.4	99	966	1 177	247
东华大学	99	10.367 1	59	2 834.8	59	1 079	1 232	978
中国地质大学（北京）	100	10.166 4	92	5 762.4	92	1 110	1 133	186
哈尔滨医科大学	101	10.148 1	157	8 051.94	156	1 090	905	58
燕山大学	102	10.083 9	55	3 415	55	972	1 214	891
重庆医科大学	103	9.882 8	144	5 416.5	144	1 253	977	70
天津医科大学	104	9.728 9	157	8 451	157	1 286	1 090	30
山西大学	105	9.703 6	103	5 072.69	101	731	621	360
河北工业大学	106	9.624 5	84	3 748.5	84	741	679	617
中国科学院大学	107	9.253 1	56	3 729	55	1 327	1 457	292
上海理工大学	108	9.174	57	2 307	57	845	1 180	824
安徽大学	109	9.089 6	80	3 906.8	80	792	815	361
南京师范大学	110	9.015 3	80	3 856	79	900	1 114	227
北京林业大学	111	9.004 1	82	4 129.5	82	940	805	262
山东科技大学	112	9.001 6	52	1 916.7	52	869	1 981	616
中国科学院长春应用化学研究所	113	8.945 8	77	5 665.2	77	629	1 319	190
河南大学	114	8.611 3	84	3 464.1	83	787	985	225
湘潭大学	115	8.601	68	3 809.6	67	584	672	614
武汉科技大学	116	8.431 3	67	3 629.5	67	619	629	585
山东农业大学	117	8.382 6	85	3 784	85	599	509	430
广州医科大学	118	8.371 5	155	6 607.5	155	915	765	32
山东师范大学	119	8.369 2	78	2 771	77	734	1 105	263
陕西科技大学	120	8.331 5	69	2 415	68	482	668	947
南通大学	121	8.307 5	82	3 414.5	82	727	495	411
云南大学	122	8.049 2	110	4 847.4	108	522	421	222
中国人民解放军总医院	123	8.016 1	73	6 012.55	70	771	870	133
青岛科技大学	124	8.016	57	1 939.2	56	667	1 015	654
四川农业大学	125	7.995 3	67	3 257.3	67	890	648	320
中国医科大学	126	7.886 3	111	4 646	111	1 601	1 043	26

续表

机构名称	排名	BRCI 指数	项目数/项	项目经费/万元	人才数/个	SCI 论文数/篇	论文被引频次/次	发明专利申请量/件
东北师范大学	127	7.863 8	76	4 258.24	75	875	1 009	114
浙江理工大学	128	7.782 9	61	2 325.7	61	588	640	705
中国科学院过程工程研究所	129	7.762 3	73	7 415.7	70	403	490	302
西南石油大学	130	7.745 5	44	1 828.4	44	820	936	821
南京林业大学	131	7.405 3	46	1 843	46	694	664	948
华中师范大学	132	7.365 3	89	5 312.1	88	576	791	87
华侨大学	133	7.227 8	59	2 510.3	59	540	623	501
海南大学	134	7.190 6	86	3 591.1	84	416	444	298
西安建筑科技大学	135	7.082 3	66	3 055	65	490	488	416
中国科学院合肥物质科学研究院	136	7.057 4	122	5 954.21	121	159	196	466
中国科学院深圳先进技术研究院	137	6.928 3	92	4 656.4	92	349	585	142
中国科学院地理科学与资源研究所	138	6.821 7	80	5 302.27	78	609	654	79
上海中医药大学	139	6.751 2	139	6 504.55	139	460	360	47
东北农业大学	140	6.725	50	2 347	49	696	630	379
中国科学院大连化学物理研究所	141	6.664 7	79	5 816.8	79	619	1 185	34
中国科学院福建物质结构研究所	142	6.656 2	63	4 670.01	63	397	1 009	121
中国科学院地质与地球物理研究所	143	6.608 4	82	8 903	81	431	363	93
天津工业大学	144	6.590 5	48	1 790	48	682	650	463
中国科学院海洋研究所	145	6.448	85	4 636.03	84	480	396	118
江苏师范大学	146	6.447 3	59	2 266	59	474	634	313
中国科学院金属研究所	147	6.372 7	55	2 881.7	54	498	728	223
中国科学院宁波材料技术与工程研究所	148	6.228 6	55	3 009	53	371	655	283
长沙理工大学	149	6.218 3	61	3 104.5	59	326	336	488
浙江师范大学	150	6.205 2	50	2 218.9	50	463	994	231
河南师范大学	151	6.191 5	41	1 546.9	41	602	748	497
湖南师范大学	152	6.141 6	76	3 211.6	76	550	538	101
中国科学院物理研究所	153	6.118 9	80	8 615.04	77	453	537	42
南京中医药大学	154	6.105 3	89	3 629.5	89	520	389	92
常州大学	155	6.075 8	32	1 280.67	31	592	719	961
兰州理工大学	156	6.043 3	57	2 044	57	525	553	261
河南理工大学	157	6.037 1	41	1 766.6	41	601	518	541
福建师范大学	158	5.998 7	59	3 139.3	58	474	365	259
东北林业大学	159	5.985 4	53	2 968	52	593	480	204
桂林电子科技大学	160	5.971 2	61	2 963.06	61	314	221	612
新疆大学	161	5.920 5	80	3 317.9	78	442	412	118
中北大学	162	5.858	33	2 078.5	33	571	680	475

续表

机构名称	排名	BRCI 指数	项目数/项	项目经费/万元	人才数/个	SCI 论文数/篇	论文被引频次/次	发明专利申请量/件
西北农林科技大学	163	5.834 9	173	8 096.8	172	67	56	451
河南科技大学	164	5.756 4	44	1 618.5	44	548	393	557
重庆邮电大学	165	5.754 4	45	1 302.5	45	472	449	671
西北师范大学	166	5.720 6	57	2 234.8	56	478	553	192
广西医科大学	167	5.711	84	2 906.05	84	719	442	55
西南科技大学	168	5.687 1	44	1 847.46	43	512	726	269
中国矿业大学（北京）	169	5.677 1	43	1 824.5	43	554	507	365
大连海事大学	170	5.632 1	47	2 305	47	485	482	277
湖北大学	171	5.581 4	47	1 837.5	47	423	583	312
安徽医科大学	172	5.570 8	90	3 534	90	832	463	28
中国计量大学	173	5.565 5	42	1 851	42	370	381	667
江苏科技大学	174	5.486 1	47	1 482.87	47	451	410	465
石河子大学	175	5.482	82	3 016.3	82	352	269	146
安徽农业大学	176	5.467 4	62	2 136.4	62	386	312	279
首都师范大学	177	5.411 6	50	4 369.7	50	517	403	114
中国科学院高能物理研究所	178	5.386 5	86	6 785.25	83	275	296	64
桂林理工大学	179	5.372 8	51	1 935.7	51	328	304	495
天津理工大学	180	5.351 3	39	4 421.55	37	457	520	160
湖南科技大学	181	5.338 8	53	2 212.2	53	316	423	288
中国科学院上海硅酸盐研究所	182	5.329 2	42	2 913	39	445	688	162
中国科学院自动化研究所	183	5.265 9	51	3 542.84	51	328	359	203
山东理工大学	184	5.247 8	43	1 443.2	43	347	352	662
南昌航空大学	185	5.242 7	56	2 077.47	55	249	413	326
中国科学院半导体研究所	186	5.207 7	48	4 213	47	323	388	173
三峡大学	187	5.201 9	44	1 595.9	43	353	353	544
曲阜师范大学	188	5.107	46	1 608.1	46	457	928	127
中国科学院上海生命科学研究院	189	5.077 1	143	14 856.95	136	190	293	11
国家纳米科学中心	190	5.069 7	47	4 756.1	45	232	611	123
中国人民解放军第三军医大学	191	5.046 6	177	10 282.5	174	865	623	1
福建医科大学	192	5.040 2	61	2 247.2	61	765	434	61
温州大学	193	4.941	43	1 857.5	42	284	373	423
中国科学院长春光学精密机械与物理研究所	194	4.925 4	46	2 657.5	46	299	243	361
西安科技大学	195	4.923 8	47	1 889	47	282	278	450
天津科技大学	196	4.889 5	32	1 164.5	32	603	409	480
成都理工大学	197	4.862 9	41	1 850.4	41	414	312	340
湖南农业大学	198	4.813 4	45	1 665.5	45	322	325	364
华东交通大学	199	4.806 6	66	2 407.2	66	230	139	380
遵义医学院	200	4.781 4	79	2 813.2	79	277	188	135

4.1.2 中国科学院基础研究竞争力指数机构排行榜二十强

2018 年，中国科学院基础研究竞争力指数机构排行二十强如表 4-2 所示。

表 4-2 2018 年中国科学院基础研究竞争力指数机构排行二十强

序号	机构名称	BRCI（排名）	项目数/个（排名）	项目经费/项（排名）	人才数/个（排名）	SCI 论文数/篇（排名）	论文被引频次/次（排名）	发明专利申请量/件（排名）
1	中国科学院化学研究所	11.53（87）	92（106）	15 055.14（28）	87（113）	688（134）	2 361（41）	124（701）
2	中国科学院大学	9.253 1（107）	56（181）	3 729（148）	55（181）	1 327（78）	1 457（80）	292（285）
3	中国科学院长春应用化学研究所	8.945 8（113）	77（137）	5 665.2（95）	77（135）	629（140）	1 319（88）	190（443）
4	中国科学院过程工程研究所	7.762 3（129）	73（142）	7 415.7（68）	70（144）	403（198）	490（178）	302（276）
5	中国科学院合肥物质科学研究院	7.057 4（136）	122（81）	5 954.21（89）	121（81）	159（378）	196（308）	466（160）
6	中国科学院深圳先进技术研究院	6.928 3（137）	92（106）	4 656.4（121）	92（106）	349（220）	585（160）	142（616）
7	中国科学院地理科学与资源研究所	6.821 7（138）	80（128）	5 302.27（103）	78（132）	609（144）	654（146）	79（1206）
8	中国科学院大连化学物理研究所	6.664 7（141）	79（133）	5 816.8（92）	79（129）	619（141）	1 185（97）	34（3728）
9	中国科学院福建物质结构研究所	6.656 2（142）	63（155）	4 670.01（120）	63（155）	397（200）	1 009（112）	121（719）
10	中国科学院地质与地球物理研究所	6.608 4（143）	82（124）	8 903（54）	81（127）	431（192）	363（219）	93（1009）
11	中国科学院海洋研究所	6.448（145）	85（119）	4 636.03（123）	84（118）	480（176）	396（202）	118（736）
12	中国科学院金属研究所	6.372 7（147）	55（186）	2 881.7（182）	54（186）	498（171）	728（133）	223（374）
13	中国科学院宁波材料技术与工程研究所	6.228 6（148）	55（186）	3 009（173）	53（192）	371（206）	655（145）	283（295）
14	中国科学院物理研究所	6.118 9（153）	80（128）	8 615.04（57）	77（135）	453（186）	537（169）	42（2773）
15	中国科学院高能物理研究所	5.386 5（178）	86（116）	6 785.25（79）	83（122）	275（264）	296（250）	64（1543）
16	中国科学院上海硅酸盐研究所	5.329 2（182）	42（239）	2 913（178）	39（255）	445（189）	688（138）	162（527）
17	中国科学院自动化研究所	5.265 9（183）	51（198）	3 542.84（155）	51（197）	328（227）	359（223）	203（423）
18	中国科学院半导体研究所	5.207 7（186）	48（211）	4 213（136）	47（212）	323（231）	388（206）	173（485）
19	中国科学院上海生命科学研究院	5.077 1（189）	143（68）	14 856.95（29）	136（73）	190（323）	293（252）	11（15816）
20	中国科学院长春光学精密机械与物理研究所	4.925 4（194）	46（220）	2 657.5（196）	46（218）	299（242）	243（272）	361（225）

4.2 中国大学与科研机构基础研究竞争力五十强机构分析

4.2.1 浙江大学

2018 年，浙江大学的基础研究竞争力指数为 100.4625，全国排名第 1 位。争取国家自然科学基金项目总数为897项，全国排名第2位；项目经费总额为59 547.04万元，全国排名第2位；争取国家自然科学基金项目经费金额大于2000万元的学科共有3个，机械工程、细胞生物学争取国家自然科学基金项目经费全国排名第1位（图4-1）；机械工程争取国家自然科学基金项目经费增幅最大（表4-3）。SCI论文数8185篇，全国排名第2位；18个学科入选ESI全球1%（表4-4）。发明专利申请量3149件，全国排名第5位。

截至2018年年底，浙江大学共有36个学院/直属系、7家附属医院。设有128个本科专业，62个一级学科硕士学位授权点，59个一级学科博士学位授权点，57个博士后科研流动站，并有14个学科被评为一级学科国家重点学科，21个学科被评为二级学科国家重点学科。浙江大学有全日制本科生25 425人、硕士研究生19 038人、博士研究生10 178人、留学生7074人；专任教师3741人，其中，教授1758人，副教授1364人，中国科学院院士23人，中国工程院院士23人，"万人计划"领军人才、青年拔尖人才入选者86人，"长江学者奖励计划"特聘教授、讲座教授、青年学者共计121人，国家自然科学基金杰出青年科学基金获得者133人，国家自然科学基金优秀青年科学基金获得者125人[1]。

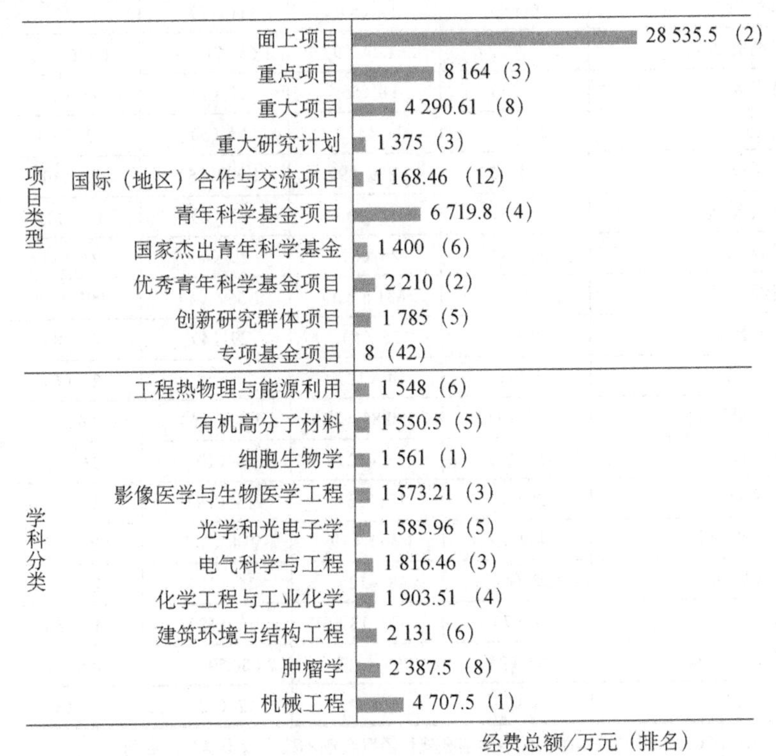

图4-1 2018年浙江大学争取国家自然科学基金项目经费数据

资料来源：中国产业智库大数据中心

表4-3 2014～2018年浙江大学争取国家自然科学基金项目经费十强学科变化趋势及指标

领域	指标	2014年	2015年	2016年	2017年	2018年
全部	项目数/项	766（2）	752（2）	754（2）	846（3）	897（2）
	项目经费/万元	57 077.61（4）	49 291.9（4）	54 755.73（3）	56 988.23（4）	59 547.04（2）
	主持人数/人	740（2）	735（2）	737（2）	817（3）	879（2）

续表

领域	指标	2014 年	2015 年	2016 年	2017 年	2018 年
肿瘤学	项目数/项	49（6）	40（10）	49（7）	59（6）	60（5）
	项目经费/万元	2 501（8）	2 202（7）	2 124（6）	2 398（6）	2 387.5（8）
	主持人数/人	49（6）	40（10）	49（7）	59（6）	60（5）
机械工程	项目数/项	22（10）	19（13）	21（15）	22（12）	35（5）
	项目经费/万元	2 018（8）	1 632（8）	1 692（10）	1 435（15）	4 707.5（1）
	主持人数/人	21（11）	19（13）	21（15）	22（12）	33（5）
自动化	项目数/项	18（7）	16（9）	24（3）	21（6）	12（12）
	项目经费/万元	1 711（7）	1 435.75（9）	3 101（3）	1 683.4（11）	1 134.5（14）
	主持人数/人	18（6）	16（9）	24（3）	21（5）	12（12）
建筑环境与结构工程	项目数/项	29（7）	36（6）	21（13）	26（9）	26（9）
	项目经费/万元	1 755（12）	1 885.17（8）	1 590.3（8）	1 444.3（10）	2 131（6）
	主持人数/人	29（7）	36（6）	21（13）	26（9）	26（9）
光学和光电子学	项目数/项	16（4）	11（5）	11（7）	18（3）	9（15）
	项目经费/万元	2 177（2）	861.24（9）	1 663.71（3）	1 596（2）	1 585.96（5）
	主持人数/人	15（4）	11（5）	11（7）	18（3）	9（15）
环境化学	项目数/项	28（6）	11（13）	24（5）	17（10）	12（2）
	项目经费/万元	2 939（5）	1 279（9）	1 909（5）	873（10）	881.92（3）
	主持人数/人	27（6）	11（13）	23（6）	17（10）	11（2）
神经系统和精神疾病	项目数/项	30（3）	25（6）	29（4）	21（8）	21（9）
	项目经费/万元	2 209（2）	1 631.5（3）	1 569（4）	998（7）	1 378（6）
	主持人数/人	30（3）	25（5）	29（4）	21（8）	20（9）
力学	项目数/项	15（11）	14（12）	17（10）	26（6）	18（11）
	项目经费/万元	1 413（11）	1 220.85（12）	1 625（6）	1 776.5（9）	1 367（10）
	主持人数/人	15（11）	14（12）	16（10）	23（8）	17（12）
计算机科学	项目数/项	22（6）	18（12）	15（18）	27（4）	12（21）
	项目经费/万元	1 459（9）	1 300（7）	914（21）	2 241（5）	928（15）
	主持人数/人	22（6）	18（12）	15（18）	27（2）	12（21）
工程热物理与能源利用	项目数/项	14（7）	11（13）	12（12）	19（5）	16（6）
	项目经费/万元	886（9）	905（10）	2 000.59（1）	1 444（6）	1 548（5）
	主持人数/人	14（7）	11（12）	12（12）	19（5）	16（6）

注：十强学科为 2014～2018 年累计获国家自然科学基金项目经费金额本校内前十学科，后同。

资料来源：中国产业智库大数据中心

表 4-4　2008～2018 年浙江大学 SCI 论文总量分布及 2018 年 ESI 排名

序号	研究领域	SCI 发文量/篇	被引次数/次	篇均被引/次	高被引论文/篇	ESI 全球排名
	全校合计	80 628	1 018 295	12.63	1 080	107
1	农业科学	2 642	31 010	11.74	43	23
2	生物与生化	4 208	53 419	12.69	32	136

续表

序号	研究领域	SCI 发文量/篇	被引次数/次	篇均被引/次	高被引论文/篇	ESI 全球排名
3	化学	13 708	244 776	17.86	243	16
4	临床医学	10 516	104 615	9.95	71	353
5	计算机科学	3 170	23 413	7.39	47	24
6	工程科学	11 234	99 474	8.85	148	11
7	环境生态学	2 634	36 062	13.69	43	127
8	地球科学	1 363	11 927	8.75	11	456
9	免疫学	964	16 115	16.72	13	291
10	材料科学	6 718	128 111	19.07	139	22
11	数学	1 780	7 957	4.47	18	103
12	微生物学	1 177	13 000	11.05	13	180
13	分子生物与基因	3 668	56 374	15.37	27	245
14	神经科学与行为	1 546	16 622	10.75	12	442
15	药理学与毒物学	2 162	27 958	12.93	18	55
16	物理学	7 732	90 925	11.76	95	170
17	植物与动物科学	3 065	41 252	13.46	67	91
18	社会科学	1 007	7 014	6.97	26	484

资料来源：中国产业智库大数据中心

4.2.2 上海交通大学

2018 年，上海交通大学的基础研究竞争力指数为 91.6376，全国排名第 2 位。争取国家自然科学基金项目总数为 1055 项，全国排名第 1 位；项目经费总额为 61 294.1 万元，全国排名第 1 位；争取国家自然科学基金项目经费金额大于 2000 万元的学科共有 7 个，天文学、内分泌系统/代谢和营养支持、运动系统争取国家自然科学基金项目经费全国排名第 1 位（图 4-2）；内分泌系统/代谢和营养支持争取国家自然科学基金项目经费增幅最大（表 4-5）。SCI 论文数 8487 篇，全国排名第 1 位；19 个学科入选 ESI 全球 1%（表 5-6）。发明专利申请量 1487 件，全国排名第 34 位。

截至 2018 年 12 月，上海交通大学共有 30 个学院/直属系、13 家附属医院。设有本科专业 67 个，其中 9 个国家重点一级学科、11 个国家重点二级学科、7 个国家重点培育学科、57 个一级学科硕士学位授权点、42 个一级学科博士学位授权点。全校共有全日制本科生 16 129 人、硕士研究生 14 439 人、博士研究生 7882 人、留学生 2982 人；专职教师 3061 人，其中教授 982 人，中国科学院院士 22 人，中国工程院院士 22 人，“973 计划”首席科学家 36 人，“国家重大科学研究计划”首席科学家 14 人，“长江学者奖励计划”特聘教授、讲座教授共计 144 人，国家自然科学基金杰出青年科学基金获得者 144 人，国家自然科学基金优秀青年科学基金获得者 86 人，国家自然科学基金委员会创新研究群体 16 个[2]。

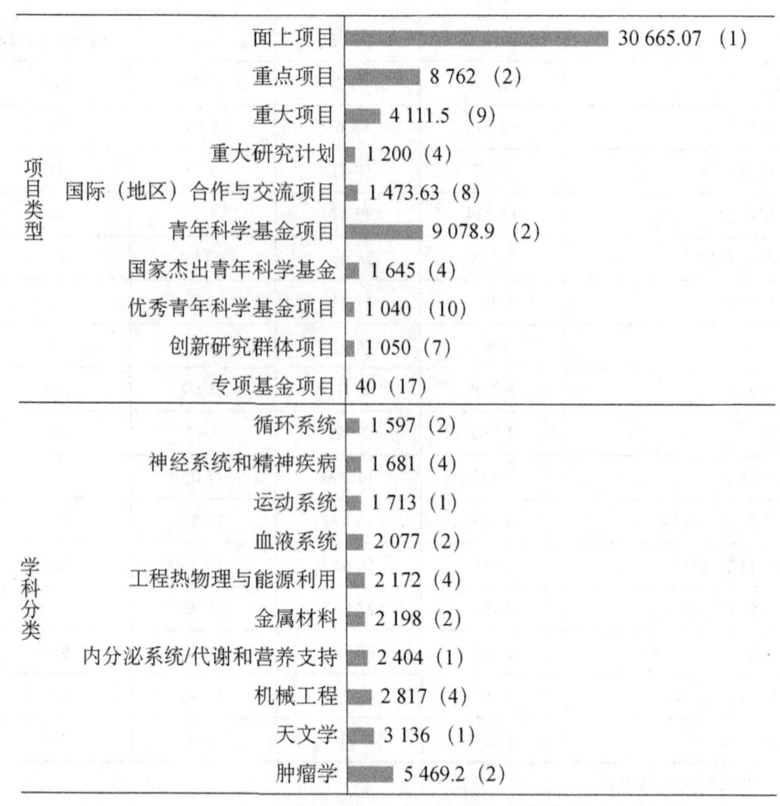

图 4-2 2018 年上海交通大学争取国家自然科学基金项目经费数据

资料来源：中国产业智库大数据中心

表 4-5 2014～2018 年上海交通大学争取国家自然科学基金项目经费十强学科变化趋势及指标

领域	指标	2014 年	2015 年	2016 年	2017 年	2018 年
全部	项目数/项	880（1）	936（1）	950（1）	1 103（1）	1 055（1）
	项目经费/万元	64 114.3（3）	57 458.61（2）	59 574.03（2）	67 252.51（2）	61 294.1（1）
	主持人数/人	854（1）	914（1）	932（1）	1 074（1）	1 028（1）
肿瘤学	项目数/项	102（2）	109（1）	103（2）	127（2）	132（2）
	项目经费/万元	5 436（2）	5 026.5（2）	4 926（2）	6 121（3）	5 469.2（2）
	主持人数/人	102（1）	109（1）	102（2）	127（2）	132（2）
机械工程	项目数/项	37（2）	36（2）	40（3）	43（4）	42（3）
	项目经费/万元	3 476（1）	2 278.9（4）	2 709（3）	4 398.5（3）	2 817（4）
	主持人数/人	36（2）	36（2）	40（3）	42（4）	42（3）
工程热物理与能源利用	项目数/项	20（3）	29（3）	25（2）	35（2）	28（2）
	项目经费/万元	2 396（2）	3 124.9（1）	1 630（4）	1 839.7（4）	2 172（3）
	主持人数/人	20（3）	26（3）	25（2）	34（2）	24（2）
自动化	项目数/项	14（11）	16（9）	24（3）	22（4）	16（8）
	项目经费/万元	1 309.6（9）	3 696.65（1）	1 620（9）	1 928.3（8）	1 170（13）
	主持人数/人	14（11）	15（10）	24（3）	22（4）	16（8）

续表

领域	指标	2014年	2015年	2016年	2017年	2018年
循环系统	项目数/项	31（2）	35（1）	30（1）	42（1）	31（2）
	项目经费/万元	1 678（3）	1 699（3）	1 747.5（1）	2 685（1）	1 597（2）
	主持人数/人	31（2）	35（1）	30（1）	41（1）	31（2）
内分泌系统/代谢和营养支持	项目数/项	27（1）	36（1）	31（1）	27（1）	46（1）
	项目经费/万元	1 460（1）	2 137（1）	2 011（1）	1 345（1）	2 404（1）
	主持人数/人	27（1）	35（1）	31（1）	27（1）	45（1）
影像医学与生物医学工程	项目数/项	35（1）	39（1）	37（1）	40（1）	34（1）
	项目经费/万元	1 670（3）	1 743.83（2）	2 267.33（1）	2 179.33（2）	1 352（5）
	主持人数/人	35（1）	39（1）	37（1）	40（1）	34（1）
神经系统和精神疾病	项目数/项	32（2）	26（4）	35（3）	44（1）	43（2）
	项目经费/万元	2 425（1）	1 079.9（6）	1 843（2）	1 999（1）	1 681（3）
	主持人数/人	32（2）	25（5）	35（3）	44（1）	43（2）
电子学与信息系统	项目数/项	20（10）	24（8）	24（7）	21（9）	11（23）
	项目经费/万元	2 253（7）	2 458（3）	1 706（10）	1 486（12）	1 095（16）
	主持人数/人	19（11）	24（8）	24（7）	21（9）	11（23）
物理学Ⅰ	项目数/项	14（11）	23（4）	16（9）	23（7）	16（10）
	项目经费/万元	1 160.5（11）	2 324.5（6）	1 620（10）	2 255.5（9）	1 302.7（8）
	主持人数/人	14（11）	23（4）	16（9）	22（7）	16（10）

资料来源：中国产业智库大数据中心

表4-6　2008～2018年上海交通大学SCI论文总量分布及2018年ESI排名

序号	研究领域	SCI发文量/篇	被引次数/次	篇均被引/次	高被引论文/篇	ESI全球排名
	全校合计	80 035	989 552	12.36	1 003	116
1	农业科学	821	7 808	9.51	11	242
2	生物与生化	5 109	65 318	12.78	44	102
3	化学	6 840	105 396	15.41	84	96
4	临床医学	18 798	244 463	13.00	190	134
5	计算机科学	3 110	23 020	7.40	53	26
6	经济与商学	661	5 478	8.29	17	276
7	工程科学	13 063	109 755	8.40	145	8
8	环境生态学	1 127	14 274	12.67	25	379
9	免疫学	1 021	15 020	14.71	12	317
10	材料科学	7 662	127 038	16.58	105	23
11	数学	1 532	8 513	5.56	25	86
12	微生物学	726	8 224	11.33	11	318
13	分子生物与基因	4 634	85 415	18.43	35	155
14	神经科学与行为	2 369	26 782	11.31	10	300
15	药理学与毒物学	2 425	27 744	11.44	15	59
16	物理学	7 296	86 364	11.84	171	192
17	植物与动物科学	695	9 540	13.73	20	521
18	精神病学心理学	568	4 728	8.32	5	622
19	社会科学	762	6 398	8.40	17	528

资料来源：中国产业智库大数据中心

4.2.3 清华大学

2018 年，清华大学的基础研究竞争力指数为 78.1833，全国排名第 3 位。争取国家自然科学基金项目总数为 566 项，全国排名第 7 位；项目经费总额为 58 684.69 万元，全国排名第 3 位；争取国家自然科学基金项目经费金额大于 2000 万元的学科共有 8 个，建筑环境与结构工程、力学、免疫学、人工智能争取国家自然科学基金项目经费全国排名第 1 位（图 4-3）；建筑环境与结构工程争取国家自然科学基金项目经费增幅最大（表 4-7）。SCI 论文数 6805 篇，全国排名第 3 位；19 个学科入选 ESI 全球 1%（表 4-8）。发明专利申请量 2312 件，全国排名第 12 位。

截至 2018 年 12 月 31 日，清华大学设有 20 个学院 58 个系、本科专业 81 个，其中一级学科国家重点学科 23 个，二级学科国家重点学科 15 个，国家重点培育学科 2 个，一级学科博士、硕士学位授权点 57 个，博士后科研流动站 48 个。清华大学有全日制本科生 15 708 人、硕士研究生 18 829 人，博士研究生 3544 人，专职教师 3485 人，其中教授 1381 人，副教授 1648 人，诺贝尔奖获得者 1 人，图灵奖获得者 1 人，中国科学院院士 51 人，中国工程院院士 39 人，“千人计划”人才 127 人，“长江学者奖励计划”特聘教授 167 人、青年学者 52 人，国家自然科学基金杰出青年科学基金获得者 239 人，国家自然科学基金优秀青年科学基金获得者 152 人[3]。

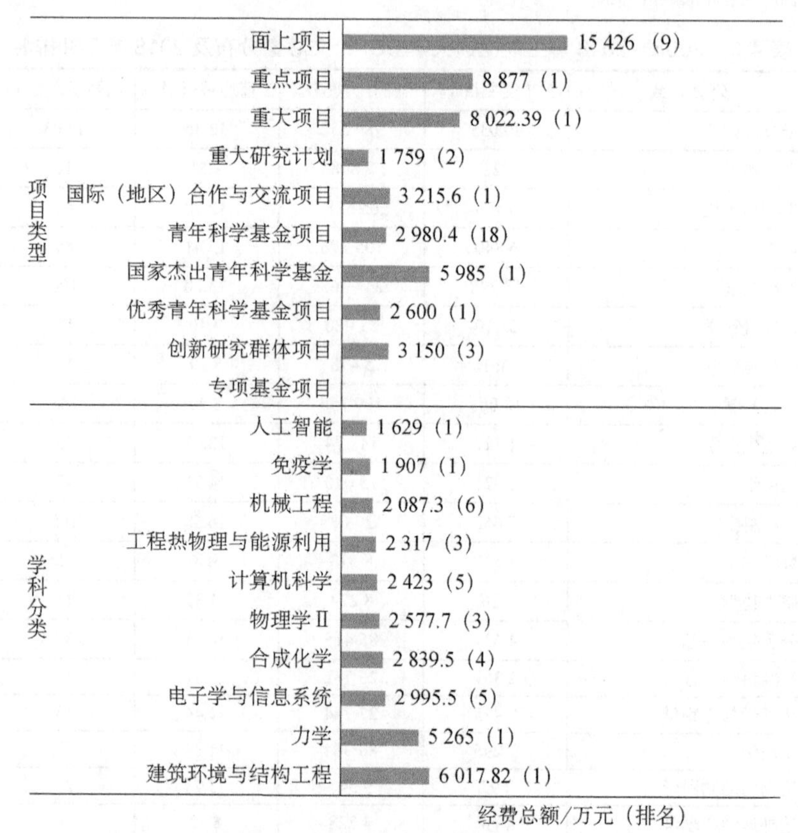

图 4-3 2018 年清华大学争取国家自然科学基金项目经费数据

资料来源：中国产业智库大数据中心

表 4-7 2014～2018 年清华大学争取国家自然科学基金项目经费十强学科变化趋势及指标

领域	指标	2014 年	2015 年	2016 年	2017 年	2018 年
全部	项目数/项	563（6）	549（7）	571（7）	630（6）	566（7）
	项目经费/万元	72 548.2（1）	55 923.08（3）	63 576.04（1）	81 021.1（1）	58 684.69（3）
	主持人数/人	537（6）	524（7）	543（7）	602（6）	541（7）
无机非金属材料	项目数/项	18（3）	24（1）	17（3）	18（3）	12（8）
	项目经费/万元	1 284.5（4）	2 634.5（2）	1 330（2）	20 201.6（1）	1 000（8）
	主持人数/人	18（3）	24（1）	17（3）	18（3）	12（8）
机械工程	项目数/项	26（5）	35（3）	34（5）	39（5）	26（12）
	项目经费/万元	2 504（5）	10 221.9（1）	2 695（4）	3 504.9（5）	2 087.3（6）
	主持人数/人	26（5）	34（4）	32（6）	39（5）	25（13）
计算机科学	项目数/项	45（1）	32（2）	28（4）	28（2）	30（1）
	项目经费/万元	3 031.7（2）	3 962.5（1）	5 137.79（1）	3 272.7（1）	2 423（5）
	主持人数/人	45（1）	31（2）	28（4）	27（2）	30（1）
物理学Ⅰ	项目数/项	14（11）	14（10）	15（11）	25（5）	15（12）
	项目经费/万元	11 190（1）	944（16）	1 657.5（9）	2 718（8）	1 162.74（10）
	主持人数/人	14（11）	14（10）	15（11）	22（7）	15（11）
建筑环境与结构工程	项目数/项	29（7）	42（5）	38（5）	47（3）	38（6）
	项目经费/万元	1 970（10）	3 586.43（3）	2 151（4）	3 152.24（2）	6 017.82（1）
	主持人数/人	29（7）	40（5）	37（5）	47（3）	36（6）
力学	项目数/项	26（4）	26（3）	30（3）	24（7）	37（2）
	项目经费/万元	2 877（4）	2 134（5）	2 767（1）	2 734（5）	5 265（1）
	主持人数/人	23（4）	26（3）	29（3）	24（6）	35（2）
电子学与信息系统	项目数/项	22（8）	29（6）	28（5）	33（3）	24（7）
	项目经费/万元	2 250（8）	2 277.33（5）	5 172.3（1）	2 981.18（2）	2 995.5（5）
	主持人数/人	22（8）	28（6）	27（5）	33（3）	23（8）
自动化	项目数/项	18（7）	15（11）	24（3）	20（7）	14（9）
	项目经费/万元	4 680（1）	2 364.6（3）	3 317.3（1）	3 134.2（3）	1 538.5（8）
	主持人数/人	17（8）	15（10）	23（5）	20（7）	13（9）
电气科学与工程	项目数/项	19（2）	19（5）	20（2）	32（2）	21（3）
	项目经费/万元	3 396（1）	1 881.5（1）	1 809.5（2）	4 444（2）	1 592（4）
	主持人数/人	18（2）	19（5）	20（2）	30（2）	20（3）
物理学Ⅱ	项目数/项	25（6）	17（6）	12（10）	13（9）	16（7）
	项目经费/万元	4 426（4）	1 756（5）	1 075（8）	2 100（5）	2 577.7（3）
	主持人数/人	24（6）	17（6）	12（9）	13（9）	14（11）

资料来源：中国产业智库大数据中心

表 4-8 2008～2018 年清华大学 SCI 论文总量分布及 2018 年 ESI 排名

序号	研究领域	SCI 发文量/篇	被引次数/次	篇均被引/次	高被引论文/篇	ESI 全球排名
全校合计		72 694	1 075 810	14.80	1 599	94
1	生物与生化	2 654	49 683	18.72	59	150
2	化学	11 666	235 044	20.15	289	19

续表

序号	研究领域	SCI 发文量/篇	被引次数/次	篇均被引/次	高被引论文/篇	ESI 全球排名
3	临床医学	1 649	16 750	10.16	16	1 454
4	计算机科学	4 781	36 564	7.65	77	7
5	经济与商学	867	8 150	9.40	9	179
6	工程科学	17 005	162 370	9.55	265	6
7	环境生态学	3 032	43 001	14.18	66	99
8	地球科学	1 785	27 881	15.62	60	207
9	免疫学	312	5 824	18.67	9	653
10	材料科学	9 969	203 251	20.39	295	7
11	数学	1 589	8 072	5.08	16	101
12	微生物学	373	6 538	17.53	11	387
13	分子生物与基因	1 520	46 292	30.46	30	302
14	综合交叉学科	96	6 318	65.81	3	30
15	神经科学与行为	555	7 503	13.52	11	778
16	药理学与毒物学	425	6 331	14.90	9	540
17	物理学	11 787	174 027	14.76	310	46
18	植物与动物科学	445	8 294	18.64	25	592
19	社会科学	977	9 083	9.30	21	402

资料来源：中国产业智库大数据中心

4.2.4 华中科技大学

2018 年，华中科技大学的基础研究竞争力指数为 77.8369，全国排名第 4 位。争取国家自然科学基金项目总数为 740 项，全国排名第 4 位；项目经费总额为 51 574.7 万元，全国排名第 6 位；争取国家自然科学基金项目经费金额大于 2000 万元的学科共有 6 个，影像医学与生物医学工程、光学和光电子学、电气科学和工程、循环系统争取国家自然科学基金项目经费全国排名第 1 位（图 4-4）；影像医学与生物医学工程争取国家自然科学基金项目经费增幅最大（表 4-9）。SCI 论文数 6160 篇，全国排名第 5 位；15 个学科入选 ESI 全球 1%（表 4-10）。发明专利申请量 1731 件，全国排名第 25 位。

截至 2018 年 11 月，华中科技大学设有 44 个学院/直属系，10 家附属医院，99 个本科专业，7 个一级学科国家重点学科，15 个二级学科国家重点学科，7 个国家重点培育学科，一级学科硕士学位授权点 45 个，一级学科博士学位授权点 40 个，博士后科研流动站 39 个。华中科技大学有专任教师 3400 余人，其中教授 1200 余人，副教授 1400 余人，中国科学院院士 6 人，中国工程院院士 11 人，“国家重大科学研究计划”首席科学家 2 人，“国家重点研发计划”首席科学家 24 人，“973 计划”首席科学家 15 人，“新世纪优秀人才支持计划”学者 224 人，“长江学者奖励计划”特聘教授、讲座教授、青年学者共计 74 人，国家自然科学基金杰出青年科学基金获得者 69 人，国家自然科学基金优秀青年科学基金获得者 49 人[4]。

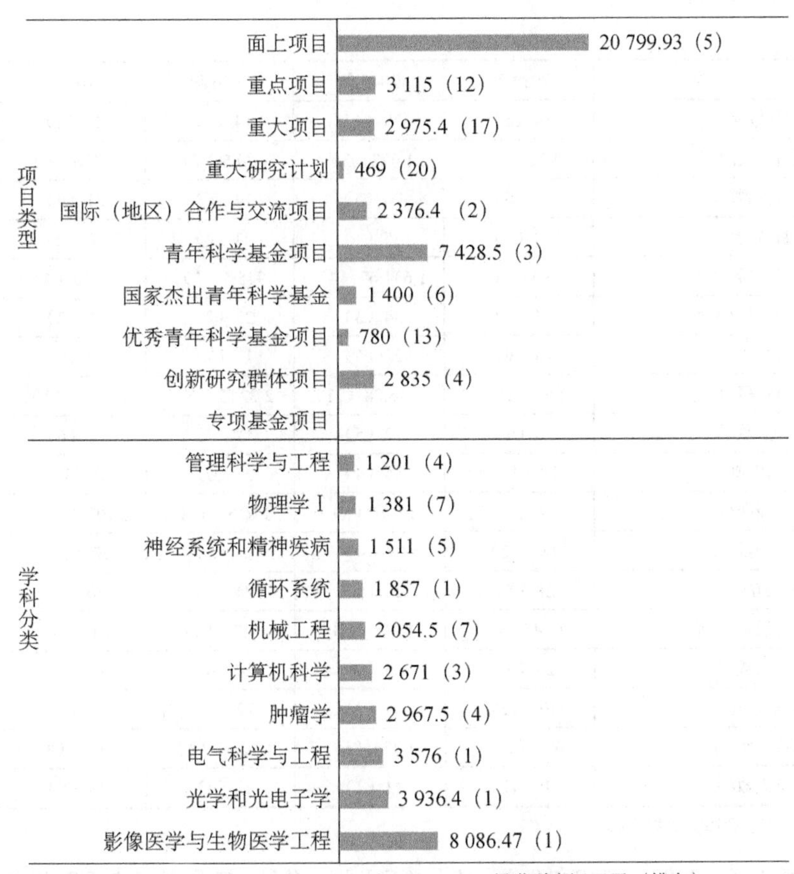

图 4-4 2018 年华中科技大学争取国家自然科学基金项目经费数据

资料来源：中国产业智库大数据中心

表 4-9 2014～2018 年华中科技大学争取国家自然科学基金项目经费十强学科变化趋势及指标

领域	指标	2014 年	2015 年	2016 年	2017 年	2018 年
全部	项目数/项	582（5）	670（3）	614（5）	756（4）	740（4）
	项目经费/万元	39 154.85（7）	34 472.05（7）	35 393.91（7）	47 368.7（7）	51 574.7（6）
	主持人数/人	567（5）	659（3）	606（4）	737（4）	725（4）
机械工程	项目数/项	32（3）	30（6）	38（4）	51（1）	36（4）
	项目经费/万元	3 304（2）	2 264.5（6）	3 956.92（2）	4 988（2）	2 054.5（7）
	主持人数/人	30（3）	30（6）	38（4）	51（1）	34（4）
影像医学与生物医学工程	项目数/项	20（2）	15（4）	21（2）	20（2）	25（2）
	项目经费/万元	1 875（2）	809（5）	1 186（4）	1 885（3）	8 086.47（1）
	主持人数/人	19（2）	15（4）	21（2）	20（2）	24（2）
肿瘤学	项目数/项	61（4）	66（4）	50（6）	75（4）	72（4）
	项目经费/万元	2 614（7）	2 653.5（5）	1 919（9）	2 937（4）	2 967.5（4）
	主持人数/人	61（4）	65（4）	50（6）	74（4）	72（4）
光学和光电子学	项目数/项	19（3）	9（10）	15（4）	22（1）	20（2）
	项目经费/万元	1 876（3）	503（17）	875（11）	2 137.1（1）	3 936.4（1）
	主持人数/人	19（2）	9（10）	15（4）	22（1）	19（2）

续表

领域	指标	2014年	2015年	2016年	2017年	2018年
电气科学与工程	项目数/项	14（6）	20（4）	14（6）	21（4）	25（2）
	项目经费/万元	921（8）	1 672（3）	970.5（7）	1 476（6）	3 576（1）
	主持人数/人	14（6）	20（3）	14（6）	21（4）	24（2）
循环系统	项目数/项	34（1）	35（1）	23（2）	30（2）	36（1）
	项目经费/万元	1 904（1）	1 631.67（4）	925.5（5）	1 750（4）	1 857（1）
	主持人数/人	34（1）	34（3）	23（2）	30（2）	36（1）
物理学 I	项目数/项	16（9）	22（5）	17（7）	23（7）	24（4）
	项目经费/万元	967（17）	1 346.08（11）	2 324.2（5）	1 996.1（10）	1 381（7）
	主持人数/人	16（9）	22（5）	17（7）	23（6）	24（4）
计算机科学	项目数/项	18（13）	25（4）	23（5）	21（10）	18（10）
	项目经费/万元	1 369.25（12）	1 242（8）	1 015（16）	1 108.2（19）	2 671（3）
	主持人数/人	18（12）	25（4）	23（5）	20（10）	17（11）
神经系统和精神疾病	项目数/项	28（5）	26（4）	24（6）	20（9）	32（3）
	项目经费/万元	1 645（4）	1 248（5）	1 471（6）	947（9）	1 511（4）
	主持人数/人	28（5）	26（4）	24（6）	19（9）	32（3）
工程热物理与能源利用	项目数/项	10（11）	34（2）	22（5）	19（5）	24（3）
	项目经费/万元	677（12）	1 734（5）	1 704.3（3）	1 030（8）	1 173（7）
	主持人数/人	10（11）	33（2）	22（4）	19（5）	24（2）

资料来源：中国产业智库大数据中心

表 4-10　2008～2018 年华中科技大学 SCI 论文总量分布及 2018 年 ESI 排名

序号	研究领域	SCI 发文量/篇	被引次数/次	篇均被引/次	高被引论文/篇	ESI 全球排名
	全校合计	48 599	537 173	11.05	648	266
1	农业科学	270	2 784	10.31	5	703
2	生物与生化	2 260	25 679	11.36	12	348
3	化学	4 662	67 576	14.50	71	182
4	临床医学	8 772	83 149	9.48	61	437
5	计算机科学	2 631	24 215	9.20	67	23
6	工程科学	8 713	83 000	9.53	165	19
7	环境生态学	734	6 986	9.52	7	707
8	免疫学	683	9 193	13.46	3	482
9	材料科学	5 249	88 379	16.84	117	53
10	数学	1 044	5 664	5.43	7	182
11	分子生物与基因	2 008	28 728	14.31	8	445
12	神经科学与行为	1 342	17 528	13.06	11	423
13	药理学与毒物学	1 330	15 958	12.00	6	161
14	物理学	6 867	60 810	8.86	75	292
15	社会科学	509	3 790	7.45	12	788

资料来源：中国产业智库大数据中心

4.2.5 中山大学

2018年，中山大学的基础研究竞争力指数为73.4479，全国排名第5位。争取国家自然科学基金项目总数为887项，全国排名第3位；项目经费总额为51 990.01万元，全国排名第5位；争取国家自然科学基金项目经费金额大于3000万元的学科共有3个，肿瘤学、计算机科学、合成化学、工商管理、眼科学争取国家自然科学基金项目经费全国排名第1位（图4-5）；计算机科学争取国家自然科学基金项目经费增幅最大（表4-11）。SCI论文数5927篇，全国排名第7位；19个学科入选ESI全球1%（表4-12）。发明专利申请量1206件，全国排名第55位。

截至2018年9月，中山大学设有59个学院/直属系，10家附属医院，130个本科专业，59个一级学科硕士学位授权点，49个一级学科博士学位授权点，41个博士后科研流动站。中山大学共有全日制本科生32 307人，硕士研究生13 708人，博士研究生6153人，专任教师3751人，其中教授1586人，副教授1395人。中山大学拥有中国科学院院士15人，中国工程院院士5人，"千人计划"人才139人，"千人计划"青年项目获得者106人，"千人计划"创新人才长期项目获得者29人，"万人计划"人才40人，"973计划"首席科学家7人，"国家重大科学研究计划"首席科学家9人，"长江学者奖励计划"特聘教授、讲座教授、青年学者共计66人，国家自然科学基金杰出青年科学基金获得者80人，国家自然科学基金优秀青年科学基金获得者59人[5]。

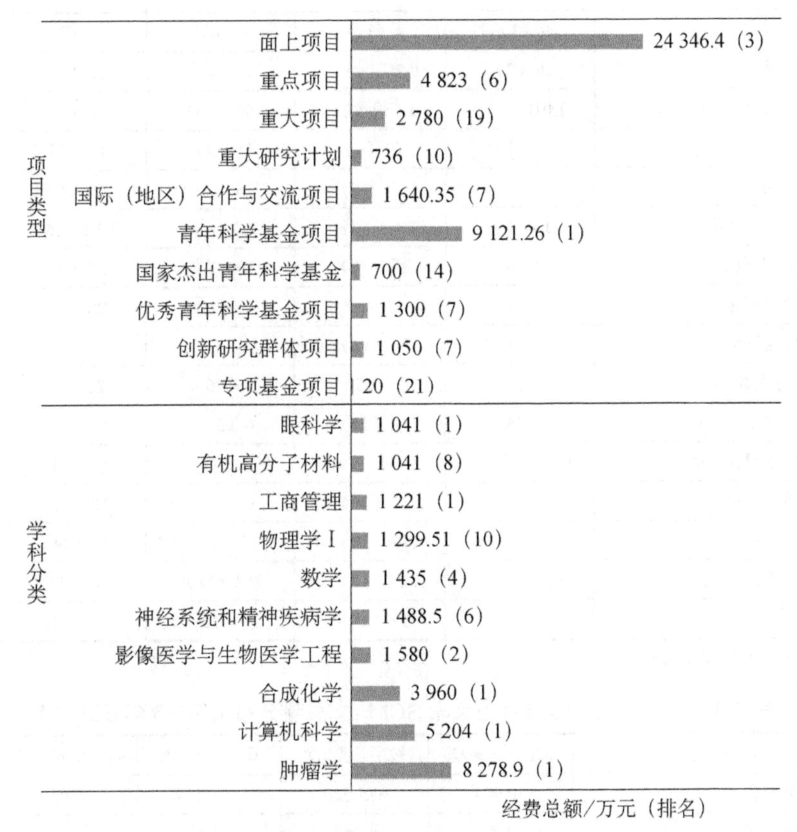

图4-5 2018年中山大学争取国家自然科学基金项目经费数据

资料来源：中国产业智库大数据中心

表 4-11 2014～2018 年中山大学争取国家自然科学基金项目经费十强学科变化趋势及指标

领域	指标	2014 年	2015 年	2016 年	2017 年	2018 年
全部	项目数/项	506（7）	564（6）	680（3）	873（2）	887（3）
	项目经费/万元	39 919.65（6）	38 274.4（6）	38 965（5）	50 430.31（6）	51 990.01（5）
	主持人数/人	498（7）	550（6）	664（3）	851（2）	868（3）
肿瘤学	项目数/项	103（1）	108（2）	137（1）	175（1）	169（1）
	项目经费/万元	9 710（1）	5 646（1）	7 457（1）	8 436.45（1）	8 278.9（1）
	主持人数/人	101（2）	108（2）	136（1）	172（1）	169（1）
计算机科学	项目数/项	11（26）	18（12）	18（15）	23（8）	18（10）
	项目经费/万元	791（20）	742.2（20）	1 714（6）	2 436（3）	5 204（1）
	主持人数/人	11（25）	18（12）	18（14）	22（8）	18（10）
合成化学	项目数/项	3（21）	8（6）	9（4）	14（5）	16（4）
	项目经费/万元	1 220（4）	688（5）	566（6）	1 112（7）	3 960（1）
	主持人数/人	3（21）	8（6）	9（4）	14（5）	15（6）
眼科学	项目数/项	19（1）	24（1）	30（1）	23（1）	20（1）
	项目经费/万元	1 440（1）	1 351（1）	1 468（1）	1 878（1）	1 041（1）
	主持人数/人	19（1）	24（1）	30（1）	23（1）	20（1）
遗传学与生物信息学	项目数/项	9（3）	4（12）	8（6）	14（2）	12（2）
	项目经费/万元	946（3）	193（9）	942（4）	3 090（2）	734（2）
	主持人数/人	9（3）	4（12）	8（6）	13（3）	12（2）
数学	项目数/项	16（7）	20（4）	15（8）	25（3）	32（1）
	项目经费/万元	1 010（6）	1 689（2）	750（10）	836（12）	1 435（4）
	主持人数/人	16（7）	19（4）	15（7）	25（3）	31（1）
神经系统和精神疾病	项目数/项	17（9）	19（10）	23（7）	23（6）	29（4）
	项目经费/万元	1 168（9）	736.5（13）	1 007（8）	1 124（6）	1 488.5（5）
	主持人数/人	17（9）	19（10）	23（7）	23（6）	29（4）
影像医学与生物医学工程	项目数/项	8（12）	14（5）	16（6）	20（2）	20（3）
	项目经费/万元	1 314（4）	753（8）	814（9）	648（8）	1 580（2）
	主持人数/人	8（12）	14（5）	16（6）	20（2）	20（3）
物理学 I	项目数/项	6（26）	12（16）	6（32）	17（11）	23（5）
	项目经费/万元	364.75（30）	1 131（12）	598.6（16）	1 517（12）	1 299.51（9）
	主持人数/人	6（26）	11（16）	6（30）	15（11）	22（7）
地理学	项目数/项	14（19）	17（18）	15（15）	17（14）	22（8）
	项目经费/万元	985（18）	1 247（15）	762（18）	768（18）	887.3（11）
	主持人数/人	14（19）	17（18）	15（15）	17（14）	22（8）

资料来源：中国产业智库大数据中心

表 4-12 2008～2018 年中山大学 SCI 论文总量分布及 2018 年 ESI 排名

序号	研究领域	SCI 发文量/篇	被引次数/次	篇均被引/次	高被引论文/篇	ESI 全球排名
	全校合计	50 904	675 520	13.27	762	207
1	农业科学	460	5 662	12.31	14	350
2	生物与生化	2 929	38 192	13.04	22	227

续表

序号	研究领域	SCI 发文量/篇	被引次数/次	篇均被引/次	高被引论文/篇	ESI 全球排名
3	化学	5 957	116 025	19.48	141	81
4	临床医学	14 582	182 344	12.50	157	192
5	计算机科学	1 270	9 157	7.21	20	137
6	工程科学	2 545	23 586	9.27	51	210
7	环境生态学	1 555	18 765	12.07	28	285
8	地球科学	1 545	13 557	8.77	19	412
9	免疫学	1004	15 557	15.50	7	300
10	材料科学	2 556	54 248	21.22	70	113
11	数学	1 414	6 492	4.59	13	142
12	微生物学	968	9 293	9.60	5	277
13	分子生物与基因	3 299	55 051	16.69	26	253
14	神经科学与行为	1 548	17 618	11.38	2	422
15	药理学与毒物学	1 923	21 209	11.03	11	109
16	物理学	3 667	57 155	15.59	134	313
17	植物与动物科学	1 490	14 671	9.85	17	343
18	精神病学心理学	453	4 615	10.19	1	634
19	社会科学	1 040	7 262	6.98	18	473

资料来源：中国产业智库大数据中心

4.2.6 中南大学

2018 年，中南大学的基础研究竞争力指数为 62.0827，全国排名第 6 位。争取国家自然科学基金项目总数为 499 项，全国排名第 10 位；项目经费总额为 24 594.41 万元，全国排名第 15 位；争取国家自然科学基金项目经费金额大于 1500 万元的学科共有 2 个，皮肤及其附属器争取国家自然科学基金项目经费全国排名第 1 位（图 4-6）；内分泌系统/代谢和营养支持争取国家自然科学基金项目经费增幅最大（表 4-13）。SCI 论文数 5567 篇，全国排名第 9 位；16 个学科入选 ESI 全球 1%（表 4-14）。发明专利申请量 1979 件，全国排名第 19 位。

截至 2019 年 1 月，中南大学设有 30 个学院/直属系，7 家附属医院，107 个本科专业，46 个一级学科硕士学位授权点，35 个一级学科博士学位授权点，32 个博士后科研流动站，6 个一级学科国家重点学科，12 个二级学科国家重点学科，1 个国家重点培育学科。中南大学拥有全日制本科生 34 029 人，硕士研究生 15 222 人，博士研究生 6600 人，留学生 1227 人，教授及相应正高职称人员 1500 余人，有中国科学院院士 2 人，中国工程院院士 14 人，“万人计划”领军人才 17 人，“973 计划”首席科学家 19 人（其中青年项目 2 人），“长江学者奖励计划”特聘教授、讲座教授 52 人，国家自然科学基金杰出青年科学基金获得者 23 人[6]。

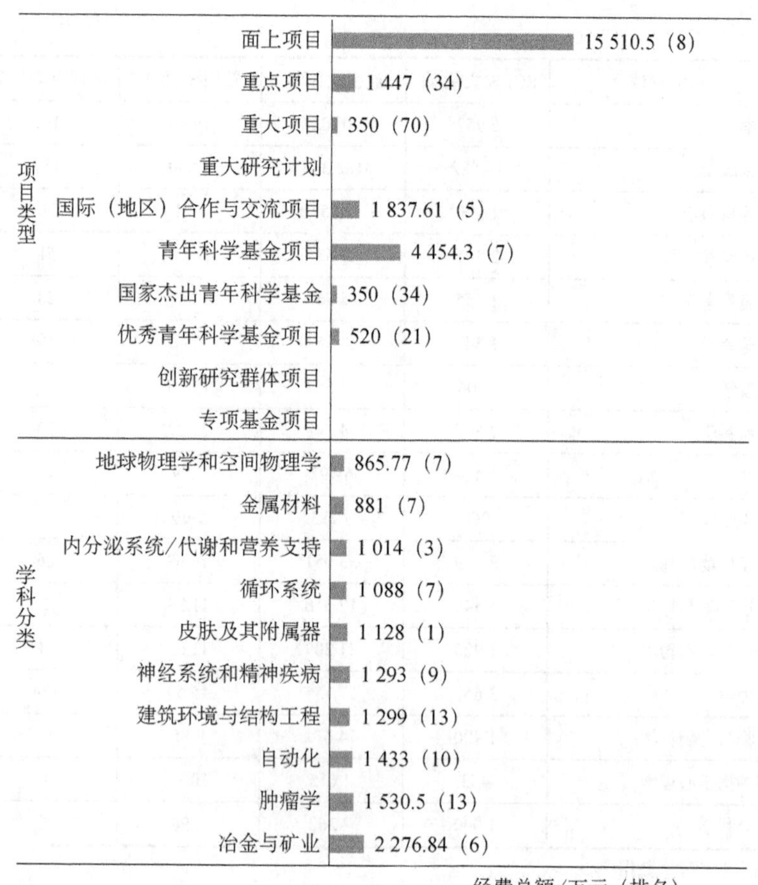

图 4-6　2018 年中南大学争取国家自然科学基金项目经费数据

资料来源：中国产业智库大数据中心

表 4-13　2014～2018 年中南大学争取国家自然科学基金项目经费十强学科变化趋势及指标

领域	指标	2014 年	2015 年	2016 年	2017 年	2018 年
全部	项目数/项	400（10）	427（11）	421（11）	442（13）	499（10）
	项目经费/万元	21 932.9（17）	20 757（16）	21 445.23（16）	22 669.7（22）	24 594.41（15）
	主持人数/人	391（10）	422（9）	417（10）	433（13）	486（10）
冶金与矿业	项目数/项	36（3）	33（4）	39（4）	37（4）	43（4）
	项目经费/万元	2 158.9（4）	1 821（4）	3 017.56（2）	2 284（4）	2 276.84（6）
	主持人数/人	36（3）	33（4）	39（4）	37（4）	42（4）
肿瘤学	项目数/项	45（9）	47（8）	41（12）	49（9）	37（11）
	项目经费/万元	2 328（9）	1 795（12）	1 516（14）	1 606（15）	1 530.5（13）
	主持人数/人	45（9）	47（8）	41（12）	49（9）	37（11）
神经系统和精神疾病	项目数/项	36（1）	36（2）	37（2）	25（5）	25（6）
	项目经费/万元	1 948（3）	1 549.6（4）	1 740.52（3）	1 316（5）	1 293（8）
	主持人数/人	35（1）	35（2）	36（2）	25（5）	25（6）
建筑环境与结构工程	项目数/项	19（17）	17（15）	18（16）	22（12）	21（14）
	项目经费/万元	1 631（13）	1 147（14）	741（17）	1 456（9）	1 299（12）
	主持人数/人	19（17）	17（15）	18（16）	22（11）	21（14）

续表

领域	指标	2014年	2015年	2016年	2017年	2018年
自动化	项目数/项	14（11）	12（16）	9（24）	11（25）	21（3）
	项目经费/万元	916（16）	1 337（10）	1 005（13）	1 317（15）	1 433（10）
	主持人数/人	14（11）	12（16）	9（24）	10（26）	21（3）
循环系统	项目数/项	12（12）	27（4）	14（8）	11（13）	26（5）
	项目经费/万元	575（14）	1 015（8）	774（8）	704（10）	1 088（7）
	主持人数/人	12（12）	27（4）	14（8）	11（13）	26（5）
机械工程	项目数/项	16（16）	16（18）	9（34）	14（25）	12（27）
	项目经费/万元	879（19）	1 257（13）	517（32）	565（31）	508（33）
	主持人数/人	16（16）	16（18）	9（33）	14（25）	12（27）
皮肤及其附属器	项目数/项	10（1）	11（1）	8（1）	14（1）	11（1）
	项目经费/万元	965（1）	458（1）	475（2）	560（1）	1 128（1）
	主持人数/人	10（1）	11（1）	8（1）	13（1）	9（1）
计算机科学	项目数/项	13（20）	12（30）	19（13）	19（14）	10（28）
	项目经费/万元	711（27）	496（31）	866（22）	780（33）	694（24）
	主持人数/人	13（19）	12（29）	19（13）	19（13）	10（28）
内分泌系统/代谢和营养支持	项目数/项	12（3）	11（4）	13（4）	15（2）	17（2）
	项目经费/万元	486（5）	565（3）	521（4）	957（3）	1 014（3）
	主持人数/人	12（3）	11（4）	13（4）	13（2）	17（2）

资料来源：中国产业智库大数据中心

表 4-14　2008～2018 年中南大学 SCI 论文总量分布及 2018 年 ESI 排名

序号	研究领域	SCI 发文量/篇	被引次数/次	篇均被引/次	高被引论文/篇	ESI 全球排名
	全校合计	39 277	389 982	9.93	558	385
1	农业科学	172	2 416	14.05	6	786
2	生物与生化	1 903	18 529	9.74	15	463
3	化学	4 716	52 819	11.20	34	247
4	临床医学	7 451	82 604	11.09	73	438
5	计算机科学	1 088	10 605	9.75	61	111
6	工程科学	3 679	30 478	8.28	152	136
7	环境生态学	530	5 346	10.09	26	834
8	地球科学	1 222	9 545	7.81	21	523
9	免疫学	551	6 587	11.95	3	598
10	材料科学	8 799	84 331	9.58	56	59
11	数学	1 336	7 641	5.72	30	111
12	分子生物与基因	1 867	25 432	13.62	21	486
13	神经科学与行为	1 452	15 481	10.66	4	464
14	药理学与毒物学	1 234	11 147	9.03	8	278
15	精神病学心理学	528	5 309	10.05	3	561
16	社会科学	332	2 908	8.76	10	934

资料来源：中国产业智库大数据中心

4.2.7 四川大学

2018年，四川大学的基础研究竞争力指数为60.4062，全国排名第7位。争取国家自然科学基金项目总数为496项，全国排名第11位；项目经费总额为38 279.03万元，全国排名第8位；争取国家自然科学基金项目经费金额大于2000万元的学科共有5个，冶金与矿业、口腔颅颌面科学、呼吸系统争取国家自然科学基金项目经费全国排名第1位（图4-7）；冶金与矿业争取国家自然科学基金项目经费增幅最大（表4-15）。SCI论文数6148篇，全国排名第6位；17个学科入选ESI全球1%（表4-16）。发明专利申请量1487件，全国排名第34位。

截至2018年年底，四川大学设有34个学院/直属系，4家附属医院，131个本科专业，47个一级学科博士学位授权点，37个博士后科研流动站，46个国家重点学科，4个国家重点培育学科。学校有全日制普通本科生3.7万余人，硕士、博士研究生2.6万余人，外国留学生及港澳台学生4200余人。学校有专任教师5808人，其中教授1850人，中国科学院和中国工程院院士13人，“长江学者奖励计划”特聘教授42人、讲座教授16人，“万人计划”领军人才23人，国家自然科学基金杰出青年基金获得者46人，“973计划”首席科学家7人[7]。

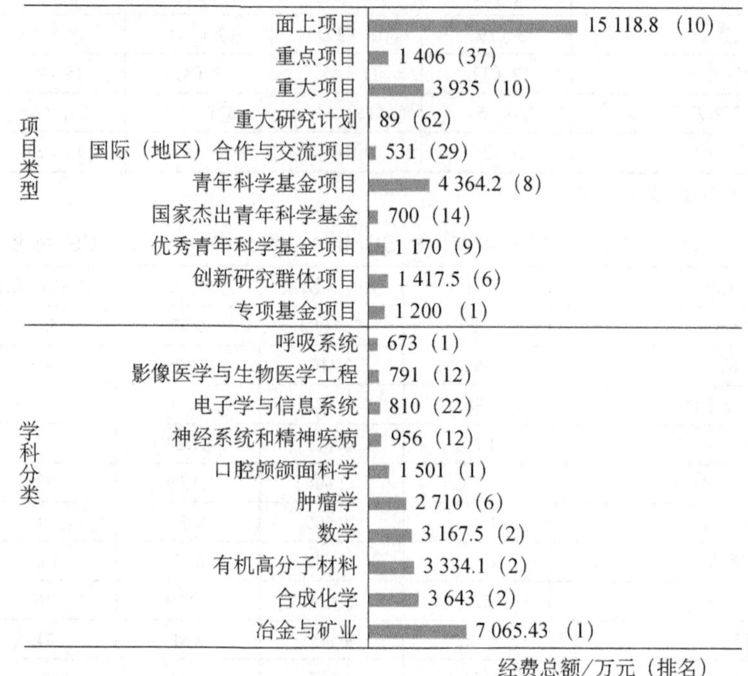

图4-7 2018年四川大学争取国家自然科学基金项目经费数据

资料来源：中国产业智库大数据中心

表4-15 2014～2018年四川大学争取国家自然科学基金项目经费十强学科变化趋势及指标

领域	指标	2014年	2015年	2016年	2017年	2018年
全部	项目数/项	411（8）	424（12）	387（14）	465（11）	496（11）
	项目经费/万元	25 396.41（12）	22 578.68（12）	23 173.87（15）	23 956.3（18）	38 279.03（8）
	主持人数/人	397（9）	412（12）	382（14）	458（11）	484（11）

续表

领域	指标	2014年	2015年	2016年	2017年	2018年
有机高分子材料	项目数/项	33（1）	32（1）	27（1）	36（1）	42（1）
	项目经费/万元	3 443.9（1）	1 694（4）	1 491（3）	3 240（1）	3 334.1（2）
	主持人数/人	31（1）	31（1）	27（1）	36（1）	42（1）
肿瘤学	项目数/项	42（11）	37（14）	46（9）	37（13）	37（11）
	项目经费/万元	2 135（12）	1 805.5（11）	1 718（12）	1 624（14）	2 710（6）
	主持人数/人	42（11）	37（14）	45（11）	37（13）	37（11）
冶金与矿业	项目数/项	0（92）	0（84）	7（28）	4（37）	5（36）
	项目经费/万元	0（92）	0（84）	591（16）	128（47）	7 065.43（1）
	主持人数/人	0（92）	0（84）	7（27）	4（37）	5（36）
口腔颅颌面科学	项目数/项	29（1）	22（1）	25（1）	33（1）	32（1）
	项目经费/万元	1 480.6（1）	902（1）	1 320（1）	1 733（1）	1 501（1）
	主持人数/人	29（1）	22（1）	25（1）	33（1）	31（1）
数学	项目数/项	20（3）	15（9）	11（17）	19（5）	19（5）
	项目经费/万元	961（7）	846.5（7）	616（16）	1 193（6）	3 167.5（2）
	主持人数/人	19（3）	14（13）	11（15）	18（5）	17（4）
药物学	项目数/项	10（4）	10（4）	16（3）	8（5）	16（2）
	项目经费/万元	592（4）	1 027.18（2）	2 574.45（1）	364.6（5）	637（3）
	主持人数/人	10（4）	10（4）	15（3）	8（5）	16（2）
神经系统和精神疾病	项目数/项	17（9）	24（7）	17（10）	12（19）	27（5）
	项目经费/万元	832.35（12）	943.9（9）	1 179（7）	678（15）	956（11）
	主持人数/人	15（11）	23（8）	17（10）	12（19）	27（5）
影像医学与生物医学工程	项目数/项	16（3）	16（2）	13（7）	9（8）	11（7）
	项目经费/万元	842.2（6）	775（7）	1 531（2）	405（13）	791（9）
	主持人数/人	16（3）	16（2）	13（7）	9（8）	11（7）
合成化学	项目数/项	1（68）	2（37）	1（64）	3（29）	18（2）
	项目经费/万元	85（57）	90（44）	30（90）	154（30）	3 643（2）
	主持人数/人	1（68）	2（37）	1（64）	3（29）	17（3）
催化与表界面化学	项目数/项	10（11）	21（3）	12（6）	8（9）	2（24）
	项目经费/万元	1 123（6）	1 039（5）	861（7）	713（8）	92（24）
	主持人数/人	9（11）	21（3）	12（6）	8（9）	2（24）

资料来源：中国产业智库大数据中心

表 4-16　2008～2018 年四川大学 SCI 论文总量分布及 2018 年 ESI 排名

序号	研究领域	SCI 发文量/篇	被引次数/次	篇均被引/次	高被引论文/篇	ESI 全球排名
全校合计		48 563	500 209	10.30	441	293
1	农业科学	441	4 914	11.14	9	413

续表

序号	研究领域	SCI 发文量/篇	被引次数/次	篇均被引/次	高被引论文/篇	ESI 全球排名
2	生物与生化	2 480	26 332	10.62	16	333
3	化学	10 956	134 148	12.24	91	59
4	临床医学	10 835	97 694	9.02	76	376
5	计算机科学	868	7 477	8.61	34	171
6	工程科学	3 012	20 364	6.76	46	249
7	环境生态学	863	4 590	5.32	8	919
8	免疫学	534	5 614	10.51	4	679
9	材料科学	5 338	69 347	12.99	55	78
10	数学	1 272	5 095	4.01	4	212
11	分子生物与基因	2 271	39 843	17.54	22	347
12	神经科学与行为	1 527	18 439	12.08	10	403
13	药理学与毒物学	1 758	21 349	12.14	17	105
14	物理学	3 954	24 746	6.26	24	633
15	植物与动物科学	644	4 467	6.94	6	944
16	精神病学心理学	372	4 959	13.33	3	597
17	社会科学	397	2 744	6.91	7	981

资料来源：中国产业智库大数据中心

4.2.8 西安交通大学

2018 年，西安交通大学的基础研究竞争力指数为 58.5724，全国排名第 8 位。争取国家自然科学基金项目总数为 501 项，全国排名第 9 位；项目经费总额为 30 415.63 万元，全国排名第 13 位；争取国家自然科学基金项目经费金额大于 2000 万元的学科共有 4 个，工程热物理与能源利用争取国家自然科学基金项目经费全国排名第 1 位（图 4-8）；计算机科学争取国家自然科学基金项目经费增幅最大（表 4-17）。SCI 论文数 5486 篇，全国排名第 10 位；14 个学科入选 ESI 全球 1%（表 4-18）。发明专利申请量 1957 件，全国排名第 20 位。

截至 2018 年 7 月，西安交通大学设有 27 个学院/直属系，19 家附属医院，87 个本科专业，45 个一级学科硕士学位授权点，28 个一级学科博士学位授权点，25 个博士后科研流动站。西安交通大学有全日制在校本科生 17 538 人，硕士研究生 13 351 人，博士研究生 5568 人，留学生 1646 人，专任教师 3072 人，教授 831 人，副教授 1205。西安交通大学拥有中国科学院院士 19 人，中国工程院院士 21 人，“长江学者奖励计划”特聘教授、讲座教授、青年学者共计 93 人。“新世纪百千万人才工程”、国家“百千万人才工程”人才 28 人，国家自然科学基金杰出青年科学基金获得者 40 人[8]。

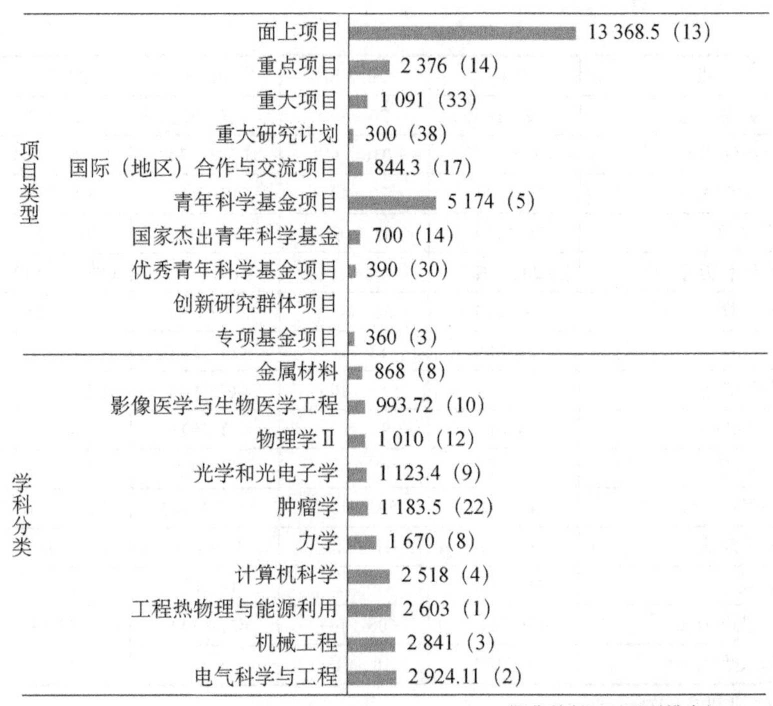

图 4-8 2018 年西安交通大学争取国家自然科学基金项目经费数据

资料来源：中国产业智库大数据中心

表 4-17 2014～2018 年西安交通大学争取国家自然科学基金项目经费十强学科变化趋势及指标

领域	指标	2014 年	2015 年	2016 年	2017 年	2018 年
全部	项目数/项	383（12）	405（13）	459（8）	507（9）	501（9）
	项目经费/万元	24 316（15）	21 499.2（14）	24 683.95（12）	35 705.19（10）	30 415.63（13）
	主持人数/人	370（12）	396（13）	449（8）	489（9）	494（9）
工程热物理与能源利用	项目数/项	39（1）	38（1）	34（1）	50（1）	43（1）
	项目经费/万元	3 193（1）	2 799.4（2）	1 724.13（2）	4 019.66（1）	2 603（1）
	主持人数/人	39（1）	38（1）	33（1）	50（1）	43（1）
机械工程	项目数/项	25（7）	33（5）	41（2）	47（2）	48（1）
	项目经费/万元	3 158（3）	1 671（7）	2 552.88（6）	2 981（6）	2 841（3）
	主持人数/人	24（7）	33（5）	41（2）	44（3）	46（2）
电气科学与工程	项目数/项	23（1）	28（1）	19（3）	37（1）	32（1）
	项目经费/万元	1 518（3）	1 692.9（2）	1 061（5）	5 371（1）	2 924.11（2）
	主持人数/人	23（1）	28（1）	18（3）	36（1）	32（1）
力学	项目数/项	19（6）	20（8）	19（8）	22（9）	28（5）
	项目经费/万元	1 065（14）	1 596（7）	1 193（9）	1 612（10）	1 670（8）
	主持人数/人	19（6）	20（7）	18（8）	22（9）	27（5）
计算机科学	项目数/项	12（22）	13（25）	18（15）	16（21）	9（29）
	项目经费/万元	734（24）	797（19）	773（25）	1 964.6（6）	2 518（4）
	主持人数/人	12（21）	13（25）	18（14）	15（23）	9（29）

续表

领域	指标	2014 年	2015 年	2016 年	2017 年	2018 年
自动化	项目数/项	12（14）	20（4）	17（9）	12（21）	7（29）
	项目经费/万元	1 178（11）	1 316（11）	1 785（7）	2 009.4（6）	272（48）
	主持人数/人	12（14）	20（4）	17（9）	10（26）	7（29）
肿瘤学	项目数/项	29（17）	32（16）	39（13）	31（19）	36（14）
	项目经费/万元	1 242（22）	964（21）	1 166（17）	1 737.36（12）	1 183.5（22）
	主持人数/人	29（17）	32（16）	38（13）	31（19）	36（13）
金属材料	项目数/项	14（4）	12（7）	13（5）	11（6）	14（5）
	项目经费/万元	1 176（6）	661（10）	1 615（2）	1 141.5（6）	868（6）
	主持人数/人	14（4）	12（6）	13（5）	10（7）	14（5）
数学	项目数/项	17（5）	13（16）	14（10）	11（18）	11（17）
	项目经费/万元	748（12）	593（15）	2 537.6（2）	724.5（14）	747（13）
	主持人数/人	17（5）	12（17）	11（15）	11（16）	11（17）
物理学Ⅱ	项目数/项	10（13）	10（12）	14（6）	18（6）	16（7）
	项目经费/万元	461（21）	606（14）	621（14）	1 259（8）	1 010（11）
	主持人数/人	10（13）	10（11）	14（6）	18（6）	16（5）

资料来源：中国产业智库大数据中心

表 4-18　2008～2018 年西安交通大学 SCI 论文总量分布及 2018 年 ESI 排名

序号	研究领域	SCI 发文量/篇	被引次数/次	篇均被引/次	高被引论文/篇	ESI 全球排名
	全校合计	42 586	418 474	9.83	492	353
1	生物与生化	1 451	13 026	8.98	7	607
2	化学	4 449	57 425	12.91	80	229
3	临床医学	4 915	43 679	8.89	28	714
4	计算机科学	1 789	14 559	8.14	39	60
5	经济与商学	464	5 070	10.93	5	299
6	工程科学	10 794	90 769	8.41	144	15
7	地球科学	790	15 909	20.14	20	369
8	材料科学	6 082	73 955	12.16	87	73
9	数学	1 198	6 068	5.07	9	163
10	分子生物与基因	1 391	18 833	13.54	7	621
11	神经科学与行为	999	9 386	9.40	2	667
12	药理学与毒物学	1 060	9 927	9.37	5	335
13	物理学	5 455	45 433	8.33	38	390
14	社会科学	398	2 957	7.43	8	925

资料来源：中国产业智库大数据中心

4.2.9　北京大学

2018 年，北京大学的基础研究竞争力指数为 56.111，全国排名第 9 位。争取国家自然科学基金项目总数为 619 项，全国排名第 6 位；项目经费总额为 53 564.71 万元，全国排名第 4

位；争取国家自然科学基金项目经费金额大于4000万元的学科共有2个，数学、药物学争取国家自然科学基金项目经费全国排名第1位（图4-9）；力学争取国家自然科学基金项目经费增幅最大（表4-19）。SCI论文数5764篇，全国排名第8位；21个学科入选ESI全球1%（表4-20）。发明专利申请量473件，全国排名第157位。

截至2017年12月，北京大学设有70个学院/直属系，10家附属医院，129个本科专业，18个一级学科国家重点学科，25个二级学科国家重点学科，3个国家重点培育学科，50个一级学科硕士学位授权点，48个一级学科博士学位授权点，47个博士后科研流动站。北京大学拥有全日制本科生15 628人，硕士研究生16 315人，博士研究生10 712人，留学生3579人，专任教师7317人，其中教授2217人，副教授2231人。北京大学拥有中国科学院院士76人，中国工程院院士19人，“千人计划”人才72人，“千人计划”青年项目获得者153人，“万人计划”人才28人，“万人计划”青年拔尖人才35人，“长江学者奖励计划”特聘教授、讲座教授、青年学者共231人，国家自然科学基金杰出青年科学基金获得者237人，国家自然科学基金优秀青年科学基金获得者130人[9]。

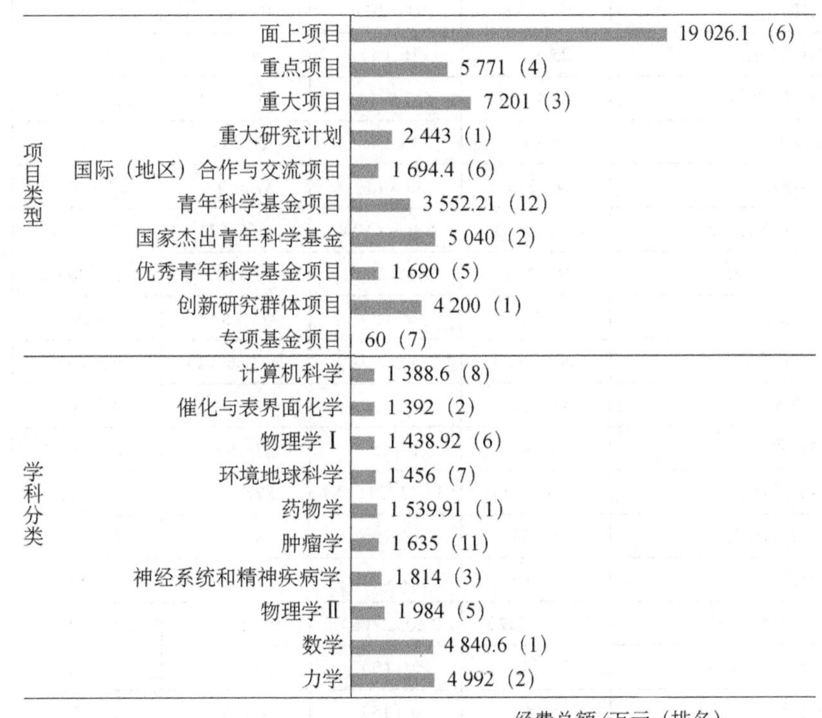

图4-9 2018年北京大学争取国家自然科学基金项目经费数据

资料来源：中国产业智库大数据中心

表4-19 2014～2018年北京大学争取国家自然科学基金项目经费十强学科变化趋势及指标

领域	指标	2014年	2015年	2016年	2017年	2018年
全部	项目数/项	676（3）	649（4）	624（4）	602（7）	619（6）
	项目经费/万元	68 344.07（2）	65 125.49（1）	54 354.45（4）	57 408.47（3）	53 564.71（4）
	主持人数/人	641（3）	613（4）	598（5）	577（7）	597（6）

续表

领域	指标	2014 年	2015 年	2016 年	2017 年	2018 年
物理学 I	项目数/项	22（5）	21（7）	19（5）	25（5）	16（10）
	项目经费/万元	2 868（5）	8 995.6（1）	2 236（6）	3 083.5（5）	1 438.92（6）
	主持人数/人	22（5）	20（7）	19（5）	25（5）	15（11）
数学	项目数/项	26（2）	17（6）	26（2）	24（4）	20（4）
	项目经费/万元	3 448（1）	1 088（3）	1 812（4）	1 298（5）	4 840.6（1）
	主持人数/人	21（2）	16（6）	25（2）	24（4）	17（4）
计算机科学	项目数/项	20（8）	25（4）	32（1）	18（16）	20（8）
	项目经费/万元	3 168（1）	2 044（3）	3 420（2）	1 431.85（11）	1 388.6（8）
	主持人数/人	20（8）	24（5）	32（1）	18（16）	19（9）
力学	项目数/项	12（13）	11（18）	10（17）	13（13）	15（14）
	项目经费/万元	1 475（9）	2 168.67（3）	1 118（11）	1 610（11）	4 992（2）
	主持人数/人	12（13）	11（17）	10（17）	13（13）	13（17）
经济科学	项目数/项	25（1）	16（4）	24（1）	9（9）	12（5）
	项目经费/万元	7 468.37（1）	653.5（4）	1 341（1）	336（10）	871（2）
	主持人数/人	25（1）	16（4）	24（1）	9（9）	11（5）
肿瘤学	项目数/项	24（21）	33（15）	37（14）	25（20）	36（14）
	项目经费/万元	1 713（15）	1 966（10）	2 055（7）	1 943（9）	1 635（11）
	主持人数/人	24（21）	33（15）	36（15）	25（20）	36（13）
催化与表界面化学	项目数/项	20（2）	26（2）	14（3）	3（28）	4（12）
	项目经费/万元	2 004.6（3）	2 740.63（2）	1 644.66（4）	765（6）	1 392（2）
	主持人数/人	18（2）	24（2）	14（3）	3（28）	4（12）
大气科学	项目数/项	15（4）	17（5）	7（9）	6（10）	13（5）
	项目经费/万元	2 347.3（3）	3 677.52（2）	877（6）	734（7）	852.84（5）
	主持人数/人	12（6）	15（5）	6（9）	6（10）	13（5）
地理学	项目数/项	21（8）	27（8）	15（15）	17（14）	12（16）
	项目经费/万元	1 502.3（12）	2 608.2（6）	1 741（7）	1 228（14）	969.4（8）
	主持人数/人	21（8）	25（9）	15（15）	17（14）	12（16）
影像医学与生物医学工程	项目数/项	11（6）	6（15）	7（13）	12（7）	11（7）
	项目经费/万元	2 290（1）	296（16）	484（11）	3 602.8（1）	1 134（8）
	主持人数/人	11（6）	6（15）	7（13）	10（7）	11（7）

资料来源：中国产业智库大数据中心

表 4-20　2008～2018 年北京大学 SCI 论文总量分布及 2018 年 ESI 排名

序号	研究领域	SCI 发文量/篇	被引次数/次	篇均被引/次	高被引论文/篇	ESI 全球排名
	全校合计	71 100	1 122 846	15.79	1 356	89
1	农业科学	456	6 085	13.34	10	324

续表

序号	研究领域	SCI 发文量/篇	被引次数/次	篇均被引/次	高被引论文/篇	ESI 全球排名
2	生物与生化	3 470	48 932	14.10	38	155
3	化学	9 326	200 423	21.49	233	30
4	临床医学	12 411	154 544	12.45	151	244
5	计算机科学	1 694	12 140	7.17	25	92
6	经济与商学	1 128	11 233	9.96	20	120
7	工程科学	4 034	43 447	10.77	79	77
8	环境生态学	2 718	45 272	16.66	56	87
9	地球科学	4 180	73 521	17.59	101	56
10	免疫学	855	13 522	15.82	10	344
11	材料科学	4 892	126 431	25.84	181	24
12	数学	1 996	10 679	5.35	27	54
13	微生物学	515	7 343	14.26	8	348
14	分子生物与基因	2 891	72 029	24.91	42	185
15	综合交叉学科	133	4 489	33.75	3	56
16	神经科学与行为	2 185	32 156	14.72	19	262
17	药理学与毒物学	2 102	27 794	13.22	14	58
18	物理学	10 647	155 737	14.63	215	63
19	植物与动物科学	880	17 076	19.40	41	284
20	精神病学心理学	1 088	12 283	11.29	11	294
21	社会科学	1 654	18 050	10.91	48	221

资料来源：中国产业智库大数据中心

4.2.10 复旦大学

2018 年，复旦大学的基础研究竞争力指数为 53.9358，全国排名第 10 位。争取国家自然科学基金项目总数为 683 项，全国排名第 5 位；项目经费总额为 40 411.45 万元，全国排名第 7；争取国家自然科学基金项目经费金额大于 2000 万元的学科共有 2 个，医学病原生物与感染争取国家自然科学基金项目经费全国排名第 1 位（图 4-10）；循环系统争取国家自然科学基金项目经费增幅最大（表 4-21）。SCI 论文数 5368 篇，全国排名第 12 位；19 个学科入选 ESI 全球 1%（表 4-22）。发明专利申请量 480 件，全国排名第 152 位。

截至 2018 年年底，复旦大学设有学院/直属系 32 个，16 家附属医院，74 个本科专业，43 个一级学科硕士学位授权点，37 个一级学科博士学位授权点，35 个博士后科研流动站，11 个一级学科国家重点学科，19 个二级学科国家重点学科。复旦大学共有全日制本科、专科生 13 361 人，研究生 19 903 人，留学生 2169 人。拥有中国科学院、中国工程院院士 46 人，“千人计划”人才 142 人，国家自然科学基金杰出青年科学基金获得者 136 人，“长江学者奖励计划”特聘教授共计 94 人[10]。

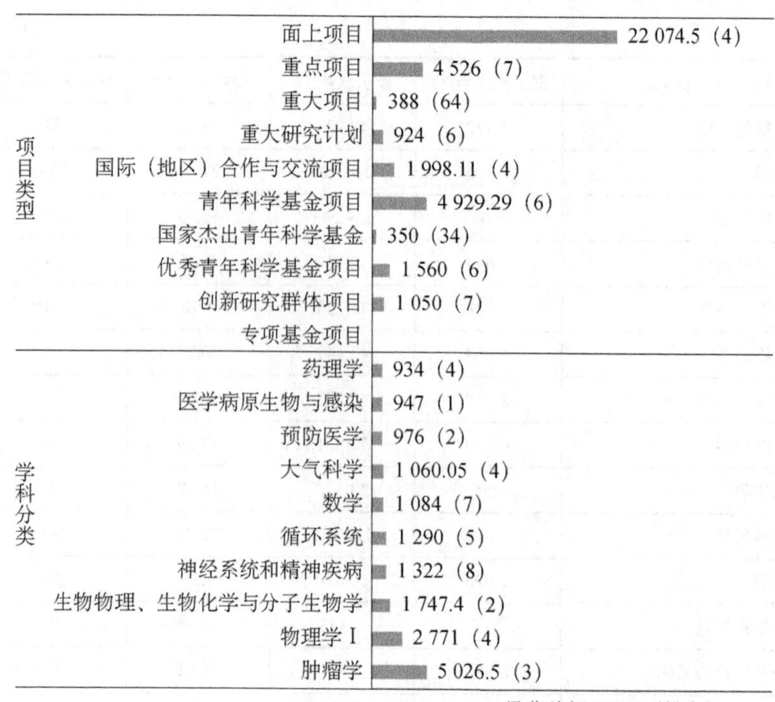

图 4-10　2018 年复旦大学争取国家自然科学基金项目经费数据

资料来源：中国产业智库大数据中心

表 4-21　2014～2018 年复旦大学争取国家自然科学基金项目经费十强学科变化趋势及指标

领域	指标	2014 年	2015 年	2016 年	2017 年	2018 年
全部	项目数/项	594（4）	618（5）	592（6）	706（5）	683（5）
	项目经费/万元	52 414.7（5）	39 154.48（5）	37 201.96（6）	54 628.23（5）	40 411.45（7）
	主持人数/人	573（4）	605（5）	582（6）	678（5）	669（5）
肿瘤学	项目数/项	88（3）	102（3）	92（3）	113（3）	118（3）
	项目经费/万元	4 588.5（3）	4 392（3）	4 073（3）	7 033.2（2）	5 026.5（3）
	主持人数/人	88（3）	101（3）	92（3）	110（3）	118（3）
物理学Ⅰ	项目数/项	34（2）	19（9）	18（6）	22（9）	23（5）
	项目经费/万元	10 002.5（2）	1 803.42（8）	1 408（11）	4 747.5（3）	2 771（4）
	主持人数/人	33（2）	18（9）	18（6）	21（9）	23（5）
神经系统和精神疾病	项目数/项	26（6）	31（3）	16（12）	27（3）	25（6）
	项目经费/万元	1 537（5）	1 938.5（1）	919（9）	1 486（3）	1 322（7）
	主持人数/人	26（6）	31（3）	16（11）	27（3）	25（6）
数学	项目数/项	16（7）	22（2）	22（4）	32（2）	25（3）
	项目经费/万元	1 371（3）	827.5（8）	1 837.3（3）	2 066（2）	1 084（6）
	主持人数/人	16（7）	20（3）	22（4）	30（2）	25（3）
循环系统	项目数/项	13（11）	22（5）	19（5）	22（5）	31（2）
	项目经费/万元	1 034（9）	2 099（1）	839（6）	1 461（5）	1 290（5）
	主持人数/人	13（11）	22（5）	18（5）	22（5）	31（2）

续表

领域	指标	2014年	2015年	2016年	2017年	2018年
神经科学	项目数/项	16（1）	12（1）	11（2）	9（2）	12（2）
	项目经费/万元	2 649.6（2）	852（2）	898（2）	795（2）	857（2）
	主持人数/人	14（1）	11（1）	11（1）	9（2）	12（2）
生物物理、生物化学与分子生物学	项目数/项	16（3）	10（3）	12（3）	16（2）	11（2）
	项目经费/万元	1 759（3）	546（4）	792.4（3）	1 158（4）	1 747.4（2）
	主持人数/人	15（3）	10（3）	12（3）	16（2）	11（2）
经济科学	项目数/项	20（3）	17（1）	15（4）	7（13）	8（7）
	项目经费/万元	3 252.6（2）	995.05（2）	721.54（3）	279（13）	490.99（5）
	主持人数/人	18（3）	17（1）	15（4）	7（13）	8（7）
催化与表界面化学	项目数/项	11（9）	10（8）	10（9）	8（9）	8（6）
	项目经费/万元	879（11）	689（9）	2 880（2）	915（4）	357.54（13）
	主持人数/人	10（10）	10（8）	9（10）	8（9）	8（6）
遗传学与生物信息学	项目数/项	16（2）	15（2）	17（1）	14（2）	7（7）
	项目经费/万元	1 238（2）	1 734（1）	1 168（2）	865（6）	636（3）
	主持人数/人	16（2）	15（2）	17（1）	14（2）	7（7）

资料来源：中国产业智库大数据中心

表4-22　2008～2018年复旦大学SCI论文总量分布及2018年ESI排名

序号	研究领域	SCI发文量/篇	被引次数/次	篇均被引/次	高被引论文/篇	ESI全球排名
	全校合计	54 744	824 062	15.05	835	160
1	农业科学	238	2 786	11.71	2	701
2	生物与生化	3 671	44 437	12.10	30	177
3	化学	7 845	170 819	21.77	177	42
4	临床医学	14 433	179 906	12.46	177	197
5	计算机科学	919	5 692	6.19	4	257
6	经济与商学	606	4 301	7.10	7	336
7	工程科学	2 086	17 574	8.42	30	286
8	环境生态学	1 082	15 581	14.40	22	351
9	地球科学	539	6 990	12.97	10	630
10	免疫学	1 247	15 307	12.28	7	306
11	材料科学	3 977	123 618	31.08	142	26
12	数学	1 859	10 154	5.46	19	60
13	微生物学	740	8 668	11.71	6	304
14	分子生物与基因	3 890	70 466	18.11	30	191
15	神经科学与行为	2 266	30 763	13.58	18	274
16	药理学与毒物学	2 157	26 869	12.46	17	67
17	物理学	4 904	64 264	13.10	97	279
18	植物与动物科学	677	12 296	18.16	21	412
19	社会科学	1 153	9 547	8.28	17	387

资料来源：中国产业智库大数据中心

4.2.11 哈尔滨工业大学

2018 年，哈尔滨工业大学的基础研究竞争力指数为 51.3521，全国排名第 11 位。争取国家自然科学基金项目总数为 356 项，全国排名第 16 位；项目经费总额为 23 053.51 万元，全国排名第 17 位；争取国家自然科学基金项目经费金额大于 3000 万元的学科共有 2 个，机械工程争取国家自然科学基金项目经费全国排名第 2 位（图 4-11）；金属材料争取国家自然科学基金项目经费增幅最大（表 4-23）。SCI 论文数 5250 篇，全国排名第 13 位；11 个学科入选 ESI 全球 1%（表 4-24）。发明专利申请量 1931 件，全国排名第 21 位。

截至 2018 年 5 月，哈尔滨工业大学下设 19 个学院/直属系，86 个本科专业，9 个一级学科国家重点学科，6 个二级学科国家重点学科，2 个国家重点培育学科，42 个一级学科硕士学位授权点，28 个一级学科博士学位授权点，24 个博士后科研流动站。哈尔滨工业大学拥有全日制本科生 15 653 人，硕士研究生 8354 人，博士研究生 5596 人，留学生 1831 人，专任教师 3045 人，其中教授 1032 人，副教授 1278 人，院士 38 人，“长江学者奖励计划”入选者 46 人，教育部“科技创新团队”12 个，国家级有突出贡献的中青年专家 13 人，国家自然科学基金杰出青年科学基金获得者 48 人，国家“百千万人才工程”人选 31 人，国家自然科学基金委员会创新研究群体 6 个[11]。

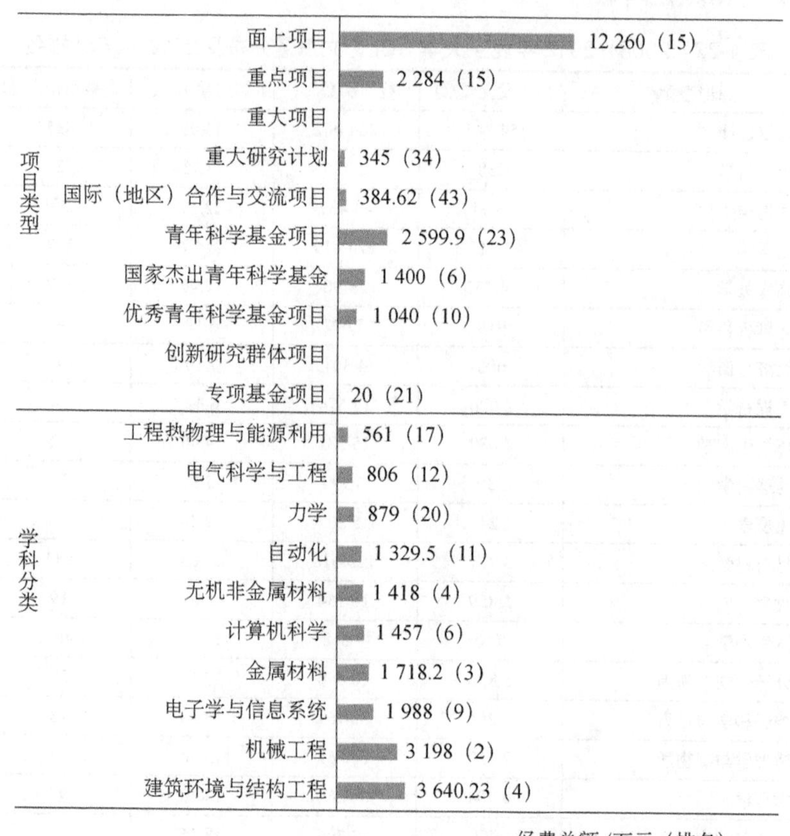

图 4-11 2018 年哈尔滨工业大学争取国家自然科学基金项目经费数据

资料来源：中国产业智库大数据中心

表 4-23　2014～2018 年哈尔滨工业大学争取国家自然科学基金项目经费十强学科变化趋势及指标

领域	指标	2014 年	2015 年	2016 年	2017 年	2018 年
全部	项目数/项	319（17）	355（16）	363（16）	344（19）	356（16）
	项目经费/万元	21 643.5（18）	21 608.6（13）	25 222.13（11）	23 134.15（21）	23 053.51（17）
	主持人数/人	314（16）	348（15）	360（16）	339（18）	349（16）
机械工程	项目数/项	40（1）	41（1）	48（1）	46（3）	47（2）
	项目经费/万元	2 640（4）	3 714（2）	3 995（1）	3 903（4）	3 198（2）
	主持人数/人	40（1）	41（1）	48（1）	46（2）	47（1）
建筑环境与结构工程	项目数/项	43（3）	50（2）	49（2）	51（2）	55（2）
	项目经费/万元	2 748（5）	3 049（4）	2 737.6（2）	3 040（3）	3 640.23（4）
	主持人数/人	43（3）	50（2）	49（2）	51（2）	54（2）
电子学与信息系统	项目数/项	24（7）	33（5）	32（4）	27（6）	23（9）
	项目经费/万元	1 898（9）	2 092（6）	1 732（9）	1 826.5（7）	1 988（9）
	主持人数/人	24（7）	32（5）	32（4）	27（6）	23（8）
自动化	项目数/项	27（2）	24（3）	21（7）	19（8）	18（5）
	项目经费/万元	2 132（6）	1 716.5（8）	3 027.5（4）	1 191（19）	1 329.5（11）
	主持人数/人	27（2）	24（3）	20（7）	19（8）	18（5）
力学	项目数/项	17（9）	16（10）	23（6）	24（7）	21（8）
	项目经费/万元	1 733（6）	787.5（15）	1 660（5）	2 193.5（6）	879（18）
	主持人数/人	17（9）	16（10）	23（6）	24（6）	21（7）
计算机科学	项目数/项	20（8）	12（30）	23（5）	17（19）	17（12）
	项目经费/万元	1 057（14）	589（28）	1 536（8）	1 690.8（8）	1 457（6）
	主持人数/人	20（8）	12（29）	23（5）	17（19）	17（11）
电气科学与工程	项目数/项	15（5）	23（2）	22（1）	14（8）	19（4）
	项目经费/万元	1 085（4）	1 371（4）	1 695.5（3）	996（9）	806（9）
	主持人数/人	15（5）	22（2）	22（1）	14（8）	19（4）
工程热物理与能源利用	项目数/项	17（4）	17（6）	17（7）	24（3）	16（6）
	项目经费/万元	1 607（3）	1 307（6）	683（12）	1 757.05（5）	561（16）
	主持人数/人	17（4）	16（6）	17（7）	22（4）	15（7）
无机非金属材料	项目数/项	16（4）	23（2）	14（5）	15（5）	19（3）
	项目经费/万元	806（10）	1 238（6）	1 325（3）	787（10）	1 418（4）
	主持人数/人	16（4）	23（2）	14（5）	15（5）	18（3）
金属材料	项目数/项	13（5）	15（3）	14（4）	7（11）	17（3）
	项目经费/万元	792（10）	915（7）	994（4）	632（8）	1 718.2（2）
	主持人数/人	13（5）	15（3）	14（4）	7（11）	17（3）

资料来源：中国产业智库大数据中心

表 4-24　2008～2018 年哈尔滨工业大学 SCI 论文总量分布及 2018 年 ESI 排名

序号	研究领域	SCI 发文量/篇	被引次数/次	篇均被引/次	高被引论文/篇	ESI 全球排名
	全校合计	42 452	433 611	10.21	644	337
1	农业科学	265	2 966	11.19	3	667
2	生物与生化	1 187	19 390	16.34	16	449
3	化学	5 666	71 143	12.56	65	171
4	临床医学	339	3 271	9.65	3	3 674
5	计算机科学	2 083	16 011	7.69	41	49
6	工程科学	11 969	114 116	9.53	306	7
7	环境生态学	1 439	20 237	14.06	26	273
8	材料科学	10 096	115 686	11.46	76	33
9	数学	1 543	9 472	6.14	49	73
10	物理学	6 193	47 721	7.71	32	374
11	社会科学	264	2 326	8.81	10	1 123

资料来源：中国产业智库大数据中心

4.2.12　武汉大学

2018 年，武汉大学的基础研究竞争力指数为 49.7921，全国排名第 12 位。争取国家自然科学基金项目总数为 472 项，全国排名第 12 位；项目经费总额为 32 496.72 万元，全国排名第 11 位；争取国家自然科学基金项目经费金额大于 2000 万元的学科共有 3 个，地球物理学和空间物理学争取国家自然科学基金项目经费全国排名第 1 位（图 4-12）；水利科学与海洋工程争取国家自然科学基金项目经费增幅最大（表 4-25）。SCI 论文数 4516 篇，全国排名第 15 位；17 个学科入选 ESI 全球 1%（表 4-26）。发明专利申请量 904 件，全国排名第 73 位。

截至 2018 年 5 月，武汉大学设有 34 个学院/直属系，3 家附属医院，123 个本科专业，57 个一级学科硕士学位授权点，44 个一级学科博士学位授权点，42 个博士后科研流动站，5 个一级学科国家重点学科，17 个二级学科国家重点学科，6 个国家重点培育学科。武汉大学共有全日制本科生 29 405 人，硕士研究生 19 699 人，博士研究生 7163 人，留学生 2453 人，专任教师 3775 人，拥有中国科学院院士 11 人，中国工程院院士 7 人，“973 计划”首席科学家 22 人，“863 计划”首席科学家 6 人，7 个国家创新研究群体，65 位国家杰出青年科学基金获得者，23 位国家“新世纪百千万人才工程”入选者，52 位“长江学者奖励计划”特聘教授，6 位“长江学者奖励计划”讲座教授，9 个“长江学者和创新团队发展计划”创新团队[12]。

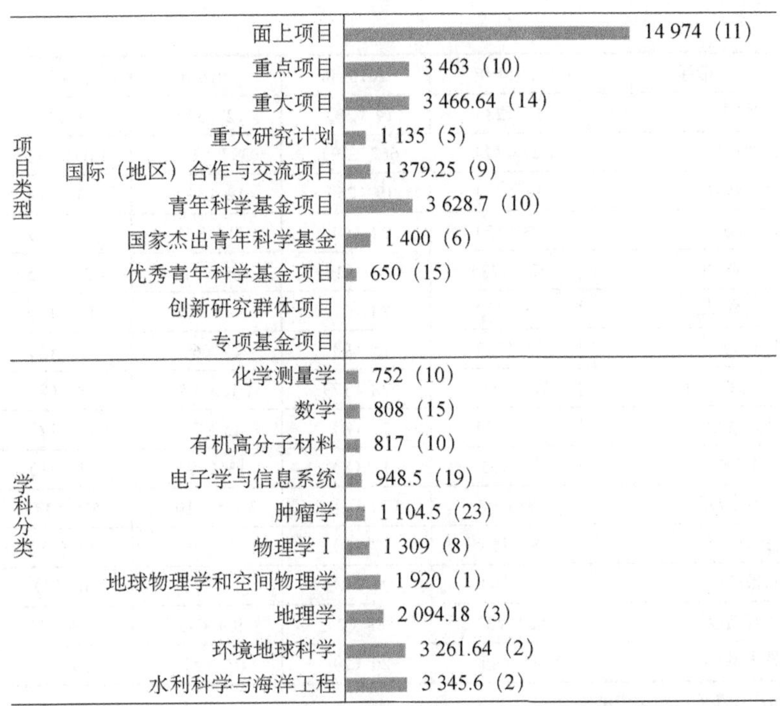

图 4-12 2018 年武汉大学争取国家自然科学基金项目经费数据

资料来源：中国产业智库大数据中心

表 4-25 2014～2018 年武汉大学争取国家自然科学基金项目经费十强学科变化趋势及指标

领域	指标	2014 年	2015 年	2016 年	2017 年	2018 年
全部	项目数/项	355（13）	437（8）	395（13）	461（12）	472（12）
	项目经费/万元	24 411（14）	25 711.91（10）	23 535.4（14）	35 965.17（9）	32 496.72（11）
	主持人数/人	349（13）	432（8）	384（13）	447（12）	459（12）
水利科学与海洋工程	项目数/项	23（6）	26（3）	23（5）	27（4）	32（3）
	项目经费/万元	1 956（3）	2 256（3）	1 352（7）	2 262（4）	3 345.6（2）
	主持人数/人	23（6）	25（4）	23（5）	26（4）	29（4）
地球物理学和空间物理学	项目数/项	26（2）	21（2）	20（2）	30（2）	25（2）
	项目经费/万元	2 250（2）	2 386（2）	1 041（7）	2 696.5（2）	1 920（1）
	主持人数/人	26（2）	21（2）	20（2）	30（2）	25（2）
地理学	项目数/项	29（6）	34（5）	28（5）	42（3）	31（4）
	项目经费/万元	1 829（8）	2 169（8）	1 184（13）	2 365.97（6）	2 094.18（3）
	主持人数/人	29（5）	34（5）	27（5）	42（3）	31（4）
机械工程	项目数/项	1（126）	4（66）	5（50）	7（42）	0（184）
	项目经费/万元	83（113）	164（71）	187（67）	6 677（1）	0（184）
	主持人数/人	1（126）	4（66）	5（50）	7（42）	0（184）
电子学与信息系统	项目数/项	10（23）	7（32）	10（26）	11（23）	13（17）
	项目经费/万元	989（14）	308（36）	760（17）	1 643.4（10）	948.5（18）
	主持人数/人	10（23）	7（32）	10（26）	10（24）	13（17）

续表

领域	指标	2014年	2015年	2016年	2017年	2018年
肿瘤学	项目数/项	18（28）	19（25）	12（34）	24（21）	24（24）
	项目经费/万元	1 274（21）	667（29）	397（38）	1 051（21）	1 104.5（23）
	主持人数/人	18（28）	19（25）	12（34）	24（21）	24（24）
计算机科学	项目数/项	15（15）	24（6）	11（31）	19（14）	11（27）
	项目经费/万元	737（23）	1 069（10）	586（31）	1 258（15）	730（23）
	主持人数/人	15（15）	24（5）	11（31）	19（13）	11（27）
数学	项目数/项	13（12）	15（9）	17（6）	12（13）	15（8）
	项目经费/万元	784（11）	528（17）	1 105（5）	985（8）	808（11）
	主持人数/人	13（12）	15（8）	15（7）	12（13）	15（8）
循环系统	项目数/项	8（15）	17（8）	13（10）	13（11）	15（11）
	项目经费/万元	1 083（8）	1 215（6）	724.5（10）	516（14）	457（15）
	主持人数/人	8（15）	17（8）	13（10）	13（11）	15（11）
口腔颅颌面科学	项目数/项	15（4）	20（2）	13（2）	16（2）	16（2）
	项目经费/万元	951（3）	888（2）	509（4）	716（3）	542（2）
	主持人数/人	15（4）	20（2）	13（2）	16（2）	16（2）

资料来源：中国产业智库大数据中心

表4-26　2008～2018年武汉大学SCI论文总量分布及2018年ESI排名

序号	研究领域	SCI发文量/篇	被引次数/次	篇均被引/次	高被引论文/篇	ESI全球排名
	全校合计	36 219	435 546	12.03	529	336
1	农业科学	288	3 589	12.46	5	558
2	生物与生化	1 964	25 845	13.16	13	344
3	化学	5 753	115 792	20.13	124	82
4	临床医学	5 177	52 307	10.10	37	616
5	计算机科学	1 538	10 899	7.09	40	106
6	工程科学	3 645	28 108	7.71	71	158
7	环境生态学	1 190	9 018	7.58	6	590
8	地球科学	3 217	28 083	8.73	48	204
9	免疫学	455	6 257	13.75	4	622
10	材料科学	3 170	62 139	19.60	67	95
11	数学	1 323	5 543	4.19	13	189
12	微生物学	539	5 544	10.29	3	450
13	分子生物与基因	1 371	21 317	15.55	9	563
14	药理学与毒物学	889	10 008	11.26	3	331
15	物理学	2 556	25 837	10.11	47	612
16	植物与动物科学	753	8 078	10.73	9	611
17	社会科学	921	5 734	6.23	21	586

资料来源：中国产业智库大数据中心

4.2.13 山东大学

2018 年，山东大学的基础研究竞争力指数为 48.9898，全国排名第 13 位。争取国家自然科学基金项目总数为 404 项，全国排名第 14 位；项目经费总额为 22 730.01 万元，全国排名第 18 位；争取国家自然科学基金项目经费金额大于 1000 万元的学科共有 3 个，微生物学争取国家自然科学基金项目经费全国排名第 4 位（图 4-13）；自动化争取国家自然科学基金项目经费增幅最大（表 4-27）。SCI 论文数 4973 篇，全国排名第 14 位；16 个学科入选 ESI 全球 1%（表 4-28）。发明专利申请量 1653 件，全国排名第 30 位。

截至 2018 年 6 月，山东大学设有 51 个学院/直属系，4 家附属医院，本科专业 117 个，一级学科国家重点学科 2 个，二级学科国家重点学科 14 个，国家重点培育学科 3 个，55 个一级学科硕士学位授权点，44 个一级学科博士学位授权点，41 个博士后科研流动站。山东大学共有全日制本科生 40 789 人，硕士研究生 14 398，博士研究生 4418 人，留学生 3791 人，专任教师 4153 人，教授 1246 人，副教授 1561 人，中国科学院、中国工程院院士 10 人，“千人计划”人才 33 人、“千人计划”青年项目入选者 33 人；“长江学者奖励计划”特聘教授 35 人、青年项目入选者 5 人；国家自然科学基金杰出青年科学基金获得者 40 人、国家自然科学基金优秀青年科学基金获得者 29 人；“万人计划”人才 20 人；国家“百千万人才工程”入选者 31 人[13]。

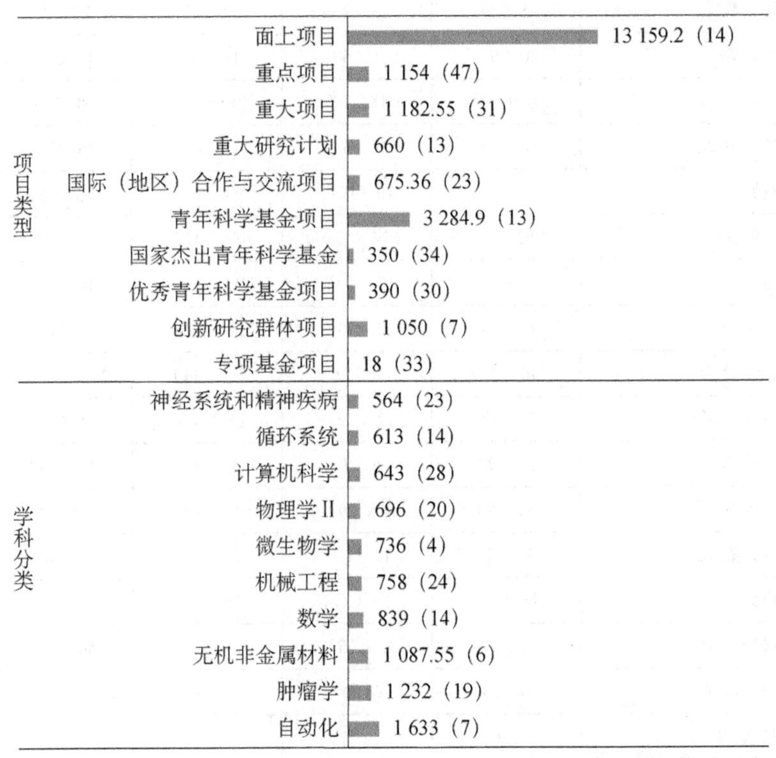

图 4-13 2018 年山东大学争取国家自然科学基金项目经费数据

资料来源：中国产业智库大数据中心

表 4-27　2014～2018 年山东大学争取国家自然科学基金项目经费十强学科变化趋势及指标

领域	指标	2014 年	2015 年	2016 年	2017 年	2018 年
全部	项目数/项	406（9）	429（10）	419（12）	475（10）	404（14）
	项目经费/万元	26 800.7（11）	21 270.41（15）	20 067（18）	25 926.16（15）	22 730.01（18）
	主持人数/人	398（8）	422（9）	416（12）	461（10）	400（14）
肿瘤学	项目数/项	36（13）	39（11）	46（9）	34（15）	38（9）
	项目经费/万元	1 590（19）	1 300.5（15）	1 503（15）	899（26）	1 232（19）
	主持人数/人	36（13）	39（11）	46（9）	34（15）	38（9）
自动化	项目数/项	11（16）	19（7）	11（17）	14（14）	7（29）
	项目经费/万元	610（21）	1 805.61（7）	833（15）	893（22）	1 633（7）
	主持人数/人	11（16）	19（6）	11（17）	14（14）	7（29）
机械工程	项目数/项	17（15）	12（28）	15（19）	20（16）	16（21）
	项目经费/万元	1 414（12）	632.7（28）	686（23）	1 151（20）	758（24）
	主持人数/人	17（15）	12（27）	15（19）	19（17）	16（21）
微生物学	项目数/项	15（2）	15（2）	14（2）	24（2）	11（2）
	项目经费/万元	989（3）	823（2）	793（3）	1 284（2）	736（3）
	主持人数/人	15（2）	15（2）	14（2）	23（2）	11（2）
循环系统	项目数/项	20（6）	21（6）	14（8）	15（10）	15（11）
	项目经费/万元	1 619（4）	1 181（7）	406（17）	580（13）	613（10）
	主持人数/人	20（6）	21（6）	14（8）	15（10）	15（11）
无机非金属材料	项目数/项	14（5）	10（12）	11（7）	10（11）	14（6）
	项目经费/万元	962（9）	694（12）	696（12）	734（12）	1 087.55（6）
	主持人数/人	14（5）	10（10）	11（7）	10（11）	14（6）
计算机科学	项目数/项	9（29）	12（30）	15（18）	17（19）	8（34）
	项目经费/万元	746（22）	738（21）	779（24）	1 114（18）	643（27）
	主持人数/人	9（29）	12（29）	15（18）	16（20）	8（34）
数学	项目数/项	13（12）	16（7）	23（3）	12（13）	15（8）
	项目经费/万元	881（9）	808（9）	641（15）	324（29）	839（10）
	主持人数/人	12（14）	15（8）	23（3）	11（16）	14（10）
内分泌系统/代谢和营养支持	项目数/项	16（2）	16（2）	15（3）	12（4）	13（4）
	项目经费/万元	1 018（2）	433（5）	567（2）	548（4）	530（5）
	主持人数/人	16（2）	16（2）	15（3）	12（4）	13（4）
物理学Ⅱ	项目数/项	9（16）	11（11）	6（21）	13（9）	5（24）
	项目经费/万元	516（20）	847（8）	392（20）	640.7（12）	696（15）
	主持人数/人	9（16）	9（13）	6（20）	13（9）	5（24）

资料来源：中国产业智库大数据中心

表 4-28　2008～2018 年山东大学 SCI 论文总量分布及 2018 年 ESI 排名

序号	研究领域	SCI 发文量/篇	被引次数/次	篇均被引/次	高被引论文/篇	ESI 全球排名
	全校合计	45 072	510 887	11.33	445	289
1	农业科学	187	2 314	12.37	4	812
2	生物与生化	3 147	34 935	11.10	7	251
3	化学	8 038	113 304	14.10	89	85
4	临床医学	8 735	78 386	8.97	34	450
5	计算机科学	1 076	6 067	5.64	9	234
6	工程科学	4 024	33 452	8.31	52	117
7	环境生态学	916	9 170	10.01	9	582
8	免疫学	708	8 602	12.15	0	507
9	材料科学	4 301	59 655	13.87	51	101
10	数学	1 770	8 798	4.97	20	81
11	分子生物与基因	1 901	25 703	13.52	8	482
12	神经科学与行为	1 120	11 754	10.49	0	571
13	药理学与毒物学	1 963	20 770	10.58	10	117
14	物理学	4 932	75 507	15.31	130	231
15	植物与动物科学	490	6 166	12.58	9	761
16	社会科学	371	2 910	7.84	5	933

资料来源：中国产业智库大数据中心

4.2.14 天津大学

2018 年，天津大学的基础研究竞争力指数为 48.8744，全国排名第 14 位。争取国家自然科学基金项目总数为 334 项，全国排名第 17 位；项目经费总额为 21 318.27 万元，全国排名第 20 位；争取国家自然科学基金项目经费金额大于 1500 万元的学科共有 3 个，化学工程与工业化学争取国家自然科学基金项目经费全国排名第 5 位（图 4-14）；力学争取国家自然科学基金项目经费增幅最大（表 4-29）。SCI 论文数 4505 篇，全国排名第 16 位；9 个学科入选 ESI 全球 1%（表 4-30）。发明专利申请量 2522 件，全国排名第 10 位。

截至 2018 年 12 月，天津大学设有学院/直属系 25 个，本科专业 62 个，一级学科硕士学位授权点 39 个，一级学科博士学位授权点 28 个，博士后科研流动站 23 个。天津大学拥有全日制本科生 18 563 人，硕士研究生 12 572 人，博士研究生 4262 人，留学生 1779 人，专任教师 2872 人，教授 832 人，中国科学院院士 5 人，中国工程院院士 7 人。“973 计划”首席科学家 17 人，国家自然科学基金杰出青年科学基金获得者 44 人，国家自然科学基金优秀青年科学基金获得者 52 人，“万人计划”领军人才入选者 29 人，“万人计划”青年拔尖人才 8 人，国家自然科学基金创新研究群体 3 个[14]。

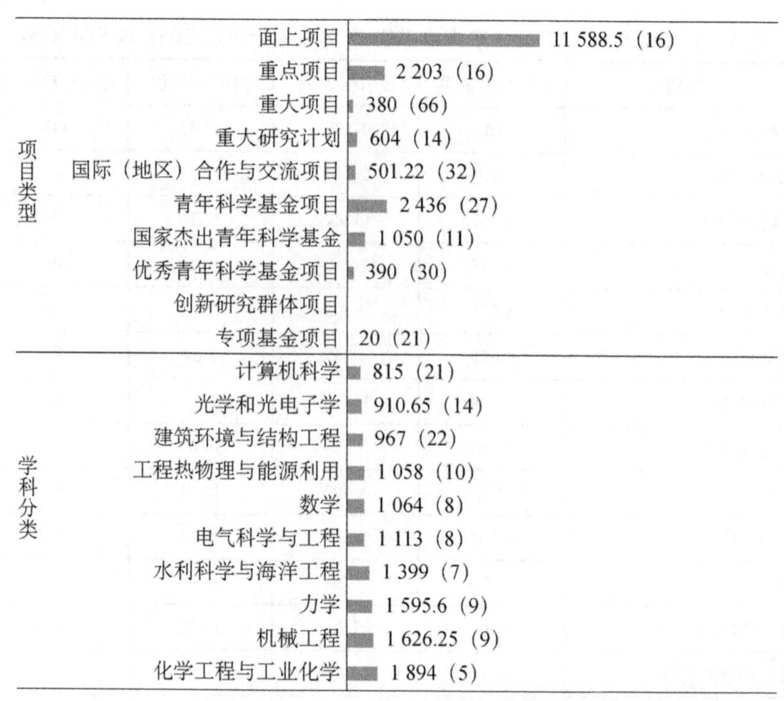

图 4-14　2018 年天津大学争取国家自然科学基金项目经费数据

资料来源：中国产业智库大数据中心

表 4-29　2014～2018 年天津大学争取国家自然科学基金项目经费十强学科变化趋势及指标

领域	指标	2014 年	2015 年	2016 年	2017 年	2018 年
全部	项目数/项	292（20）	315（20）	310（18）	345（18）	334（17）
	项目经费/万元	27 148.5（10）	20 594.9（17）	20 869.75（17）	23 862.7（19）	21 318.27（20）
	主持人数/人	285（20）	303（20）	303（18）	334（19）	328（17）
建筑环境与结构工程	项目数/项	36（5）	21（12）	27（10）	30（7）	20（17）
	项目经费/万元	7 168（1）	1 316（12）	1 276（12）	1 362（11）	967（20）
	主持人数/人	36（5）	21（12）	27（9）	30（7）	20（17）
环境化学	项目数/项	36（3）	43（1）	35（2）	18（9）	0（92）
	项目经费/万元	3 422（3）	2 902（2）	3 278（3）	928（9）	0（92）
	主持人数/人	34（4）	43（1）	35（2）	18（9）	0（92）
机械工程	项目数/项	26（5）	24（10）	22（13）	24（10）	28（10）
	项目经费/万元	2 033（7）	1 569（10）	1 180（16）	2 250（8）	1 626.25（9）
	主持人数/人	25（6）	23（9）	22（12）	23（10）	28（10）
光学和光电子学	项目数/项	11（7）	11（5）	17（2）	13（6）	9（15）
	项目经费/万元	1 609（4）	933（7）	1 021（8）	1 446（4）	910.65（12）
	主持人数/人	11（7）	11（5）	17（2）	13（6）	9（15）
水利科学与海洋工程	项目数/项	13（10）	17（8）	16（10）	18（9）	15（7）
	项目经费/万元	1 092（9）	937.5（10）	1 317（8）	1 159（9）	1 399（6）
	主持人数/人	12（10）	16（8）	16（10）	18（9）	15（7）

续表

领域	指标	2014年	2015年	2016年	2017年	2018年
力学	项目数/项	9（19）	9（21）	16（11）	11（18）	15（14）
	项目经费/万元	743（17）	668（18）	948（13）	1 356（13）	1 595.6（9）
	主持人数/人	9（19）	9（21）	15（11）	11（18）	15（14）
工程热物理与能源利用	项目数/项	13（8）	16（7）	13（10）	13（12）	15（8）
	项目经费/万元	822（10）	1 144（8）	1 171（6）	994（9）	1 058（9）
	主持人数/人	13（8）	16（6）	13（10）	13（11）	14（8）
电子学与信息系统	项目数/项	13（17）	17（12）	14（16）	20（12）	12（18）
	项目经费/万元	865（20）	1 011（12）	1 182（12）	989.5（17）	750（21）
	主持人数/人	13（17）	17（12）	14（16）	20（12）	12（18）
管理科学与工程	项目数/项	12（2）	5（14）	8（6）	21（1）	8（5）
	项目经费/万元	639.3（4）	180（19）	460.75（5）	2 580.5（1）	280.84（13）
	主持人数/人	10（4）	5（14）	8（6）	19（1）	8（5）
计算机科学	项目数/项	13（20）	15（17）	11（31）	18（16）	12（21）
	项目经费/万元	612（29）	711（23）	689（28）	1 218（16）	815（20）
	主持人数/人	13（19）	15（17）	11（31）	18（16）	12（21）

资料来源：中国产业智库大数据中心

表 4-30　2008～2018 年天津大学 SCI 论文总量分布及 2018 年 ESI 排名

序号	研究领域	SCI 发文量/篇	被引次数/次	篇均被引/次	高被引论文/篇	ESI 全球排名
全校合计		31 478	323 766	10.29	397	450
1	农业科学	300	3 303	11.01	5	601
2	生物与生化	1 110	14 067	12.67	12	572
3	化学	8 433	111 438	13.21	116	86
4	计算机科学	1 203	6 694	5.56	24	206
5	工程科学	7 586	60 508	7.98	94	38
6	环境生态学	755	4 581	6.07	6	920
7	材料科学	5 580	77 642	13.91	87	65
8	药理学与毒物学	342	4 144	12.12	1	769
9	物理学	3 600	26 968	7.49	33	592

资料来源：中国产业智库大数据中心

4.2.15　同济大学

2018 年，同济大学的基础研究竞争力指数为 48.78，全国排名第 15 位。争取国家自然科学基金项目总数为 506 项，全国排名第 8 位；项目经费总额为 29 618.14 万元，全国排名第 14 位；争取国家自然科学基金项目经费金额大于 1500 万元的学科共有 2 个，建筑环境与结构工程争取国家自然科学基金项目经费全国排名第 2 位（图 4-15）；力学争取国家自然科学基金项目经费增幅最大（表 4-31）。SCI 论文数 3720 篇，全国排名第 19 位；12 个学科入选 ESI 全球 1%（表 4-32）。发明专利申请量 1239 件，全国排名第 52 位。

截至2018年9月，同济大学设有学院/直属系29个，附属医院7家，85个本科专业，一级学科国家重点学科3个，二级学科国家重点学科7个，一级学科硕士学位授权点47个，一级学科博士学位授权点31个，博士后科研流动站25个。同济大学有在校全日制本科生17 757人，硕士研究生12 852人，博士研究生5246人，留学生3468人，专任教师2814人，其中教授1028人，副教授1029人，中国科学院院士10人，中国工程院院士13人，“千人计划”人才42人，“千人计划”青年项目获得者64人，“长江学者奖励计划”特聘教授、讲座教授、青年学者共计35人，“973计划”首席科学家23人，“国家重点研发计划”首席科学家35人，国家自然科学基金杰出青年科学基金获得者50人，国家自然科学基金委员会创新研究群体8个[15]。

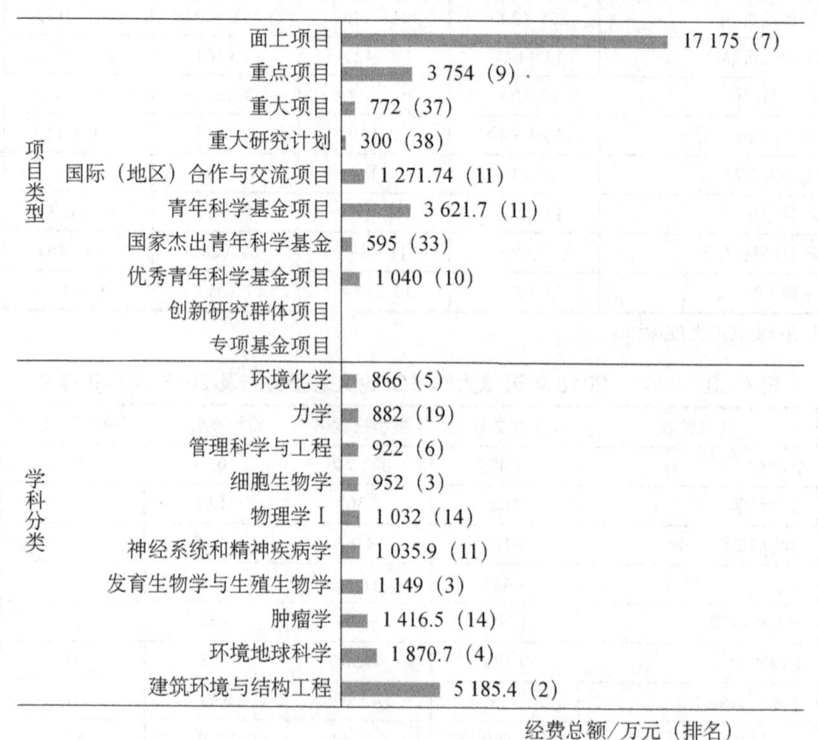

图4-15 2018年同济大学争取国家自然科学基金项目经费数据

资料来源：中国产业智库大数据中心

表4-31 2014～2018年同济大学争取国家自然科学基金项目经费十强学科变化趋势及指标

领域	指标	2014年	2015年	2016年	2017年	2018年
全部	项目数/项	386（11）	431（9）	437（9）	529（8）	506（8）
	项目经费/万元	24 775.75（13）	25 336.6（11）	24 404.41（13）	34 008.03（13）	29 618.14（14）
	主持人数/人	375（11）	419（11）	428（9）	516（8）	500（8）
建筑环境与结构工程	项目数/项	83（1）	81（1）	75（1）	106（1）	85（1）
	项目经费/万元	5 667（2）	4 687（1）	3 976.3（1）	6 863.7（1）	5 185.4（2）
	主持人数/人	82（1）	80（1）	74（1）	104（1）	83（1）
肿瘤学	项目数/项	27（19）	38（12）	32（17）	40（11）	38（9）
	项目经费/万元	1 697（16）	1 313.5（14）	1 474（16）	1 601（16）	1 416.5（14）
	主持人数/人	27（19）	38（12）	32（17）	40（11）	38（9）

续表

领域	指标	2014年	2015年	2016年	2017年	2018年
海洋科学	项目数/项	9（9）	13（7）	13（8）	15（7）	14（7）
	项目经费/万元	1 273（7）	2 913（4）	939（7）	1 609.5（7）	616（9）
	主持人数/人	9（9）	12（7）	13（8）	15（7）	14（7）
循环系统	项目数/项	14（9）	19（7）	20（4）	18（8）	17（9）
	项目经费/万元	819（11）	1 383（5）	960（3）	677（11）	763（9）
	主持人数/人	14（9）	18（7）	20（4）	18（8）	17（9）
地质学	项目数/项	7（29）	15（12）	23（5）	18（11）	0（85）
	项目经费/万元	569（25）	1 128.2（11）	1 493.2（9）	1 277（13）	0（85）
	主持人数/人	7（27）	14（13）	21（5）	18（10）	0（85）
发育生物学与生殖生物学	项目数/项	9（3）	16（1）	8（2）	11（1）	15（1）
	项目经费/万元	557.35（4）	750（3）	327（6）	1 485.23（1）	1 149（2）
	主持人数/人	7（3）	15（1）	8（2）	10（1）	15（1）
自动化	项目数/项	6（31）	9（26）	9（24）	13（16）	8（25）
	项目经费/万元	341.3（36）	453（32）	422（29）	1 563（12）	657（22）
	主持人数/人	5（33）	9（26）	9（24）	13（16）	8（25）
神经系统和精神疾病	项目数/项	12（13）	9（23）	10（21）	19（10）	15（14）
	项目经费/万元	572（13）	379（20）	346.31（28）	966（8）	1 035.9（10）
	主持人数/人	12（13）	9（23）	10（21）	19（9）	15（14）
力学	项目数/项	8（20）	12（16）	5（27）	10（21）	11（20）
	项目经费/万元	386（25）	713.33（16）	572（17）	655（23）	882（17）
	主持人数/人	8（20）	11（17）	5（27）	10（21）	11（20）
管理科学与工程	项目数/项	12（2）	8（8）	12（2）	13（5）	9（4）
	项目经费/万元	543.9（7）	523（6）	615.3（4）	568.5（6）	922（4）
	主持人数/人	12（1）	8（8）	12（2）	12（5）	9（3）

资料来源：中国产业智库大数据中心

表4-32　2008～2018年同济大学SCI论文总量分布及2018年ESI排名

序号	研究领域	SCI发文量/篇	被引次数/次	篇均被引/次	高被引论文/篇	ESI全球排名
	全校合计	33 651	345 589	10.27	381	427
1	生物与生化	1 930	21 292	11.03	12	413
2	化学	3 417	48 982	14.33	38	272
3	临床医学	4 941	51 716	10.47	51	620
4	计算机科学	1 284	10 352	8.06	20	115
5	工程科学	7 234	55 368	7.65	106	46
6	环境生态学	2 034	25 007	12.29	20	204
7	地球科学	1 612	14 595	9.05	12	395
8	材料科学	3 487	46 957	13.47	54	139
9	分子生物与基因	1 588	22 587	14.22	13	538
10	药理学与毒物学	692	5 804	8.39	2	584
11	物理学	2 273	19 575	8.61	22	721
12	社会科学	412	2 685	6.52	7	995

资料来源：中国产业智库大数据中心

4.2.16 吉林大学

2018 年，吉林大学的基础研究竞争力指数为 48.0325，全国排名第 16 位。争取国家自然科学基金项目总数为 331 项，全国排名第 18 位；项目经费总额为 20 000.5 万元，全国排名第 22 位；争取国家自然科学基金项目经费金额大于 1000 万元的学科共有 5 个，材料化学与能源化学争取国家自然科学基金项目经费全国排名第 3 位（图 4-16）；自动化争取国家自然科学基金项目经费增幅最大（表 4-33）。SCI 论文数 5442 篇，全国排名第 11 位；12 个学科入选 ESI 全球 1%（表 4-34）。发明专利申请量 2197 件，全国排名第 13 位。

截至 2018 年 12 月，吉林大学下设 47 个学院/直属系，本科专业 129 个，一级学科硕士学位授权点 60 个，一级学科博士学位授权点 48 个，博士后科研流动站 42 个，一级学科国家重点学科 4 个，二级学科国家重点学科 15 个，国家重点培育学科 4 个。吉林大学拥有全日制本科生 41 899 人，硕士研究生 19 245 人，博士研究生 8152 人，留学生 2415 人，专任教师 6657 人，其中教授 2466 人，副教授 2377 人，中国科学院院士 8 人，中国工程院院士 2 人，“万人计划”人才 29 人，国家自然科学基金杰出青年科学基金获得者 34 人。“973 计划”首席科学家 6 人，国家级教学名师 8 人，“长江学者奖励计划”特聘教授、讲座教授、青年学者入选者 59 人，国家有突出贡献的中青年专家 15 人[16]。

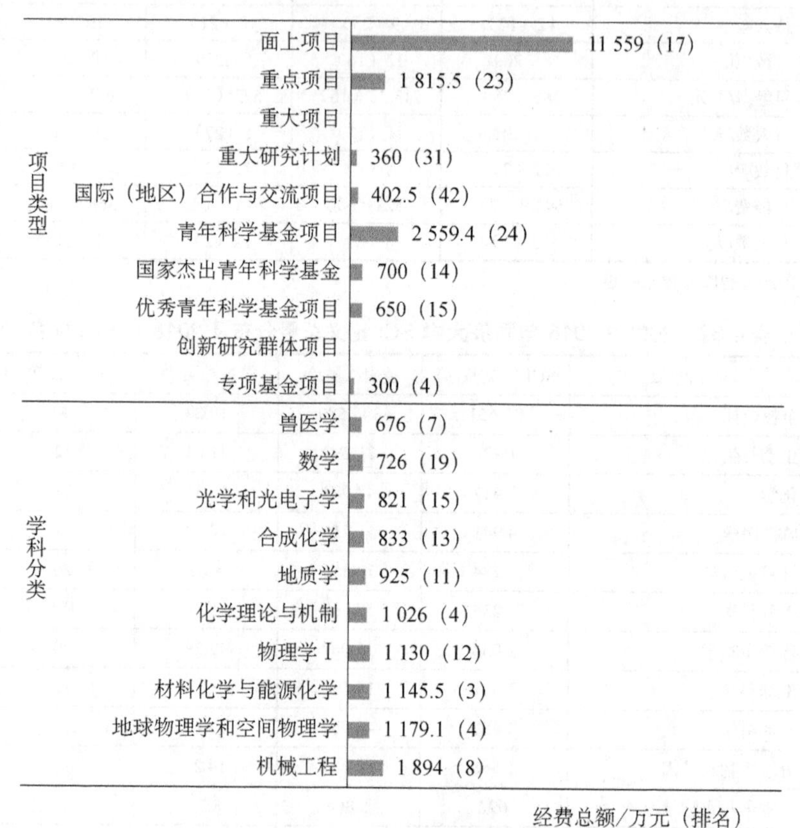

图 4-16 2018 年吉林大学争取国家自然科学基金项目经费数据

资料来源：中国产业智库大数据中心

表4-33　2014～2018年吉林大学争取国家自然科学基金项目经费十强学科变化趋势及指标

领域	指标	2014年	2015年	2016年	2017年	2018年
全部	项目数/项	321（16）	350（17）	321（17）	357（17）	331（18）
	项目经费/万元	21 416.57（19）	20 392.25（19）	18 740.2（24）	20 878.1（23）	20 000.5（22）
	主持人数/人	316（15）	342（17）	318（17）	349（17）	326（18）
地质学	项目数/项	30（3）	27（5）	19（8）	26（4）	16（7）
	项目经费/万元	2 167（8）	1 461（8）	659（18）	2 089（5）	925（10）
	主持人数/人	30（3）	27（5）	19（8）	25（4）	16（7）
机械工程	项目数/项	22（10）	27（8）	23（10）	33（6）	27（11）
	项目经费/万元	1 366（14）	1 130（16）	1 354（14）	1 548（12）	1 894（8）
	主持人数/人	22（10）	27（8）	23（10）	31（6）	27（11）
物理学Ⅰ	项目数/项	21（6）	21（7）	16（9）	26（4）	17（9）
	项目经费/万元	1 342（9）	1 450（9）	1 854（8）	1 280.5（13）	1 130（11）
	主持人数/人	21（6）	20（7）	16（9）	26（4）	17（9）
光学和光电子学	项目数/项	6（16）	9（10）	11（7）	7（14）	11（8）
	项目经费/万元	1 444（7）	2 536（1）	936.6（9）	434（17）	821（13）
	主持人数/人	6（16）	8（11）	11（7）	7（14）	11（8）
合成化学	项目数/项	12（2）	11（3）	11（2）	14（5）	10（10）
	项目经费/万元	1 280（3）	769（4）	1 662（1）	964（9）	833（11）
	主持人数/人	12（2）	11（2）	11（2）	14（5）	10（10）
化学理论与机制	项目数/项	18（5）	14（6）	12（9）	13（5）	6（4）
	项目经费/万元	1 084（9）	1 076（6）	636（12）	794（9）	1 026（4）
	主持人数/人	18（5）	13（6）	12（9）	12（6）	6（4）
自动化	项目数/项	4（44）	9（26）	4（57）	9（29）	5（42）
	项目经费/万元	161（60）	831（18）	339（36）	2 435.8（4）	423（35）
	主持人数/人	4（43）	9（26）	4（57）	8（31）	5（42）
地球物理学和空间物理学	项目数/项	13（6）	13（6）	8（11）	10（8）	12（8）
	项目经费/万元	844（8）	948（8）	373（12）	767（11）	1 179.1（3）
	主持人数/人	13（6）	13（6）	8（11）	10（8）	12（8）
兽医学	项目数/项	12（4）	12（4）	14（4）	16（4）	12（7）
	项目经费/万元	659（8）	998（3）	837.5（3）	859（4）	676（7）
	主持人数/人	12（3）	12（4）	13（5）	16（4）	12（7）
化学测量学	项目数/项	13（2）	14（2）	7（3）	3（19）	3（16）
	项目经费/万元	1 100（5）	1 332.65（1）	605（4）	154（24）	155（22）
	主持人数/人	12（3）	13（2）	7（3）	3（19）	3（15）

资料来源：中国产业智库大数据中心

表4-34　2008～2018年吉林大学SCI论文总量分布及2018年ESI排名

序号	研究领域	SCI发文量/篇	被引次数/次	篇均被引/次	高被引论文/篇	ESI全球排名
	全校合计	43 519	478 594	11.00	375	302
1	农业科学	549	5 534	10.08	9	359
2	生物与生化	2 251	20 755	9.22	8	423
3	化学	12 974	185 231	14.28	124	36
4	临床医学	4 880	35 152	7.20	21	852
5	工程科学	2 927	16 757	5.72	23	301
6	地球科学	1 839	17 191	9.35	12	338
7	免疫学	615	6 315	10.27	3	618
8	材料科学	5 684	92 086	16.20	75	47
9	分子生物与基因	1 490	13 718	9.21	4	774
10	药理学与毒物学	1 248	11 539	9.25	8	269
11	物理学	4 281	47 349	11.06	57	378
12	植物与动物科学	548	3 384	6.18	3	1 117

资料来源：中国产业智库大数据中心

4.2.17　东南大学

2018年，东南大学的基础研究竞争力指数为43.8167，全国排名第17位。争取国家自然科学基金项目总数为304项，全国排名第21位；项目经费总额为20 926.59万元，全国排名第21位；争取国家自然科学基金项目经费金额大于3000万元的学科共有2个，建筑环境与结构工程、电子学与信息系统争取国家自然科学基金项目经费全国排名第3位（图4-17）；影像医学与生物医学工程争取国家自然科学基金项目经费增幅最大（表4-35）。SCI论文数3804篇，全国排名第18位；11个学科入选ESI全球1%（表4-36）。发明专利申请量2636件，全国排名第9位。

截至2019年3月，东南大学设有33个学院/直属系，77个本科专业，33个一级学科博士学位授权点，49个一级学科硕士学位授权点，30个博士后科研流动站，5个一级学科国家重点学科，5个二级学科国家重点学科，1个国家重点培育学科。有全日制在校本科生16 128人，研究生14 536人，专任教师2899人，正、副高级职称获得者1959人，中国科学院、中国工程院院士11人，“万人计划”人才37人，“长江学者奖励计划”教授62人，国家级教学名师奖获得者6人，“万人计划”教学名师5人，国家自然科学基金杰出青年科学基金获得者46人，国家“百千万人才工程”入选者24人[17]。

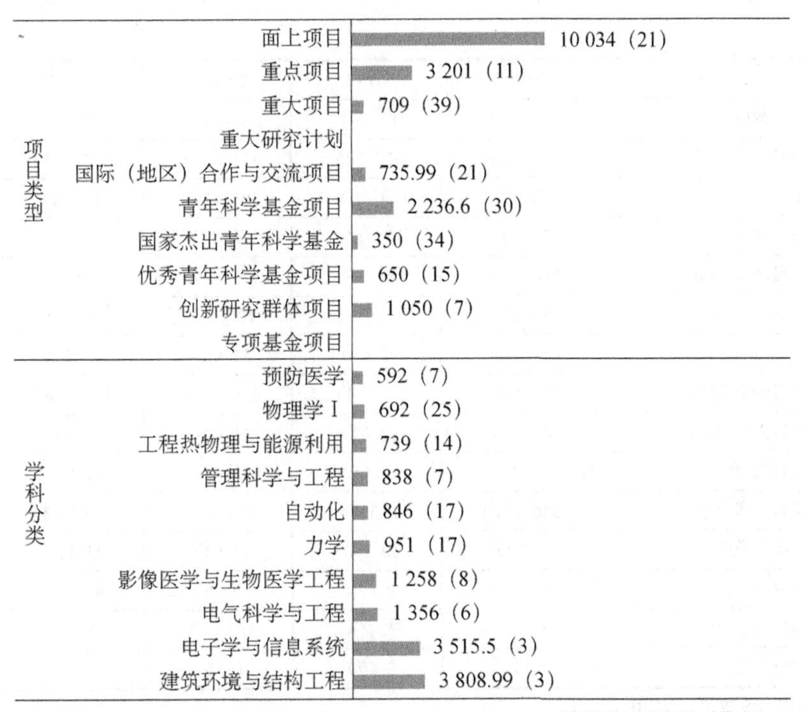

图 4-17 2018 年东南大学争取国家自然科学基金项目经费数据

资料来源：中国产业智库大数据中心

表 4-35 2014～2018 年东南大学争取国家自然科学基金项目经费十强学科变化趋势及指标

领域	指标	2014 年	2015 年	2016 年	2017 年	2018 年
全部	项目数/项	220（27）	321（18）	302（21）	283（23）	304（21）
	项目经费/万元	16 099.23（28）	20 574.47（18）	17 665.8（25）	17 109.66（27）	20 926.59（21）
	主持人数/人	216（27）	319（18）	301（19）	279（23）	302（20）
建筑环境与结构工程	项目数/项	33（6）	45（3）	45（3）	47（3）	53（3）
	项目经费/万元	2 418（6）	2 955.9（5）	2 516.6（3）	2 432.56（5）	3 808.99（3）
	主持人数/人	33（6）	45（3）	45（3）	47（3）	53（3）
电子学与信息系统	项目数/项	27（5）	37（3）	23（8）	32（4）	37（4）
	项目经费/万元	1 571（11）	3 144.67（2）	2 079（5）	1 828（6）	3 515.5（3）
	主持人数/人	27（5）	37（3）	23（8）	31（4）	37（4）
工程热物理与能源利用	项目数/项	13（8）	18（5）	23（3）	19（5）	13（13）
	项目经费/万元	915（7）	2 103.6（4）	1 134（7）	1 227（7）	739（13）
	主持人数/人	13（8）	17（5）	23（3）	18（7）	13（13）
自动化	项目数/项	13（13）	20（4）	16（11）	18（9）	13（11）
	项目经费/万元	890（17）	1 104.1（12）	1 006（11）	1 334（14）	846（17）
	主持人数/人	13（13）	20（4）	16（11）	18（9）	13（9）
机械工程	项目数/项	6（46）	13（24）	12（26）	8（37）	10（33）
	项目经费/万元	514（33）	704（25）	1 566（12）	368（41）	522（32）
	主持人数/人	6（46）	13（24）	12（26）	8（37）	10（33）

续表

领域	指标	2014年	2015年	2016年	2017年	2018年
电气科学与工程	项目数/项	10（8）	13（6）	8（12）	15（6）	19（4）
	项目经费/万元	401（16）	675（8）	371（15）	602（15）	1 356（5）
	主持人数/人	10（8）	13（6）	8（12）	15（6）	19（4）
物理学 I	项目数/项	5（35）	11（17）	10（16）	12（15）	7（27）
	项目经费/万元	386（29）	730（19）	523（19）	819.5（19）	692（22）
	主持人数/人	5（35）	11（16）	10（15）	12（15）	7（27）
影像医学与生物医学工程	项目数/项	4（18）	12（7）	11（8）	4（24）	7（15）
	项目经费/万元	230（19）	956（4）	466（12）	145（26）	1 258（7）
	主持人数/人	4（18）	12（7）	11（8）	4（24）	7（15）
半导体科学与信息器件	项目数/项	5（9）	10（5）	12（3）	11（3）	6（8）
	项目经费/万元	286（10）	630.3（6）	576（3）	1 090（3）	302（11）
	主持人数/人	5（9）	10（5）	12（3）	11（3）	6（8）
预防医学	项目数/项	6（11）	9（7）	10（5）	4（13）	9（7）
	项目经费/万元	393（11）	513（4）	580（6）	680（5）	592（4）
	主持人数/人	6（11）	9（7）	10（5）	4（13）	9（7）

资料来源：中国产业智库大数据中心

表 4-36　2008～2018 年东南大学 SCI 论文总量分布及 2018 年 ESI 排名

序号	研究领域	SCI 发文量/篇	被引次数/次	篇均被引/次	高被引论文/篇	ESI 全球排名
	全校合计	31 809	333 484	10.48	519	440
1	生物与生化	932	14 770	15.85	29	551
2	化学	4 694	57 901	12.34	59	225
3	临床医学	2 217	23 637	10.66	26	1 144
4	计算机科学	2 500	24 408	9.76	95	21
5	工程科学	8 913	77 206	8.66	152	25
6	材料科学	3 783	47 074	12.44	39	138
7	数学	1 286	8 275	6.43	50	96
8	神经科学与行为	587	8 178	13.93	3	718
9	药理学与毒物学	622	5 752	9.25	4	590
10	物理学	3 681	41 866	11.37	43	426
11	社会科学	314	2 212	7.04	2	1 161

资料来源：中国产业智库大数据中心

4.2.18　北京航空航天大学

2018 年，北京航空航天大学的基础研究竞争力指数为 43.4431，全国排名第 18 位。争取国家自然科学基金项目总数为 287 项，全国排名第 25 位；项目经费总额为 32 733.51 万元，全国排名第 10 位；争取国家自然科学基金项目经费金额大于 2000 万元的学科共有 5 个，电子学与信息系统争取国家自然科学基金项目经费全国排名第 1 位（图 4-18）；电子学与信息系统争取国家自然科学基金项目经费增幅最大（表 4-37）。SCI 论文数 3836 篇，全国排名第 17 位；5

个学科入选ESI全球1%（表4-38）。发明专利申请量1778件，全国排名第23位。

截至2018年10月，北京航空航天大学设有36个学院/直属系，60个本科专业，8个一级学科国家重点学科，28个二级学科国家重点学科，23个一级学科博士学位授权点，40个一级学科硕士学位授权点，20个博士后科研流动站。北京航空航天大学有全日制在校生30 000余人，研究生30 000余人，留学生近1300人。学校教职工总数达到3928人，其中专任教师2172人，教授近1600人，23位中国科学院、中国工程院院士，31位“973计划”首席科学家，67位“长江学者奖励计划”教授，52位国家自然科学基金杰出青年科学基金获得者，52位国家自然科学基金优秀青年科学基金获得者，3位国家级教学名师[18]。

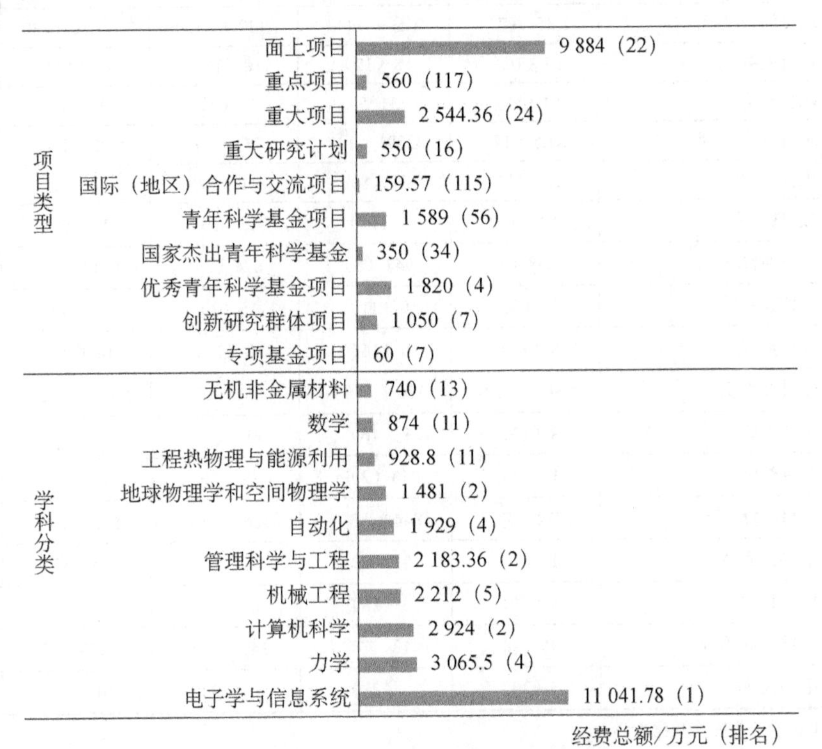

图4-18 2018年北京航空航天大学争取国家自然科学基金项目经费数据

资料来源：中国产业智库大数据中心

表4-37 2014～2018年北京航空航天大学争取国家自然科学基金项目经费十强学科变化趋势及指标

领域	指标	2014年	2015年	2016年	2017年	2018年
全部	项目数/项	219（28）	252（25）	261（24）	269（27）	287（25）
	项目经费/万元	20 724.6（21）	18 189.7（20）	18 939.24（23）	23 244.59（20）	32 733.51（10）
	主持人数/人	213（29）	248（26）	255（24）	261（27）	280（25）
电子学与信息系统	项目数/项	20（10）	22（9）	28（5）	22（8）	24（7）
	项目经费/万元	2 394.5（6）	1 731.8（9）	1 853.51（7）	2 743.95（4）	11 041.78（1）
	主持人数/人	20（10）	21（9）	27（5）	22（8）	24（7）
力学	项目数/项	27（3）	25（4）	27（4）	34（2）	32（3）
	项目经费/万元	4 166（1）	1 687（6）	1 603（7）	3 317（2）	3 065.5（4）
	主持人数/人	26（3）	25（4）	27（4）	32（2）	32（3）

续表

领域	指标	2014年	2015年	2016年	2017年	2018年
自动化	项目数/项	26（4）	31（1）	30（1）	34（1）	28（1）
	项目经费/万元	2 377（4）	1 945（4）	3 149.31（2）	2 400（5）	1 929（4）
	主持人数/人	26（4）	31（1）	30（1）	34（1）	28（1）
机械工程	项目数/项	23（8）	29（7）	34（5）	28（8）	33（6）
	项目经费/万元	1 626（10）	1 402（12）	2 583（5）	2 269（7）	2 212（5）
	主持人数/人	23（8）	29（7）	34（5）	28（8）	33（5）
计算机科学	项目数/项	14（16）	18（12）	19（13）	21（10）	14（15）
	项目经费/万元	1 854（7）	1 569（4）	1 127.9（12）	1 311.16（13）	2 924（2）
	主持人数/人	14（16）	18（12）	18（14）	20（10）	14（15）
无机非金属材料	项目数/项	10（11）	13（5）	11（7）	9（14）	12（8）
	项目经费/万元	687.5（14）	2 891（1）	734（9）	622（16）	740（11）
	主持人数/人	10（11）	11（8）	11（7）	9（14）	12（8）
金属材料	项目数/项	19（3）	9（11）	15（3）	12（5）	11（7）
	项目经费/万元	2 238（1）	947（5）	674（6）	1 205（5）	500（13）
	主持人数/人	18（3）	9（11）	15（3）	12（5）	11（7）
工程热物理与能源利用	项目数/项	8（12）	9（16）	13（10）	14（10）	15（8）
	项目经费/万元	554.1（15）	376.9（19）	880（9）	2 480.28（2）	928.8（10）
	主持人数/人	8（12）	9（16）	13（10）	13（11）	14（8）
管理科学与工程	项目数/项	13（1）	13（2）	12（2）	14（3）	10（3）
	项目经费/万元	712（3）	844.8（3）	386.8（8）	896.3（4）	2 183.36（2）
	主持人数/人	11（2）	13（2）	12（2）	13（4）	9（3）
物理学Ⅱ	项目数/项	5（21）	5（28）	6（21）	10（13）	7（19）
	项目经费/万元	296（28）	413（18）	349（24）	1 375（7）	504.6（18）
	主持人数/人	5（20）	5（28）	6（20）	10（13）	7（19）

资料来源：中国产业智库大数据中心

表 4-38　2008～2018 年北京航空航天大学 SCI 论文总量分布及 2018 年 ESI 排名

序号	研究领域	SCI 发文量/篇	被引次数/次	篇均被引/次	高被引论文/篇	ESI 全球排名
	全校合计	26 734	229 256	8.58	361	615
1	化学	2 410	35 555	14.75	51	400
2	计算机科学	2 297	12 547	5.46	26	86
3	工程科学	9 306	58 408	6.28	99	42
4	材料科学	4 925	60 875	12.36	55	98
5	物理学	4 694	42 959	9.15	95	414

资料来源：中国产业智库大数据中心

4.2.19　南京大学

2018 年，南京大学的基础研究竞争力指数为 42.5288，全国排名第 19 位。争取国家自然科学基金项目总数为 422 项，全国排名第 13 位；项目经费总额为 31 918.18 万元，全国排名第 12 位；争取国家自然科学基金项目经费金额大于 2000 万元的学科共有 2 个，物理学Ⅰ争取国家自然科学基金项目经费全国排名第 1 位（图 4-19）；物理学Ⅰ争取国家自然科学基金项目经费增幅最大（表 4-39）。SCI 论文数 3591 篇，全国排名第 22 位；17 个学科入选 ESI 全球 1%（表 4-40）。发明专利申请量 689 件，全国排名第 97 位。

截至 2018 年 8 月，南京大学设有 30 个学院/直属系，本科专业 86 个，一级学科国家重点学科 8 个，二级学科国家重点学科 13 个，一级学科硕士学位授权点 8 个，一级学科博士学位授权点 38 个，博士后科研流动站 38 个。南京大学有全日制在校本科生 13 243 人，硕士研究生 13 406 人，博士研究生 6496 人，留学生 3378 人，专任教师 2195 人，包括中国科学院院士 29 人，中国工程院院士 3 人，“千人计划”创新人才 31 人，“千人计划”创业人才项目入选者 14 人，“千人计划”外国专家项目入选者 6 人，“万人计划”科技创新领军人才 12 人，哲学社会科学领军人才 6 人，“长江学者奖励计划”特聘教授 99 人、讲座教授 25 人、“青年长江学者” 15 人，国家杰出青年科学基金获得者 121 人，优秀青年科学基金项目获得者 71 人，国家级教学名师 10 人，“973 计划”和“重大科学研究计划”项目首席科学家 76 人次，“千人计划”青年项目入选者 130 人，“万人计划”青年拔尖人才 11 人，“新世纪优秀人才支持计划”入选者 238 人，国家“百千万人才工程”人选 34 人[19]。

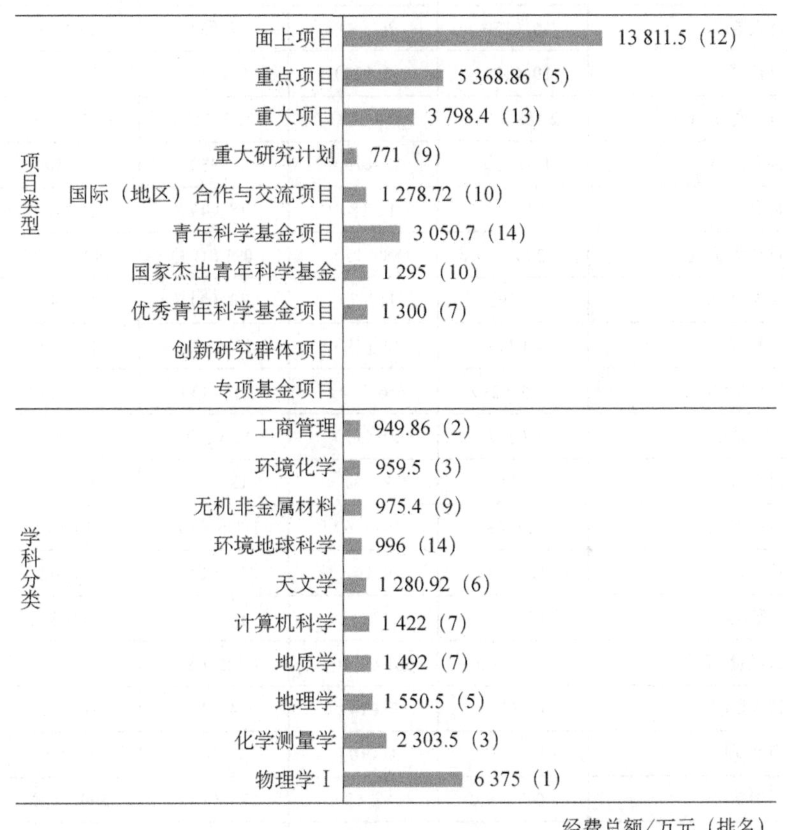

图 4-19 2018 年南京大学争取国家自然科学基金项目经费数据

资料来源：中国产业智库大数据中心

表 4-39　2014～2018 年南京大学争取国家自然科学基金项目经费十强学科变化趋势及指标

领域	指标	2014 年	2015 年	2016 年	2017 年	2018 年
全部	项目数/项	343（14）	382（14）	424（10）	420（15）	422（13）
	项目经费/万元	28 881.1（9）	25 816.07（9）	34 545.24（9）	35 159.37（11）	31 918.18（12）
	主持人数/人	330（14）	371（14）	417（10）	408（14）	415（13）
物理学 I	项目数/项	25（3）	29（3）	35（2）	34（2）	43（2）
	项目经费/万元	2 001.8（6）	2 361（5）	7 019.3（1）	2 775.2（7）	6 375（1）
	主持人数/人	25（3）	29（3）	33（2）	34（2）	42（2）
地质学	项目数/项	17（8）	19（8）	19（8）	19（8）	21（5）
	项目经费/万元	2 636（6）	1 774.5（6）	1 371.5（11）	2 149.3（4）	1 492（7）
	主持人数/人	16（9）	17（8）	19（8）	18（10）	21（5）
大气科学	项目数/项	10（9）	24（4）	21（3）	15（4）	17（4）
	项目经费/万元	904（7）	1 501.8（7）	2 296.5（3）	1 608（4）	890.5（4）
	主持人数/人	10（9）	22（4）	21（3）	15（4）	17（4）
地理学	项目数/项	16（15）	26（9）	27（7）	25（8）	23（6）
	项目经费/万元	770（24）	1 649（10）	1 681（8）	1 520.94（11）	1 550.5（5）
	主持人数/人	16（15）	26（8）	27（5）	25（8）	23（6）
计算机科学	项目数/项	19（10）	13（25）	9（38）	20（12）	21（4）
	项目经费/万元	2 188（6）	584（29）	929.3（19）	1 033（24）	1 422（7）
	主持人数/人	17（13）	12（29）	9（38）	20（10）	21（4）
化学理论与机制	项目数/项	10（9）	11（8）	18（4）	11（8）	6（4）
	项目经费/万元	1 290（7）	889（7）	1 091.8（5）	1 491.5（4）	602（6）
	主持人数/人	10（9）	11（7）	18（4）	11（8）	6（4）
数学	项目数/项	9（24）	12（19）	11（17）	16（8）	11（17）
	项目经费/万元	351.5（28）	656（14）	710（13）	2 897（1）	502（20）
	主持人数/人	9（24）	12（17）	11（15）	15（9）	11（17）
材料化学与能源化学	项目数/项	13（1）	9（4）	18（1）	3（10）	7（12）
	项目经费/万元	1 625（3）	797（6）	1 795（1）	370（7）	420.7（13）
	主持人数/人	12（2）	9（4）	17（1）	3（10）	7（12）
催化与表界面化学	项目数/项	17（4）	8（11）	14（3）	11（5）	7（7）
	项目经费/万元	1 065（7）	661.8（10）	1 325（5）	910.5（5）	620（5）
	主持人数/人	16（5）	7（14）	14（3）	10（5）	7（7）
化学测量学	项目数/项	11（4）	4（10）	3（14）	9（5）	12（2）
	项目经费/万元	1 047（6）	287（9）	223（13）	590（12）	2 303.5（3）
	主持人数/人	11（4）	4（10）	3（14）	9（4）	11（3）

资料来源：中国产业智库大数据中心

表 4-40 2008～2018 年南京大学 SCI 论文总量分布及 2018 年 ESI 排名

序号	研究领域	SCI 发文量/篇	被引次数/次	篇均被引/次	高被引论文/篇	ESI 全球排名
全校合计		46 251	683 250	14.77	748	200
1	农业科学	291	3 290	11.31	1	603
2	生物与生化	1 456	18 373	12.62	17	465
3	化学	10 344	204 800	19.80	169	29
4	临床医学	4 570	60 675	13.28	63	556
5	计算机科学	1 258	9 858	7.84	15	125
6	工程科学	2 168	26 165	12.07	47	179
7	环境生态学	2 657	33 156	12.48	34	146
8	地球科学	3 707	48 259	13.02	40	101
9	免疫学	369	5 562	15.07	2	687
10	材料科学	3 757	72 988	19.43	88	74
11	数学	1 327	6 859	5.17	18	125
12	分子生物与基因	1 112	23 302	20.96	12	526
13	神经科学与行为	917	12 340	13.46	6	544
14	药理学与毒物学	946	11 906	12.59	5	247
15	物理学	8 252	111 462	13.51	190	123
16	植物与动物科学	501	5 897	11.77	10	782
17	社会科学	570	4 120	7.23	13	742

资料来源：中国产业智库大数据中心

4.2.20 华南理工大学

2018 年，华南理工大学的基础研究竞争力指数为 42.5095，全国排名第 20 位。争取国家自然科学基金项目总数为 246 项，全国排名第 29 位；项目经费总额为 17 517 万元，全国排名第 23 位；争取国家自然科学基金项目经费金额大于 1000 万元的学科共有 4 个，有机高分子材料争取国家自然科学基金项目经费全国排名第 1 位（图 4-20）；有机高分子材料争取国家自然科学基金项目经费增幅最大（表 4-41）。SCI 论文数 3626 篇，全国排名第 21 位；9 个学科入选 ESI 全球 1%（表 4-42）。发明专利申请量 3012 件，全国排名第 7 位。

截至 2018 年 7 月，华南理工大学设有 31 个学院/直属系，3 个附属医院，82 个本科专业，25 个一级学科博士学位授权点，43 个一级学科硕士学位授权点，2 个一级学科国家重点学科，3 个二级学科国家重点学科，2 个国家重点培育学科。华南理工大学有教职工 4503 人，其中专任教师 2421 人，中国科学院院士 3 人，中国工程院院士 5 人，“千人计划”人才 19 人，国家级教学名师 4 人，长江学者 23 人，国家自然科学基金杰出青年科学基金获得者 32 人[20]。

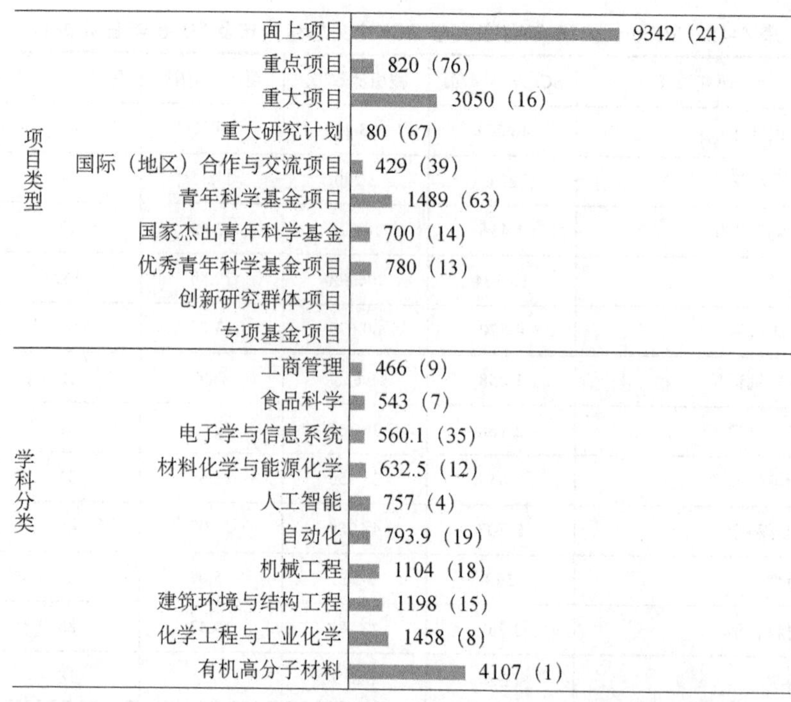

图 4-20 2018 年华南理工大学争取国家自然科学基金项目经费数据

资料来源：中国产业智库大数据中心

表 4-41 2014～2018 年华南理工大学争取国家自然科学基金项目经费十强学科变化趋势及指标

领域	指标	2014 年	2015 年	2016 年	2017 年	2018 年
全部	项目数/项	219（28）	252（25）	223（28）	252（28）	246（29）
	项目经费/万元	16 396.7（27）	16 056.97（25）	17 176.32（26）	34 387.83（12）	17 517（23）
	主持人数/人	214（28）	251（25）	220（28）	248（28）	242（29）
材料化学与能源化学	项目数/项	3（22）	0（75）	2（25）	6（4）	10（9）
	项目经费/万元	413（13）	0（75）	30（60）	18 196（1）	632.5（7）
	主持人数/人	2（27）	0（75）	2（25）	6（4）	10（9）
有机高分子材料	项目数/项	13（6）	19（3）	20（2）	11（8）	20（3）
	项目经费/万元	602（9）	2 250（1）	1 482（4）	600（11）	4 107（1）
	主持人数/人	13（6）	19（3）	20（2）	11（8）	19（3）
环境化学	项目数/项	22（9）	23（8）	24（5）	24（4）	3（18）
	项目经费/万元	1 938（8）	1 619（7）	1 664（8）	1 655（4）	424（8）
	主持人数/人	22（9）	23（8）	24（5）	24（4）	3（18）
建筑环境与结构工程	项目数/项	24（12）	21（12）	20（14）	18（16）	22（13）
	项目经费/万元	1 481（15）	758（17）	1 229.2（13）	1 154.38（12）	1 198（14）
	主持人数/人	24（12）	21（12）	20（14）	17（19）	22（13）
机械工程	项目数/项	9（32）	13（24）	8（36）	19（18）	17（18）
	项目经费/万元	816（20）	602（29）	313（42）	1 516（14）	1 104（18）
	主持人数/人	9（32）	13（24）	8（36）	19（17）	17（18）

续表

领域	指标	2014年	2015年	2016年	2017年	2018年
自动化	项目数/项	11（16）	18（8）	10（21）	7（36）	10（18）
	项目经费/万元	488（26）	1 870.87（5）	872（14）	280（50）	793.9（18）
	主持人数/人	11（16）	17（8）	10（21）	7（36）	10（17）
食品科学	项目数/项	8（9）	9（11）	9（11）	15（5）	12（6）
	项目经费/万元	544（8）	386（10）	536（6）	1 044（2）	543（7）
	主持人数/人	8（9）	9（11）	9（11）	15（5）	12（6）
电气科学与工程	项目数/项	6（15）	8（11）	6（16）	7（14）	6（17）
	项目经费/万元	958（6）	345（16）	200（23）	1 013（7）	456（16）
	主持人数/人	6（15）	8（11）	6（16）	6（14）	6（17）
电子学与信息系统	项目数/项	13（17）	8（29）	9（29）	9（28）	12（18）
	项目经费/万元	915（19）	389（32）	387（35）	712（23）	560.1（27）
	主持人数/人	13（17）	8（29）	9（29）	9（28）	12（18）
化学测量学	项目数/项	10（5）	8（5）	6（5）	2（27）	2（20）
	项目经费/万元	1 286（3）	849（3）	479（6）	89（34）	86（27）
	主持人数/人	10（5）	8（5）	6（5）	2（27）	2（20）

资料来源：中国产业智库大数据中心

表 4-42　2008～2018 年华南理工大学 SCI 论文总量分布及 2018 年 ESI 排名

序号	研究领域	SCI 发文量/篇	被引次数/次	篇均被引/次	高被引论文/篇	ESI 全球排名
	全校合计	28 621	379 415	13.26	517	395
1	农业科学	1 601	22 675	14.16	63	56
2	生物与生化	1 065	22 033	20.69	11	406
3	化学	7 769	128 639	16.56	144	66
4	临床医学	418	3 602	8.62	6	3 484
5	计算机科学	1 170	8 343	7.13	27	157
6	工程科学	5 286	52 737	9.98	116	50
7	环境生态学	698	6 036	8.65	3	767
8	材料科学	6 201	87 784	14.16	87	55
9	物理学	2 095	24 720	11.80	26	635

资料来源：中国产业智库大数据中心

4.2.21　中国科学技术大学

2018 年，中国科学技术大学的基础研究竞争力指数为 40.4729，全国排名第 21 位。争取国家自然科学基金项目总数为 375 项，全国排名第 15 位；项目经费总额为 34 237.07 万元，全国排名第 9 位；争取国家自然科学基金项目经费金额大于 2000 万元的学科共有 3 个，材料化学与能源化学、发育生物学与生殖生物学、医学免疫学争取国家自然科学基金项目经费全国排名第 1 位（图 4-21）；材料化学与能源化学争取国家自然科学基金项目经费增幅最大（表 4-43）。SCI 论文数 3715 篇，全国排名第 20 位；13 个学科入选 ESI 全球 1%（表 4-44）。发明专利申请量555件，全国排名第129位。

截至2018年12月，中国科学技术大学有20个学院，31个系，37个本科专业，8个一级学科国家重点学科，4个二级学科国家重点学科，2个国家重点培育学科，一级学科硕士学位授权点34个，一级学科博士学位授权点28个，博士后科研流动站20个。中国科学技术大学有全日制本科生7372人，硕士研究生10 912人，博士研究生5676人，教学与科研人员2154人，其中教授701人（含相当专业技术职务人员），副教授800人（含相当专业技术职务人员），中国科学院和中国工程院院士55人，国家“万人计划”领军人才30人，“万人计划”青年拔尖人才13人，国家自然科学基金杰出青年科学基金获得者115人，国家自然科学基金优秀青年科学基金获得者108人，“长江学者奖励计划”特聘教授、讲座教授、青年学者共计51人，国家级教学名师7人[21]。

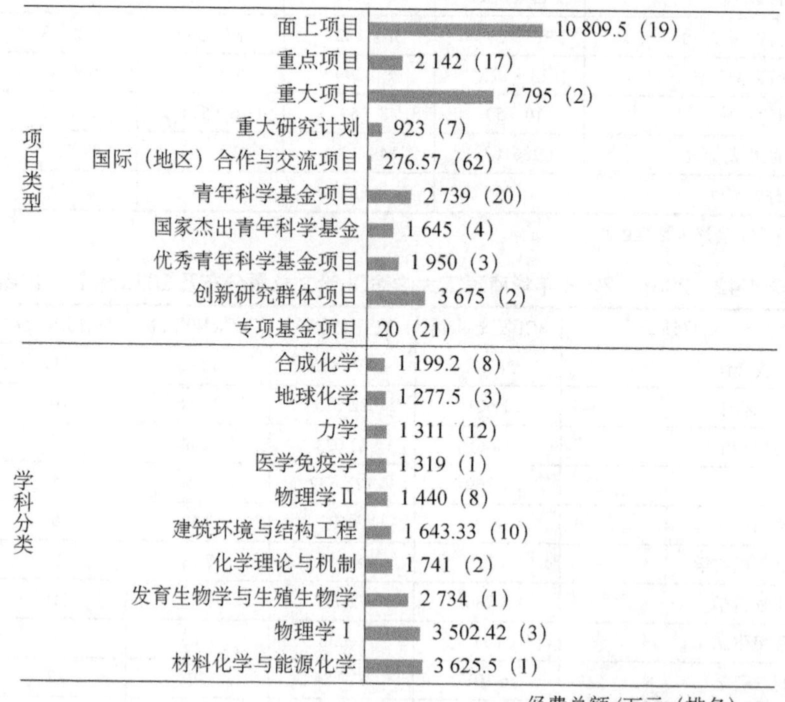

图4-21 2018年中国科学技术大学争取国家自然科学基金项目经费数据

资料来源：中国产业智库大数据中心

表4-43 2014～2018年中国科学技术大学争取国家自然科学基金项目经费十强学科变化趋势及指标

领域	指标	2014年	2015年	2016年	2017年	2018年
全部	项目数/项	309（18）	365（15）	375（15）	426（14）	375（15）
	项目经费/万元	31 349.6（8）	32 976.72（8）	35 186.15（8）	45 932.3（8）	34 237.07（9）
	主持人数/人	293（18）	347（16）	361（15）	406（15）	360（15）
物理学Ⅰ	项目数/项	25（3）	38（2）	25（3）	41（1）	33（3）
	项目经费/万元	3 131（4）	3 591.5（3）	2 662（3）	5 513（2）	3 502.42（3）
	主持人数/人	24（4）	38（2）	25（3）	38（1）	32（3）

续表

领域	指标	2014年	2015年	2016年	2017年	2018年
物理学Ⅱ	项目数/项	27（5）	30（4）	36（4）	39（2）	31（2）
	项目经费/万元	3 435（5）	2 251（4）	3 620（3）	3 592（2）	1 440（7）
	主持人数/人	27（5）	30（4）	34（4）	39（2）	31（2）
地球化学	项目数/项	12（4）	11（6）	16（3）	15（4）	15（3）
	项目经费/万元	870（5）	3 117.5（1）	1 397（4）	5 718.2（1）	1 277.5（3）
	主持人数/人	12（4）	9（7）	16（3）	15（4）	14（3）
化学理论与机制	项目数/项	21（4）	27（2）	18（4）	19（2）	12（2）
	项目经费/万元	2 517（3）	2 019（3）	1 651（4）	4 086.22（1）	1 741（2）
	主持人数/人	20（4）	26（2）	18（4）	18（2）	12（2）
力学	项目数/项	18（8）	14（12）	14（12）	18（10）	17（13）
	项目经费/万元	1 672（7）	1 302（11）	2 738.75（2）	1 330（14）	1 311（12）
	主持人数/人	18（8）	14（12）	13（13）	18（10）	17（12）
地球物理学和空间物理学	项目数/项	16（3）	13（6）	16（5）	22（3）	19（5）
	项目经费/万元	1 839（3）	1 815.84（4）	1 231（4）	1 616（4）	1 112（4）
	主持人数/人	16（3）	12（7）	16（5）	21（3）	19（5）
合成化学	项目数/项	8（5）	9（4）	10（3）	17（2）	14（7）
	项目经费/万元	770（9）	1 506（3）	539（8）	1 585（5）	1 199.2（7）
	主持人数/人	8（5）	9（4）	10（3）	17（2）	14（7）
有机高分子材料	项目数/项	4（18）	10（8）	13（6）	10（10）	5（17）
	项目经费/万元	338（13）	516.5（8）	3 207（1）	635（10）	867（7）
	主持人数/人	4（18）	10（8）	12（6）	10（10）	5（17）
材料化学与能源化学	项目数/项	3（22）	2（31）	1（37）	7（2）	16（1）
	项目经费/万元	580（11）	736.7（7）	70（37）	435（6）	3 625.5（1）
	主持人数/人	3（22）	2（31）	1（37）	7（2）	15（3）
数学	项目数/项	20（3）	21（3）	15（8）	16（8）	14（11）
	项目经费/万元	1 205（4）	885（5）	1 016（6）	1 473（4）	850（9）
	主持人数/人	19（3）	21（2）	15（7）	16（8）	14（10）

资料来源：中国产业智库大数据中心

表4-44 2008～2018年中国科学技术大学SCI论文总量分布及2018年ESI排名

序号	研究领域	SCI发文量/篇	被引次数/次	篇均被引/次	高被引论文/篇	ESI全球排名
	全校合计	43 005	676 109	15.72	986	206
1	生物与生化	1 260	20 892	16.58	14	418
2	化学	9 960	208 036	20.89	278	28
3	临床医学	494	6 959	14.09	10	2 484
4	计算机科学	1 694	13 907	8.21	30	68
5	工程科学	5 012	51 899	10.35	93	53
6	环境生态学	625	9 882	15.81	12	552
7	地球科学	1 724	23 950	13.89	26	246
8	材料科学	5 328	112 361	21.09	162	36
9	数学	1 466	6 789	4.63	21	129
10	分子生物与基因	681	15 178	22.29	5	729
11	物理学	12 008	164 448	13.69	280	54
12	植物与动物科学	185	3 316	17.92	9	1 131
13	社会科学	225	2 112	9.39	7	1 196

资料来源：中国产业智库大数据中心

4.2.22 大连理工大学

2018 年，大连理工大学的基础研究竞争力指数为 39.9731，全国排名第 22 位。争取国家自然科学基金项目总数为 296 项，全国排名第 22 位；项目经费总额为 21 920.9 万元，全国排名第 19 位；争取国家自然科学基金项目经费金额大于 2000 万元的学科共有 3 个，水利科学与海洋工程争取国家自然科学基金项目经费全国排名第 1 位（图 4-22）；自动化争取国家自然科学基金项目经费增幅最大（表 4-45）。SCI 论文数 3419 篇，全国排名第 23 位；9 个学科入选 ESI 全球 1%（表 4-46）。发明专利申请量 1740 件，全国排名第 24 位。

截至 2018 年 12 月，大连理工大学设有 7 个学部，32 个学院，87 个本科专业，有 4 个一级学科国家重点学科，6 个二级学科国家重点学科，2 个国家重点培育学科，43 个一级学科硕士学位授权点，29 个一级学科博士学位授权点，25 个博士后科研流动站。学校有博士研究生 4851 人，硕士研究生 10 361 人，本科生 25 853 人，教职工 4002 人，其中专任教师 2511 人，教授 805 人，副教授 1076 人，中国科学院和中国工程院院士 12 人，“长江学者奖励计划”特聘教授 32 人、讲座教授 12 人、青年学者 12 人，国家自然科学基金杰出青年科学基金获得者 37 人，“万人计划”入选者 24 人，“973 计划”首席科学家 10 人，“973 计划”青年科学家 2 人，国家“百千万人才工程”人选 15 人，科技部“创新人才推进计划”中青年科技创新领军人才入选者 16 人，“千人计划”青年项目入选者 17 人，教育部“新世纪优秀人才支持计划”入选者 116 人[22]。

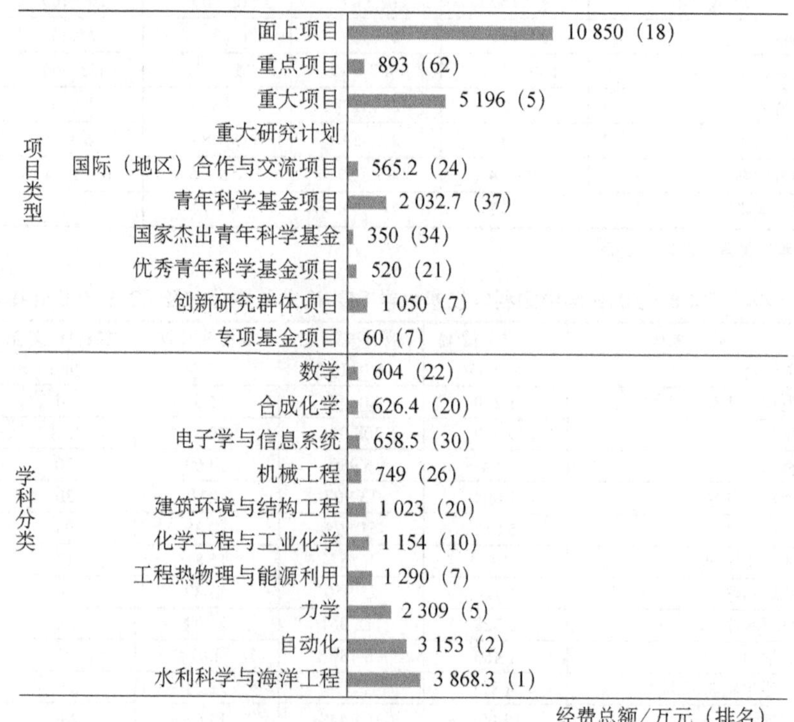

图 4-22 2018 年大连理工大学争取国家自然科学基金项目经费数据

资料来源：中国产业智库大数据中心

表 4-45　2014～2018 年大连理工大学争取国家自然科学基金项目经费十强学科变化趋势及指标

领域	指标	2014年	2015年	2016年	2017年	2018年
全部	项目数/项	290（21）	284（21）	303（19）	295（22）	296（22）
	项目经费/万元	21 363.1（20）	17 461.9（23）	19 016.7（22）	18 122.71（26）	21 920.9（19）
	主持人数/人	283（21）	275（22）	296（21）	290（22）	288（24）
水利科学与海洋工程	项目数/项	24（5）	26（3）	23（5）	33（3）	26（5）
	项目经费/万元	1 666（5）	1 677.9（5）	1 922（3）	1 906.4（6）	3 868.3（1）
	主持人数/人	24（4）	24（5）	21（7）	32（3）	25（5）
环境化学	项目数/项	26（7）	31（4）	26（4）	26（3）	11（3）
	项目经费/万元	2 644（6）	2 769（3）	2 258（4）	1 385（5）	600（4）
	主持人数/人	25（7）	31（4）	25（4）	26（3）	11（2）
力学	项目数/项	19（6）	24（5）	25（5）	28（4）	23（6）
	项目经费/万元	1 668（8）	1 116（13）	1 184（10）	1 933（7）	2 309（5）
	主持人数/人	19（6）	24（5）	25（5）	28（3）	21（7）
机械工程	项目数/项	19（12）	25（9）	23（10）	17（21）	16（21）
	项目经费/万元	1 360（15）	2 272（5）	1 969（7）	1 426.5（16）	749（26）
	主持人数/人	19（12）	23（9）	23（10）	17（21）	16（21）
建筑环境与结构工程	项目数/项	23（13）	21（12）	28（8）	23（10）	21（14）
	项目经费/万元	2 052（8）	1 049.5（16）	1 900.1（6）	1 082（14）	1 023（18）
	主持人数/人	23（13）	21（12）	27（9）	23（10）	21（14）
自动化	项目数/项	11（16）	6（38）	7（33）	14（14）	14（9）
	项目经费/万元	679（19）	538（28）	462（26）	1 262（18）	3 153（2）
	主持人数/人	11（16）	6（38）	7（33）	14（14）	13（9）
计算机科学	项目数/项	17（14）	21（9）	17（17）	23（8）	7（38）
	项目经费/万元	1 303（13）	997（13）	925（20）	1 846（7）	368（39）
	主持人数/人	17（13）	21（9）	17（17）	23（7）	7（38）
工程热物理与能源利用	项目数/项	15（6）	14（9）	14（9）	11（14）	19（4）
	项目经费/万元	1 117（6）	662.5（13）	635（13）	564.99（16）	1 290（6）
	主持人数/人	15（5）	14（9）	14（9）	11（14）	19（4）
管理科学与工程	项目数/项	8（7）	8（8）	7（9）	7（9）	8（5）
	项目经费/万元	1 385.6（2）	520.5（7）	248.6（12）	431.5（10）	294（10）
	主持人数/人	8（7）	8（8）	7（9）	7（9）	8（5）
物理学Ⅱ	项目数/项	12（8）	7（17）	12（10）	14（8）	7（19）
	项目经费/万元	653.5（14）	222（26）	951（11）	624.5（13）	392（24）
	主持人数/人	12（8）	7（17）	12（9）	14（7）	7（19）

资料来源：中国产业智库大数据中心

表 4-46　2008～2018 年大连理工大学 SCI 论文总量分布及 2018 年 ESI 排名

序号	研究领域	SCI 发文量/篇	被引次数/次	篇均被引/次	高被引论文/篇	ESI 全球排名
	全校合计	30 465	355 276	11.66	359	416
1	生物与生化	903	13 712	15.18	6	585
2	化学	7 127	133 028	18.67	94	60
3	计算机科学	1 923	15 597	8.11	56	56
4	工程科学	7 846	62 430	7.96	104	35
5	环境生态学	849	11 524	13.57	8	495
6	材料科学	5 082	65 003	12.79	42	84
7	数学	1 392	5 553	3.99	16	186

续表

序号	研究领域	SCI 发文量/篇	被引次数/次	篇均被引/次	高被引论文/篇	ESI 全球排名
8	物理学	3 592	30 878	8.60	16	538
9	社会科学	233	2 038	8.75	3	1 221

资料来源：中国产业智库大数据中心

4.2.23 苏州大学

2018 年，苏州大学的基础研究竞争力指数为 36.9834，全国排名第 23 位。争取国家自然科学基金项目总数为 321 项，全国排名第 19 位；项目经费总额为 17 302.7 万元，全国排名第 24 位；争取国家自然科学基金项目经费金额大于 1000 万元的学科共有 4 个，环境化学争取国家自然科学基金项目经费全国排名第 2 位（图 4-23）；环境化学争取国家自然科学基金项目经费增幅最大（表 4-47）。SCI 论文数 3163 篇，全国排名第 27 位；11 个学科入选 ESI 全球 1%（表 4-48）。发明专利申请量 983 件，全国排名第 62 位。

截至 2019 年 1 月，苏州大学设有 26 个学院/直属系，130 个本科专业，51 个一级学科硕士点，28 个一级学科博士点，29 个博士后流动站。苏州大学有全日制本科生 27 136 人，硕士研究生 11 959 人，博士研究生 1788 人，留学生 2207 人。全校教职工 5197 人，具有副高职称及以上人员 2489 人，诺贝尔奖获得者 1 人，中国科学院及中国工程院院士 7 人，国家自然科学基金杰出青年科学基金获得者 27 人、国家自然科学基金优秀青年科学基金获得者 36 人，“千人计划”入选者 18 人，“千人计划”青年项目入选者 47 人，“万人计划”杰出人才 1 人、“万人计划”科技创新领军人才 8 人、“万人计划”青年拔尖人才 3 人，“长江学者奖励计划”特聘教授、讲座教授、青年学者共计 16 人，国家级有突出贡献中青年专家 11 人[23]。

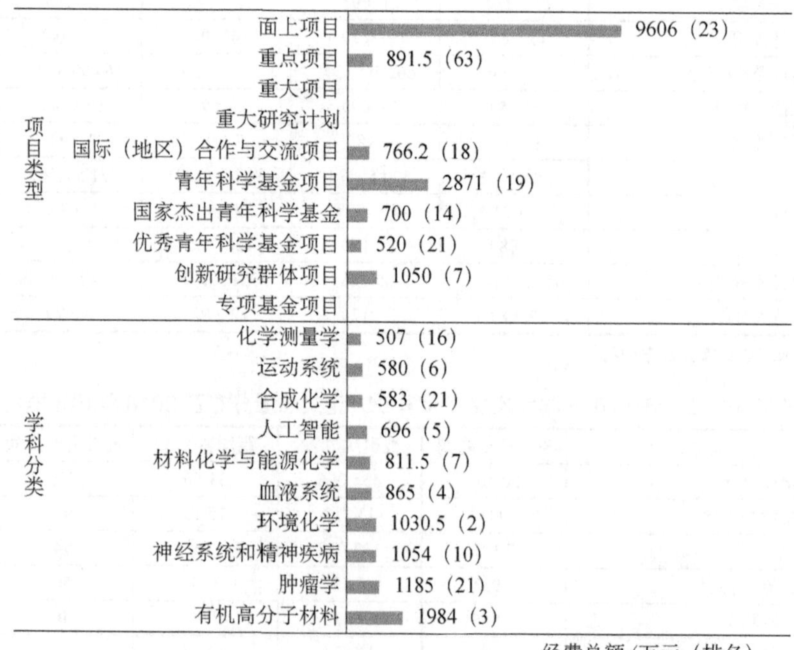

图 4-23 2018 年苏州大学争取国家自然科学基金项目经费数据

资料来源：中国产业智库大数据中心

表 4-47 2014～2018 年苏州大学争取国家自然科学基金项目经费十强学科变化趋势及指标

领域	指标	2014 年	2015 年	2016 年	2017 年	2018 年
全部	项目数/项	323（15）	316（19）	295（22）	359（16）	321（19）
	项目经费/万元	18 516.7（25）	16 561.65（24）	14 346.28（28）	20 877.5（24）	17 302.7（24）
	主持人数/人	307（17）	312（19）	285（22）	354（16）	318（19）
有机高分子材料	项目数/项	18（3）	11（6）	14（5）	11（8）	18（4）
	项目经费/万元	977.5（6）	893.5（6）	915（8）	739（8）	1 984（3）
	主持人数/人	17（4）	11（6）	14（5）	11（8）	18（4）
肿瘤学	项目数/项	21（23）	25（22）	21（24）	23（22）	29（22）
	项目经费/万元	879（27）	1 145.5（18）	750（26）	960（24）	1 185（21）
	主持人数/人	21（23）	25（22）	21（24）	23（22）	29（22）
神经系统和精神疾病	项目数/项	16（11）	15（13）	17（10）	19（10）	22（8）
	项目经费/万元	879.8（10）	820（10）	745（12）	852（11）	1 054（9）
	主持人数/人	15（11）	15（13）	16（11）	18（12）	22（8）
环境化学	项目数/项	3（32）	3（34）	1（66）	7（19）	7（5）
	项目经费/万元	140（44）	107（43）	65（68）	2 563.2（2）	1 030.5（2）
	主持人数/人	3（32）	3（34）	1（66）	6（24）	7（5）
血液系统	项目数/项	7（3）	13（2）	15（2）	22（1）	19（1）
	项目经费/万元	261（5）	595（2）	575（2）	1 037（1）	865（2）
	主持人数/人	7（3）	13（2）	15（2）	22（1）	19（1）
化学测量学	项目数/项	13（2）	13（3）	11（2）	2（27）	4（11）
	项目经费/万元	1 284（4）	711（5）	631（3）	85（35）	507（9）
	主持人数/人	13（2）	13（2）	11（2）	2（27）	4（10）
合成化学	项目数/项	7（8）	7（7）	7（10）	15（3）	9（12）
	项目经费/万元	430（15）	500（7）	287（16）	1 401.8（6）	583（15）
	主持人数/人	7（8）	7（7）	7（10）	15（3）	9（12）
计算机科学	项目数/项	12（22）	15（17）	10（35）	6（57）	6（40）
	项目经费/万元	886（17）	943（15）	609（30）	455（43）	231（47）
	主持人数/人	12（21）	15（17）	10（35）	6（57）	6（40）
物理学Ⅰ	项目数/项	9（18）	11（17）	9（20）	8（22）	8（25）
	项目经费/万元	616（21）	803.6（18）	521.33（20）	687（21）	478.4（26）
	主持人数/人	9（18）	10（19）	9（20）	8（22）	8（25）
无机非金属材料	项目数/项	10（11）	8（15）	7（18）	10（11）	7（21）
	项目经费/万元	573.9（18）	734（10）	461（17）	993（5）	285（27）
	主持人数/人	9（14）	8（15）	7（18）	10（11）	7（21）

资料来源：中国产业智库大数据中心

表 4-48　2008～2018 年苏州大学 SCI 论文总量分布及 2018 年 ESI 排名

序号	研究领域	SCI 发文量/篇	被引次数/次	篇均被引/次	高被引论文/篇	ESI 全球排名
	全校合计	27 310	369 004	13.51	505	404
1	生物与生化	1 593	17 347	10.89	9	495
2	化学	6 415	107 912	16.82	132	90
3	临床医学	4 757	45 338	9.53	34	696
4	工程科学	1 276	9 877	7.74	37	517
5	免疫学	457	5 192	11.36	2	723
6	材料科学	4 018	92 616	23.05	176	46
7	数学	989	4 483	4.53	9	254
8	分子生物与基因	1 321	18 527	14.02	8	630
9	神经科学与行为	897	9 332	10.40	3	671
10	药理学与毒物学	1 015	12 294	12.11	18	234
11	物理学	2 734	31 529	11.53	41	530

资料来源：中国产业智库大数据中心

4.2.24　电子科技大学

2018 年，电子科技大学的基础研究竞争力指数为 34.1392，全国排名第 24 位。争取国家自然科学基金项目总数为 211 项，全国排名第 39 位；项目经费总额为 11 794.9 万元，全国排名第 36 位；争取国家自然科学基金项目经费金额大于 1000 万元的学科共有 2 个，NSFC-中物院联合基金争取国家自然科学基金项目经费全国排名第 1 位（图 4-24）；NSFC-中物院联合基金国家自然科学基金项目经费增幅最大（表 4-49）。SCI 论文数 3262 篇，全国排名第 25 位；7 个学科入选 ESI 全球 1%（表 4-50）。发明专利申请量 2181 件，全国排名第 14 位。

截至 2018 年 10 月，电子科技大学设有 23 个学院，66 个本科专业，学校现有 2 个一级学科国家重点学科，2 个国家重点培育学科；16 个一级学科博士学位授权点，27 个一级学科硕士学位授权点。全日制在读学生 33 000 余人，其中博士、硕士研究生 12 000 余人，教职工 3800 余人，其中专任教师 2300 余人，教授 500 余人，中国科学院、中国工程院院士 11 人，“万人计划”入选者 17 人，“千人计划”入选者 145 人，“长江学者奖励计划”特聘教授、讲座教授、青年学者共计 40 人，国家自然科学基金杰出青年科学基金和国家自然科学基金优秀青年科学基金获得者共计 32 人，国家级教学名师 4 人，国家“百千万人才工程”入选者 11 人[24]。

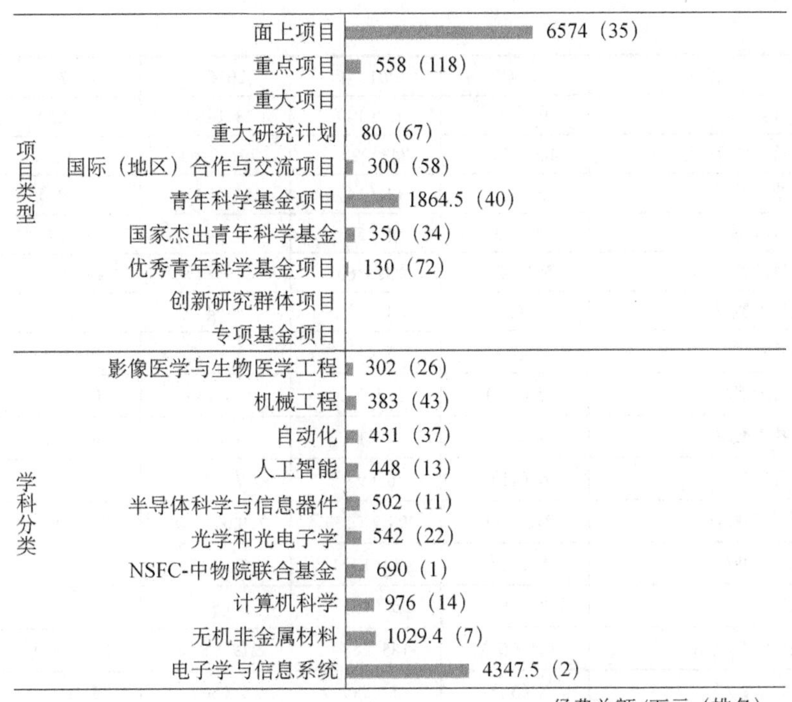

图 4-24　2018 年电子科技大学争取国家自然科学基金项目经费数据

资料来源：中国产业智库大数据中心

表 4-49　2014～2018 年电子科技大学争取国家自然科学基金项目经费十强学科变化趋势及指标

领域	指标	2014 年	2015 年	2016 年	2017 年	2018 年
全部	项目数/项	181（35）	179（37）	203（36）	194（39）	211（39）
	项目经费/万元	12 045（45）	10 960.41（42）	9 748.2（47）	12 623.42（42）	11 794.9（36）
	主持人数/人	175（34）	175（38）	201（35）	192（39）	211（37）
电子学与信息系统	项目数/项	49（1）	51（1）	64（1）	57（1）	70（1）
	项目经费/万元	4 256（2）	3 950.5（1）	3 826（2）	4 712.62（1）	4 347.5（2）
	主持人数/人	48（1）	51（1）	64（1）	56（1）	70（1）
计算机科学	项目数/项	14（16）	22（8）	21（8）	11（30）	21（4）
	项目经费/万元	683（28）	908（17）	1 089.7（13）	770（34）	976（13）
	主持人数/人	14（16）	22（8）	21（8）	11（30）	21（4）
光学和光电子学	项目数/项	14（5）	10（7）	5（26）	11（7）	11（8）
	项目经费/万元	987（9）	420（20）	441（21）	1 462（3）	542（19）
	主持人数/人	13（5）	10（7）	5（25）	11（7）	11（8）
无机非金属材料	项目数/项	13（6）	6（21）	9（11）	15（5）	8（16）
	项目经费/万元	1 093（7）	363（23）	349（19）	673（15）	1 029.4（7）
	主持人数/人	13（6）	6（21）	9（11）	15（5）	8（15）
半导体科学与信息器件	项目数/项	15（3）	12（4）	12（3）	9（6）	11（4）
	项目经费/万元	709（5）	736（5）	440（5）	752（4）	502（8）
	主持人数/人	14（3）	12（4）	12（3）	9（5）	11（4）

续表

领域	指标	2014年	2015年	2016年	2017年	2018年
自动化	项目数/项	9（22）	13（14）	13（13）	10（28）	5（42）
	项目经费/万元	460（27）	743（20）	701（19）	597（25）	431（34）
	主持人数/人	9（22）	13（14）	13（13）	10（26）	5（42）
眼科学	项目数/项	6（3）	4（5）	4（4）	5（3）	2（6）
	项目经费/万元	511（2）	188（6）	248（4）	497（2）	67（8）
	主持人数/人	5（3）	4（5）	4（4）	5（3）	2（6）
NSFC-中物院联合基金	项目数/项	4（1）	5（1）	3（1）	0（10）	5（1）
	项目经费/万元	256（3）	316（4）	188（3）	0（10）	690（1）
	主持人数/人	4（1）	5（1）	3（1）	0（10）	5（1）
工商管理	项目数/项	6（11）	6（9）	7（9）	5（14）	3（20）
	项目经费/万元	510（3）	208.5（13）	220.6（11）	210（14）	111（19）
	主持人数/人	5（13）	5（13）	5（13）	5（14）	3（20）
机械工程	项目数/项	8（36）	5（53）	5（50）	5（60）	7（41）
	项目经费/万元	234（64）	185（68）	219（60）	223（65）	383（42）
	主持人数/人	8（36）	5（53）	5（50）	5（60）	7（41）

资料来源：中国产业智库大数据中心

表 4-50　2008～2018 年电子科技大学 SCI 论文总量分布及 2018 年 ESI 排名

序号	研究领域	SCI 发文量/篇	被引次数/次	篇均被引/次	高被引论文/篇	ESI 全球排名
	全校合计	21 841	170 133	7.79	358	790
1	生物与生化	337	7 828	23.23	34	876
2	化学	1 517	12 355	8.14	20	951
3	计算机科学	2 420	15 966	6.60	44	50
4	工程科学	6 994	44 883	6.42	109	73
5	材料科学	2 617	25 141	9.61	33	269
6	神经科学与行为	589	9 425	16.00	7	663
7	物理学	4 770	36 507	7.65	40	474

资料来源：中国产业智库大数据中心

4.2.25　西北工业大学

2018 年，西北工业大学的基础研究竞争力指数为 34.1224，全国排名第 25 位。争取国家自然科学基金项目总数为 253 项，全国排名第 27 位；项目经费总额为 12 996.9 万元，全国排名第 34 位；争取国家自然科学基金项目经费金额大于 1500 万元的学科共有 2 个，无机非金属材料争取国家自然科学基金项目经费全国排名第 2 位（图 4-25）；物理学 I 争取国家自然科学基金项目经费增幅最大（表 4-51）。SCI 论文数 3226 篇，全国排名第 26 位；4 个学科入选 ESI 全球 1%（表 4-52）。发明专利申请量 1384 件，全国排名第 39 位。

截至 2018 年 12 月，西北工业大学下设 24 个学院，66 个本科专业，35 个一级学科硕士学位授权点，22个一级学科博士学位授权点，17个博士后科研流动站。西北工业大学有在校学生29 000余名，教职工4000余名，中国科学院、中国工程院院士31人，“万人计划”领军人才20人，“长江学者奖励计划”特聘教授、讲座教授、青年学者共计37人，国家自然科学基金杰出青年科学基金获得者20人，“973计划”首席科学家8人，国家有突出贡献专家4人，国家教学名师奖获得者4人，国家自然科学基金创新研究群体2个，国家级教学团队7个，教育部“创新团队发展计划”7个，国防科技创新团队8个[25]。

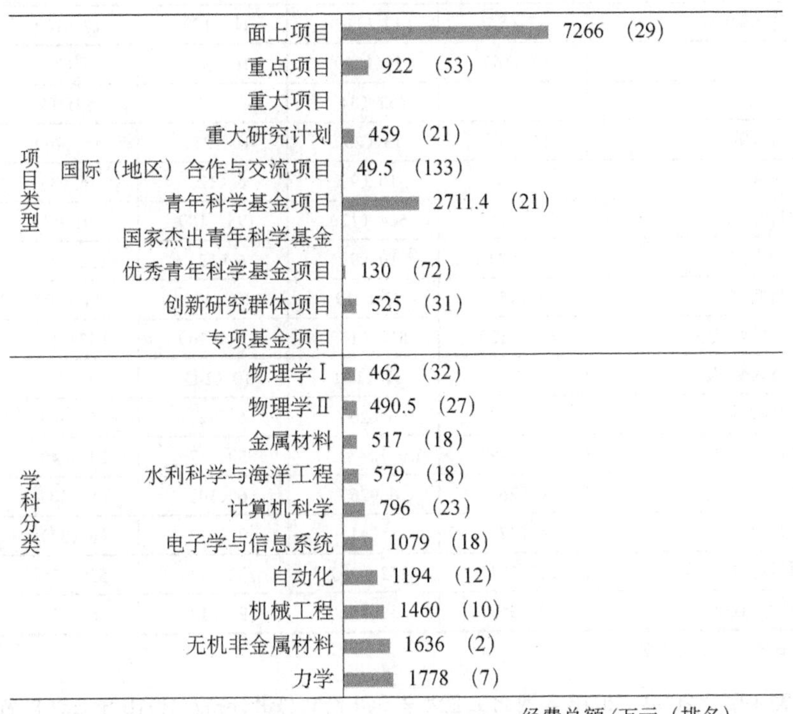

图4-25 2018年西北工业大学争取国家自然科学基金项目经费数据

资料来源：中国产业智库大数据中心

表4-51 2014～2018年西北工业大学争取国家自然科学基金项目经费十强学科变化趋势及指标

领域	指标	2014年	2015年	2016年	2017年	2018年
全部	项目数/项	182（33）	191（35）	203（36）	231（33）	253（27）
	项目经费/万元	12 421.5（43）	11 035.8（41）	10 604.5（41）	15 884.9（29）	12 996.9（34）
	主持人数/人	179（32）	187（35）	201（35）	223（34）	248（28）
力学	项目数/项	31（2）	36（1）	35（2）	29（3）	32（3）
	项目经费/万元	2 355（5）	2 272.5（2）	1 962（4）	1 816（8）	1 778（7）
	主持人数/人	31（2）	35（1）	35（2）	28（3）	32（3）
机械工程	项目数/项	23（8）	23（11）	27（8）	28（8）	29（8）
	项目经费/万元	1 541（11）	1 601（9）	1 770（8）	2 009（9）	1 460（10）
	主持人数/人	23（8）	23（9）	26（8）	27（9）	29（8）
无机非金属材料	项目数/项	13（6）	13（5）	16（4）	16（4）	24（1）
	项目经费/万元	1 125（6）	1 032.5（8）	1 008（6）	2 149.7（2）	1 636（2）
	主持人数/人	12（8）	13（5）	16（4）	16（4）	23（1）

续表

领域	指标	2014 年	2015 年	2016 年	2017 年	2018 年
电子学与信息系统	项目数/项	18（12）	19（11）	22（9）	27（6）	23（9）
	项目经费/万元	1 355（12）	1 366.5（10）	869（15）	1 576（11）	1 079（17）
	主持人数/人	18（12）	19（11）	22（9）	27（6）	23（8）
自动化	项目数/项	17（9）	12（16）	11（17）	17（11）	23（2）
	项目经费/万元	1 044（15）	551（26）	619.5（22）	1 317（15）	1 194（12）
	主持人数/人	17（8）	12（16）	11（17）	17（10）	23（2）
计算机科学	项目数/项	14（16）	13（25）	10（35）	16（21）	9（29）
	项目经费/万元	794（19）	453（34）	448（38）	1 595（9）	796（22）
	主持人数/人	14（16）	13（25）	10（35）	16（20）	9（29）
金属材料	项目数/项	10（8）	10（9）	6（12）	16（3）	12（6）
	项目经费/万元	748（11）	564（13）	195（18）	1 791.9（4）	517（12）
	主持人数/人	10（8）	10（9）	6（12）	16（3）	12（6）
工程热物理与能源利用	项目数/项	7（15）	13（11）	10（14）	14（10）	12（15）
	项目经费/万元	677（12）	512（16）	434（16）	887（10）	433（19）
	主持人数/人	7（15）	13（10）	10（14）	14（10）	12（15）
物理学 I	项目数/项	6（26）	6（26）	6（32）	5（40）	9（22）
	项目经费/万元	231（49）	1 037.8（13）	550（17）	238（40）	462（27）
	主持人数/人	6（26）	6（26）	6（30）	5（40）	9（22）
冶金与矿业	项目数/项	4（37）	3（41）	9（21）	6（32）	5（36）
	项目经费/万元	531（24）	152（40）	732（13）	529（20）	335（32）
	主持人数/人	4（35）	3（41）	9（21）	6（32）	5（36）

资料来源：中国产业智库大数据中心

表 4-52　2008～2018 年西北工业大学 SCI 论文总量分布及 2018 年 ESI 排名

序号	研究领域	SCI 发文量/篇	被引次数/次	篇均被引/次	高被引论文/篇	ESI 全球排名
	全校合计	20 300	150 134	7.40	282	879
1	化学	2 168	21 017	9.69	41	659
2	计算机科学	1 029	6 667	6.48	32	207
3	工程科学	5 371	30 316	5.64	96	140
4	材料科学	7 167	62 676	8.75	56	93

资料来源：中国产业智库大数据中心

4.2.26　北京理工大学

2018 年，北京理工大学的基础研究竞争力指数为 32.6004，全国排名第 26 位。争取国家自然科学基金项目总数为 238 项，全国排名第 32 位；项目经费总额为 17 051.7 万元，全国排名第 25 位；争取国家自然科学基金项目经费金额大于 1500 万元的学科共有 3 个，力学争取国家自然科学基金项目经费全国排名第 3 位（图 4-26）；物理学 I 争取国家自然科学基金项目经费增幅最大（表 4-53）。SCI 论文数 2736 篇，全国排名第 30 位；6 个学科入选 ESI 全球 1%（表 4-54）。发明专利申请量 1346 件，全国排名第 43 位。

截至2018年11月，北京理工大学设有学院/直属系18个，本科专业60个，一级学科硕士学位授权点31个，一级学科博士学位授权点25个，博士后科研流动站18个，国家重点学科一级学科4个，国家重点学科二级学科5个，国家重点培育学科3个。学校有全日制本科生14 717人，硕士研究生8039人，博士研究生3884人，留学生1038人，专任教师2275人，教授567人，副教授990人，院士22人，“千人计划”入选者49人，“万人计划”入选者22人，“长江学者奖励计划”特聘教授、讲座教授、青年学者共计39人，国家自然科学基金杰出青年科学基金获得者38人，国家自然科学基金优秀青年科学基金获得者21人，国家有突出贡献专家24人，“新世纪优秀人才支持计划”人才129人，“973计划”首席科学家21人，“新世纪百千万人才工程”入选者26人，国家自然科学基金委员会创新研究群体5个，国防科技创新团队13个[26]。

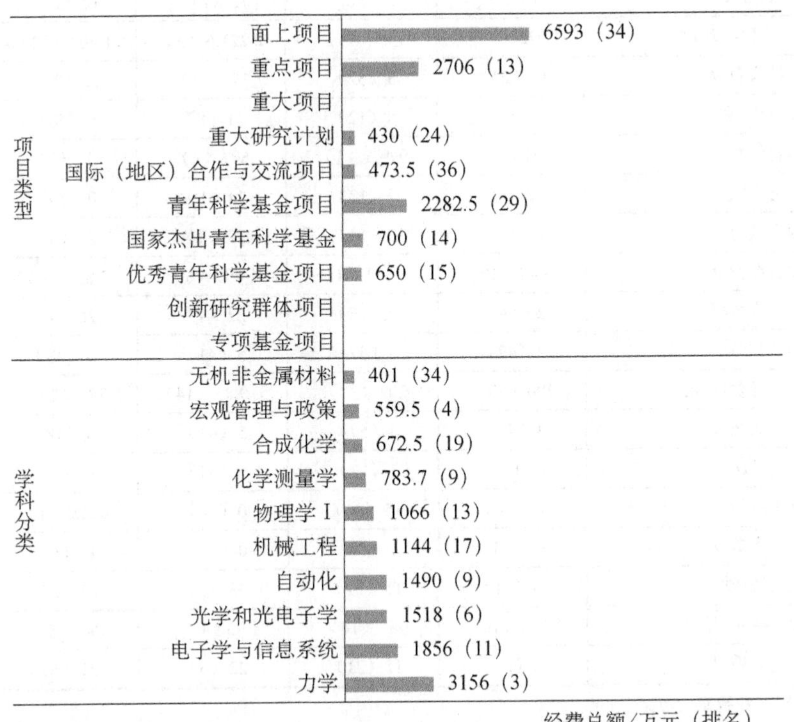

图4-26　2018年北京理工大学争取国家自然科学基金项目经费数据

资料来源：中国产业智库大数据中心

表4-53　2014～2018年北京理工大学争取国家自然科学基金项目经费十强学科变化趋势及指标

领域	指标	2014年	2015年	2016年	2017年	2018年
全部	项目数/项	170（39）	165（46）	207（35）	209（37）	238（32）
	项目经费/万元	15 091（29）	12 394（32）	15 410.1（27）	24 309.7（17）	17 051.7（25）
	主持人数/人	169（39）	163（46）	201（37）	203（37）	235（32）
电子学与信息系统	项目数/项	21（9）	14（18）	21（11）	21（10）	18（14）
	项目经费/万元	4 229（3）	1 972（8）	1 513（11）	1 701（9）	1 856（11）
	主持人数/人	21（9）	14（17）	21（11）	21（10）	18（14）

续表

领域	指标	2014年	2015年	2016年	2017年	2018年
光学和光电子学	项目数/项	9（11）	10（8）	10（10）	10（10）	11（9）
	项目经费/万元	1 461（5）	393.5（23）	1 381.31（4）	498（13）	1 518（6）
	主持人数/人	9（11）	10（8）	10（9）	10（10）	11（9）
合成化学	项目数/项	3（26）	5（15）	6（12）	10（9）	10（11）
	项目经费/万元	255（21）	245（20）	592（5）	551（13）	672.5（14）
	主持人数/人	3（25）	5（15）	6（12）	10（9）	10（11）
机械工程	项目数/项	11（28）	21（12）	16（17）	16（23）	17（19）
	项目经费/万元	615（27）	1 463（11）	861（19）	1 651（10）	1 144（17）
	主持人数/人	11（28）	21（12）	16（17）	16（23）	17（19）
计算机科学	项目数/项	11（27）	5（52）	15（24）	12（28）	3（65）
	项目经费/万元	1 022（15）	145（75）	2 221.6（3）	1 402（12）	155（62）
	主持人数/人	11（27）	5（52）	14（25）	12（28）	3（65）
经济科学	项目数/项	13（7）	8（12）	11（8）	0（50）	3（22）
	项目经费/万元	582（5）	999.5（1）	691（4）	0（50）	87（22）
	主持人数/人	12（7）	7（13）	11（8）	0（50）	3（22）
力学	项目数/项	23（5）	23（6）	22（7）	27（5）	46（1）
	项目经费/万元	1 448（10）	2 164（4）	1 499（8）	2 824（4）	3 156（3）
	主持人数/人	23（4）	23（6）	22（7）	26（5）	45（1）
物理学Ⅰ	项目数/项	4（47）	3（57）	5（41）	11（19）	11（19）
	项目经费/万元	280（40）	202（37）	810.85（14）	777（20）	1 066（12）
	主持人数/人	4（47）	3（57）	5（41）	11（18）	11（19）
植物保护学	项目数/项	0（100）	1（72）	0（91）	1（64）	0（91）
	项目经费/万元	0（100）	15（83）	0（98）	8 220（1）	0（81）
	主持人数/人	0（100）	1（72）	0（91）	1（64）	0（91）
自动化	项目数/项	10（21）	11（21）	23（6）	22（5）	19（4）
	项目经费/万元	1 198（10）	966（14）	1 950（6）	1 794.7（10）	1 490（9）
	主持人数/人	10（21）	11（21）	22（6）	21（6）	19（4）

资料来源：中国产业智库大数据中心

表4-54　2008～2018年北京理工大学SCI论文总量分布及2018年ESI排名

序号	研究领域	SCI发文量/篇	被引次数/次	篇均被引/次	高被引论文/篇	ESI全球排名
	全校合计	20 469	202 200	9.88	331	694
1	化学	4 723	57 412	12.16	51	231
2	计算机科学	1 314	6 737	5.13	17	202
3	工程科学	5 747	42 262	7.35	123	79
4	材料科学	2 931	50 067	17.08	62	130
5	物理学	3 062	26 401	8.62	33	603
6	社会科学	176	2 087	11.86	14	1 206

资料来源：中国产业智库大数据中心

4.2.27 厦门大学

2018 年，厦门大学的基础研究竞争力指数为 32.06，全国排名第 27 位。争取国家自然科学基金项目总数为 311 项，全国排名第 20 位；项目经费总额为 23 116.28 万元，全国排名第 16 位；争取国家自然科学基金项目经费金额大于 1000 万元的学科共有 3 个，催化与表界面化学争取国家自然科学基金项目经费全国排名第 1 位（图 4-27）；催化与表界面化学争取国家自然科学基金项目经费增幅最大（表 4-55）。SCI 论文数 2427 篇，全国排名第 35 位；16 个学科入选 ESI 全球 1%（表 4-56）。发明专利申请量 689 件，全国排名第 97 位。

截至 2019 年 3 月，厦门大学设有 6 个学部以及 29 个学院，5 个一级学科国家重点学科，9 个二级学科国家重点学科，17 个一级学科硕士学位授权点，33 个一级学科博士学位授权点，31 个博士后科研流动站。全校有全日制本科生 20 077 人、硕士研究生 16 232 人、博士研究生 3993 人、留学生 1177 人。拥有专任教师 2662 人，其中，教授、副教授 1913 人，中国科学院、中国工程院院士共计 22 人，“973 计划”首席科学家 10 人，“长江学者奖励计划”特聘教授 24 人、青年学者 6 人，国家自然科学基金杰出青年科学基金获得者 40 人，国家级教学名师 6 人，“万人计划”科技创新领军人才 23 人、“万人计划”哲学社会科学领军人才 5 人、“万人计划”教学名师 1 人、“万人计划”百千万工程领军人才 2 人、“万人计划”青年拔尖人才 12 人，国家“百千万人才工程”入选者 22 人，教育部“新世纪优秀人才培养计划”入选者 133 人，国家自然科学基金优秀青年科学基金获得者 34 人，国家自然科学基金创新研究群体 8 个[27]。

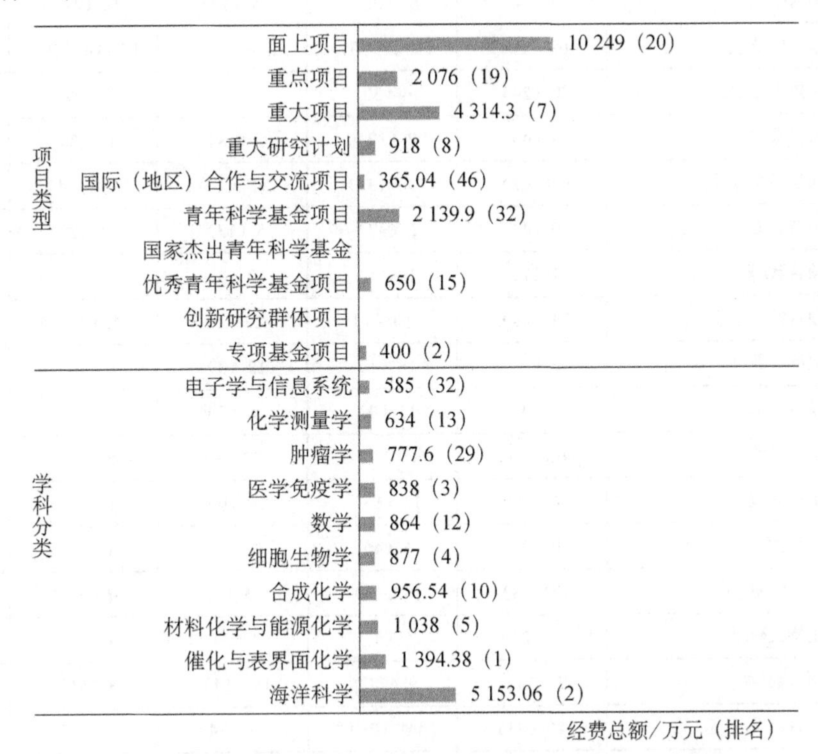

图 4-27 2018 年厦门大学争取国家自然科学基金项目经费数据

资料来源：中国产业智库大数据中心

表 4-55　2014～2018 年厦门大学争取国家自然科学基金项目经费十强学科变化趋势及指标

领域	指标	2014 年	2015 年	2016 年	2017 年	2018 年
全部	项目数/项	303（19）	282（22）	303（19）	317（20）	311（20）
	项目经费/万元	23 646（16）	17 700.14（22）	19 600.74（20）	25 195.09（16）	23 116.28（16）
	主持人数/人	286（19）	272（24）	300（20）	308（20）	301（21）
海洋科学	项目数/项	25（5）	15（6）	27（4）	32（5）	32（5）
	项目经费/万元	3 005（5）	1 059.5（6）	1 871（6）	4 210.2（4）	5 153.06（2）
	主持人数/人	25（5）	15（6）	27（4）	30（6）	29（6）
化学理论与机制	项目数/项	23（3）	25（4）	20（3）	15（4）	4（7）
	项目经费/万元	2 402（4）	1 697（4）	1 864（3）	1 378（6）	461（8）
	主持人数/人	22（3）	25（4）	19（3）	15（4）	4（7）
材料化学与能源化学	项目数/项	10（6）	5（10）	5（13）	4（7）	11（8）
	项目经费/万元	1 627（2）	1 566（2）	906.8（4）	493（5）	1 038（4）
	主持人数/人	9（6）	5（10）	5（13）	4（7）	11（8）
催化与表界面化学	项目数/项	10（11）	9（9）	9（11）	19（2）	16（2）
	项目经费/万元	619（14）	527.1（12）	519（11）	1 864.74（1）	1 394.38（1）
	主持人数/人	9（11）	9（9）	9（10）	19（2）	16（2）
肿瘤学	项目数/项	20（24）	14（33）	14（30）	18（27）	19（27）
	项目经费/万元	1 099（24）	523.5（35）	534（31）	1 758.4（11）	777.6（29）
	主持人数/人	20（24）	14（33）	14（30）	18（27）	19（27）
合成化学	项目数/项	9（4）	2（37）	5（13）	15（3）	6（16）
	项目经费/万元	970（7）	130（33）	287（16）	2 116（4）	956.54（9）
	主持人数/人	9（4）	2（37）	5（13）	15（3）	6（16）
工商管理	项目数/项	7（7）	16（1）	12（3）	9（6）	8（5）
	项目经费/万元	343（9）	850（1）	451（5）	2 453.8（1）	265（8）
	主持人数/人	7（7）	16（1）	12（3）	8（10）	8（5）
数学	项目数/项	15（9）	15（9）	16（7）	17（7）	15（8）
	项目经费/万元	666（14）	669（12）	822（8）	861（11）	864（8）
	主持人数/人	14（10）	13（15）	16（6）	17（6）	15（8）
细胞生物学	项目数/项	9（2）	5（4）	8（3）	6（3）	12（1）
	项目经费/万元	771（3）	147（5）	333（3）	467（3）	877（1）
	主持人数/人	8（2）	5（4）	8（3）	6（3）	12（1）
电子学与信息系统	项目数/项	7（34）	9（27）	16（14）	3（51）	12（18）
	项目经费/万元	340（43）	441（28）	583（24）	167（57）	585（25）
	主持人数/人	7（34）	9（27）	16（14）	3（51）	12（18）

资料来源：中国产业智库大数据中心

表 4-56　2008～2018 年厦门大学 SCI 论文总量分布及 2018 年 ESI 排名

序号	研究领域	SCI 发文量/篇	被引次数/次	篇均被引/次	高被引论文/篇	ESI 全球排名
	全校合计	24 635	332 070	13.48	426	442
1	农业科学	216	2 935	13.59	3	671
2	生物与生化	1 171	15 590	13.31	11	528
3	化学	6 481	126 064	19.45	145	70
4	临床医学	1 933	17 978	9.30	20	1 395
5	计算机科学	802	5 969	7.44	25	243
6	工程科学	2 046	18 338	8.96	39	275
7	环境生态学	983	10 342	10.52	3	539
8	地球科学	695	6 763	9.73	10	648
9	材料科学	2 483	50 542	20.36	57	128
10	数学	1 391	7 948	5.71	33	104
11	微生物学	519	5 845	11.26	8	432
12	分子生物与基因	885	15 865	17.93	11	699
13	药理学与毒物学	439	3 756	8.56	3	825
14	物理学	2 064	19 605	9.50	21	719
15	植物与动物科学	805	7 995	9.93	5	618
16	社会科学	367	3 045	8.30	17	909

资料来源：中国产业智库大数据中心

4.2.28　重庆大学

2018 年，重庆大学的基础研究竞争力指数为 31.9755，全国排名第 28 位。争取国家自然科学基金项目总数为 234 项，全国排名第 33 位；项目经费总额为 13 850.1 万元，全国排名第 31 位；争取国家自然科学基金项目经费金额大于 1000 万元的学科共有 4 个，建筑环境与结构工程争取国家自然科学基金项目经费全国排名第 5 位（图 4-28）；工程热物理与能源利用争取国家自然科学基金项目经费增幅最大（表 4-57）。SCI 论文数 2909 篇，全国排名第 29 位；8 个学科入选 ESI 全球 1%（表 4-58）。发明专利申请量 1355 件，全国排名第 41 位。

截至 2018 年 9 月，重庆大学设有人文学部、社会科学学部、理学部、工程学部、建筑学部、信息学部，共 36 个学院，本科专业 96 个，一级学科硕士学位授权点 55 个，一级学科博士学位授权点 32 个，博士后科研流动站 29 个，一级学科国家重点学科 3 个，二级学科国家重点学科 19 个。学校拥有全日制本科生 25 000 余人，硕士、博士研究生 19 000 余人，留学生 1800 余人，在职教职工 5300 余人，其中，中国工程院院士 7 人，“万人计划”入选者 17 人，“973 计划”首席科学家 4 人，国家级有突出贡献的中青年专家 8 人，全国高等学校教学名师 3 人，“长江学者奖励计划”特聘教授、讲座教授、青年学者入选者 31 人，国家自然科学基金杰出青年科学基金获得者 16 人，国家“百千万人才工程”人选 23 人。国家自然科学基金创新研究群体 3 个，教育部“创新团队发展计划”7 个，国防科技创新团队 1 个[28]。

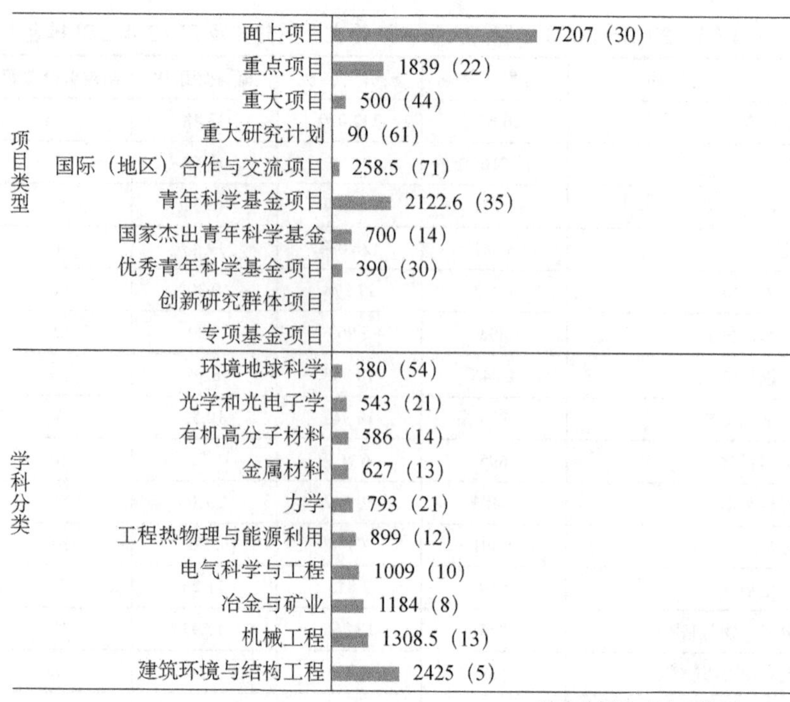

图 4-28　2018 年重庆大学争取国家自然科学基金项目经费数据

资料来源：中国产业智库大数据中心

表 4-57　2014～2018 年重庆大学争取国家自然科学基金项目经费十强学科变化趋势及指标

领域	指标	2014 年	2015 年	2016 年	2017 年	2018 年
全部	项目数/项	160（41）	197（34）	212（31）	241（32）	234（33）
	项目经费/万元	12 517.5（41）	10 934.25（44）	11 469.1（34）	12 799.02（41）	13 850.1（31）
	主持人数/人	157（41）	195（33）	211（31）	238（32）	228（34）
建筑环境与结构工程	项目数/项	22（14）	28（9）	30（7）	38（5）	41（4）
	项目经费/万元	1 998（9）	1 468.8（10）	1 547（9）	1 818（8）	2 425（5）
	主持人数/人	22（14）	28（9）	30（7）	38（5）	41（4）
机械工程	项目数/项	18（14）	18（15）	25（9）	23（11）	23（14）
	项目经费/万元	1 408（13）	971（19）	1 271（15）	1 249（19）	1 308.5（13）
	主持人数/人	18（14）	18（15）	25（9）	23（10）	23（14）
电气科学与工程	项目数/项	17（3）	11（8）	16（4）	22（3）	15（6）
	项目经费/万元	1 738（2）	446（11）	1 021.5（6）	1 667（4）	1 009（7）
	主持人数/人	17（3）	11（8）	16（4）	22（3）	15（6）
冶金与矿业	项目数/项	13（15）	11（15）	20（6）	19（9）	21（7）
	项目经费/万元	973（8）	508（17）	1 375（6）	1 043（10）	1 184（8）
	主持人数/人	13（15）	11（15）	19（7）	19（9）	21（7）
力学	项目数/项	5（30）	13（15）	6（22）	11（18）	11（20）
	项目经费/万元	320（32）	966.6（14）	596（16）	1 243（15）	793（19）
	主持人数/人	5（30）	13（15）	6（22）	11（18）	11（20）

续表

领域	指标	2014年	2015年	2016年	2017年	2018年
金属材料	项目数/项	3（25）	14（5）	6（12）	10（8）	7（11）
	项目经费/万元	1 365（4）	853（8）	240（16）	527（10）	627（8）
	主持人数/人	3（25）	14（5）	6（12）	10（7）	7（11）
工程热物理与能源利用	项目数/项	5（19）	12（12）	15（8）	17（8）	14（10）
	项目经费/万元	235（24）	704（12）	829（10）	656.92（14）	899（11）
	主持人数/人	5（19）	11（12）	15（8）	16（9）	14（8）
自动化	项目数/项	6（31）	4（59）	4（57）	5（46）	5（42）
	项目经费/万元	376（31）	851.25（17）	406（32）	194（56）	376（38）
	主持人数/人	6（31）	4（59）	4（57）	5（46）	5（42）
计算机科学	项目数/项	8（38）	8（40）	11（31）	8（45）	4（55）
	项目经费/万元	431（40）	369（41）	426（40）	338（55）	182（54）
	主持人数/人	8（37）	8（40）	11（31）	8（44）	4（54）
环境化学	项目数/项	2（44）	5（26）	6（20）	5（28）	1（48）
	项目经费/万元	385（20）	560（14）	295（27）	236（29）	65（51）
	主持人数/人	2（44）	5（26）	6（20）	5（28）	1（48）

资料来源：中国产业智库大数据中心

表 4-58　2008～2018 年重庆大学 SCI 论文总量分布及 2018 年 ESI 排名

序号	研究领域	SCI 发文量/篇	被引次数/次	篇均被引/次	高被引论文/篇	ESI 全球排名
	全校合计	21 304	179 378	8.42	253	753
1	化学	3 152	32 661	10.36	50	440
2	临床医学	332	2 763	8.32	1	4 028
3	计算机科学	951	6 095	6.41	12	232
4	工程科学	5 952	41 525	6.98	83	84
5	环境生态学	637	4 259	6.69	6	972
6	材料科学	4 685	48 758	10.41	57	133
7	数学	1 032	4 904	4.75	13	227
8	植物与动物科学	263	3 189	12.13	3	1 167

资料来源：中国产业智库大数据中心

4.2.29　湖南大学

2018 年，湖南大学的基础研究竞争力指数为 27.3225，全国排名第 29 位。争取国家自然科学基金项目总数为 222 项，全国排名第 36 位；项目经费总额为 13 469.5 万元，全国排名第 32 位；争取国家自然科学基金项目经费金额大于 1000 万元的学科共有 2 个，化学测量学争取国家自然科学基金项目经费全国排名第 2 位（图 4-29）；化学测量学争取国家自然科学基金项目经费增幅最大（表 4-59）。SCI 论文数 2231 篇，全国排名第 39 位；7 个学科入选 ESI 全球 1%（表 4-60）。发明专利申请量 542 件，全国排名第 133 位。

截至 2018 年 9 月，湖南大学下设 24 个学院，本科专业 60 个，建有一级学科国家重点学科 2 个、二级学科国家重点学科 14 个，一级学科博士学位授权点 27 个，一级学科硕士学位授权点 36 个，博士后科研流动站 25 个。学校有全日制在校学生 36 000 余人，其中本科生 20 000 余人，研究生 15 000 余人，教职工近 4000 人，其中专任教师 2020 人，教授和副教授 1300 余人，院士 11 人，国家级教学名师 3 人，“千人计划”学者 38 人，“万人计划”学者 20 人，“长江学者”特聘教授、讲座教授及青年学者 18 人，国家自然科学基金杰出青年科学基金获得者 19 人。入选国家“百千万人才工程”人才 25 人，“创新人才推进计划”中青年创新领军人才 2 人，“新世纪优秀人才支持计划”入选者 134 人。拥有国家自然科学基金委员会创新研究群体 4 个、“长江学者和创新团队发展计划”创新团队研究计划 8 个[29]。

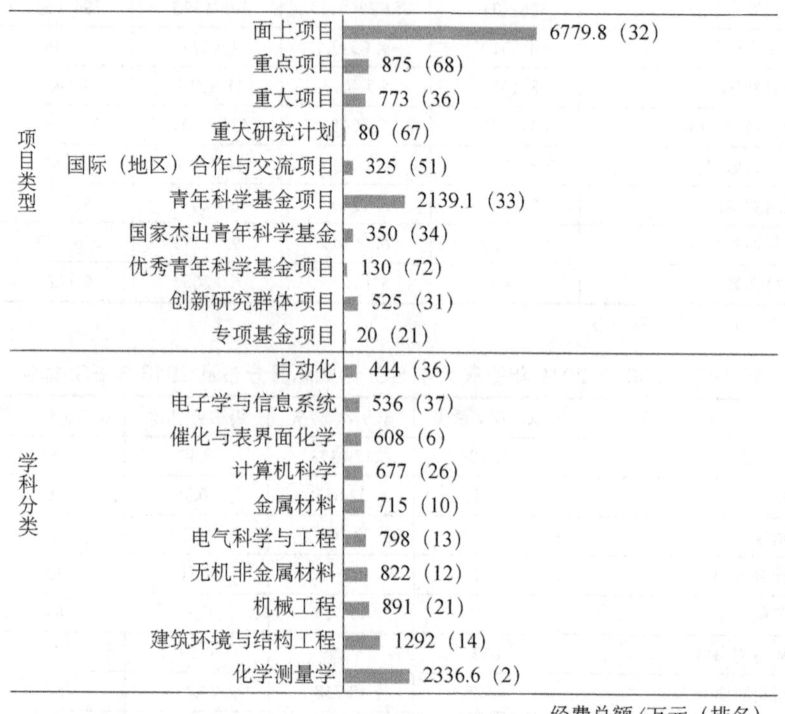

图 4-29 2018 年湖南大学争取国家自然科学基金项目经费数据

资料来源：中国产业智库大数据中心

表 4-59 2014～2018 年湖南大学争取国家自然科学基金项目经费十强学科变化趋势及指标

领域	指标	2014 年	2015 年	2016 年	2017 年	2018 年
全部	项目数/项	139（53）	179（37）	141（60）	176（47）	222（36）
	项目经费/万元	9 039（58）	11 992.79（33）	8 385.03（57）	10 747（49）	13 469.5（32）
	主持人数/人	137（53）	176（37）	140（58）	173（46）	218（36）
建筑环境与结构工程	项目数/项	25（11）	25（11）	14（22）	22（12）	26（9）
	项目经费/万元	1 431（16）	1 146（15）	873.33（15）	828（15）	1 292（13）
	主持人数/人	25（11）	25（11）	14（22）	22（11）	26（9）
机械工程	项目数/项	13（20）	15（19）	14（21）	6（50）	18（16）
	项目经费/万元	1 060（17）	742（24）	1 723（9）	649（28）	891（21）
	主持人数/人	13（20）	15（19）	13（23）	6（50）	18（16）

续表

领域	指标	2014年	2015年	2016年	2017年	2018年
计算机科学	项目数/项	19（10）	15（17）	15（18）	20（12）	12（21）
	项目经费/万元	1 380（11）	715（22）	958（17）	1 063.6（22）	677（25）
	主持人数/人	19（10）	15（17）	15（18）	19（13）	12（21）
化学测量学	项目数/项	0（42）	0（39）	1（19）	14（1）	13（1）
	项目经费/万元	0（42）	0（39）	63（23）	1 729.4（3）	2 336.6（2）
	主持人数/人	0（42）	0（39）	1（19）	14（1）	12（1）
材料化学与能源化学	项目数/项	11（4）	11（3）	9（5）	1（23）	5（17）
	项目经费/万元	936（6）	1 847（1）	562（7）	25（36）	123.2（29）
	主持人数/人	11（4）	11（3）	9（5）	1（23）	5（17）
电气科学与工程	项目数/项	6（15）	10（9）	9（9）	11（10）	11（10）
	项目经费/万元	379（17）	637（9）	502（12）	777（11）	798（10）
	主持人数/人	6（15）	10（9）	9（9）	11（9）	11（10）
水利科学与海洋工程	项目数/项	3（30）	8（18）	5（25）	7（21）	8（21）
	项目经费/万元	135（33）	1 448（6）	310（24）	594（16）	382（24）
	主持人数/人	3（30）	8（18）	5（25）	7（21）	8（21）
无机非金属材料	项目数/项	7（21）	5（24）	6（24）	11（10）	14（6）
	项目经费/万元	272（42）	513（13）	330（22）	590（18）	822（10）
	主持人数/人	7（21）	5（23）	6（23）	11（10）	14（6）
管理科学与工程	项目数/项	3（21）	7（10）	5（14）	6（10）	8（5）
	项目经费/万元	340（10）	524.1（5）	147.7（18）	502（8）	291（12）
	主持人数/人	3（20）	7（10）	5（14）	6（10）	8（5）
力学	项目数/项	7（23）	10（20）	4（36）	7（28）	7（29）
	项目经费/万元	371（28）	616（20）	176（38）	337（36）	267（38）
	主持人数/人	7（23）	10（20）	4（36）	7（28）	7（29）

资料来源：中国产业智库大数据中心

表4-60　2008～2018年湖南大学SCI论文总量分布及2018年ESI排名

序号	研究领域	SCI发文量/篇	被引次数/次	篇均被引/次	高被引论文/篇	ESI全球排名
	全校合计	17 852	235 250	13.18	493	598
1	生物与生化	442	9 932	22.47	27	747
2	化学	4 797	95 048	19.81	133	109
3	计算机科学	1 059	7 893	7.45	14	165
4	工程科学	4 173	37 964	9.10	131	97
5	环境生态学	588	9 548	16.24	52	568
6	材料科学	2 836	38 508	13.58	55	175
7	物理学	2 028	23 241	11.46	36	659

资料来源：中国产业智库大数据中心

4.2.30 深圳大学

2018 年，深圳大学的基础研究竞争力指数为 26.8097，全国排名第 30 位。争取国家自然科学基金项目总数为 292 项，全国排名第 24 位；项目经费总额为 11 648.17 万元，全国排名第 38 位；争取国家自然科学基金项目经费金额大于 2000 万元的学科共有 1 个，光学和光电子学争取国家自然科学基金项目经费全国排名第 2 位（图 4-30）；心理学争取国家自然科学基金项目经费增幅最大（表 4-61）。SCI 论文数 1885 篇，全国排名第 52 位；6 个学科入选 ESI 全球 1%（表 4-62）。发明专利申请量 934 件，全国排名第 71 位。

截至 2018 年 10 月，深圳大学设有 27 个学院，2 所直属附属医院，90 个本科专业，硕士学位授权一级学科 38 个，博士学位授权一级学科点 10 个，博士后科研流动站 3 个。深圳大学有全日制本科生 28 674 人，硕士研究生 6433 人，博士研究生 348 人，留学生 837 人，教职工 3776 人，其中专任教师 2351 人，教授 517 人、副教授 642 人，中国科学院、中国工程院院士共 16 人，“973 计划”首席科学家 5 人，“长江学者奖励计划”特聘教授、讲座教授、青年学者 25 人，国家自然科学基金杰出青年科学基金获得者 32 人，国家自然科学基金优秀青年科学基金获得者 14 人，“新世纪优秀人才支持计划”入选者 9 人[30]。

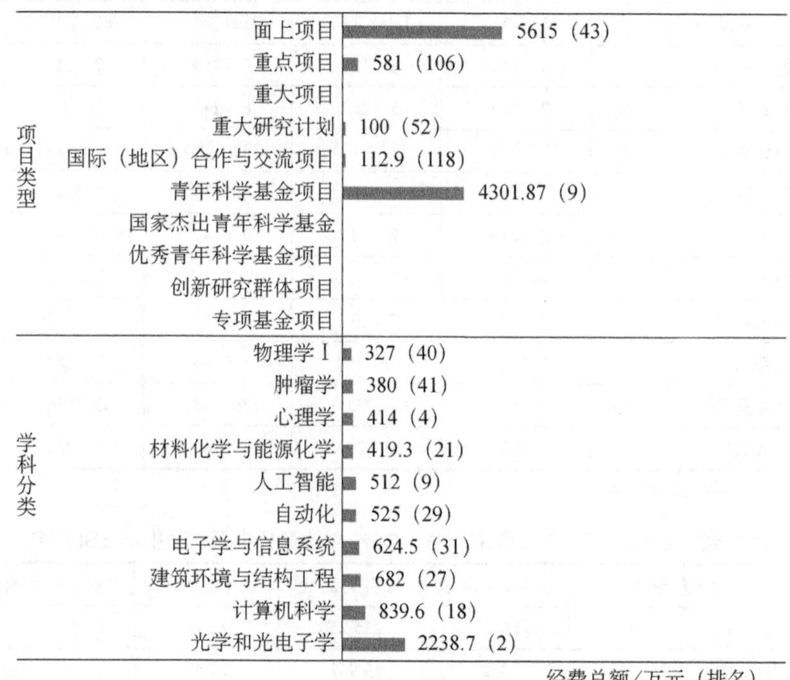

图 4-30　2018 年深圳大学争取国家自然科学基金项目经费数据

资料来源：中国产业智库大数据中心

表 4-61　2014～2018 年深圳大学争取国家自然科学基金项目经费十强学科变化趋势及指标

领域	指标	2014 年	2015 年	2016 年	2017 年	2018 年
全部	项目数/项	151（44）	209（31）	207（34）	279（24）	292（24）
	项目经费/万元	10 915.22（47）	8 105.19（63）	7 370.25（64）	13 460.07（35）	11 648.17（38）
	主持人数/人	148（44）	206（31）	207（34）	275（24）	291（22）

续表

领域	指标	2014年	2015年	2016年	2017年	2018年
光学和光电子学	项目数/项	20（2）	22（1）	22（1）	22（1）	37（1）
	项目经费/万元	4 758（1）	1 027（6）	1 082（7）	942（7）	2 238.7（2）
	主持人数/人	19（2）	22（1）	22（1）	22（1）	36（1）
建筑环境与结构工程	项目数/项	14（19）	15（18）	14（22）	16（21）	17（21）
	项目经费/万元	734（24）	1 173（13）	698.65（18）	672（24）	682（24）
	主持人数/人	14（19）	15（18）	14（22）	16（20）	17（21）
计算机科学	项目数/项	12（22）	12（30）	15（18）	18（16）	20（8）
	项目经费/万元	478（34）	378（39）	614（29）	1 116（17）	839.6（17）
	主持人数/人	12（21）	12（29）	15（18）	18（16）	20（8）
电子学与信息系统	项目数/项	11（20）	11（22）	14（16）	20（12）	16（15）
	项目经费/万元	968（16）	397（30）	391（34）	775（22）	624.5（24）
	主持人数/人	11（20）	11（22）	14（16）	20（12）	16（15）
肿瘤学	项目数/项	8（42）	10（40）	12（34）	19（25）	13（34）
	项目经费/万元	284（48）	223.5（54）	452（33）	998（23）	380（38）
	主持人数/人	8（42）	10（40）	12（34）	19（25）	13（34）
物理学Ⅰ	项目数/项	5（35）	13（12）	10（16）	12（15）	9（22）
	项目经费/万元	132（65）	424（25）	277（37）	1 175（14）	327（32）
	主持人数/人	5（35）	13（12）	10（15）	12（15）	9（22）
心理学	项目数/项	1（12）	7（3）	10（3）	7（4）	8（3）
	项目经费/万元	24（15）	528（3）	365（3）	204（5）	414（3）
	主持人数/人	1（12）	7（3）	10（2）	7（4）	8（3）
自动化	项目数/项	4（44）	3（68）	2（78）	7（36）	8（25）
	项目经费/万元	155（65）	105（75）	38（139）	566（28）	525（27）
	主持人数/人	4（43）	3（67）	2（78）	7（36）	8（25）
工商管理	项目数/项	7（7）	8（5）	3（18）	10（4）	5（14）
	项目经费/万元	189.1（13）	235.79（10）	82（24）	345（7）	150（15）
	主持人数/人	7（7）	8（5）	3（18）	10（4）	5（14）
无机非金属材料	项目数/项	4（36）	5（24）	8（13）	6（23）	8（16）
	项目经费/万元	263（43）	104（63）	202（37）	146（45）	270（30）
	主持人数/人	4（36）	5（23）	8（13）	6（23）	8（15）

资料来源：中国产业智库大数据中心

表 4-62　2008～2018 年深圳大学 SCI 论文总量分布及 2018 年 ESI 排名

序号	研究领域	SCI 发文量/篇	被引次数/次	篇均被引/次	高被引论文/篇	ESI 全球排名
	全校合计	11 407	90 486	7.93	203	1 285
1	生物与生化	519	8 606	16.58	7	813
2	化学	1 368	10 268	7.51	25	1 066
3	临床医学	799	5 807	7.27	5	2 716
4	计算机科学	964	7 339	7.61	32	175
5	工程科学	1 591	9 409	5.91	30	535
6	材料科学	1 757	14 972	8.52	29	431

资料来源：中国产业智库大数据中心

4.2.31 北京科技大学

2018 年，北京科技大学的基础研究竞争力指数为 26.2061，全国排名第 31 位。争取国家自然科学基金项目总数为 182 项，全国排名第 42 位；项目经费总额为 15 525.36 万元，全国排名第 26 位；争取国家自然科学基金项目经费金额大于 2000 万元的学科共有 4 个，化学测量学、金属材料争取国家自然科学基金项目经费全国排名第 1 位（图 4-31）；力学争取国家自然科学基金项目经费增幅最大（表 4-63）。SCI 论文数 2496 篇，全国排名第 33 位；4 个学科入选 ESI 全球 1%（表 4-64）。发明专利申请量 844 件，全国排名第 79 位。

截至 2018 年 12 月，北京科技大学共设 14 个学院/直属系，50 个本科专业，30 个一级学科硕士学位授权点，20 个一级学科博士学位授权点，16 个博士后科研流动站。学校有全日制本科生 13 598 人，硕士研究生 7165 人，博士研究生 3276，留学生 912 人，教职工 3314 人，教授 507 人，副教授 818 人，中国科学院院士 5 人，中国工程院院士 6 人，“973 计划”首席科学家 3 人，国家有突出贡献专家 15 人，“长江学者奖励计划”特聘教授 15 人、青年学者 5 人，国家自然科学基金杰出青年科学基金获得者 21 人，“万人计划”领军人才 7 人、青年拔尖人才 3 人，国家级教学名师 2 人，国家“百千万人才工程”人选 17 人，国家自然科学基金优秀青年科学基金获得者 15 人，“新世纪优秀人才支持计划”入选者 103 人[31]。

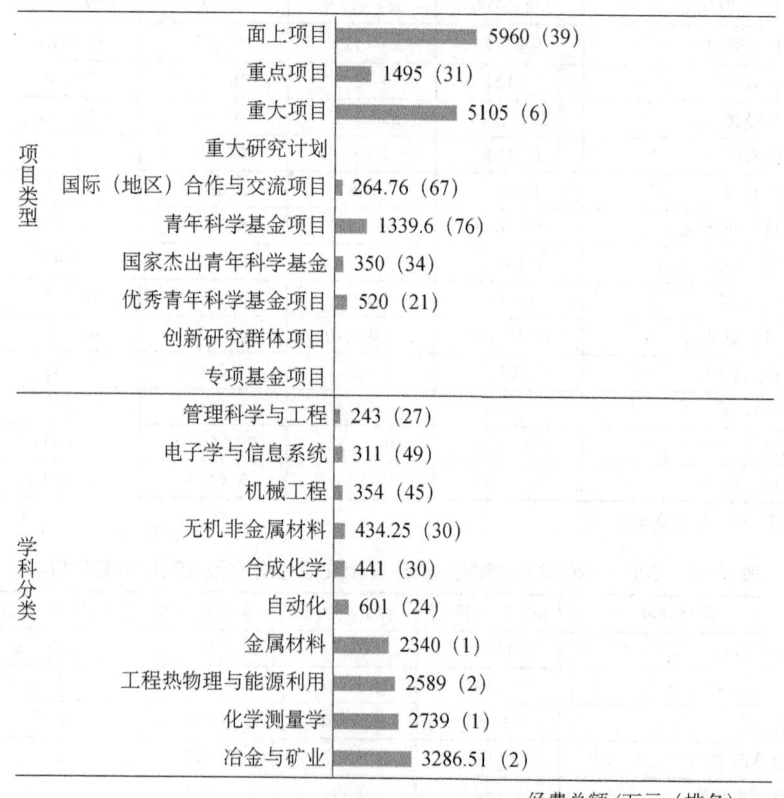

图 4-31 2018 年北京科技大学争取国家自然科学基金项目经费数据

资料来源：中国产业智库大数据中心

表4-63 2014～2018年北京科技大学争取国家自然科学基金项目经费十强学科变化趋势及指标

领域	指标	2014年	2015年	2016年	2017年	2018年
全部	项目数/项	129（59）	134（63）	143（57）	163（53）	182（42）
	项目经费/万元	9 743.8（55）	9 074.78（55）	7 246.5（66）	10 668.5（51）	15 525.36（26）
	主持人数/人	128（58）	131（64）	141（57）	161（52）	178（42）
冶金与矿业	项目数/项	28（4）	41（3）	40（3）	40（3）	54（1）
	项目经费/万元	1 783（5）	2 708（2）	2 143（5）	3 304（2）	3 286.51（2）
	主持人数/人	28（4）	41（3）	40（3）	40（3）	54（1）
金属材料	项目数/项	26（2）	29（2）	21（2）	27（2）	26（2）
	项目经费/万元	2 189（2）	2 359.84（2）	1 312（3）	1 840（3）	2 340（1）
	主持人数/人	25（2）	29（2）	21（2）	26（2）	26（2）
无机非金属材料	项目数/项	13（6）	13（5）	12（6）	13（9）	10（10）
	项目经费/万元	969（8）	1 590.89（5）	705（10）	690（14）	434.25（20）
	主持人数/人	13（6）	12（6）	12（6）	13（9）	10（10）
化学测量学	项目数/项	2（17）	1（22）	1（19）	6（8）	4（11）
	项目经费/万元	50（30）	65（22）	65（19）	937（5）	2 739（1）
	主持人数/人	2（17）	1（22）	1（19）	6（8）	3（15）
工程热物理与能源利用	项目数/项	5（19）	2（30）	4（23）	5（20）	5（22）
	项目经费/万元	572（14）	40（51）	112（34）	113（32）	2 589（2）
	主持人数/人	5（19）	2（30）	4（23）	5（20）	3（25）
自动化	项目数/项	8（23）	1（99）	10（21）	11（25）	12（12）
	项目经费/万元	454（28）	130（68）	364（35）	426（37）	601（23）
	主持人数/人	8（23）	1（98）	10（21）	11（24）	12（12）
合成化学	项目数/项	2（36）	2（37）	4（20）	1（60）	3（33）
	项目经费/万元	120（39）	361（11）	455（9）	310（19）	441（20）
	主持人数/人	2（35）	2（37）	4（20）	1（60）	3（33）
电子学与信息系统	项目数/项	6（36）	3（54）	6（38）	7（33）	6（29）
	项目经费/万元	599（28）	115（56）	328（38）	283（43）	311（35）
	主持人数/人	6（35）	3（54）	6（38）	7（32）	6（29）
机械工程	项目数/项	4（68）	5（53）	3（75）	6（50）	7（41）
	项目经费/万元	323（48）	231（56）	60（133）	293（48）	354（44）
	主持人数/人	4（68）	5（53）	3（75）	6（50）	7（41）
力学	项目数/项	0（114）	1（62）	1（69）	6（33）	4（38）
	项目经费/万元	0（114）	22（92）	22（95）	796（19）	172（47）
	主持人数/人	0（114）	1（62）	1（69）	6（33）	4（38）

资料来源：中国产业智库大数据中心

表4-64 2008～2018年北京科技大学SCI论文总量分布及2018年ESI排名

序号	研究领域	SCI发文量/篇	被引次数/次	篇均被引/次	高被引论文/篇	ESI全球排名
	全校合计	19 272	179 589	9.32	216	752
1	化学	3 163	42 765	13.52	35	324
2	计算机科学	697	4 580	6.57	25	320
3	工程科学	2 633	20 411	7.75	59	248
4	材料科学	9 080	81 437	8.97	57	64

资料来源：中国产业智库大数据中心

4.2.32 东北大学

2018 年，东北大学的基础研究竞争力指数为 25.1706，全国排名第 32 位。争取国家自然科学基金项目总数为 153 项，全国排名第 61 位；项目经费总额为 10 881.52 万元，全国排名第 42 位；争取国家自然科学基金项目经费金额大于 2000 万元的学科共有 2 个，冶金与矿业、自动化争取国家自然科学基金项目经费全国排名第 3 位（图 4-32）；环境地球科学争取国家自然科学基金项目经费增幅最大（表 4-65）。SCI 论文数 2498 篇，全国排名第 32 位；4 个学科入选 ESI 全球 1%（表 4-66）。发明专利申请量 1677 件，全国排名第 28 位。

截至 2018 年 12 月，东北大学设有 19 个学院/直属系，68 个本科专业，24 个一级学科博士学位授权点，35 个一级学科硕士学位授权点，17 个博士后科研流动站；3 个一级学科国家重点学科，4 个二级学科国家重点学科，1 个国家重点培育学科。学校有全日制在校生 46 000 余人，其中本科生 29 931 人，硕士研究生 12 166 人，博士研究生 3986 人，教职工 4472 人，其中专任教师 2688 人，中国科学院和中国工程院院士 4 人，“万人计划”入选者 10 人，“长江学者奖励计划”特聘教授、讲座教授 28 人、青年学者 1 人，国家自然科学基金杰出青年科学基金获得者 24 人，海外及港澳学者合作研究基金获得者 16 人，教育部新世纪优秀人才 102 人，国家“百千万人才工程”入选者 14 人，国家自然科学基金创新研究群体 4 个[32]。

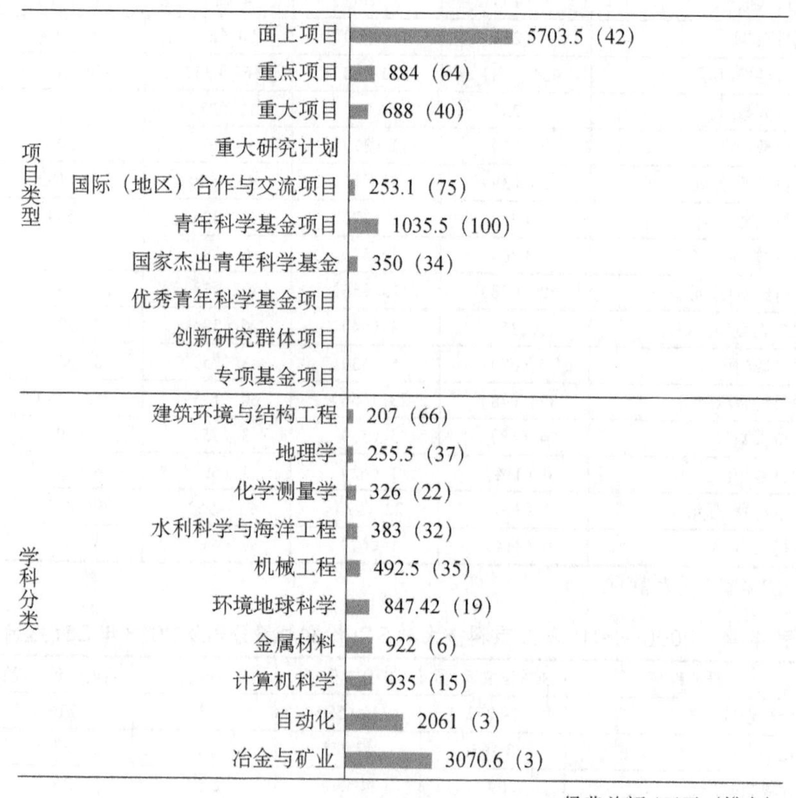

图 4-32　2018 年东北大学争取国家自然科学基金项目经费数据

资料来源：中国产业智库大数据中心

表 4-65　2014～2018 年东北大学争取国家自然科学基金项目经费十强学科变化趋势及指标

领域	指标	2014 年	2015 年	2016 年	2017 年	2018 年
全部	项目数/项	176（37）	168（43）	184（40）	197（38）	153（61）
	项目经费/万元	11 850.1（46）	11 146.8（39）	11 940.8（32）	15 595.29（30）	10 881.52（42）
	主持人数/人	174（36）	166（43）	183（39）	194（38）	150（63）
冶金与矿业	项目数/项	44（1）	48（1）	51（1）	55（1）	48（2）
	项目经费/万元	3 752（3）	3 987（1）	3 520.5（1）	4 153（1）	3 070.6（3）
	主持人数/人	43（1）	47（2）	51（1）	54（1）	48（2）
自动化	项目数/项	27（2）	20（4）	20（8）	31（2）	18（5）
	项目经费/万元	2 555.6（3）	1 811.4（6）	2 663.4（5）	1 954（7）	2 061（3）
	主持人数/人	27（2）	19（6）	20（7）	30（2）	18（5）
金属材料	项目数/项	10（8）	15（3）	13（5）	16（3）	16（4）
	项目经费/万元	854（9）	1 210（4）	763（5）	3 020.8（1）	922（5）
	主持人数/人	10（8）	15（3）	13（5）	15（4）	16（4）
计算机科学	项目数/项	19（10）	15（17）	21（8）	16（21）	9（29）
	项目经费/万元	785（21）	869（18）	949（18）	1 054（23）	935（14）
	主持人数/人	19（10）	15（17）	21（8）	16（20）	9（29）
机械工程	项目数/项	12（21）	15（19）	10（30）	18（20）	12（27）
	项目经费/万元	574（31）	790（22）	366（38）	1 351（17）	492.5（35）
	主持人数/人	12（21）	15（19）	10（30）	18（19）	12（27）
管理科学与工程	项目数/项	6（10）	9（6）	8（6）	11（6）	3（27）
	项目经费/万元	275（15）	312.4（13）	428.4（6）	387.5（11）	145（22）
	主持人数/人	6（10）	9（6）	8（6）	11（6）	3（26）
工商管理	项目数/项	6（11）	4（15）	8（6）	3（22）	2（30）
	项目经费/万元	279.5（11）	264.5（7）	675.5（3）	115（20）	67（26）
	主持人数/人	6（11）	4（15）	8（6）	3（22）	2（30）
电子学与信息系统	项目数/项	9（27）	7（32）	8（32）	11（23）	4（39）
	项目经费/万元	404（37）	181（45）	231（50）	385（35）	182（48）
	主持人数/人	9（27）	7（32）	8（32）	11（22）	4（39）
化学测量学	项目数/项	1（23）	0（39）	1（19）	3（19）	5（9）
	项目经费/万元	25（35）	0（39）	20（27）	955.99（4）	326（13）
	主持人数/人	1（22）	0（39）	1（19）	3（19）	5（9）
环境地球科学	项目数/项	0（1）	0（1）	0（4）	0（29）	2（64）
	项目经费/万元	0（1）	0（1）	0（4）	0（29）	847.42（11）
	主持人数/人	0（1）	0（1）	0（4）	0（29）	2（64）

资料来源：中国产业智库大数据中心

表 4-66　2008～2018 年东北大学 SCI 论文总量分布及 2018 年 ESI 排名

序号	研究领域	SCI 发文量/篇	被引次数/次	篇均被引/次	高被引论文/篇	ESI 全球排名
全校合计		16 042	120 269	7.50	152	1 043
1	化学	2 021	18 932	9.37	10	719
2	计算机科学	1 392	10 825	7.78	33	108

续表

序号	研究领域	SCI 发文量/篇	被引次数/次	篇均被引/次	高被引论文/篇	ESI 全球排名
3	工程科学	4 092	32 601	7.97	73	121
4	材料科学	5 429	37 623	6.93	13	179

资料来源：中国产业智库大数据中心

4.2.33 郑州大学

2018 年，郑州大学的基础研究竞争力指数为 24.9379，全国排名第 33 位。争取国家自然科学基金项目总数为 231 项，全国排名第 34 位；项目经费总额为 9459.4 万元，全国排名第 51 位；争取国家自然科学基金项目经费金额大于 1000 万元的学科共有 1 个，药物学争取国家自然科学基金项目经费全国排名第 6 位（图 4-33）；水利科学与海洋工程争取国家自然科学基金项目经费增幅最大（表 4-67）。SCI 论文数 2558 篇，全国排名第 31 位；6 个学科入选 ESI 全球 1%（表 4-68）。发明专利申请量 615 件，全国排名第 113 位。

截至 2018 年 3 月，郑州大学学科涵盖 12 大学科门类，设有 46 个学院/直属系，9 个附属医院，114 个本科专业，学校有 30 个一级学科博士学位授权点，59 个一级学科硕士学位授权点，24 个博士后科研流动站，6 个国家重点培育学科。学校有全日制普通本科生 5.4 万余人、研究生 1.9 万余人，留学生近 2000 人，教职工 5700 余人，教授 752 人，其中中国科学院、中国工程院院士 11 人，国家自然科学基金杰出青年科学基金获得者 7 人，“长江学者奖励计划”特聘教授、讲座教授、青年学者共 7 人，国家“百千万人才工程”人选 24 人，“千人计划”人选 7 人[33]。

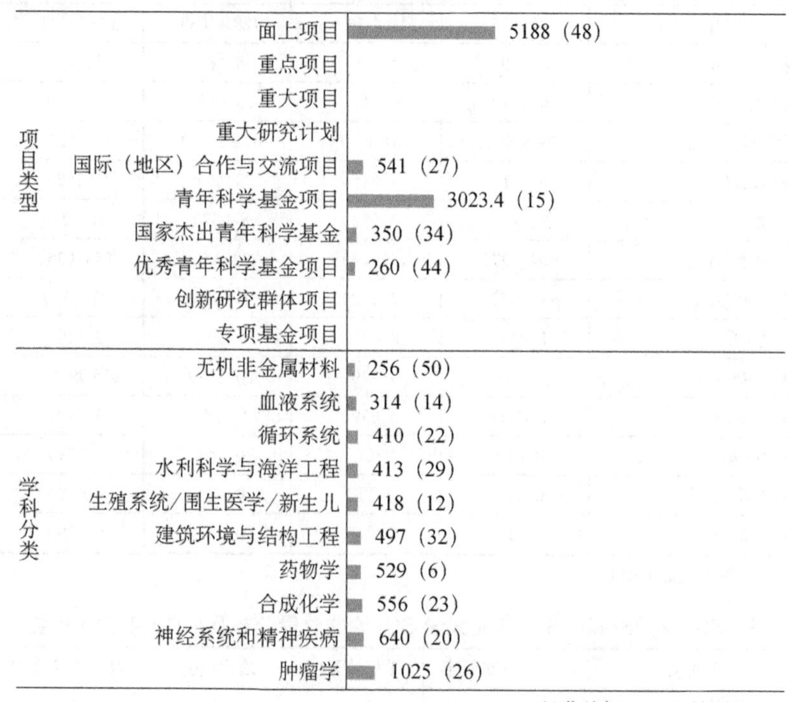

图 4-33 2018 年郑州大学争取国家自然科学基金项目经费数据

资料来源：中国产业智库大数据中心

表 4-67　2014～2018 年郑州大学争取国家自然科学基金项目经费十强学科变化趋势及指标

领域	指标	2014年	2015年	2016年	2017年	2018年
全部	项目数/项	173（38）	217（29）	238（27）	250（29）	231（34）
	项目经费/万元	7 522.5（76）	8 090.2（64）	9 164.7（50）	10 381.8（54）	9 459.4（51）
	主持人数/人	172（37）	216（30）	236（27）	247（29）	231（33）
肿瘤学	项目数/项	20（24）	16（29）	16（28）	34（15）	27（23）
	项目经费/万元	866（28）	545（34）	775（25）	1 029（22）	1 025（26）
	主持人数/人	20（24）	16（29）	16（28）	34（15）	27（23）
神经系统和精神疾病	项目数/项	10（16）	14（15）	15（13）	15（14）	16（11）
	项目经费/万元	472（18）	789（11）	521（17）	584（17）	640（19）
	主持人数/人	10（16）	14（15）	15（13）	15（14）	16（11）
建筑环境与结构工程	项目数/项	9（30）	12（24）	8（35）	6（42）	13（25）
	项目经费/万元	344（34）	379（33）	286（44）	181（57）	497（28）
	主持人数/人	9（30）	12（24）	8（35）	6（42）	13（25）
水利科学与海洋工程	项目数/项	1（52）	4（27）	7（21）	6（24）	8（21）
	项目经费/万元	84（44）	123（41）	349（22）	528（18）	413（21）
	主持人数/人	1（52）	4（27）	7（21）	6（24）	8（21）
合成化学	项目数/项	4（13）	5（12）	8（6）	3（29）	6（16）
	项目经费/万元	215（22）	197（22）	338（15）	152（31）	556（16）
	主持人数/人	4（13）	5（12）	8（6）	3（29）	6（16）
数学	项目数/项	9（24）	10（22）	9（22）	8（29）	6（39）
	项目经费/万元	351（29）	373（24）	226（36）	288（33）	209（44）
	主持人数/人	9（24）	10（22）	9（21）	8（29）	6（39）
血液系统	项目数/项	5（5）	7（3）	2（8）	4（6）	8（4）
	项目经费/万元	303（4）	554（3）	34（15）	116（6）	314（6）
	主持人数/人	5（5）	7（3）	2（8）	4（6）	8（4）
药物学	项目数/项	2（12）	3（11）	4（8）	8（5）	5（9）
	项目经费/万元	344（9）	85.8（14）	106.3（11）	227.9（8）	529（5）
	主持人数/人	2（12）	3（11）	4（8）	8（5）	5（9）
生殖系统/围生医学/新生儿	项目数/项	4（5）	9（3）	5（7）	12（3）	6（5）
	项目经费/万元	131（9）	277（7）	79.5（11）	315（4）	418（5）
	主持人数/人	4（5）	9（3）	5（7）	12（3）	6（5）
影像医学与生物医学工程	项目数/项	6（15）	4（20）	9（11）	5（17）	5（20）
	项目经费/万元	152（25）	129（31）	222（20）	342（17）	216（22）
	主持人数/人	6（15）	4（20）	9（11）	5（17）	5（20）

资料来源：中国产业智库大数据中心

表 4-68　2008～2018 年郑州大学 SCI 论文总量分布及 2018 年 ESI 排名

序号	研究领域	SCI 发文量/篇	被引次数/次	篇均被引/次	高被引论文/篇	ESI 全球排名
	全校合计	19 621	163 947	8.36	179	818
1	生物与生化	1 396	7 965	5.71	8	863
2	化学	4 304	47 678	11.08	36	284

续表

序号	研究领域	SCI 发文量/篇	被引次数/次	篇均被引/次	高被引论文/篇	ESI 全球排名
3	临床医学	5 035	36 056	7.16	34	832
4	工程科学	993	7 658	7.71	13	628
5	材料科学	1 721	19 845	11.53	47	336
6	药理学与毒物学	978	5 647	5.77	3	603

资料来源：中国产业智库大数据中心

4.2.34 江苏大学

2018 年，江苏大学的基础研究竞争力指数为 24.5867，全国排名第 34 位。争取国家自然科学基金项目总数为 168 项，全国排名第 49 位；项目经费总额为 6991.2 万元，全国排名第 76 位；争取国家自然科学基金项目经费金额大于 1000 万元的学科共有 1 个，化学工程与工业化学、食品科学争取国家自然科学基金项目经费全国排名第 15 位（图 4-34）；工程热物理与能源利用争取国家自然科学基金项目经费增幅最大（表 4-69）。SCI 论文数 2193 篇，全国排名第 40 位；6 个学科入选 ESI 全球 1%（表 4-70）。发明专利申请量 1718 件，全国排名第 26 位。

截至 2019 年 1 月，江苏大学学科涵盖 11 大学科门类，设有 25 个学院，1 个附属医院，89 个本科专业，1 个国家重点培育学科，14 个一级学科博士学位授权点，44 个一级学科硕士学位授权点，13 个博士后科研流动站。江苏大学有在校生 37 600 余人，其中本科生 23 000 余人，研究生 12 000 余人，留学生 2600 人，专任教师 2550 人[34]。

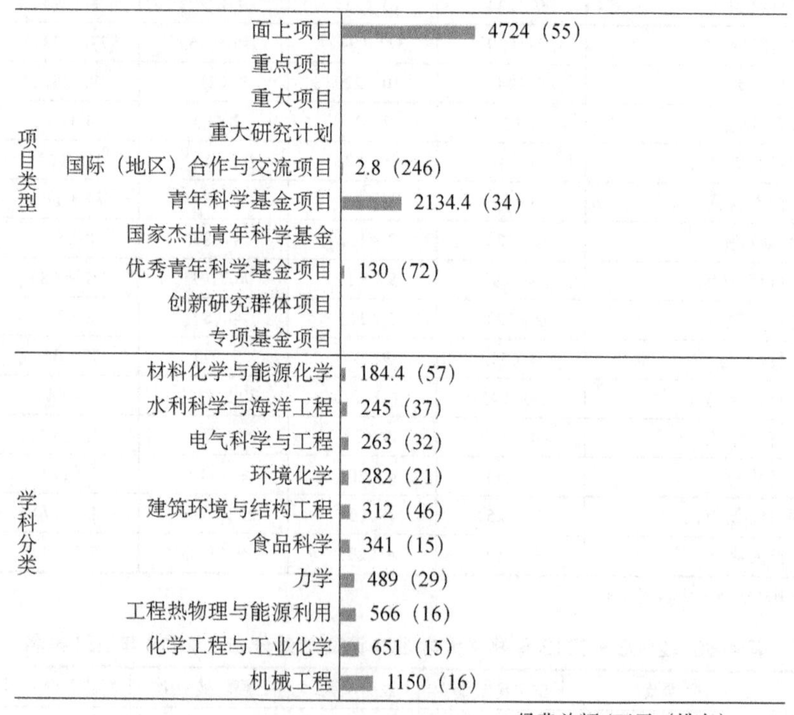

图 4-34　2018 年江苏大学争取国家自然科学基金项目经费数据

资料来源：中国产业智库大数据中心

表 4-69　2014～2018 年江苏大学争取国家自然科学基金项目经费十强学科变化趋势及指标

领域	指标	2014年	2015年	2016年	2017年	2018年
全部	项目数/项	145（49）	162（49）	175（42）	181（44）	168（49）
	项目经费/万元	6554.3（92）	6787.87（73）	7002（68）	7590.1（75）	6991.2（76）
	主持人数/人	144（46）	160（48）	174（42）	180（44）	167（48）
机械工程	项目数/项	12（21）	18（15）	22（13）	20（16）	26（12）
	项目经费/万元	645（25）	1047（17）	979（17）	811（24）	1150（16）
	主持人数/人	12（21）	18（15）	22（12）	20（16）	26（12）
环境化学	项目数/项	10（13）	18（10）	12（13）	15（12）	5（7）
	项目经费/万元	384（21）	796（12）	512（15）	597（15）	282（10）
	主持人数/人	10（13）	18（9）	12（13）	15（12）	5（7）
工程热物理与能源利用	项目数/项	5（19）	7（17）	11（13）	13（12）	14（10）
	项目经费/万元	283（21）	358（20）	530（15）	741（12）	566（15）
	主持人数/人	5（19）	7（17）	11（13）	13（11）	14（8）
食品科学	项目数/项	5（19）	6（17）	9（11）	16（3）	11（7）
	项目经费/万元	375（13）	253（19）	349（14）	625（6）	341（15）
	主持人数/人	5（19）	6（17）	9（11）	16（3）	11（7）
力学	项目数/项	7（23）	3（39）	4（36）	3（45）	9（24）
	项目经费/万元	397（22）	340（26）	438（21）	68（60）	489（25）
	主持人数/人	7（23）	3（39）	4（36）	3（45）	9（23）
水利科学与海洋工程	项目数/项	7（19）	9（13）	10（13）	4（28）	6（24）
	项目经费/万元	293（23）	309（26）	398（17）	205（31）	245（27）
	主持人数/人	7（19）	9（13）	10（13）	4（28）	6（24）
肿瘤学	项目数/项	11（37）	5（55）	7（47）	6（49）	5（55）
	项目经费/万元	480（36）	129（65）	337（43）	264（48）	182（54）
	主持人数/人	11（37）	5（55）	7（47）	6（49）	5（55）
计算机科学	项目数/项	2（97）	9（38）	4（60）	8（45）	2（83）
	项目经费/万元	52（150）	320（45）	208（58）	500（40）	87（92）
	主持人数/人	2（96）	9（38）	4（60）	8（44）	2（83）
电气科学与工程	项目数/项	6（15）	2（33）	3（28）	6（15）	6（17）
	项目经费/万元	407（15）	124（29）	148（27）	214（22）	263（24）
	主持人数/人	6（15）	2（33）	3（28）	6（14）	6（17）
建筑环境与结构工程	项目数/项	4（55）	9（35）	5（49）	4（58）	7（39）
	项目经费/万元	220（56）	259（45）	89（78）	127（73）	312（39）
	主持人数/人	4（55）	9（35）	5（48）	4（58）	7（39）

资料来源：中国产业智库大数据中心

表 4-70　2008～2018 年江苏大学 SCI 论文总量分布及 2018 年 ESI 排名

序号	研究领域	SCI 发文量/篇	被引次数/次	篇均被引/次	高被引论文/篇	ESI 全球排名
	全校合计	14 757	135 295	9.17	168	954
1	农业科学	694	5 363	7.73	11	373
2	化学	3 288	40 729	12.39	42	343
3	临床医学	1 299	11 477	8.84	7	1 859
4	工程科学	2 241	16 251	7.25	47	313
5	材料科学	2 356	24 631	10.45	28	274
6	药理学与毒物学	421	3 676	8.73	1	841

资料来源：中国产业智库大数据中心

4.2.35 南开大学

2018 年，南开大学的基础研究竞争力指数为 23.4297，全国排名第 35 位。争取国家自然科学基金项目总数为 229 项，全国排名第 35；项目经费总额为 15 344.6 万元，全国排名第 27 位；争取国家自然科学基金项目经费金额大于 1000 万元的学科共有 2 个，材料化学与能源化学、动物学争取国家自然科学基金项目经费全国排名第 2 位（图 4-35）；自动化争取国家自然科学基金项目经费增幅最大（表 4-71）。SCI 论文数 1877 篇，全国排名第 53 位；12 个学科入选 ESI 全球 1%（表 4-72）。发明专利申请量 358 件，全国排名第 231 位。

截至 2019 年 1 月，南开大学下设有专业学院 26 个，本科专业 86 个，一级学科博士学位授权点 30 个，一级学科硕士学位授权点 12 个，博士后科研流动站 28 个，一级学科国家重点学科 6 个，二级学科国家重点学科 9 个。南开大学有全日制在校学生 27 621 人，其中本科生 15 862 人，硕士研究生 8197 人，博士研究生 3562 人。有专任教师 2082 人，其中教授 755 人，副教授 812 人，中国科学院院士 11 人，中国工程院院士 2 人，“万人计划”领军人才 18 人，“万人计划”青年拔尖人才 8 人，国家有突出贡献专家 17 人，国家“百千万人才工程”入选者 27 人，国家自然科学基金杰出青年科学基金获得者 49 人、国家自然科学基金优秀青年科学基金获得者 30 人，“新世纪优秀人才支持计划”入选者 164 人，国家级教学名师 7 人，国家级教学团队 9 个[35]。

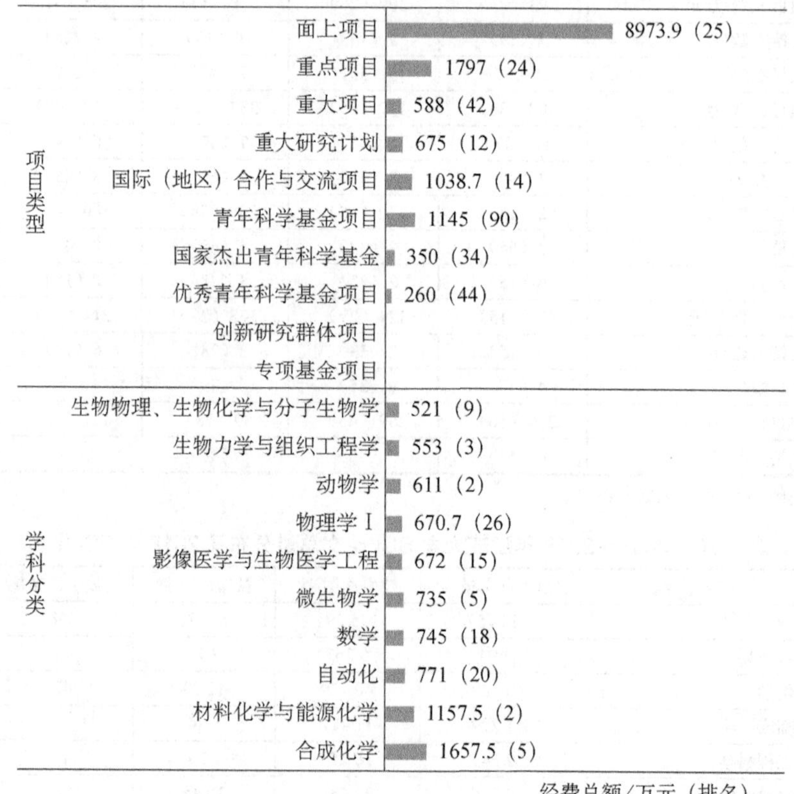

图 4-35 2018 年南开大学争取国家自然科学基金项目经费数据

资料来源：中国产业智库大数据中心

表 4-71 2014～2018 年南开大学争取国家自然科学基金项目经费十强学科变化趋势及指标

领域	指标	2014 年	2015 年	2016 年	2017 年	2018 年
全部	项目数/项	159（42）	169（42）	188（39）	189（40）	229（35）
	项目经费/万元	13 413（38）	12 434.15（31）	12 001.8（31）	13 415（37）	15 344.6（27）
	主持人数/人	155（42）	168（40）	183（39）	183（41）	224（35）
合成化学	项目数/项	4（13）	4（18）	8（6）	12（8）	16（4）
	项目经费/万元	1 445（1）	515（6）	765（2）	3 166.4（2）	1 657.5（4）
	主持人数/人	4（13）	4（18）	8（6）	11（8）	16（4）
催化与表界面化学	项目数/项	17（4）	12（6）	24（2）	12（3）	3（19）
	项目经费/万元	2 050（2）	942.8（6）	2 090.8（3）	726（7）	145（18）
	主持人数/人	17（4）	12（6）	24（2）	12（3）	3（19）
数学	项目数/项	15（9）	19（5）	13（12）	13（12）	17（6）
	项目经费/万元	1 181（5）	981.42（4）	779（9）	1 032（7）	745（14）
	主持人数/人	15（9）	19（4）	12（12）	13（11）	17（4）
物理学 I	项目数/项	6（26）	14（10）	10（16）	11（18）	14（15）
	项目经费/万元	389（28）	1 037（14）	641（15）	937（17）	670.7（23）
	主持人数/人	6（26）	14（10）	10（15）	10（19）	14（15）
有机高分子材料	项目数/项	6（10）	1（38）	10（10）	8（12）	6（12）
	项目经费/万元	825（7）	20（60）	1 165（5）	448（13）	327（14）
	主持人数/人	6（10）	1（38）	10（10）	8（12）	6（12）
工商管理	项目数/项	7（7）	8（5）	15（1）	13（1）	4（16）
	项目经费/万元	421（5）	547.3（2）	595（4）	893（2）	135（17）
	主持人数/人	7（7）	8（5）	15（1）	13（1）	4（16）
材料化学与能源化学	项目数/项	6（10）	3（21）	1（37）	6（4）	13（4）
	项目经费/万元	765（8）	94（35）	65（40）	325.5（8）	1 157.5（2）
	主持人数/人	6（10）	3（21）	1（37）	6（4）	13（4）
化学测量学	项目数/项	3（12）	7（6）	4（11）	2（27）	4（11）
	项目经费/万元	198（15）	1 129（2）	408（8）	130（27）	260（15）
	主持人数/人	3（12）	7（6）	4（10）	2（27）	4（10）
化学理论与机制	项目数/项	4（25）	8（15）	5（20）	13（5）	4（7）
	项目经费/万元	291（25）	557（14）	238（24）	685（10）	282（12）
	主持人数/人	4（24）	8（15）	5（20）	13（5）	4（7）
自动化	项目数/项	5（34）	9（26）	8（27）	3（59）	9（23）
	项目经费/万元	119（76）	448.1（33）	527.8（24）	156（61）	771（19）
	主持人数/人	5（33）	9（26）	8（27）	3（59）	9（23）

资料来源：中国产业智库大数据中心

表 4-72 2008～2018 年南开大学 SCI 论文总量分布及 2018 年 ESI 排名

序号	研究领域	SCI 发文量/篇	被引次数/次	篇均被引/次	高被引论文/篇	ESI 全球排名
	全校合计	23 733	392 331	16.53	481	380
1	农业科学	269	4 038	15.01	1	494
2	生物与生化	1 250	17 527	14.02	6	490
3	化学	8 576	177 391	20.68	181	40
4	临床医学	789	9 752	12.36	5	2 048
5	工程科学	1 215	13 071	10.76	27	401
6	环境生态学	1 022	17 925	17.54	17	303
7	材料科学	2 062	59 172	28.70	105	103
8	数学	1 741	8 655	4.97	26	85
9	分子生物与基因	653	15 584	23.87	4	716
10	药理学与毒物学	439	6 608	15.05	3	522
11	物理学	3 438	42 487	12.36	75	417
12	植物与动物科学	610	2 930	4.80	3	1 243

资料来源：中国产业智库大数据中心

4.2.36 南京航空航天大学

2018 年，南京航空航天大学的基础研究竞争力指数为 22.4042，全国排名第 36 位。争取国家自然科学基金项目总数为 152 项，全国排名第 64 位；项目经费总额为 8752.24 万元，全国排名第 56 位；争取国家自然科学基金项目经费金额大于 1000 万元的学科共有 3 个，力学争取国家自然科学基金项目经费全国排名第 11 位（图 4-36）；电子学与信息系统争取国家自然科学基金项目经费增幅最大（表 4-73）。SCI 论文数 2278 篇，全国排名第 37 位；4 个学科入选 ESI 全球 1%（表 4-74）。发明专利申请量 1565 件，全国排名第 31 位。

截至 2019 年 1 月，南京航空航天大学设有 16 个学院，55 个本科专业，16 个博士后科研流动站，17 个一级学科博士学位授权点，33 个一级学科硕士学位授权点；2 个一级学科国家重点学科，9 个二级学科国家重点学科，2 个国家重点培育学科。拥有全日制在校生 29 000 余人，其中本科生 18 000 余人，研究生 10 000 余人。学校有教职工 3131 人，其中专任教师 1845 人。专任教师中，教授 1260 人，院士及双聘院士 11 人，“千人计划”入选者 24 人，“长江学者奖励计划”特聘教授、讲座教授、青年学者共计 20 人，国家自然科学基金杰出青年科学基金获得者 8 人，国家级教学名师 4 人，国家级、省部级有突出贡献的中青年专家 26 人[36]。

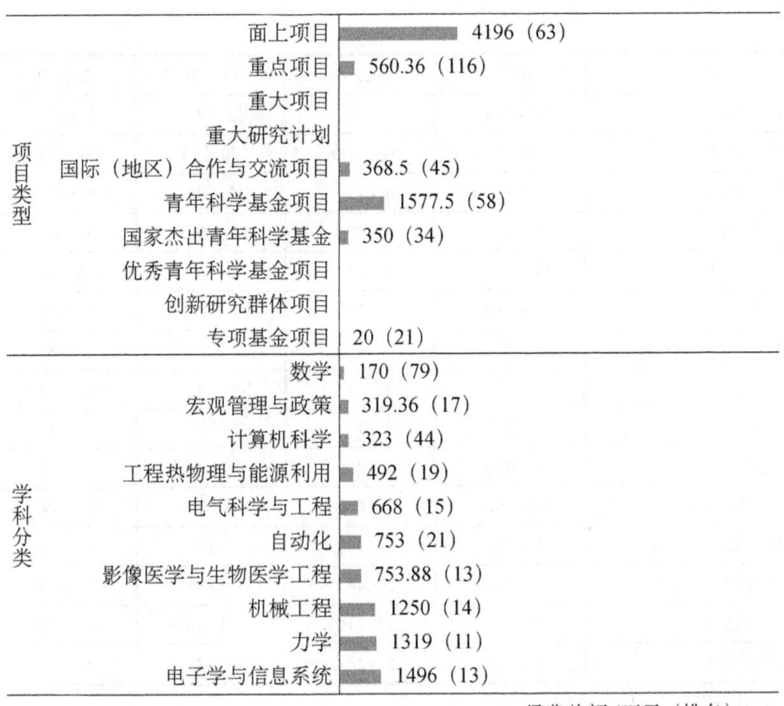

图 4-36 2018 年南京航空航天大学争取国家自然科学基金项目经费数据

资料来源：中国产业智库大数据中心

表 4-73 2014～2018 年南京航空航天大学争取国家自然科学基金项目经费十强学科变化趋势及指标

领域	指标	2014 年	2015 年	2016 年	2017 年	2018 年
全部	项目数/项	129（59）	147（57）	142（59）	152（62）	152（64）
	项目经费/万元	7 629（74）	10 904.3（45）	7 225.5（67）	7 113.5（81）	8 752.24（56）
	主持人数/人	127（59）	142（57）	139（60）	151（60）	150（63）
机械工程	项目数/项	29（4）	35（3）	28（7）	31（7）	29（8）
	项目经费/万元	1 995（9）	2 431（3）	1 643（11）	1 630（11）	1 250（14）
	主持人数/人	29（4）	35（3）	28（7）	31（6）	29（8）
力学	项目数/项	16（10）	21（7）	18（9）	16（11）	23（6）
	项目经费/万元	1 270（12）	1 443（10）	1 094（12）	755（20）	1 319（11）
	主持人数/人	16（10）	19（8）	18（8）	16（11）	23（6）
自动化	项目数/项	19（6）	12（16）	16（11）	12（21）	10（18）
	项目经费/万元	1 141（14）	1 056（13）	801（16）	442（35）	753（20）
	主持人数/人	18（6）	12（16）	16（11）	12（21）	10（17）
电子学与信息系统	项目数/项	14（15）	17（12）	14（16）	17（14）	19（13）
	项目经费/万元	786（21）	546（24）	508（28）	581.5（24）	1 496（13）
	主持人数/人	14（14）	17（12）	14（16）	17（14）	19（13）
工程热物理与能源利用	项目数/项	8（12）	14（9）	4（23）	7（17）	8（17）
	项目经费/万元	303（20）	2 593（3）	161（26）	271（21）	492（18）
	主持人数/人	8（12）	13（10）	4（23）	7（17）	8（17）

续表

领域	指标	2014 年	2015 年	2016 年	2017 年	2018 年
电气科学与工程	项目数/项	9（11）	7（15）	12（7）	8（13）	13（8）
	项目经费/万元	500（11）	716（7）	670（9）	759（12）	668（12）
	主持人数/人	9（11）	6（17）	12（7）	8（12）	13（8）
计算机科学	项目数/项	5（53）	5（52）	12（28）	10（38）	8（34）
	项目经费/万元	259（62）	233（54）	454（37）	686（36）	323（40）
	主持人数/人	5（53）	5（52）	12（28）	10（38）	8（34）
物理学Ⅱ	项目数/项	5（21）	7（17）	3（38）	9（18）	4（29）
	项目经费/万元	277（29）	341（23）	208（32）	429（21）	121（49）
	主持人数/人	5（20）	7（17）	3（38）	9（18）	4（28）
数学	项目数/项	6（48）	6（40）	8（30）	7（33）	5（46）
	项目经费/万元	210（50）	204（39）	210（38）	225（44）	170（53）
	主持人数/人	6（47）	6（38）	7（36）	7（32）	5（46）
光学和光电子学	项目数/项	1（51）	2（44）	3（38）	2（47）	2（46）
	项目经费/万元	80（60）	515（16）	116.5（40）	44（70）	122（45）
	主持人数/人	1（51）	2（44）	3（38）	2（47）	2（45）

资料来源：中国产业智库大数据中心

表 4-74 2008～2018 年南京航空航天大学 SCI 论文总量分布及 2018 年 ESI 排名

序号	研究领域	SCI 发文量/篇	被引次数/次	篇均被引/次	高被引论文/篇	ESI 全球排名
	全校合计	14 186	125 014	8.81	169	1 019
1	化学	1 213	17 219	14.20	19	765
2	计算机科学	1 039	5 815	5.60	12	251
3	工程科学	5 813	38 056	6.55	58	96
4	材料科学	2 809	39 408	14.03	47	170

资料来源：中国产业智库大数据中心

4.2.37 南昌大学

2018 年，南昌大学的基础研究竞争力指数为 22.0874，全国排名第 37 位。争取国家自然科学基金项目总数为 257 项，全国排名第 26 位；项目经费总额为 10 481.6 万元，全国排名第 44 位；争取国家自然科学基金项目经费金额大于 1000 万元的学科共有 2 个，食品科学争取国家自然科学基金项目经费全国排名第 2 位（图 4-37）；合成化学争取国家自然科学基金项目经费增幅最大（表 4-75）。SCI 论文数 1722 篇，全国排名第 58 位；7 个学科入选 ESI 全球 1%（表 4-76）。发明专利申请量 590 件，全国排名第 119 位。

截至 2018 年 12 月，南昌大学设有 12 个学科门类，32 个学院，100 多个本科专业，3 个国家重点培育学科，15 个一级学科博士学位授权点，46 个一级学科硕士学位授权点，11 个博士后科研流动站，5 个附属医院。学校有全日制本科生 35 213 人，研究生 14 980 人，留学生 1400 余人。专任教师 2516 人，正、副教授 1416 人，院士 4 人，“973 计划”首席科学家 2 人，“千人计划”创新项目入选者 5 人，“千人计划”青年项目入选者 4 人，“万人计划”领军人才

8 人，国家自然科学基金杰出青年科学基金获得者 6 人、国家自然科学基金优秀青年科学基金获得者 2 人，“长江学者奖励计划”特聘教授 6 人，中国科学院率先行动“百人计划”人选 1 人，国家“百千万人才工程”人选 16 人[37]。

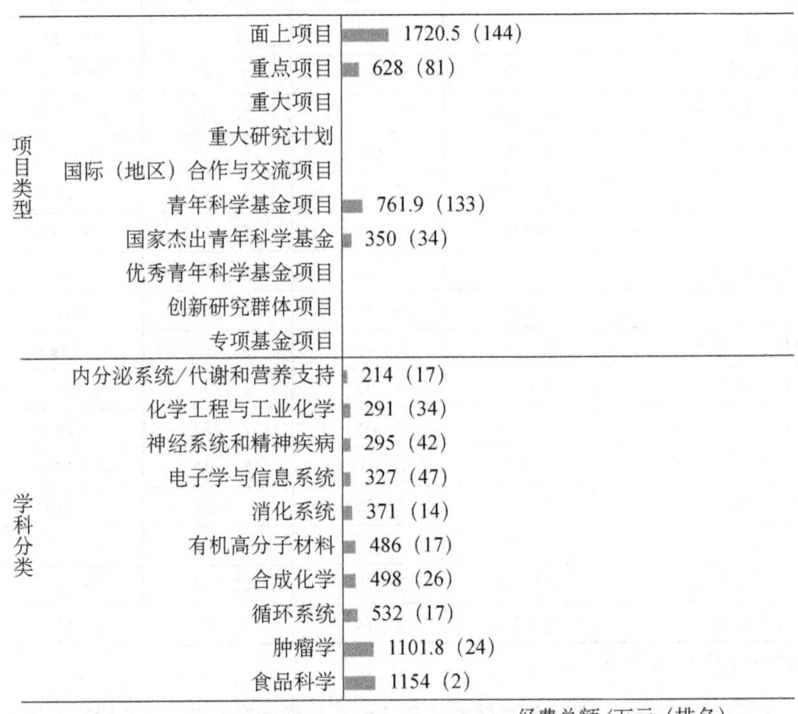

图 4-37 2018 年南昌大学争取国家自然科学基金项目经费数据

资料来源：中国产业智库大数据中心

表 4-75 2014～2018 年南昌大学争取国家自然科学基金项目经费十强学科变化趋势及指标

领域	指标	2014 年	2015 年	2016 年	2017 年	2018 年
全部	项目数/项	213（30）	200（33）	251（26）	273（25）	257（26）
	项目经费/万元	10 103.5（51）	8 069.28（66）	9 522.19（48）	10 723.7（50）	10 481.6（44）
	主持人数/人	209（30）	194（34）	247（26）	270（25）	254（26）
肿瘤学	项目数/项	28（18）	24（23）	25（21）	32（18）	31（18）
	项目经费/万元	1 177（23）	930（22）	961（21）	1 076（20）	1 101.8（24）
	主持人数/人	28（18）	24（23）	25（21）	32（18）	31（18）
食品科学	项目数/项	14（2）	12（5）	16（2）	17（2）	20（2）
	项目经费/万元	783（4）	551（5）	637（3）	666（5）	1 154（2）
	主持人数/人	14（2）	12（5）	16（2）	17（2）	20（2）
循环系统	项目数/项	9（13）	10（14）	7（17）	13（11）	16（10）
	项目经费/万元	369（16）	562（14）	290（21）	449（17）	532（13）
	主持人数/人	9（13）	10（14）	7（17）	13（11）	16（10）
有机高分子材料	项目数/项	5（14）	2（28）	6（14）	4（17）	6（12）
	项目经费/万元	629（8）	79（27）	267（12）	294（18）	486（11）
	主持人数/人	5（14）	2（28）	6（14）	4（17）	6（12）

续表

领域	指标	2014年	2015年	2016年	2017年	2018年
消化系统	项目数/项	8（2）	3（7）	8（3）	11（2）	10（3）
	项目经费/万元	433（4）	111（10）	317（3）	414（3）	371（3）
	主持人数/人	8（2）	3（7）	8（3）	11（2）	10（3）
神经系统和精神疾病	项目数/项	6（29）	9（23）	9（24）	13（16）	8（23）
	项目经费/万元	340（31）	302.5（25）	230（34）	418（23）	295（34）
	主持人数/人	6（29）	9（23）	9（24）	13（16）	8（23）
地球物理学和空间物理学	项目数/项	1（39）	3（22）	4（21）	3（25）	0（73）
	项目经费/万元	58（50）	197（27）	152（27）	810（8）	0（73）
	主持人数/人	1（39）	3（22）	4（21）	3（25）	0（73）
合成化学	项目数/项	2（36）	5（12）	3（29）	2（37）	6（16）
	项目经费/万元	90（56）	264（16）	125（37）	77（49）	498（18）
	主持人数/人	2（35）	5（12）	3（29）	2（37）	6（16）
水利科学与海洋工程	项目数/项	4（26）	3（35）	2（45）	4（28）	3（35）
	项目经费/万元	146（32）	79（51）	103（41）	412（23）	164（34）
	主持人数/人	4（26）	3（35）	2（45）	4（28）	3（34）
数学	项目数/项	9（24）	4（74）	7（38）	5（53）	5（46）
	项目经费/万元	252（42）	89（87）	202（39）	179（56）	166（54）
	主持人数/人	9（24）	4（74）	7（36）	5（51）	5（46）

资料来源：中国产业智库大数据中心

表 4-76　2008～2018 年南昌大学 SCI 论文总量分布及 2018 年 ESI 排名

序号	研究领域	SCI 发文量/篇	被引次数/次	篇均被引/次	高被引论文/篇	ESI 全球排名
	全校合计	11 581	100 435	8.67	84	1 183
1	农业科学	784	10 525	13.42	26	170
2	生物与生化	782	6 941	8.88	4	982
3	化学	2 128	22 911	10.77	16	607
4	临床医学	1 997	14 347	7.18	7	1 621
5	工程科学	695	5 013	7.21	8	893
6	材料科学	1 059	9 769	9.22	4	615
7	药理学与毒物学	482	3 800	7.88	3	819

资料来源：中国产业智库大数据中心

4.2.38　西安电子科技大学

2018 年，西安电子科技大学的基础研究竞争力指数为 21.6563，全国排名第 38 位。争取国家自然科学基金项目总数为 155 项，全国排名第 58 位；项目经费总额为 7550.5 万元，全国排名第 67 位；争取国家自然科学基金项目经费金额大于 1000 万元的学科共有 2 个，人工智能、交叉学科中的信息科学争取国家自然科学基金项目经费全国排名第 2 位（图 4-38）；人工智能争取国家自然科学基金项目经费增幅最大（表 4-77）。SCI 论文数 2237 篇，全国排名第 38 位；2 个学科入选 ESI 全球 1%（表 4-78）。发明专利申请量 1531 件，全国排名第 33 位。

截至2018年12月，西安电子科技大学设有18个学院，55个本科专业，2个一级学科国家重点学科，1个二级学科国家重点学科，26个一级学科硕士学位授权点，14个一级学科博士学位授权点，9个博士后科研流动站。学校现有各类在校生3万余人，其中博士研究生2000余人，硕士研究生10 000余人。专任教师2100余人，其中院士4人，双聘院士15人，“万人计划”入选者15人，“千人计划”入选者22人，“长江学者奖励计划”特聘教授、讲座教授、青年学者共计30人，国家自然科学基金创新研究群体1个，国家自然科学基金杰出青年科学基金获得者14人，国家自然科学基金优秀青年科学基金获得者13人，国家级教学名师4人，国家级教学团队6个，“973计划”首席科学家3人，“新世纪优秀人才支持计划”入选者52人，国家“百千万人才工程”培养对象11人[38]。

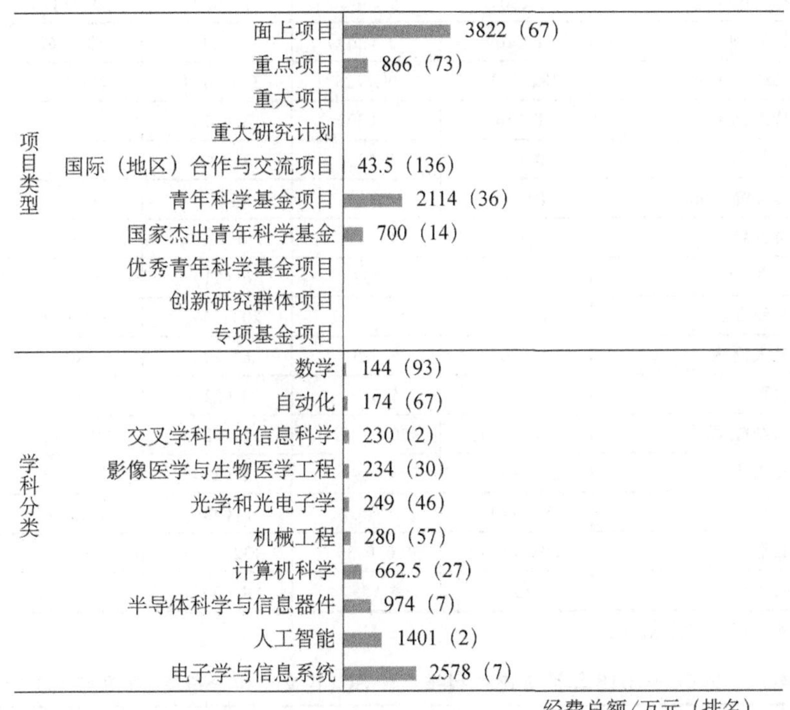

图4-38 2018年西安电子科技大学争取国家自然科学基金项目经费数据

资料来源：中国产业智库大数据中心

表4-77 2014～2018年西安电子科技大学争取国家自然科学基金项目经费十强学科变化趋势及指标

领域	指标	2014年	2015年	2016年	2017年	2018年
全部	项目数/项	146（48）	144（59）	148（54）	171（51）	155（58）
	项目经费/万元	13 681.3（36）	6 803.67（72）	8 510.05（55）	8 370.5（68）	7 550.5（67）
	主持人数/人	142（50）	141（58）	147（52）	171（49）	154（59）
电子学与信息系统	项目数/项	45（2）	50（2）	49（2）	53（2）	46（2）
	项目经费/万元	2 579（5）	2 318（4）	3 400.05（3）	2 925.5（3）	2 578（7）
	主持人数/人	45（2）	49（2）	49（2）	53（2）	46（2）
计算机科学	项目数/项	31（3）	28（3）	32（1）	42（1）	16（13）
	项目经费/万元	2 627（4）	1 313.17（6）	1 717（5）	2 393（4）	662.5（26）
	主持人数/人	30（3）	27（3）	32（1）	42（1）	16（13）

续表

领域	指标	2014 年	2015 年	2016 年	2017 年	2018 年
半导体科学与信息器件	项目数/项	12（4）	17（2）	17（2）	16（2）	18（2）
	项目经费/万元	715（4）	1 025（3）	1 460（2）	613（5）	974（5）
	主持人数/人	12（4）	17（2）	17（2）	16（2）	18（2）
机械工程	项目数/项	8（36）	6（45）	8（36）	9（32）	8（37）
	项目经费/万元	2 362（6）	317（43）	293（46）	437（36）	280（54）
	主持人数/人	7（40）	6（44）	8（36）	9（32）	8（37）
力学	项目数/项	4（37）	5（30）	3（42）	4（38）	3（44）
	项目经费/万元	3 032（3）	178（39）	106（52）	98（50）	117（52）
	主持人数/人	2（50）	5（30）	3（42）	4（38）	3（44）
自动化	项目数/项	11（16）	11（20）	8（27）	13（16）	5（42）
	项目经费/万元	382（30）	570.1（25）	320（38）	523（30）	174（58）
	主持人数/人	11（16）	11（20）	8（27）	13（16）	5（42）
人工智能	项目数/项	0（1）	0（1）	0（1）	0（1）	20（1）
	项目经费/万元	0（1）	0（1）	0（1）	0（1）	1 401（1）
	主持人数/人	0（1）	0（1）	0（1）	0（1）	20（1）
光学和光电子学	项目数/项	4（26）	5（23）	6（21）	6（18）	7（20）
	项目经费/万元	211（31）	229（29）	206（30）	225（32）	249（35）
	主持人数/人	4（26）	5（23）	6（20）	6（18）	7（20）
影像医学与生物医学工程	项目数/项	4（18）	5（19）	3（23）	5（17）	6（17）
	项目经费/万元	240（18）	208（25）	129（26）	205（24）	234（19）
	主持人数/人	4（18）	5（19）	3（23）	5（17）	6（17）
数学	项目数/项	9（24）	5（56）	8（30）	2（105）	5（46）
	项目经费/万元	203（53）	90（85）	132（55）	49（120）	144（66）
	主持人数/人	9（24）	5（55）	8（30）	2（105）	5（46）

资料来源：中国产业智库大数据中心

表 4-78　2008～2018 年西安电子科技大学 SCI 论文总量分布及 2018 年 ESI 排名

序号	研究领域	SCI 发文量/篇	被引次数/次	篇均被引/次	高被引论文/篇	ESI 全球排名
全校合计		14 612	92 598	6.34	146	1 255
1	计算机科学	3 273	21 296	6.51	56	29
2	工程科学	5 778	37 924	6.56	75	98

资料来源：中国产业智库大数据中心

4.2.39　武汉理工大学

2018 年，武汉理工大学的基础研究竞争力指数为 21.5681，全国排名第 39 位。争取国家自然科学基金项目总数为 130 项，全国排名第 78 位；项目经费总额为 6324.9 万元，全国排名第 86 位；争取国家自然科学基金项目经费金额大于 1500 万元的学科共有 1 个，无机非金属材料争取国家自然科学基金项目经费全国排名第 3 位（图 4-39）；冶金与矿业争取国家自然科学基金项目经费增幅最大（表 4-79）。SCI 论文数 2030 篇，全国排名第 45 位；3 个学科入选 ESI

全球1%（表4-80）。发明专利申请量1561件，全国排名第32位。

截至2018年11月，武汉理工大学有25个学院，本科专业90个，一级学科博士学位授权点19个，一级学科硕士学位授权点46个，博士后科研流动站17个，一级学科国家重点学科2个，二级学科国家重点学科7个，国家重点培育学科1个。学校拥有全日制普通本科生36 432人，硕士研究生16 063人，博士研究生1953人，留学生1390人，专任教师3244人，其中教授812人，副教授1470人，中国科学院院士1人，中国工程院院士3人，“千人计划”入选者28人，“万人计划”入选者6人，国家级教学名师3人，“973计划”和“重大科学研究计划”首席科学家2人，“长江学者奖励计划”特聘教授、讲座教授、青年学者15人，国家自然科学基金杰出青年科学基金获得者7人，国家自然科学基金优秀青年科学基金获得者2人，国家“百千万人才工程”人选11人，国家有突出贡献的中青年专家6人[39]。

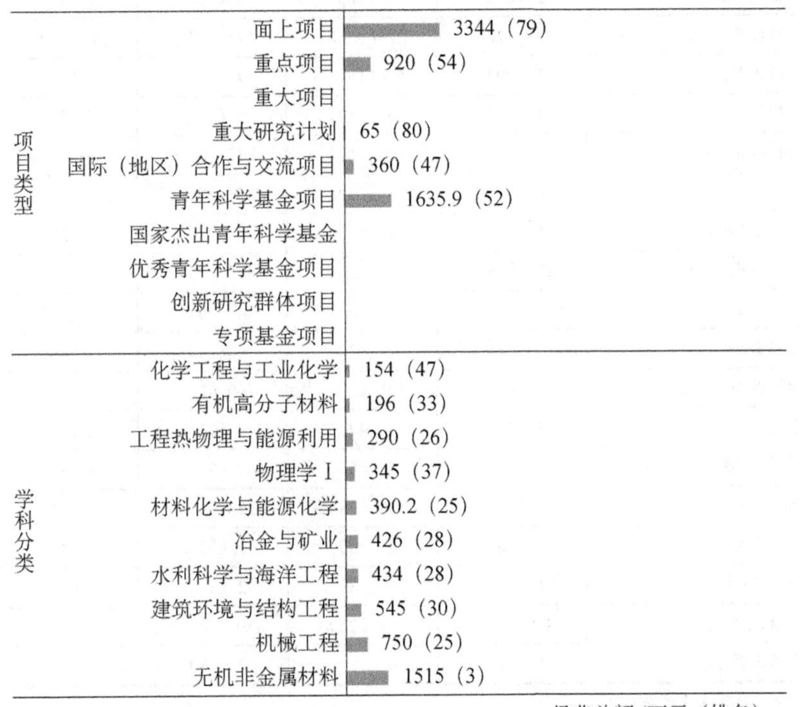

图4-39 2018年武汉理工大学争取国家自然科学基金项目经费数据

资料来源：中国产业智库大数据中心

表4-79 2014～2018年武汉理工大学争取国家自然科学基金项目经费十强学科变化趋势及指标

领域	指标	2014年	2015年	2016年	2017年	2018年
全部	项目数/项	109（73）	112（78）	139（61）	155（58）	130（78）
	项目经费/万元	7200（82）	5764.6（87）	6142（79）	6685.73（88）	6324.9（86）
	主持人数/人	105（75）	112（78）	139（60）	153（57）	128（78）
无机非金属材料	项目数/项	22（2）	20（4）	18（2）	19（2）	19（3）
	项目经费/万元	2280（1）	1703（4）	1266（4）	896（8）	1515（3）
	主持人数/人	22（2）	20（4）	18（2）	19（2）	18（3）

续表

领域	指标	2014 年	2015 年	2016 年	2017 年	2018 年
水利科学与海洋工程	项目数/项	15（9）	13（9）	20（9）	22（7）	12（10）
	项目经费/万元	987（10）	653（12）	694（13）	948.78（13）	434（20）
	主持人数/人	15（9）	13（9）	20（9）	22（7）	12（10）
机械工程	项目数/项	14（19）	17（17）	16（17）	15（24）	18（16）
	项目经费/万元	769（21）	975（18）	572（29）	635（29）	750（25）
	主持人数/人	14（19）	17（17）	16（17）	15（24）	18（16）
建筑环境与结构工程	项目数/项	11（27）	9（35）	17（18）	15（22）	12（27）
	项目经费/万元	505（26）	333（38）	662（20）	583（26）	545（27）
	主持人数/人	11（26）	9（35）	17（17）	15（22）	12（27）
有机高分子材料	项目数/项	3（20）	3（18）	4（18）	7（13）	5（17）
	项目经费/万元	188（22）	374（9）	125（23）	306（17）	196（18）
	主持人数/人	3（20）	3（18）	4（18）	7（13）	5（17）
冶金与矿业	项目数/项	4（37）	5（31）	5（35）	7（29）	10（23）
	项目经费/万元	161（43）	144（46）	142（45）	315（31）	426（27）
	主持人数/人	4（35）	5（31）	5（35）	7（28）	10（23）
环境化学	项目数/项	4（27）	1（57）	4（30）	5（28）	2（30）
	项目经费/万元	285（24）	65（62）	445（18）	163（42）	89（41）
	主持人数/人	4（27）	1（56）	4（30）	5（28）	2（30）
化学理论与机制	项目数/项	3（37）	2（42）	4（24）	1（46）	0（50）
	项目经费/万元	550（16）	135（29）	260（22）	64（45）	0（50）
	主持人数/人	3（37）	2（42）	4（24）	1（46）	0（50）
自动化	项目数/项	3（60）	5（45）	7（33）	6（42）	1（101）
	项目经费/万元	52（119）	173（58）	258（47）	403（38）	63（98）
	主持人数/人	3（60）	5（45）	7（33）	6（42）	1（100）
光学和光电子学	项目数/项	1（51）	6（18）	2（48）	3（33）	1（63）
	项目经费/万元	82（56）	298（26）	91（49）	384（21）	62（64）
	主持人数/人	1（51）	6（18）	2（48）	3（33）	1（63）

资料来源：中国产业智库大数据中心

表 4-80　2008～2018 年武汉理工大学 SCI 论文总量分布及 2018 年 ESI 排名

序号	研究领域	SCI 发文量/篇	被引次数/次	篇均被引/次	高被引论文/篇	ESI 全球排名
全校合计		12 084	160 870	13.31	290	835
1	化学	2 423	61 942	25.56	126	203
2	工程科学	2 396	15 694	6.55	31	328
3	材料科学	4 468	59 053	13.22	103	104

资料来源：中国产业智库大数据中心

4.2.40　南京理工大学

2018 年，南京理工大学的基础研究竞争力指数为 21.2892，全国排名第 40 位。争取国家自然科学基金项目总数为 143 项，全国排名第 68 位；项目经费总额为 6895.2 万元，全国排名第 77 位；争取国家自然科学基金项目经费金额大于 1000 万元的学科共有 2 个，光学和光电子学争取国家自然科学基金项目经费全国排名第 11 位（图 4-40）；光学和光电子学争取国家自然科学基金项目经费增幅最大（表 4-81）。SCI 论文数 2028 篇，全国排名第 46 位；4 个学科入选 ESI 全球 1%（表 4-82）。发明专利申请量 1335 件，全国排名第 44 位。

截至 2019 年 4 月，南京理工大学设有 15 个学院，国家重点学科 9 个，博士后科研流动站 16 个，一级学科博士学位授权点 18 个，硕士学位授权点 14 个，学校现有各类在校生 30 000 余人，留学生 1000 余人。现有教职工 3200 余人，专任教师 1900 余人，教授、副教授 1200 余人，其中，中国科学院、中国工程院院士 17 人，“长江学者奖励计划”特聘教授、讲座教授、青年学者共计 18 人，“万人计划”专家 21 人，国家自然科学基金杰出青年科学基金获得者 7 人，国家级教学名师 3 人，国家“百千万人才工程”入选者 14 人，国家级教学团队 5 个，国防科技创新团队 9 个[40]。

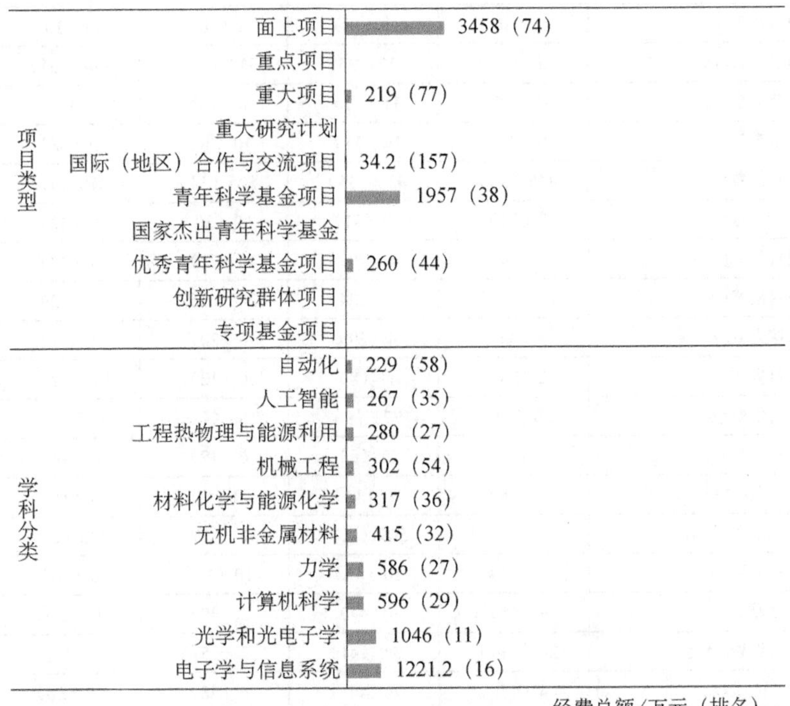

图 4-40　2018 年南京理工大学争取国家自然科学基金项目经费数据

资料来源：中国产业智库大数据中心

表 4-81　2014～2018 年南京理工大学争取国家自然科学基金项目经费十强学科变化趋势及指标

领域	指标	2014 年	2015 年	2016 年	2017 年	2018 年
全部	项目数/项	104（80）	134（63）	130（65）	155（58）	143（68）
	项目经费/万元	5531（105）	6304.1（80）	6427.29（72）	9035.95（62）	6895.2（77）
	主持人数/人	102（79）	131（64）	130（64）	151（60）	142（67）

续表

领域	指标	2014年	2015年	2016年	2017年	2018年
电子学与信息系统	项目数/项	17（13）	16（15）	12（21）	16（15）	20（12）
	项目经费/万元	971（15）	697（17）	1943.59（6）	1459.85（13）	1221.2（15）
	主持人数/人	17（13）	16（15）	12（21）	16（15）	20（12）
自动化	项目数/项	11（16）	5（45）	17（9）	13（16）	6（37）
	项目经费/万元	814（18）	167（59）	716（18）	948（21）	229（52）
	主持人数/人	11（16）	5（45）	17（9）	13（16）	6（37）
无机非金属材料	项目数/项	8（17）	11（10）	8（13）	10（11）	10（10）
	项目经费/万元	566（19）	704（11）	330（22）	711（13）	415（22）
	主持人数/人	8（17）	10（10）	8（13）	10（11）	10（10）
计算机科学	项目数/项	8（38）	5（52）	9（38）	14（26）	14（15）
	项目经费/万元	436（38）	256（51）	303（47）	960（26）	596（28）
	主持人数/人	8（37）	5（52）	9（38）	14（26）	14（15）
力学	项目数/项	11（16）	11（18）	8（18）	13（13）	19（10）
	项目经费/万元	551（19）	412（25）	312（25）	440（31）	586（24）
	主持人数/人	11（15）	11（17）	8（18）	13（13）	19（10）
机械工程	项目数/项	9（32）	10（31）	10（30）	9（32）	9（36）
	项目经费/万元	445（39）	422（36）	505（33）	278（51）	302（51）
	主持人数/人	9（32）	10（31）	10（30）	9（32）	9（36）
光学和光电子学	项目数/项	3（34）	4（29）	6（21）	4（27）	6（26）
	项目经费/万元	133（39）	130（34）	285（26）	247（29）	1046（9）
	主持人数/人	3（34）	4（29）	6（20）	4（27）	6（26）
金属材料	项目数/项	2（34）	11（8）	6（12）	7（11）	3（26）
	项目经费/万元	50（54）	773（9）	160（21）	607（9）	110（34）
	主持人数/人	2（34）	11（8）	6（12）	6（14）	3（26）
工程热物理与能源利用	项目数/项	3（25）	10（14）	10（14）	8（16）	4（25）
	项目经费/万元	131（33）	569（15）	321（19）	236（23）	280（22）
	主持人数/人	3（25）	10（14）	10（14）	8（16）	4（24）
建筑环境与结构工程	项目数/项	4（55）	6（47）	5（49）	10（30）	2（91）
	项目经费/万元	284（44）	290（41）	226（51）	462（32）	86（93）
	主持人数/人	4（55）	6（46）	5（48）	10（30）	2（91）

资料来源：中国产业智库大数据中心

表4-82　2008～2018年南京理工大学SCI论文总量分布及2018年ESI排名

序号	研究领域	SCI发文量/篇	被引次数/次	篇均被引/次	高被引论文/篇	ESI全球排名
	全校合计	14 482	134 286	9.27	197	962
1	化学	3 416	39 588	11.59	35	356
2	计算机科学	1 066	7 531	7.06	13	170
3	工程科学	4 218	30 698	7.28	62	133
4	材料科学	2 376	33 599	14.14	56	200

资料来源：中国产业智库大数据中心

4.2.41 中国农业大学

2018 年，中国农业大学的基础研究竞争力指数为 20.8346，全国排名第 41 位。争取国家自然科学基金项目总数为 172 项，全国排名第 47 位；项目经费总额为 10 358.45 万元，全国排名第 47 位；争取国家自然科学基金项目经费金额大于 1000 万元的学科共有 3 个，畜牧学与草地科学争取国家自然科学基金项目经费全国排名第 1 位（图 4-41）；水利科学与海洋工程争取国家自然科学基金项目经费增幅最大（表 4-83）。SCI 论文数 2101 篇，全国排名第 42 位；10 个学科入选 ESI 全球 1%（表 4-84）。发明专利申请量 671 件，全国排名第 103 位。

截至 2018 年 12 月，中国农业大学共设有 19 个学院，66 个本科专业，20 个博士学位授权一级学科，30 个硕士学位授权一级学科。拥有全日制本科生 11 838 人，全日制研究生 8181 人，其中硕士研究生 4654 人，博士研究生 3527 人。拥有专任教师 1738 人，其中教授 635 人、副教授 862 人，中国科学院院士 5 人，中国工程院院士 7 人，“长江学者奖励计划”特聘教授、青年学者 34 人，国家自然科学基金杰出青年科学基金获得者 45 人，“973 计划”首席科学家 15 人，新世纪“百千万人才工程”国家级人选 27 人，教育部“新世纪优秀人才支持计划”人选 143 人，“万人计划”教学名师 3 人，国家级教学名师 2 人[41]。

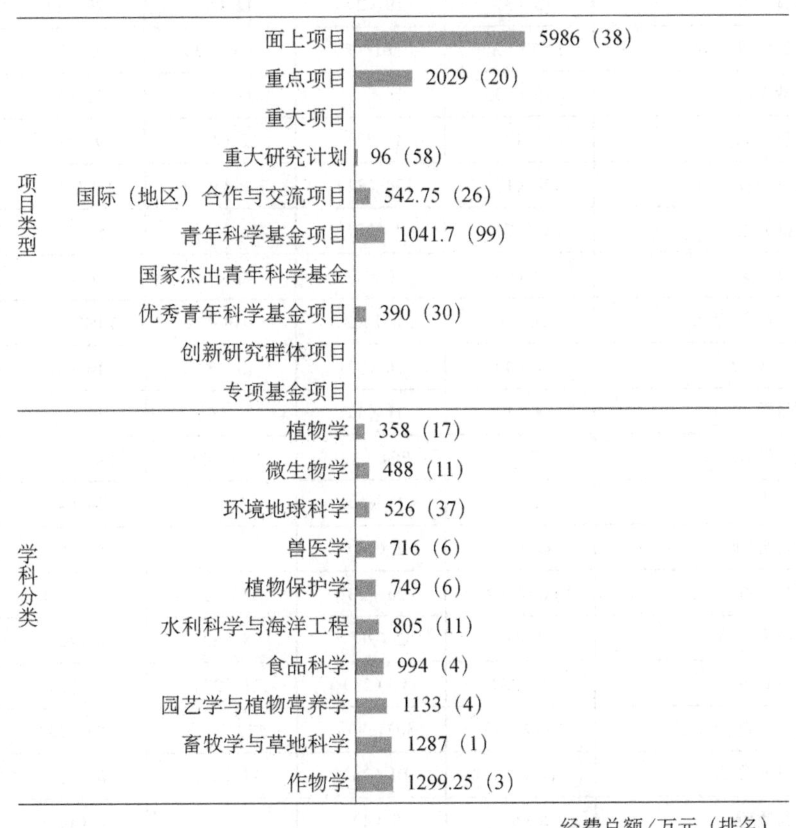

图 4-41 2018 年中国农业大学争取国家自然科学基金项目经费数据

资料来源：中国产业智库大数据中心

表 4-83　2014～2018 年中国农业大学争取国家自然科学基金项目经费十强学科变化趋势及指标

领域	指标	2014 年	2015 年	2016 年	2017 年	2018 年
全部	项目数/项	187（31）	173（39）	147（55）	187（41）	172（47）
	项目经费/万元	19 598.4（24）	11 908.45（35）	10 952.6（38）	16 851.37（28）	10 358.45（47）
	主持人数/人	180（31）	169（39）	146（54）	182（42）	167（48）
作物学	项目数/项	22（3）	19（4）	16（5）	21（3）	22（4）
	项目经费/万元	3 875（1）	2 124（1）	775（6）	1 842（2）	1 299.25（3）
	主持人数/人	20（3）	19（4）	16（5）	21（3）	21（4）
畜牧学与草地科学	项目数/项	26（1）	20（1）	16（1）	22（1）	15（3）
	项目经费/万元	2 620（1）	1 521（1）	1 405（1）	1 626（3）	1 287（1）
	主持人数/人	26（1）	20（1）	16（1）	22（1）	15（3）
兽医学	项目数/项	18（1）	19（1）	13（6）	19（2）	17（6）
	项目经费/万元	2 110（2）	1 330.45（2）	1 050（2）	1 938.9（2）	716（6）
	主持人数/人	17（1）	18（2）	13（5）	18（2）	17（6）
园艺学与植物营养学	项目数/项	15（3）	19（2）	12（5）	20（2）	17（4）
	项目经费/万元	1 570（2）	1 361（2）	1 031（3）	1 233.77（2）	1 133（3）
	主持人数/人	15（3）	19（2）	11（5）	20（2）	17（4）
水利科学与海洋工程	项目数/项	8（18）	4（27）	12（11）	9（18）	11（13）
	项目经费/万元	478（17）	174（32）	1 464（6）	2 905（2）	805（8）
	主持人数/人	8（17）	4（27）	12（11）	8（20）	10（15）
食品科学	项目数/项	12（4）	16（3）	15（3）	16（3）	18（3）
	项目经费/万元	870（3）	1 261（2）	1 059（1）	1 043（3）	994（4）
	主持人数/人	12（4）	16（3）	15（3）	16（3）	17（3）
植物保护学	项目数/项	14（5）	11（5）	11（6）	14（4）	16（5）
	项目经费/万元	937（4）	704（3）	810（4）	1 431（4）	749（5）
	主持人数/人	14（5）	11（5）	11（6）	14（4）	16（5）
植物学	项目数/项	13（3）	2（26）	8（5）	6（10）	6（11）
	项目经费/万元	1 609.4（2）	133（23）	852（3）	949（5）	358（10）
	主持人数/人	11（4）	2（26）	8（5）	6（10）	6（11）
地理学	项目数/项	11（28）	11（25）	11（29）	8（38）	6（27）
	项目经费/万元	1 912（7）	507（30）	527（25）	396（33）	271.7（31）
	主持人数/人	11（27）	10（26）	11（28）	8（38）	5（32）
微生物学	项目数/项	6（9）	9（4）	1（45）	6（10）	5（13）
	项目经费/万元	450（8）	582（5）	274（10）	328（13）	488（6）
	主持人数/人	6（9）	8（4）	1（45）	6（10）	5（13）

资料来源：中国产业智库大数据中心

表 4-84　2008～2018 年中国农业大学 SCI 论文总量分布及 2018 年 ESI 排名

序号	研究领域	SCI 发文量/篇	被引次数/次	篇均被引/次	高被引论文/篇	ESI 全球排名
全校合计		20 257	240 595	11.88	263	582
1	农业科学	4 777	53 680	11.24	60	8
2	生物与生化	1 632	26 064	15.97	19	337
3	化学	2 385	23 010	9.65	11	604
4	工程科学	964	7 910	8.21	7	609
5	环境生态学	1 413	16 704	11.82	18	328
6	微生物学	1 062	12 763	12.02	8	193
7	分子生物与基因	1 380	25 415	18.42	14	490
8	药理学与毒物学	435	5 174	11.89	3	644
9	植物与动物科学	4 273	49 013	11.47	90	69
10	社会科学	176	2 498	14.19	13	1 056

资料来源：中国产业智库大数据中心

4.2.42　中国地质大学（武汉）

2018 年，中国地质大学（武汉）的基础研究竞争力指数为 20.7651，全国排名第 42 位。争取国家自然科学基金项目总数为 212 项，全国排名第 37 位；项目经费总额为 13 298.63 万元，全国排名第 33 位；争取国家自然科学基金项目经费金额大于 3000 万元的学科共有 2 个，环境地球科学争取国家自然科学基金项目经费全国排名第 1 位（图 4-42）；环境地球科学争取国家自然科学基金项目经费增幅最大（表 4-85）。SCI 论文数 1335 篇，全国排名第 77 位；6 个学科入选 ESI 全球 1%（表 4-86）。发明专利申请量 702 件，全国排名第 84 位。

截至 2018 年 10 月，中国地质大学（武汉）下设有 19 个学院，65 个本科专业，一级学科硕士学位授权点 33 个，一级学科博士学位授权点 16 个，博士后科研流动站 13 个，一级学科国家重点学科 2 个。学校有全日制本科生 18 140 人，硕士研究生 6312 人，博士研究生 1651 人，国际学生 944 人。现有教职员工 3122 人，其中教师 1804 人，教授 505 人，副教授 882 人，中国科学院院士 9 人，“万人计划”入选者 8 人，“长江学者奖励计划”特聘教授、讲座教授、青年学者共计 18 人，国家自然科学基金杰出青年科学基金获得者 15 人，国家自然科学基金优秀青年科学基金获得者 10 人，“新世纪优秀人才支持计划”入选者 29 人。学校拥有国家自然科学基金创新研究群体 3 个，国家级教学团队 6 个，国家级教学名师 1 人[42]。

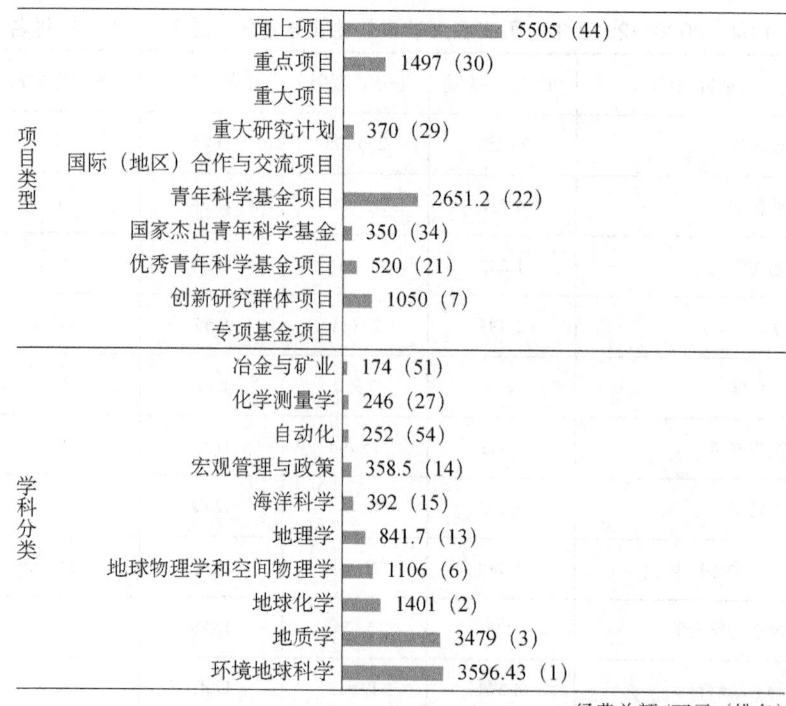

图 4-42　2018 年中国地质大学（武汉）争取国家自然科学基金项目经费数据

资料来源：中国产业智库大数据中心

表 4-85　2014～2018 年中国地质大学（武汉）争取国家自然科学基金项目经费十强学科变化趋势及指标

领域	指标	2014 年	2015 年	2016 年	2017 年	2018 年
全部	项目数/项	112（70）	156（53）	154（49）	182（43）	212（37）
	项目经费/万元	7 209（80）	9 558（51）	10 485.49（42）	11 937（45）	13 298.63（33）
	主持人数/人	111（71）	155（52）	153（49）	182（42）	211（37）
地质学	项目数/项	50（1）	81（1）	68（1）	79（1）	46（1）
	项目经费/万元	3 945（2）	6 098（1）	6 754（2）	5 440（2）	3 479（3）
	主持人数/人	50（1）	81（1）	67（1）	79（1）	46（1）
地球化学	项目数/项	12（4）	17（4）	16（3）	22（3）	16（2）
	项目经费/万元	767（6）	998（6）	817.89（7）	1 692（2）	1 401（2）
	主持人数/人	12（4）	17（4）	16（3）	22（3）	16（2）
地球物理学和空间物理学	项目数/项	6（12）	19（3）	18（3）	10（8）	20（3）
	项目经费/万元	351（17）	1 149（6）	1 137.6（5）	772（10）	1 106（5）
	主持人数/人	6（12）	18（3）	18（3）	10（8）	20（3）
环境地球科学	项目数/项	0（1）	0（1）	0（4）	2（10）	44（1）
	项目经费/万元	0（1）	0（1）	0（4）	450（8）	3 596.43（1）
	主持人数/人	0（1）	0（1）	0（4）	2（6）	44（1）
地理学	项目数/项	5（55）	6（39）	13（20）	13（19）	23（6）
	项目经费/万元	173（86）	160（66）	440（33）	404（32）	841.7（13）
	主持人数/人	5（55）	6（38）	13（20）	13（19）	23（6）

续表

领域	指标	2014年	2015年	2016年	2017年	2018年
自动化	项目数/项	5（34）	7（33）	8（27）	9（29）	4（52）
	项目经费/万元	233（45）	223（46）	285（41）	615（24）	252（50）
	主持人数/人	5（33）	7（33）	8（27）	9（29）	4（52）
计算机科学	项目数/项	5（53）	2（96）	3（67）	5（61）	3（65）
	项目经费/万元	227（67）	41（154）	132（74）	1 092（20）	77（98）
	主持人数/人	5（53）	2（96）	3（67）	5（61）	3（65）
海洋科学	项目数/项	1（37）	1（39）	2（30）	0（70）	3（26）
	项目经费/万元	97（30）	205（18）	94（28）	0（70）	392（14）
	主持人数/人	1（37）	1（39）	2（30）	0（70）	3（26）
化学测量学	项目数/项	0（42）	1（22）	0（32）	2（27）	4（11）
	项目经费/万元	0（42）	21（26）	0（32）	195（18）	246（16）
	主持人数/人	0（42）	1（22）	0（32）	2（27）	4（10）
建筑环境与结构工程	项目数/项	1（118）	0（161）	3（65）	2（86）	3（73）
	项目经费/万元	85（100）	0（161）	144（64）	52（121）	145（70）
	主持人数/人	1（118）	0（161）	3（65）	2（86）	3（73）

资料来源：中国产业智库大数据中心

表 4-86　2008～2018 年中国地质大学（武汉）SCI 论文总量分布及 2018 年 ESI 排名

序号	研究领域	SCI 发文量/篇	被引次数/次	篇均被引/次	高被引论文/篇	ESI 全球排名
	全校合计	19 011	204 595	10.76	276	686
1	化学	1 925	22 202	11.53	36	629
2	计算机科学	643	5 464	8.50	17	266
3	工程科学	2 057	16 732	8.13	39	303
4	环境生态学	1 591	12 253	7.70	10	455
5	地球科学	9 190	116 658	12.69	138	27
6	材料科学	1 668	16 709	10.02	12	389

资料来源：中国产业智库大数据中心

4.2.43　江南大学

2018 年，江南大学的基础研究竞争力指数为 20.7622，全国排名第 43 位。争取国家自然科学基金项目总数为 140 项，全国排名第 72 位；项目经费总额为 6644.3 万元，全国排名第 82 位；争取国家自然科学基金项目经费金额大于 2000 万元的学科共有 1 个，食品科学争取国家自然科学基金项目经费全国排名第 1 位（图 4-43）；化学工程与工业化学争取国家自然科学基金项目经费增幅最大（表 4-87）。SCI 论文数 1849 篇，全国排名第 54 位；6 个学科入选 ESI 全球 1%（表 4-88）。发明专利申请量 1702 件，全国排名第 27 位。

截至 2018 年 10 月，江南大学设有 18 个学院，48 个本科专业，建有 6 个博士后科研流动站，7 个一级学科博士学位授权点，28 个一级学科硕士学位授权点，1 个一级学科国家重点学科和 5 个二级学科国家重点学科。有在校本科生 20 403 人，硕士、博士研究生 8686 人，留学生1276人。江南大学有教职员工3274人，其中专任教师1985人，其中，中国工程院院士2人，“千人计划”入选者15人，“万人计划”入选者14人，“长江学者奖励计划”特聘教授、讲座教授、青年学者共计19人，国家自然科学基金杰出青年科学基金与国家自然科学基金优秀青年科学基金获得者15人，“973计划”首席科学家1人，“新世纪百千万人才工程”国家级人选7人[43]。

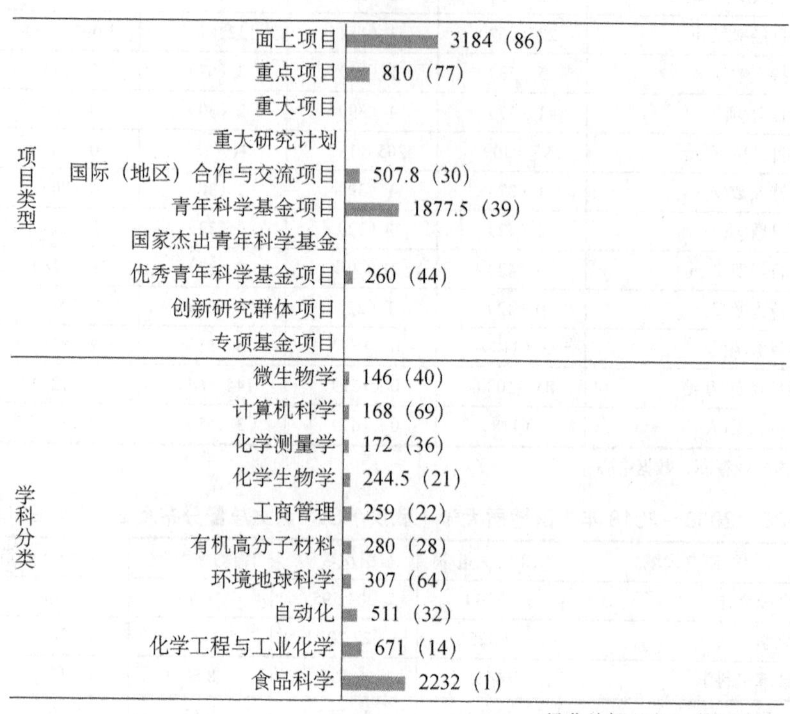

图4-43 2018年江南大学争取国家自然科学基金项目经费数据

资料来源：中国产业智库大数据中心

表4-87 2014～2018年江南大学争取国家自然科学基金项目经费十强学科变化趋势及指标

领域	指标	2014年	2015年	2016年	2017年	2018年
全部	项目数/项	105（77）	128（71）	109（85）	138（70）	140（72）
	项目经费/万元	5133（113）	5212.8（95）	4470.26（114）	5954.5（97）	6644.3（82）
	主持人数/人	104（78）	128（68）	108（86）	137（69）	138（72）
食品科学	项目数/项	29（1）	34（1）	23（1）	36（1）	35（1）
	项目经费/万元	1738（1）	2062（1）	965（2）	2 016（1）	2 232（1）
	主持人数/人	29（1）	34（1）	23（1）	35（1）	34（1）
环境化学	项目数/项	4（27）	10（14）	14（11）	12（14）	2（30）
	项目经费/万元	175（39）	473（17）	568（14）	455（19）	91.5（35）
	主持人数/人	4（27）	10（14）	14（11）	12（14）	2（30）
自动化	项目数/项	8（23）	6（38）	4（57）	8（32）	7（29）
	项目经费/万元	365（32）	207（49）	162（63）	436（36）	511（30）
	主持人数/人	8（23）	6（38）	4（57）	8（31）	7（29）

续表

领域	指标	2014年	2015年	2016年	2017年	2018年
计算机科学	项目数/项	4（64）	5（52）	7（44）	11（30）	5（46）
	项目经费/万元	158（82）	234（53）	310（46）	472（42）	168（59）
	主持人数/人	4（63）	5（52）	7（44）	11（30）	5（46）
微生物学	项目数/项	6（9）	5（11）	6（8）	3（22）	3（19）
	项目经费/万元	263（14）	232（13）	323（8）	150（23）	146（26）
	主持人数/人	6（9）	5（11）	6（8）	3（22）	3（19）
有机高分子材料	项目数/项	6（10）	8（10）	7（11）	4（17）	7（10）
	项目经费/万元	150（25）	290（11）	219（19）	99（32）	280（15）
	主持人数/人	6（10）	8（10）	7（11）	4（17）	7（10）
合成化学	项目数/项	3（21）	5（12）	4（20）	2（37）	1（63）
	项目经费/万元	145（31）	255（18）	446（10）	130（35）	24（94）
	主持人数/人	3（21）	5（12）	4（20）	2（37）	1（63）
机械工程	项目数/项	1（126）	7（38）	3（75）	5（60）	4（64）
	项目经费/万元	25（155）	226（61）	144（74）	193（71）	131（78）
	主持人数/人	1（126）	7（38）	3（75）	5（60）	4（64）
化学工程与工业化学	项目数/项	0（1）	0（1）	0（6）	0（24）	13（7）
	项目经费/万元	0（1）	0（1）	0（6）	0（24）	671（8）
	主持人数/人	0（1）	0（1）	0（6）	0（24）	13（7）
肿瘤学	项目数/项	4（59）	3（70）	3（67）	4（64）	2（84）
	项目经费/万元	139（71）	88（78）	131（66）	193（57）	43（111）
	主持人数/人	4（59）	3（70）	3（67）	4（64）	2（84）

资料来源：中国产业智库大数据中心

表 4-88　2008～2018 年江南大学 SCI 论文总量分布及 2018 年 ESI 排名

序号	研究领域	SCI 发文量/篇	被引次数/次	篇均被引/次	高被引论文/篇	ESI 全球排名
全校合计		14 345	135 240	9.43	158	956
1	农业科学	2 615	28 339	10.84	49	32
2	生物与生化	2 023	20 604	10.18	3	426
3	化学	3 403	35 417	10.41	20	403
4	临床医学	720	5 776	8.02	6	2 723
5	工程科学	1 457	15 319	10.51	52	335
6	材料科学	1 367	10 058	7.36	6	598

资料来源：中国产业智库大数据中心

4.2.44　合肥工业大学

2018 年，合肥工业大学的基础研究竞争力指数为 20.3126，全国排名第 44 位。争取国家自然科学基金项目总数为 168 项，全国排名第 49 位；项目经费总额为 7977.9 万元，全国排名第 64 位；争取国家自然科学基金项目经费金额大于 1000 万元的学科共有 1 个，管理科学与工程争取国家自然科学基金项目经费全国排名第 8 位（图 4-44）；电气科学与工程争取国家自然科学基金项目经费增幅最大（表 4-89）。SCI 论文数 1541 篇，全国排名第 67 位；5 个学科入选 ESI 全球 1%（表 4-90）。发明专利申请量 1295 件，全国排名第 46 位。

截至 2018 年 9 月，合肥工业大学设有直属院系 23 个，一级学科博士学位授权点 16 个，一级学科硕士学位授权点 38 个，国家重点学科 3 个，国家重点培育学科 1 个。目前有在校全日制本科生 3.2 万余人，硕士和博士研究生 1.3 万余人。学校现有教职工 3783 人，专任教师 2266 人，其中中国工程院院士 1 人，"千人计划"入选者 7 人，"长江学者奖励计划"特聘教授与讲座教授 12 人，国家自然科学基金杰出青年科学基金获得者 7 人，"万人计划"教学名师 1 人，国家级教学名师 2 人，"长江学者奖励计划"青年学者 2 人，国家自然科学基金优秀青年科学基金获得者 10 人，"万人计划"青年拔尖人才项目入选者 1 人，国家"百千万人才工程"入选者 10 人，"新世纪优秀人才支持计划"入选者 27 人[44]。

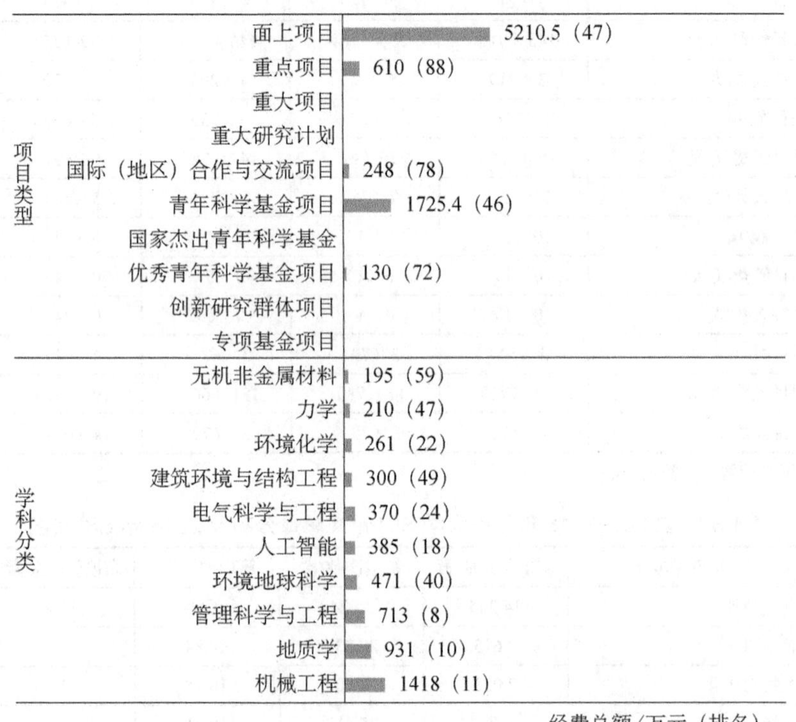

图 4-44　2018 年合肥工业大学争取国家自然科学基金项目经费数据

资料来源：中国产业智库大数据中心

表 4-89　2014～2018 年合肥工业大学争取国家自然科学基金项目经费十强学科变化趋势及指标

领域	指标	2014 年	2015 年	2016 年	2017 年	2018 年
全部	项目数/项	154（43）	164（47）	146（56）	140（68）	168（49）
	项目经费/万元	7305（79）	8043.87（67）	7814.3（60）	6769.1（85）	7977.9（64）
	主持人数/人	148（44）	157（49）	144（55）	140（67）	167（48）
管理科学与工程	项目数/项	10（5）	13（2）	19（1）	14（3）	20（1）
	项目经费/万元	576（6）	1454.1（2）	2245.1（2）	920.5（3）	713（5）
	主持人数/人	10（4）	13（2）	17（1）	14（3）	20（1）

续表

领域	指标	2014年	2015年	2016年	2017年	2018年
机械工程	项目数/项	16（16）	14（22）	15（19）	21（14）	30（7）
	项目经费/万元	671（24）	581（31）	684（24）	1010（22）	1418（11）
	主持人数/人	16（16）	14（22）	15（19）	21（14）	30（7）
地质学	项目数/项	10（18）	10（20）	12（19）	10（22）	8（19）
	项目经费/万元	497（30）	820（16）	558（20）	605（19）	931（9）
	主持人数/人	10（18）	9（23）	12（19）	10（22）	8（19）
计算机科学	项目数/项	9（29）	12（30）	6（47）	10（38）	5（46）
	项目经费/万元	717（25）	420（36）	489（35）	864（31）	160（61）
	主持人数/人	8（37）	12（29）	6（47）	10（38）	5（46）
建筑环境与结构工程	项目数/项	12（21）	12（24）	7（41）	8（37）	5（48）
	项目经费/万元	454（29）	351（35）	182（57）	331（40）	300（42）
	主持人数/人	11（26）	12（24）	7（40）	8（37）	5（48）
电子学与信息系统	项目数/项	11（20）	15（17）	2（77）	10（25）	4（39）
	项目经费/万元	453（32）	572.8（21）	44（121）	283（43）	171（51）
	主持人数/人	11（20）	14（17）	2（77）	10（24）	4（39）
电气科学与工程	项目数/项	4（19）	5（19）	9（9）	3（26）	8（12）
	项目经费/万元	96（37）	166（24）	597（10）	109（36）	370（19）
	主持人数/人	4（19）	5（19）	9（9）	3（26）	8（12）
无机非金属材料	项目数/项	9（16）	5（24）	4（35）	2（63）	5（29）
	项目经费/万元	391（30）	185（39）	122（58）	85（63）	195（39）
	主持人数/人	9（14）	5（23）	4（35）	2（63）	5（29）
环境化学	项目数/项	4（27）	3（34）	5（25）	3（41）	4（11）
	项目经费/万元	205（29）	137（38）	189（35）	155（45）	261（11）
	主持人数/人	4（27）	2（42）	5（25）	3（41）	4（11）
自动化	项目数/项	3（60）	8（32）	7（33）	1（125）	5（42）
	项目经费/万元	71（114）	244（44）	388（34）	63（121）	159（61）
	主持人数/人	3（60）	8（32）	7（33）	1（125）	5（42）

资料来源：中国产业智库大数据中心

表 4-90　2008～2018 年合肥工业大学 SCI 论文总量分布及 2018 年 ESI 排名

序号	研究领域	SCI 发文量/篇	被引次数/次	篇均被引/次	高被引论文/篇	ESI 全球排名
	全校合计	9 274	84 696	9.13	114	1 343
1	农业科学	287	2 486	8.66	13	770
2	化学	1 842	20 771	11.28	17	672
3	计算机科学	641	4 870	7.60	10	301
4	工程科学	2 299	15 972	6.95	37	319
5	材料科学	1 591	19 779	12.43	8	337

资料来源：中国产业智库大数据中心

4.2.45 河海大学

2018 年，河海大学的基础研究竞争力指数为 19.8199，全国排名第 45 位。争取国家自然科学基金项目总数为 155 项，全国排名第 58 位；项目经费总额为 8444.8 万元，全国排名第 60 位；争取国家自然科学基金项目经费金额大于 2000 万元的学科共有 1 个，水利科学与海洋工程争取国家自然科学基金项目经费全国排名第 3 位（图 4-45）；环境地球科学争取国家自然科学基金项目经费增幅最大（表 4-91）。SCI 论文数 1698 篇，全国排名第 60 位；5 个学科入选 ESI 全球 1%（表 4-92）。发明专利申请量 1162 件，全国排名第 56 位。

截至 2018 年 9 月底，河海大学有 21 个院系，56 个本科专业，拥有 1 个一级学科国家重点学科，7 个二级学科国家重点学科，2 个二级学科国家重点学科培育点；16 个一级学科博士学位授权点，38 个一级学科硕士学位授权点（含一级博士点），5 个二级学科硕士学位授权点，12 个硕士专业学位类别授权点；15 个博士后流动站。各类学历教育在校学生 51 499 名，其中研究生 17 142 名，普通本科生 19 841 名，成人教育学生 13 052 名，留学生 1464 名。河海大学现有教职工 3433 名，其中拥有高级职称的教师 1401 名，博士生导师 535 名；中国工程院院士 2 名，双聘院士 16 名，“长江学者奖励计划”特聘教授 7 名，国家自然科学基金杰出青年科学基金获得者 7 名，国家自然科学基金优秀青年科学基金获得者 5 名，国家级教学名师奖获得者 3 名，国家级有突出贡献的中青年专家 7 名，“百千万人才工程”国家级人选 9 名，教育部“新世纪优秀人才支持计划”入选者 23 名，教育部科学技术委员会学部委员 2 名，国家自然科学基金创新群体 1 个，“长江学者和创新团队发展计划”创新团队 5 个，国家级教学团队 2 个[45]。

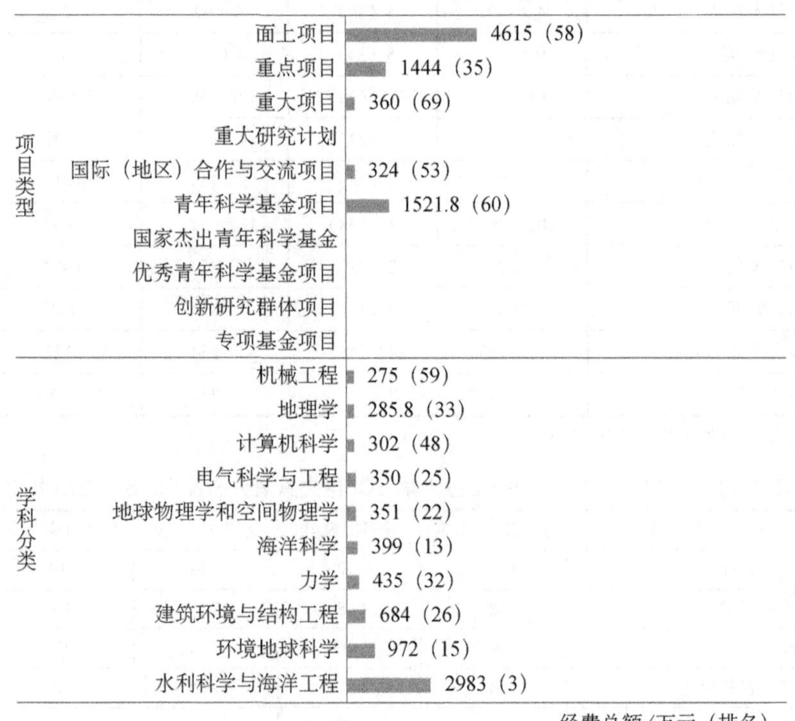

图 4-45 2018 年河海大学争取国家自然科学基金项目经费数据

资料来源：中国产业智库大数据中心

表 4-91　2014～2018 年河海大学争取国家自然科学基金项目经费十强学科变化趋势及指标

领域	指标	2014 年	2015 年	2016 年	2017 年	2018 年
全部	项目数/项	127（61）	134（63）	134（63）	145（66）	155（58）
	项目经费/万元	8737（61）	5972.3（84）	5437.5（94）	7465（77）	8444.8（60）
	主持人数/人	125（61）	134（63）	131（63）	143（64）	154（59）
水利科学与海洋工程	项目数/项	47（1）	46（1）	48（1）	49（1）	49（1）
	项目经费/万元	4464（1）	2477（1）	2360（1）	3321（1）	2983（3）
	主持人数/人	46（1）	46（1）	46（1）	48（1）	49（1）
建筑环境与结构工程	项目数/项	16（18）	17（15）	14（22）	15（22）	16（23）
	项目经费/万元	975（19）	636（18）	582（23）	583（26）	684（23）
	主持人数/人	16（18）	17（15）	14（22）	15（22）	16（23）
地理学	项目数/项	19（12）	8（32）	12（22）	10（26）	6（27）
	项目经费/万元	1295（16）	677.3（22）	346.5（40）	703（20）	285.8（30）
	主持人数/人	19（12）	8（31）	11（28）	10（26）	6（27）
力学	项目数/项	6（27）	8（22）	5（27）	13（13）	9（24）
	项目经费/万元	260（37）	276（32）	290（28）	549（26）	435（28）
	主持人数/人	6（27）	8（22）	5（27）	13（13）	9（23）
地质学	项目数/项	5（35）	4（46）	8（25）	5（34）	2（40）
	项目经费/万元	256（40）	430（28）	551（21）	159（49）	90（41）
	主持人数/人	5（35）	4（46）	8（25）	5（34）	2（40）
电气科学与工程	项目数/项	7（14）	8（11）	4（20）	3（26）	3（25）
	项目经费/万元	331（20）	269（20）	113（31）	136（28）	350（20）
	主持人数/人	7（14）	8（11）	4（19）	3（26）	3（25）
环境地球科学	项目数/项	0（1）	0（1）	0（4）	1（14）	12（13）
	项目经费/万元	0（1）	0（1）	0（4）	156（15）	972（8）
	主持人数/人	0（1）	0（1）	0（4）	1（13）	12（13）
海洋科学	项目数/项	0（66）	3（21）	5（18）	11（9）	9（11）
	项目经费/万元	0（66）	62（42）	244（17）	388（12）	399（12）
	主持人数/人	0（66）	3（21）	5（18）	11（9）	9（11）
计算机科学	项目数/项	1（131）	3（77）	5（53）	5（61）	2（83）
	项目经费/万元	78（136）	147（73）	97（89）	228（66）	302（42）
	主持人数/人	1（131）	3（77）	5（53）	5（61）	2（83）
电子学与信息系统	项目数/项	5（40）	5（41）	5（42）	6（37）	5（34）
	项目经费/万元	183（57）	98（65）	180（54）	210（51）	154（55）
	主持人数/人	5（40）	5（41）	5（42）	6（37）	5（34）

资料来源：中国产业智库大数据中心

表 4-92　2008～2018 年河海大学 SCI 论文总量分布及 2018 年 ESI 排名

序号	研究领域	SCI 发文量/篇	被引次数/次	篇均被引/次	高被引论文/篇	ESI 全球排名
	全校合计	9 807	59 955	6.11	66	1 705
1	计算机科学	645	4 988	7.73	17	296
2	工程科学	3 140	17 802	5.67	16	280
3	环境生态学	1 708	10 731	6.28	3	528
4	地球科学	1 062	7 261	6.84	10	617
5	材料科学	1 045	7 485	7.16	1	749

资料来源：中国产业智库大数据中心

4.2.46 暨南大学

2018年，暨南大学的基础研究竞争力指数为19.705，全国排名第46位。争取国家自然科学基金项目总数为239项，全国排名第31位；项目经费总额为11 427.1万元，全国排名第40位；争取国家自然科学基金项目经费金额大于1000万元的学科共有1个，药物学争取国家自然科学基金项目经费全国排名第3位（图4-46）；中医学争取国家自然科学基金项目经费增幅最大（表4-93）。SCI论文数1500篇，全国排名第70位；8个学科入选ESI全球1%（表4-94）。发明专利申请量423件，全国排名第185位。

截至2018年11月，暨南大学设有37个学院，有64个系，18个直属研究院（所）；有本科专业94个，有国家二级重点学科4个，硕士学位授权一级学科点41个，博士学位授权一级学科点23个，专业学位授权类别27种；有博士后流动站16个，博士后科研工作站1个。暨南大学有在校全日制学生38 485人，其中全日制本科生27 241人，研究生11 244人，在校华侨、港澳台和外国留学生14 388人。学校现有专任教师2337人，其中教授682人，副教授866人，博士生导师741人，硕士生导师1547人，中国科学院院士2人，中国工程院院士4人，"长江学者奖励计划"入选者16人，国家自然科学基金杰出青年科学基金和国家自然科学基金优秀青年科学基金获得者共35人[46]。

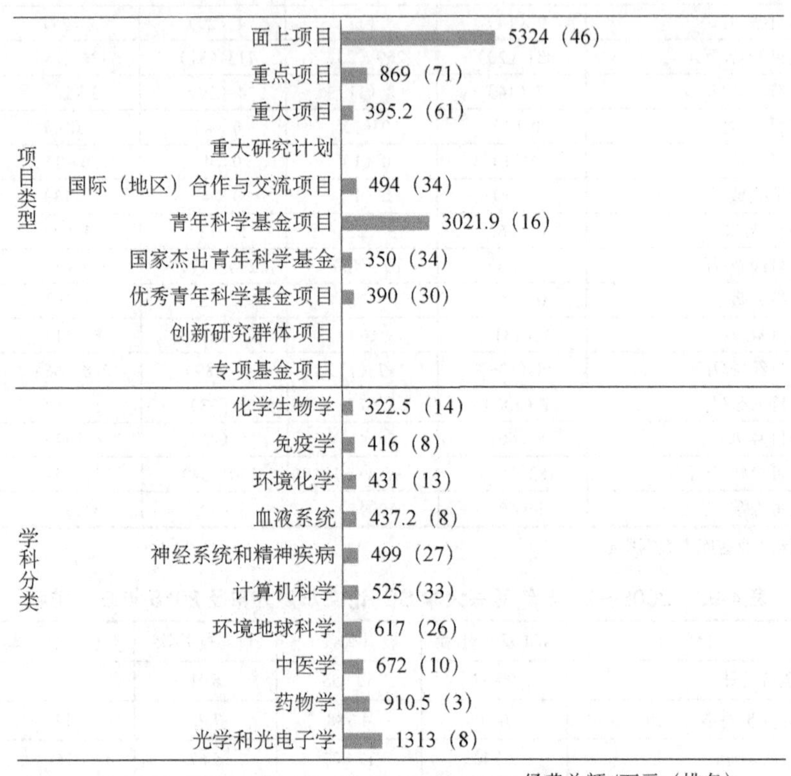

图4-46 2018年暨南大学争取国家自然科学基金项目经费数据

资料来源：中国产业智库大数据中心

表 4-93　2014～2018 年暨南大学争取国家自然科学基金项目经费十强学科变化趋势及指标

领域	指标	2014 年	2015 年	2016 年	2017 年	2018 年
全部	项目数/项	123（65）	131（68）	152（50）	242（31）	239（31）
	项目经费/万元	6 855（86）	6 408（79）	7 409.8（63）	10 436（53）	11 427.1（40）
	主持人数/人	121（65）	128（68）	151（50）	240（31）	237（31）
光学和光电子学	项目数/项	7（13）	7（15）	8（13）	15（5）	14（5）
	项目经费/万元	742（11）	726（14）	237（27）	632（12）	1 313（8）
	主持人数/人	7（13）	7（15）	8（13）	15（5）	14（5）
药物学	项目数/项	9（6）	10（4）	10（6）	5（10）	16（2）
	项目经费/万元	440（6）	322（8）	1 052.3（3）	139.6（12）	910.5（2）
	主持人数/人	9（6）	10（4）	10（6）	5（10）	16（2）
计算机科学	项目数/项	5（53）	7（42）	5（53）	11（30）	7（38）
	项目经费/万元	182（78）	319（46）	125（76）	878（30）	525（32）
	主持人数/人	5（53）	7（42）	5（53）	11（30）	7（38）
中医学	项目数/项	3（32）	3（29）	6（23）	6（26）	11（17）
	项目经费/万元	169（30）	102（30）	347（19）	267（26）	672（10）
	主持人数/人	3（32）	3（29）	6（23）	6（26）	11（17）
神经系统和精神疾病	项目数/项	4（34）	6（30）	7（28）	5（35）	6（32）
	项目经费/万元	270（35）	187（35）	327（30）	257.4（33）	499（23）
	主持人数/人	4（34）	6（30）	7（28）	5（35）	6（32）
经济科学	项目数/项	7（14）	2（33）	11（7）	12（4）	11（6）
	项目经费/万元	311（15）	66（38）	345（11）	368（7）	295（10）
	主持人数/人	7（14）	2（32）	11（7）	12（4）	11（5）
工商管理	项目数/项	3（19）	3（18）	13（2）	9（6）	10（1）
	项目经费/万元	184（14）	144.5（16）	374（6）	313（9）	301（6）
	主持人数/人	3（19）	3（18）	13（2）	9（6）	10（1）
中药学	项目数/项	2（36）	7（14）	9（11）	7（12）	2（39）
	项目经费/万元	178（25）	254（19）	472（10）	320（13）	78（41）
	主持人数/人	2（36）	7（14）	9（11）	7（12）	2（39）
海洋科学	项目数/项	3（23）	6（15）	5（18）	3（23）	4（21）
	项目经费/万元	282（17）	362（12）	252（15）	166（27）	173（26）
	主持人数/人	3（23）	6（15）	5（18）	3（23）	4（21）
环境化学	项目数/项	2（44）	1（57）	1（66）	9（18）	8（4）
	项目经费/万元	115（47）	75（55）	70（66）	503（18）	431（7）
	主持人数/人	2（44）	1（56）	1（66）	9（18）	8（4）

资料来源：中国产业智库大数据中心

表 4-94　2008～2018 年暨南大学 SCI 论文总量分布及 2018 年 ESI 排名

序号	研究领域	SCI 发文量/篇	被引次数/次	篇均被引/次	高被引论文/篇	ESI 全球排名
	全校合计	13 164	115 277	8.76	128	1 081
1	农业科学	457	3 721	8.14	4	536
2	生物与生化	961	11 377	11.84	11	675
3	化学	2 029	19 467	9.59	15	707
4	临床医学	2 078	15 835	7.62	8	1 511
5	工程科学	700	5 203	7.43	23	874
6	环境生态学	746	5 814	7.79	15	791
7	材料科学	1 010	13 510	13.38	13	464
8	药理学与毒物学	1 093	9 861	9.02	6	340

资料来源：中国产业智库大数据中心

4.2.47 上海大学

2018 年，上海大学的基础研究竞争力指数为 19.5376，全国排名第 47 位。争取国家自然科学基金项目总数为 156 项，全国排名第 57 位；项目经费总额为 9303.12 万元，全国排名第 52 位；争取国家自然科学基金项目经费金额大于 1000 万元的学科共有 2 个，自动化争取国家自然科学基金项目经费全国排名第 5 位（图 4-47）；自动化争取国家自然科学基金项目经费增幅最大（表 4-95）。SCI 论文数 1949 篇，全国排名第 50 位；8 个学科入选 ESI 全球 1%（表 4-96）。发明专利申请量 681 件，全国排名第 99 位。

截至 2018 年 10 月，上海大学设有 26 个学院，1 个学部（筹）和 2 个直属系，82 个本科专业，42 个一级学科硕士学位授权点，24 个一级学科博士学位授权点，19 个博士后科研流动站，建有 4 个国家重点学科。上海大学有全日制本科生 20 448 人，研究生 16 954 人，专任教师 3022 人，其中教授 680 人，副教授 1087 人，中国工程院院士 6 人，“万人计划”入选者 5 人，“长江学者奖励计划”特聘教授 9 人、讲座教授 3 人、青年学者 4 人，国家“百千万人才工程”入选者 8 人，国家自然科学基金杰出青年科学基金获得者 19 人，国家自然科学基金优秀青年科学基金获得者 12 人[47]。

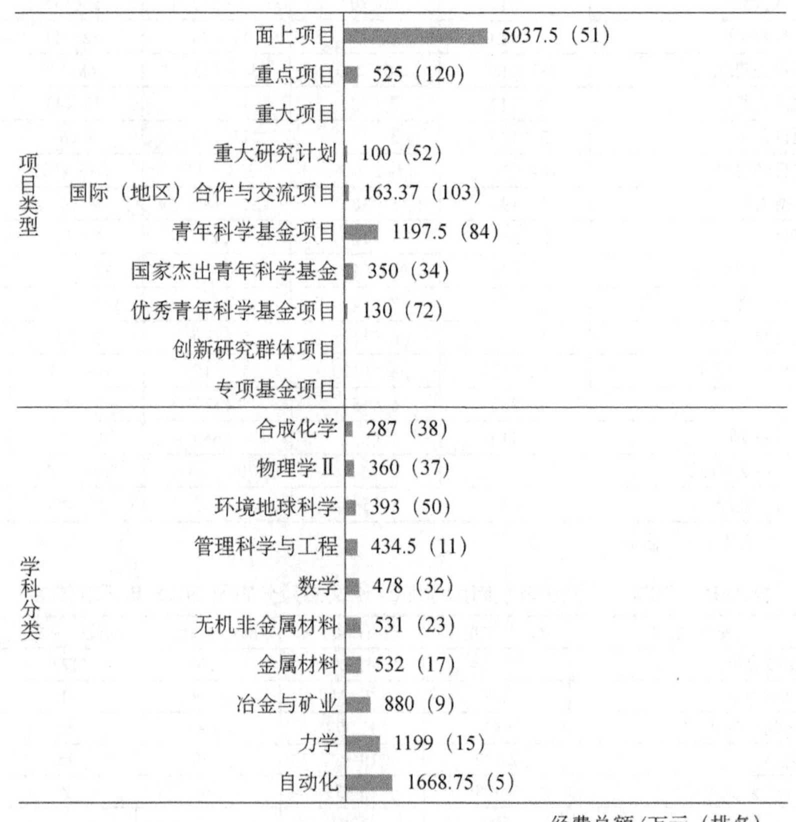

图 4-47 2018 年上海大学争取国家自然科学基金项目经费数据

资料来源：中国产业智库大数据中心

表 4-95　2014～2018 年上海大学争取国家自然科学基金项目经费十强学科变化趋势及指标

领域	指标	2014 年	2015 年	2016 年	2017 年	2018 年
全部	项目数/项	123（65）	157（52）	165（44）	144（67）	156（57）
	项目经费/万元	8 429.8（64）	8 759.8（57）	11 112.3（36）	7 954（72）	9 303.12（52）
	主持人数/人	121（65）	156（51）	162（44）	142（65）	155（57）
冶金与矿业	项目数/项	9（22）	6（28）	8（22）	7（29）	9（26）
	项目经费/万元	529（25）	540（15）	2 434.5（3）	438（27）	880（9）
	主持人数/人	9（22）	6（28）	7（27）	7（28）	9（26）
自动化	项目数/项	3（60）	10（23）	11（17）	13（16）	11（16）
	项目经费/万元	130（73）	868（15）	1 006（11）	591（26）	1 668.75（5）
	主持人数/人	3（60）	10（22）	11（17）	13（16）	11（16）
力学	项目数/项	12（13）	12（16）	14（12）	10（21）	14（16）
	项目经费/万元	1 208（13）	524（22）	605（15）	417（33）	1 199（14）
	主持人数/人	11（15）	12（16）	14（12）	9（24）	14（15）
无机非金属材料	项目数/项	7（21）	4（33）	10（10）	7（18）	9（15）
	项目经费/万元	409（28）	482（15）	700（11）	524（19）	531（16）
	主持人数/人	7（21）	4（32）	10（10）	7（17）	9（14）
电子学与信息系统	项目数/项	8（32）	12（21）	11（23）	7（33）	5（34）
	项目经费/万元	728（24）	655（18）	556（26）	349（39）	226（40）
	主持人数/人	8（32）	12（21）	11（23）	7（32）	5（34）
光学和光电子学	项目数/项	5（21）	5（23）	7（15）	3（33）	5（30）
	项目经费/万元	430（19）	422（19）	473（18）	375（23）	276（31）
	主持人数/人	5（21）	5（23）	7（15）	3（33）	5（30）
数学	项目数/项	6（48）	10（22）	12（14）	12（13）	11（17）
	项目经费/万元	293（34）	389（21）	366（21）	447（19）	478（23）
	主持人数/人	6（47）	10（22）	12（12）	12（13）	11（17）
金属材料	项目数/项	8（10）	7（13）	8（9）	5（21）	10（8）
	项目经费/万元	350（14）	268（16）	440（10）	350（14）	532（11）
	主持人数/人	8（10）	7（13）	8（9）	5（20）	10（8）
机械工程	项目数/项	7（41）	7（38）	7（40）	7（42）	3（80）
	项目经费/万元	344（46）	391（39）	354（39）	673（27）	107（88）
	主持人数/人	7（40）	7（38）	7（40）	7（42）	3（80）
物理学Ⅰ	项目数/项	5（35）	6（26）	9（20）	10（20）	6（31）
	项目经费/万元	299（36）	247（33）	413（27）	484（27）	225（43）
	主持人数/人	5（35）	6（26）	9（20）	10（19）	6（31）

资料来源：中国产业智库大数据中心

表 4-96　2008～2018 年上海大学 SCI 论文总量分布及 2018 年 ESI 排名

序号	研究领域	SCI 发文量/篇	被引次数/次	篇均被引/次	高被引论文/篇	ESI 全球排名
	全校合计	17 600	177 939	10.11	196	760
1	生物与生化	493	7 234	14.67	3	950
2	化学	3 394	48 668	14.34	44	276
3	计算机科学	780	5 852	7.50	10	247
4	工程科学	2 914	21 755	7.47	43	227
5	环境生态学	412	4 856	11.79	6	881
6	材料科学	3 653	40 664	11.13	36	163
7	数学	1 229	6 175	5.02	20	158
8	物理学	3 254	28 917	8.89	22	566

资料来源：中国产业智库大数据中心

4.2.48　华东理工大学

2018 年，华东理工大学的基础研究竞争力指数为 19.4986，全国排名第 48 位。争取国家自然科学基金项目总数为 153 项，全国排名第 61 位；项目经费总额为 10 414.92 万元，全国排名第 46 位；争取国家自然科学基金项目经费金额大于 2000 万元的学科共有 1 个，化学工程与工业化学争取国家自然科学基金项目经费全国排名第 2 位（图 4-48）；化学工程与工业化学争取国家自然科学基金项目经费增幅最大（表 4-97）。SCI 论文数 1970 篇，全国排名第 48 位；6 个学科入选 ESI 全球 1%（表 4-98）。发明专利申请量 425 件，全国排名第 184 位。

截至 2018 年 12 月，华东理工大学设有 20 个学院，本科专业 68 个，涵盖理、工、农、医、经、管、文、法、艺术、哲学、教育 11 个学科门类。一级学科硕士学位授权点 27 个，一级学科博士学位授权点 13 个，博士后科研流动站 12 个，拥有 8 个国家重点学科。华东理工大学有在校全日制学生 2.7 万余人，其中，本科生 16 485 人，硕士研究生 8961 人，博士研究生 1853 人。教职员工 3037 人，其中中国科学院、中国工程院院士 6 人，双聘院士 4 人，“长江学者奖励计划”特聘教授、讲座教授、青年学者共计 25 人，“千人计划”入选者 15 人，国家自然科学基金杰出青年科学基金获得者 23 人，国家级教学名师 2 人，国家自然科学基金创新研究群体 2 个，“长江学者和创新团队发展计划”创新团队 3 个，国家级教学团队 4 个[48]。

图 4-48　2018 年华东理工大学争取国家自然科学基金项目经费数据

资料来源：中国产业智库大数据中心

表 4-97　2014～2018 年华东理工大学争取国家自然科学基金项目经费十强学科变化趋势及指标

领域	指标	2014 年	2015 年	2016 年	2017 年	2018 年
全部	项目数/项	135（55）	153（54）	120（75）	154（60）	153（61）
	项目经费/万元	10 266（50）	8 254.18（62）	7 765.5（62）	10 074.3（56）	10 414.92（46）
	主持人数/人	134（55）	150（55）	118（76）	151（60）	151（61）
环境化学	项目数/项	40（2）	34（3）	22（9）	33（2）	5（7）
	项目经费/万元	2 513（7）	2 108（5）	1 796（6）	1 675（3）	350（9）
	主持人数/人	40（2）	34（3）	21（9）	33（2）	5（7）
化学工程与工业化学	项目数/项	0（1）	0（1）	0（6）	13（3）	40（2）
	项目经费/万元	0（1）	0（1）	0（6）	790（5）	2 614（2）
	主持人数/人	0（1）	0（1）	0（6）	13（3）	40（2）
催化与表界面化学	项目数/项	11（9）	13（5）	10（9）	7（12）	4（12）
	项目经费/万元	930（9）	820（8）	516（12）	336（17）	471（10）
	主持人数/人	11（9）	13（5）	10（9）	7（12）	4（12）
自动化	项目数/项	6（31）	7（33）	8（27）	12（21）	6（37）
	项目经费/万元	279（41）	585.5（24）	404（33）	1 101（20）	593（24）
	主持人数/人	6（31）	7（33）	8（27）	12（21）	6（37）
无机非金属材料	项目数/项	4（36）	7（19）	4（35）	5（28）	2（59）
	项目经费/万元	350（36）	316（26）	1 194（5）	920（7）	120（56）
	主持人数/人	3（44）	7（19）	4（35）	5（28）	2（58）

续表

领域	指标	2014年	2015年	2016年	2017年	2018年
化学理论与机制	项目数/项	7（13）	9（10）	7（16）	4（16）	3（11）
	项目经费/万元	716（14）	568（13）	435（16）	258（18）	480（7）
	主持人数/人	7（13）	9（10）	7（16）	4（16）	3（11）
材料化学与能源化学	项目数/项	2（28）	3（21）	2（25）	2（14）	10（9）
	项目经费/万元	1 280（4）	107（29）	85（30）	130（13）	497.7（11）
	主持人数/人	2（27）	3（21）	2（25）	2（14）	10（9）
机械工程	项目数/项	5（54）	10（31）	5（50）	7（42）	4（64）
	项目经费/万元	298（51）	405（37）	222（58）	631（30）	438（39）
	主持人数/人	5（54）	10（31）	5（50）	7（42）	4（64）
有机高分子材料	项目数/项	2（26）	11（6）	3（22）	4（17）	6（12）
	项目经费/万元	50（40）	569.83（7）	253（15）	357（15）	570（9）
	主持人数/人	2（26）	11（6）	3（22）	3（23）	6（12）
化学测量学	项目数/项	7（7）	4（10）	6（5）	4（11）	7（5）
	项目经费/万元	344（10）	285（10）	245（11）	124（31）	651（8）
	主持人数/人	7（7）	4（10）	6（5）	4（11）	7（5）

资料来源：中国产业智库大数据中心

表 4-98 2008～2018 年华东理工大学 SCI 论文总量分布及 2018 年 ESI 排名

序号	研究领域	SCI 发文量/篇	被引次数/次	篇均被引/次	高被引论文/篇	ESI 全球排名
	全校合计	19 533	289 591	14.83	266	510
1	农业科学	219	2 246	10.26	2	832
2	生物与生化	1 424	17 835	12.52	3	478
3	化学	9 668	168 198	17.40	142	43
4	工程科学	2 197	21 253	9.67	44	237
5	材料科学	2 435	42 944	17.64	37	150
6	药理学与毒物学	407	4 530	11.13	1	712

资料来源：中国产业智库大数据中心

4.2.49 华中农业大学

2018 年，华中农业大学的基础研究竞争力指数为 19.4222，全国排名第 49 位。争取国家自然科学基金项目总数为 212 项，全国排名第 37 位；项目经费总额为 12 982.4 万元，全国排名第 35 位；争取国家自然科学基金项目经费金额大于 1500 万元的学科共有 3 个，作物学争取国家自然科学基金项目经费全国排名第 1 位（图 4-49）；畜牧学与草地科学争取国家自然科学基金项目经费增幅最大（表 4-99）。SCI 论文数 1430 篇，全国排名第 76 位；8 个学科入选 ESI 全球 1%（表 4-100）。发明专利申请量 451 件，全国排名第 169 位。

截至 2018 年 12 月，华中农业人学有学院 18 个，本科专业 60 个，一级学科国家重点学科 1 个，二级学科国家重点学科 8 个，一级学科硕士学位授权点 27 个，一级学科博士学位授权点 15 个，博士后科研流动站 13 个。华中农业大学有全日制在校学生 26 196 人，其中本科生

18 763 人，研究生 7433 人，教职工 2657 人，其中教师 1586 人，教授 421 人。有中国科学院院士 1 人，中国工程院院士 3 人，“千人计划”入选者 25 人，“万人计划”入选者 28 人，“长江学者奖励计划”特聘教授、讲座教授、青年学者共计 29 人，国家自然科学基金杰出青年科学基金获得者 20 人，“973 计划”首席科学家 6 人，国家自然科学基金创新研究群体 3 个，国家级教学名师 4 人，国家级教学团队 7 个[49]。

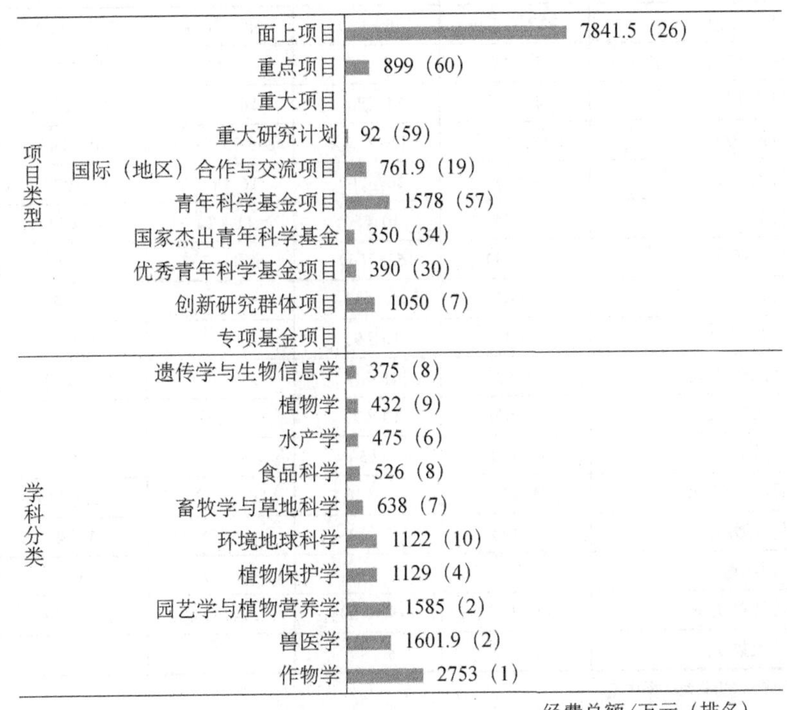

图 4-49　2018 年华中农业大学争取国家自然科学基金项目经费数据

资料来源：中国产业智库大数据中心

表 4-99　2014～2018 年华中农业大学争取国家自然科学基金项目经费十强学科变化趋势及指标

领域	指标	2014 年	2015 年	2016 年	2017 年	2018 年
全部	项目数/项	130（58）	203（32）	191（38）	227（34）	212（37）
	项目经费/万元	9 868.7（54）	10 950.25（43）	9 991.58（46）	13 919.85（33）	12 982.4（35）
	主持人数/人	127（59）	201（32）	190（38）	223（34）	211（37）
作物学	项目数/项	21（4）	28（1）	27（1）	29（1）	30（1）
	项目经费/万元	1 667.7（4）	1 913（2）	2 422（1）	2 024.4（1）	2 753（1）
	主持人数/人	20（3）	27（1）	26（1）	28（1）	30（1）
园艺学与植物营养学	项目数/项	18（2）	21（1）	19（3）	22（1）	20（2）
	项目经费/万元	1 235（3）	1 867（1）	1 297（1）	1 199（3）	1 585（2）
	主持人数/人	18（2）	21（1）	19（3）	22（1）	20（2）
兽医学	项目数/项	13（3）	18（3）	8（10）	30（1）	21（2）
	项目经费/万元	1 793（3）	977（4）	413（9）	2 067.75（1）	1 601.9（2）
	主持人数/人	12（3）	18（2）	8（10）	29（1）	21（2）

续表

领域	指标	2014 年	2015 年	2016 年	2017 年	2018 年
植物保护学	项目数/项	9（6）	15（3）	9（8）	14（4）	19（2）
	项目经费/万元	850（5）	680.8（4）	425（8）	703（6）	1 129（3）
	主持人数/人	9（6）	15（3）	9（8）	13（5）	18（2）
畜牧学与草地科学	项目数/项	7（8）	12（5）	5（13）	17（2）	13（6）
	项目经费/万元	337（11）	860（3）	185（15）	1 677（2）	638（7）
	主持人数/人	7（8）	12（5）	5（13）	17（2）	13（6）
地理学	项目数/项	14（19）	14（20）	16（13）	12（22）	1（105）
	项目经费/万元	1 158（17）	826（20）	845.95（17）	561（24）	57.5（108）
	主持人数/人	14（19）	14（20）	16（13）	12（22）	1（105）
遗传学与生物信息学	项目数/项	7（7）	10（5）	11（2）	13（5）	8（5）
	项目经费/万元	711（5）	536（6）	481（7）	936（5）	375（5）
	主持人数/人	7（6）	10（5）	11（2）	13（3）	8（5）
食品科学	项目数/项	9（8）	10（9）	12（5）	15（5）	10（11）
	项目经费/万元	527（9）	341（12）	535（7）	983（4）	526（8）
	主持人数/人	9（8）	10（9）	12（5）	15（5）	10（11）
微生物学	项目数/项	4（14）	7（5）	8（5）	13（3）	6（8）
	项目经费/万元	331（11）	315（10）	303.2（9）	909.4（3）	327（12）
	主持人数/人	4（14）	7（5）	8（5）	13（3）	6（7）
水产学	项目数/项	5（7）	8（4）	7（3）	7（6）	9（5）
	项目经费/万元	375（6）	293（5）	274（5）	389（8）	475（5）
	主持人数/人	5（7）	8（4）	7（3）	7（6）	9（5）

资料来源：中国产业智库大数据中心

表 4-100　2008～2018 年华中农业大学 SCI 论文总量分布及 2018 年 ESI 排名

序号	研究领域	SCI 发文量/篇	被引次数/次	篇均被引/次	高被引论文/篇	ESI 全球排名
	全校合计	12 387	143 633	11.60	172	905
1	农业科学	1 871	17 596	9.40	21	83
2	生物与生化	1 318	14 547	11.04	5	558
3	化学	1 096	13 408	12.23	8	894
4	工程科学	262	2 674	10.21	5	1 388
5	环境生态学	803	6 859	8.54	7	712
6	微生物学	873	8 734	10.00	7	296
7	分子生物与基因	1 231	24 925	20.25	19	503
8	植物与动物科学	3 422	40 532	11.84	83	94

资料来源：中国产业智库大数据中心

4.2.50　华东师范大学

2018 年，华东师范大学的基础研究竞争力指数为 18.7522，全国排名第 50 位。争取国家自然科学基金项目总数为 185 项，全国排名第 41 位；项目经费总额为 11 490.24 万元，全国排名第 39 位；争取国家自然科学基金项目经费金额大于 2000 万元的学科共有 1 个，物理学 Ⅰ、化学测量学争取国家自然科学基金项目经费全国排名第5位（图4-50）；化学测量学争取国家自然科学基金项目经费增幅最大（表4-101）。SCI论文数1553篇，全国排名第66位；12个学科入选ESI全球1%（表4-102）。发明专利申请量408件，全国排名第199位。

截至2019年1月，华东师范大学设有4个学部，30个全日制学院，83个本科专业，36个一级学科硕士学位授权点，29个一级学科博士学位授权点，25个博士后科研流动站，拥有2个一级学科国家重点学科，5个二级学科国家重点学科，5个国家重点培育学科。学校有全日制本科生14 362人，硕士研究生17 304人，博士研究生3080人，教职工3990人，其中专任教师2317人，教授及其他高级职称教师1827人，其中中国科学院、中国工程院院士（含双聘院士）13人，“千人计划”入选者22人，“长江学者奖励计划”特聘教授及讲座教授37人，国家自然科学基金杰出青年科学基金获得者35人，“万人计划”入选者9人，新世纪“百千万人才工程”国家级人选13人，“千人计划”青年项目入选26人，国家自然科学基金优秀青年科学基金获得者23人，“万人计划”青年拔尖人才入选者9人，“长江学者奖励计划”青年学者12人[50]。

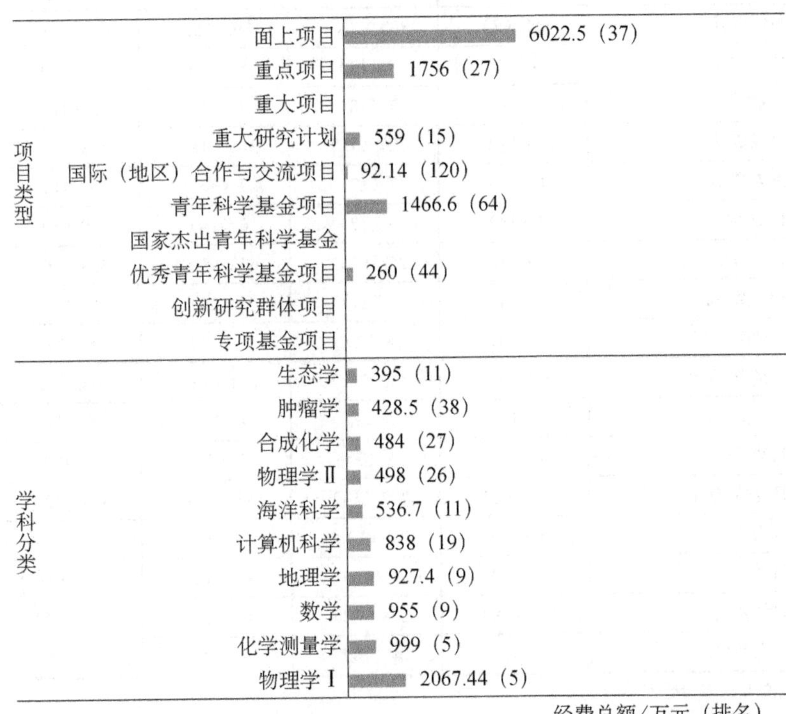

图4-50 2018年华东师范大学争取国家自然科学基金项目经费数据

资料来源：中国产业智库大数据中心

表4-101 2014～2018年华东师范大学争取国家自然科学基金项目经费十强学科变化趋势及指标

领域	指标	2014年	2015年	2016年	2017年	2018年
全部	项目数/项	140（51）	139（61）	156（48）	178（45）	185（41）
	项目经费/万元	10 706.5（48）	8 260.2（61）	10 743（39）	15 019.63（31）	11 490.24（39）
	主持人数/人	140（51）	135（62）	154（48）	173（46）	182（41）

续表

领域	指标	2014年	2015年	2016年	2017年	2018年
物理学Ⅰ	项目数/项	10（16）	11（17）	12（13）	20（10）	23（5）
	项目经费/万元	1 904（7）	946（15）	2 362（4）	3 165.53（4）	2 067.44（5）
	主持人数/人	10（16）	11（16）	12（13）	19（10）	23（5）
地理学	项目数/项	12（24）	11（25）	15（15）	21（11）	22（8）
	项目经费/万元	702（26）	543.9（28）	760（19）	1 814（8）	927.4（9）
	主持人数/人	12（24）	11（25）	15（15）	20（11）	22（8）
计算机科学	项目数/项	12（22）	13（25）	21（8）	10（38）	9（29）
	项目经费/万元	897.3（16）	938（16）	1 315（10）	645（37）	838（18）
	主持人数/人	12（21）	13（25）	20（12）	10（38）	9（29）
数学	项目数/项	17（5）	16（7）	18（5）	14（10）	17（6）
	项目经费/万元	928（8）	729（10）	738（11）	895（9）	955（7）
	主持人数/人	17（5）	16（6）	18（5）	13（11）	17（4）
海洋科学	项目数/项	9（9）	9（12）	9（10）	13（8）	12（8）
	项目经费/万元	858（8）	800.7（8）	793（8）	685.5（9）	536.7（10）
	主持人数/人	9（9）	7（13）	8（12）	13（8）	12（8）
化学理论与机制	项目数/项	10（9）	7（18）	7（16）	6（11）	1（27）
	项目经费/万元	810（12）	727（11）	365（18）	598（12）	65（31）
	主持人数/人	10（9）	7（17）	7（16）	6（11）	1（27）
催化与表界面化学	项目数/项	7（14）	6（17）	6（14）	10（6）	7（7）
	项目经费/万元	760（12）	258（20）	632（10）	569（10）	329（14）
	主持人数/人	7（14）	6（17）	6（14）	10（5）	7（7）
半导体科学与信息器件	项目数/项	4（10）	8（8）	4（13）	8（7）	5（10）
	项目经费/万元	658（6）	416（11）	164（16）	360（9）	237（14）
	主持人数/人	4（10）	8（8）	4（13）	8（7）	5（10）
生态学	项目数/项	4（17）	8（7）	7（5）	7（11）	9（6）
	项目经费/万元	193.2（22）	272（14）	522（5）	374（13）	395（10）
	主持人数/人	4（17）	8（7）	7（5）	7（11）	9（6）
化学测量学	项目数/项	2（17）	4（10）	0（32）	6（8）	5（9）
	项目经费/万元	115（19）	208（12）	0（32）	374（14）	999（5）
	主持人数/人	2（17）	4（10）	0（32）	6（8）	4（10）

资料来源：中国产业智库大数据中心

表4-102 2008～2018年华东师范大学SCI论文总量分布及2018年ESI排名

序号	研究领域	SCI发文量/篇	被引次数/次	篇均被引/次	高被引论文/篇	ESI全球排名
	全校合计	16 506	200 127	12.12	226	697
1	生物与生化	562	7 124	12.68	3	959
2	化学	3 920	73 994	18.88	71	161
3	临床医学	405	5 754	14.21	5	2 733
4	计算机科学	567	3 398	5.99	7	438
5	工程科学	852	7 268	8.53	22	667

续表

序号	研究领域	SCI 发文量/篇	被引次数/次	篇均被引/次	高被引论文/篇	ESI 全球排名
6	环境生态学	971	12 098	12.46	26	466
7	地球科学	768	9 027	11.75	15	540
8	材料科学	1 189	20 186	16.98	18	330
9	数学	1 675	6 785	4.05	10	130
10	物理学	2 566	23 982	9.35	20	649
11	植物与动物科学	806	6 748	8.37	5	715
12	社会科学	496	2 698	5.44	12	992

资料来源：中国产业智库大数据中心

参考文献

[1] 浙江大学. 统计公报[EB/OL][2019-07-25]. http：//www.zju.edu.cn/588/list.htm.
[2] 上海交通大学. 学校简介[EB/OL][2019-07-25]. https：//www.sjtu.edu.cn/xxjj/index.html.
[3] 清华大学. 统计资料[EB/OL][2019-07-26]. https：//www.tsinghua.edu.cn/publish/newthu/newthu_cnt/about/about-6.html l.
[4] 华中科技大学. 学校简介[EB/OL][2019-01-28]. http：//www.hust.edu.cn/xxgk/xxjj.htm.
[5] 中山大学. 学校概况[EB/OL][2019-01-28]. http：//www.sysu.edu.cn/2012/cn/zdgk/zdgk01/index.htm.
[6] 中南大学. 学校概况[EB/OL][2019-01-28]. http：//www.csu.edu.cn/xxgk.htm.
[7] 四川大学. 学校简介[EB/OL][2019-07-26]. http：//www.scu.edu.cn/xxgknew/xxjj.htm.
[8] 西安交通大学. 交大简介[EB/OL][2019-01-28]. http：//www.xjtu.edu.cn/jdgk/tjsj.htm.
[9] 北京大学. 北大概况[EB/OL][2019-01-28]. https：//www.pku.edu.cn/about/index.htm.
[10] 复旦大学. 复旦概况[EB/OL][2019-07-26]. http：//www.fudan.edu.cn/2016/index.html.
[11] 哈尔滨工业大学. 学校简介[EB/OL][2019-01-29]. http：//www.hit.edu.cn/236/list.htm.
[12] 武汉大学. 学校简介[EB/OL][2019-01-28]. http：//www.whu.edu.cn/xxgk/xxjj.htm.
[13] 山东大学. 山大简介[EB/OL][2019-07-25]. http：//www.sdu.edu.cn/sdgk/sdjj.htm.
[14] 天津大学. 学校简介[EB/OL][2019-07-25]. http：//www.tju.edu.cn/tdgk/tjsj.htm.
[15] 同济大学. 学校简介[EB/OL][2019-01-29]. https：//www.tongji.edu.cn/xxgk1/xxjj1.htm.
[16] 吉林大学. 吉大简介[EB/OL][2019-01-29]. https：//www.jlu.edu.cn/info/1011/25260.htm.
[17] 东南大学. 东南大学简介[EB/OL][2019-07-26]. https：//www.seu.edu.cn/2017/0531/c17410a190422/page.htm.
[18] 北京航空航天大学. 今日北航[EB/OL][2019-01-29]. https：//www.buaa.edu.cn/bhgk1/jrbh.htm.
[19] 南京大学. 南大简介[EB/OL][2019-01-29]. https：//www.nju.ed.u.cn/3642/list.htm.
[20] 华南理工大学. 学校简介[EB/OL][2019-01-29]. https：//www.scut.edu.cn/new/8995/list.htm.
[21] 中国科学技术大学. 学校简介[EB/OL][2019-01-29]. https：//www.ustc.edu.cn/2062/list.htm.
[22] 大连理工大学. 学校简介[EB/OL][2019-01-30]. https：//www.dlut.edu.cn/xxgk/xxjj.htm.
[23] 苏州大学. 学校简介[EB/OL][2019-01-30]. http：//www.suda.edu.cn/general_situation/xxjj.jsp.
[24] 电子科技大学. 学校简介[EB/OL][2019-01-30]. https：//www.uestc.edu.cn/07d640ec93e711fa6cbe9ec378ecde81.html.
[25] 西北工业大学. 学校概况[EB/OL][2019-07-26]. http：//renshi.nwpu.edu.cn/new/szdw/szgk.htm.
[26] 北京理工大学. 学校简介[EB/OL][2019-01-30]. http：//www.bit.edu.cn/gbxxgk/gbxqzl/xxjj/index.htm.
[27] 厦门大学. 学校简介[EB/OL][2019-07-25]. https：//www.xmu.edu.cn/about/xuexiaojianjie/.
[28] 重庆大学. 重大概况[EB/OL][2019-01-30]. https：//www.cqu.edu.cn/Channel/000-002-001-001/1/index.html.
[29] 湖南大学. 学校简介[EB/OL][2019-01-31]. http：//www.hnu.edu.cn/hdgk/xxjj.htm.
[30] 深圳大学. 学校简介[EB/OL]. [2019-01-30]. https：//www.szu.edu.cn/xxgk/xxjj.htm.
[31] 北京科技大学. 学校简介[EB/OL][2019-01-31]. http：//www.ustb.edu.cn/xxgk/xxjj/index.htm.
[32] 东北大学. 东大简介[EB/OL][2019-01-30]. http：//www.neu.edu.cn/intro_info.html.
[33] 郑州大学. 郑大介绍[EB/OL][2019-01-30]. http：//www.zzu.edu.cn/gaikuang.htm.
[34] 江苏大学. 学校简介[EB/OL][2019-01-30]. http：//www.ujs.edu.cn/xxgk/xxjj.htm.
[35] 南开大学. 南开简介[EB/OL][2019-07-26]. http：//www.nankai.edu.cn/162/list.htm.
[36] 南京航空航天大学. 南航简介[EB/OL][2019-07-26]. http：//www.nuaa.edu.cn/479/list.htm.

[37] 南昌大学. 学校简介[EB/OL][2019-01-31]. http：//www.ncu.edu.cn/xxgk/xxjj.html.
[38] 西安电子科技大学. 学校简介[EB/OL][2019-01-31]. https：//www.xidian.edu.cn/xxgk/xxjj.htm.
[39] 武汉理工大学. 学校简介[EB/OL][2019-01-31]. http：//www.whut.edu.cn/xxgk/.
[40] 南京理工大学. 学校简介[EB/OL][2019-07-26]. http：//www.njust.edu.cn/3627/list.htm.
[41] 中国农业大学. 学校简介[EB/OL][2019-07-26]. http：//www.cau.edu.cn/col/col10248/index.html.
[42] 中国地质大学. 学校简介[EB/OL][2019-02-11]. http：//www.cug.edu.cn/xxgk/xxjj.htm.
[43] 江南大学. 学校简介[EB/OL][2019-02-11]. https：//www.jiangnan.edu.cn/xxgk/xxjj.htm.
[44] 合肥工业大学. 学校概况[EB/OL][2019-1-28]. http：//www.hfut.edu.cn/5285/list.htm.
[45] 河海大学. 学校概况[EB/OL][2019-1-25]. http：//www.hhu.edu.cn/171/list.htm.
[46] 暨南大学. 学校概况[EB/OL][2019-1-25]. https：//www.jnu.edu.cn/2561/list.htm.
[47] 上海大学. 学校简介[EB/OL][2019-02-11]. http：//www.shu.edu.cn/xxgk/xxjj.htm.
[48] 华东理工大学. 学校简介[EB/OL][2019-01-31]. https：//www.ecust.edu.cn/60/list.htm.
[49] 华中农业大学. 学校简介[EB/OL][2019-02-11]. http：//www.hzau.edu.cn/xxgk/xxjj.htm.
[50] 华东师范大学. 校情简介[EB/OL][2019-07-26]. https：//www.ecnu.edu.cn/single/main.htm?page=ecnu.